中国机械工程学科教程配套系列教材
教育部高等学校机械类专业教学指导委员会规划教材

工程材料

主　编　吴超华　史晓亮
副主编　彭　兆　黄　丰　杨　爽

清华大学出版社
北京

内 容 简 介

本书根据普通高等学校工程材料及机械制造基础系列课程教学基本要求,在总结了"工程材料"课程教学团队近10年来的教学经验和教学改革成果的基础上,对课程内容重新进行了梳理和编排,力求紧扣大纲、重点突出、内容简洁、通俗实用,满足"新工科"建设和国家级"一流本科课程"建设相关要求。同时本书也是国家级一流本科课程"工程材料"、中国大学MOOC"工程材料"和理工智课"工程材料A"的配套教材。

本书的主要内容包括材料的原子结合方式及性能、材料的晶体结构、纯金属与合金的结晶、铁碳合金相图与碳素钢、金属的塑性变形及再结晶、钢的热处理及表面技术、合金钢、铸铁与铸钢、有色金属及其合金、高分子材料、陶瓷材料、复合材料、功能材料及新型材料,材料失效分析及工程材料的合理选用和典型零件的选材及热处理工艺路线设计。

本书可作为高等院校机械工程类、智能制造、材料成型及控制工程和能源与动力工程等专业本科生学习的通用教材,也可供报考相关专业研究生的考生及相关工程技术人员学习和参考。

图书在版编目(CIP)数据

工程材料/吴超华,史晓亮主编. —北京:清华大学出版社,2024.1(2024.9重印)

中国机械工程学科教程配套系列教材 教育部高等学校机械类专业教学指导委员会规划教材

ISBN 978-7-302-63875-9

Ⅰ.①工… Ⅱ.①吴… ②史… Ⅲ.①工程材料-高等学校-教材 Ⅳ.①TB3

中国国家版本馆 CIP 数据核字(2023)第 111898 号

责任编辑:苗庆波
封面设计:常雪影
责任校对:赵丽敏
责任印制:宋 林

出版发行:清华大学出版社
   网 址:https://www.tup.com.cn,https://www.wqxuetang.com
   地 址:北京清华大学学研大厦 A 座   邮 编:100084
   社 总 机:010-83470000   邮 购:010-62786544
   投稿与读者服务:010-62776969,c-service@tup.tsinghua.edu.cn
   质量反馈:010-62772015,zhiliang@tup.tsinghua.edu.cn
印 装 者:艺通印刷(天津)有限公司
经 销:全国新华书店
开 本:185mm×260mm 印 张:20.75   字 数:499 千字
版 次:2024 年 1 月第 1 版   印 次:2024 年 9 月第 2 次印刷
定 价:59.80 元

产品编号:083175-02

我曾提出过高等工程教育边界再设计的想法,这个想法源于社会的反应。常听到工业界人士提出这样的话题:大学能否为他们进行人才的订单式培养。这种要求看似简单、直白,却反映了当前学校人才培养工作的一种尴尬:大学培养的人才还不是很适应企业的需求,或者说毕业生的知识结构还难以很快适应企业的工作。

当今世界,科技发展日新月异,业界需求千变万化。为了适应工业界和人才市场的这种需求,也即是适应科技发展的需求,工程教学应该适时地进行某些调整或变化。一个专业的知识体系、一门课程的教学内容都需要不断变化,此乃客观规律。我所主张的边界再设计即是这种调整或变化的体现。边界再设计的内涵之一即是课程体系及课程内容边界的再设计。

技术的快速进步,使得企业的工作内容有了很大变化。如从20世纪90年代以来,信息技术相继成为很多企业进一步发展的瓶颈,因此不少企业纷纷把信息化作为一项具有战略意义的工作。但是业界人士很快发现,在毕业生中很难找到这样的专门人才。计算机专业的学生并不熟悉企业信息化的内容、流程等,管理专业的学生不熟悉信息技术,工程专业的学生可能既不熟悉管理,也不熟悉信息技术。我们不难发现,制造业信息化其实就处在某些专业的边缘地带。那么对那些专业而言,其课程体系的边界是否要变?某些课程内容的边界是否有可能变?目前不少课程的内容不仅未跟上科学研究的发展,也未跟上技术的实际应用。极端情况甚至存在有些地方个别课程还在讲授已多年弃之不用的技术。若课程内容滞后于新技术的实际应用好多年,则是高等工程教育的落后甚至是悲哀。

课程体系的边界在哪里?某一门课程内容的边界又在哪里?这些实际上是业界或人才市场对高等工程教育提出的我们必须面对的问题。因此可以说,真正驱动工程教育边界再设计的是业界或人才市场,当然更重要的是大学如何主动响应业界的驱动。

当然,教育理想和社会需求是有矛盾的,对通才和专才的需求是有矛盾的。高等学校既不能丧失教育理想、丧失自己应有的价值观,又不能无视社会需求。明智的学校或教师都应该而且能够通过合适的边界再设计找到适合自己的平衡点。

我认为,长期以来,我们的高等教育其实是"以教师为中心"的。几乎所有的教育活动都是由教师设计或制定的。然而,更好的教育应该是"以学生为中心"的,即充分挖掘、启发学生的潜能。尽管教材的编写完全是由教师完成的,但是真正好的教材需要教师在编写时常怀"以学生为中心"的教育理念。如此,方得以产生真正的"精品教材"。

教育部高等学校机械设计制造及其自动化专业教学指导分委员会、中国机械工程学会与清华大学出版社合作编写、出版了《中国机械工程学科教程》,规划机械专业乃至相关课程的内容。但是"教程"绝不应该成为教师们编写教材的束缚。从适应科技和教育发展的需求而言,这项工作应该不是一时的,而是长期的,不是静止的,而是动态的。《中国机械工程学科教程》只是提供一个平台。我很高兴地看到,已经有多位教授努力地进行了探索,推出了新的、有创新思维的教材。希望有志于此的人们更多地利用这个平台,持续、有效地展开专业的、课程的边界再设计,使得我们的教学内容总能跟上技术的发展,使得我们培养的人才更能为社会所认可,为业界所欢迎。

是以为序。

2009 年 7 月

　　参考了近10年来武汉理工大学金工学部自编教材,按照普通高等学校工程材料及机械制造基础系列课程教学基本要求和教学改革精神,我们总结"工程材料"课程教学团队近10年来的课堂教学经验和教学改革成果的基础上,对课程内容重新进行梳理和编排,编写了这部《工程材料》校级规划教材。教材力求紧扣大纲、重点突出、内容简洁、通俗实用,符合"新工科"建设和"一流本科课程"建设需要,满足机械工程类、车辆工程、能源与动力工程、汽车服务、材料成型及控制工程、油气储运等专业的培养目标和毕业要求。

　　全书由3部分组成:第1部分由第1～6章组成,讲述了工程材料的基本概念和基本理论、合金结构、组织和性能之间的关系及变化规律,内容主要有材料的原子结合方式及性能、材料的晶体结构、纯金属与合金的结晶、铁碳合金相图与碳素钢、金属的塑性变形及再结晶、钢的热处理及表面技术;第2部分由第7～13章组成,介绍了各种不同工程材料的成分、组织和性能及其应用方面的知识,主要内容包括常见金属材料(合金钢、铸铁与铸钢)、有色金属及其合金、高分子材料、陶瓷材料、复合材料和功能材料及新型材料;第3部分为工程材料的应用部分,由第14章和第15章组成,介绍了机械零件的失效、选材方面的知识和工程材料在机械、汽车、机床等领域的应用情况,主要内容有材料失效分析及工程材料的合理选用、典型零件的选材及工艺路线设计。

　　本教材在传统基础教学知识的基础上,部分章节增加了新材料、新技术、新工艺以及工程应用实例内容,具有以下特点:

　　(1)针对工程材料课程学时减少及专业基础课程提前进行的特点,考虑到该课程与中学物理、化学及后续课程的内容衔接,对部分晦涩难懂的概念进行了重新表述,如相、组织、二元合金相图的分析,冷变形过程中金属材料的回复问题,钢在冷却过程中的组织变化规律等。此外,本教材以工程材料的成分—平衡及非平衡状态下的组织—力学性能—合理选材及失效分析为教学主线,抽丝剥茧,条理清晰,内容完整,便于学生理解和掌握。

　　(2)扩大了知识面,优化了教材内容。根据不同专业培养计划及毕业设计要求,精炼了传统金属材料方面的内容;增加了复合材料、功能材料和表面改性内容;突出了选材和材料应用分析方面的知识,以适应新的教学要求。

（3）计量单位和名词标准化。计量单位统一采用国际单位制，并以国际代码表示。特别是材料的力学性能表示符号，采用最新国家标准 GB/T 228.1—2021《金属材料　拉伸试验　第 1 部分：室温试验方法》。

本书由武汉理工大学吴超华、史晓亮负责编写、修订和统稿，并担任主编。其中，吴超华编写绪论、第 1～3 章和第 5 章；彭兆编写第 4 章；黄丰编写第 6 章；潘运平编写第 7 章；江丽编写第 8 章；史晓亮编写第 9 章、第 12 章和第 13 章；杨爽编写第 10 章、第 11 章；张丽编写第 14 章、第 15 章；王弢负责全书插图的绘制和审核工作。

本教材的编写和出版得到了武汉理工大学本科教材建设专项基金项目的资助，并被列为武汉理工大学"十三五"第一批规划教材。同时，编者参考并引用了一些已出版图书、期刊等资料中的相关内容。在此书出版之际，谨向支持和帮助本书出版的热心人士致谢，向所有对本书内容作出贡献的各位参考文献的作者致谢。

由于编者水平有限，时间仓促，教材中的缺点与疏漏难免，恳请读者批评指正。

编　者

2023 年 12 月

目　录
CONTENTS

0

绪　　论

材料、能源和信息被人们称为现代技术的三大支柱。材料是人类制作各种工具和产品，进行生产和生活的基本物质基础，它是社会发展的基础和科学技术进步的关键。能源和信息的发展往往又依赖于材料的进步。例如，汽车涡轮增压发动机较自然吸气发动机在对缸体的强度和耐热性能上的要求要高一些，航空发动机要求更高；用新型陶瓷材料制成的高温结构陶瓷柴油机可节省柴油约30%，效率提高约50%。最近研制的涡轮发动机陶瓷叶片可在1400℃左右工作，这是普通钢铁材料无法达到的。可见，开发新材料可提高现有能源的利用效率。同时，半导体材料、传感材料和光纤材料的开发，促进了信息技术的发展。新型产业的发展，无不依赖材料的进步。例如，开发海洋探测设备及各种海底设施需要耐压、耐蚀的新型结构材料；卫星宇航设备需要轻质高强的新材料；在医学上，制造人工脏器、人造骨骼、人造血管等要使用各种具有特殊功能且与人体相容的新材料。2017年，习近平总书记视察山西时指出："新材料产业是战略性、基础性产业，也是高技术竞争的关键领域，我们要奋起直追、迎头赶上。"党的十九大报告明确提出，创新是引领发展的第一动力，是建设现代化经济体系的战略支撑。科技创新是驱动发展的第一动力，工程材料是支撑航空航天、新能源、电子信息、生物医药等重要产业的基础，发展新材料是中国从制造大国转变为制造强国的必然要求，是我国摆脱关键材料与技术"卡脖子"困境的根本性举措。

由于材料在人类社会的进步和经济发展中扮演具有极其重要的角色，因此世界各国均把材料科学作为重点发展的学科，工程材料的研究和生产水平是一个国家工业技术水平的重要标志。

0.1　材料的发展史

材料的发展历史

材料是人类用于制造物品、器件、构件、机器或其他产品的物质，是人类进行生产和社会活动的物质基础。材料的研究和发展已成为衡量人类社会文明程度及生产力发展水平的重要标志，因此，历史学家按照人类使用材料的种类和性质差异把历史时代分为石器时代、青铜器时代、铁器时代、钢铁时代，如图0-1所示。

早在100万年以前，人类开始用石头做工具，使人类进入旧石器时代。大约1万年前，人们就知道对石头进行加工，使之成为精致的器皿或工具，人类从此进入新石器时代。公元前约5000年，人类在不断改进石器和寻找石料的过程中发现了天然的铜块和铜矿石，在用火烧制陶器的生产中发明了冶铜术，后来又发现把锡矿石加到红铜里一起熔炼，制成的物品更加坚韧耐磨，这就是青铜，人类从此进入青铜器时代。公元前14世纪—公元前13世纪，人类开始使用并铸造铁器，当青铜器逐渐被铁器广泛替代时，标志着人类进入了铁器时代。

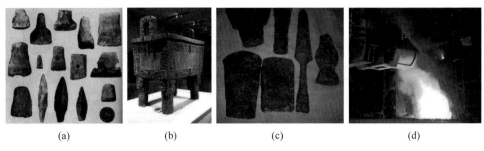

图 0-1　人类历史时代

(a) 石器时代；(b) 青铜器时代；(c) 铁器时代；(d) 钢铁时代

到 19 世纪左右，人类发明了转炉和平炉炼钢，世界钢产量飞速发展，人类进入钢铁时代。此后不断出现新的钢种，铝、镁、锆、钛和很多稀有金属及合金都相继出现并得到广泛应用。如新中国成立后，我国用碳素结构钢(Q235，旧牌号为 A3)建造了武汉长江大桥，用强度较高的合金钢 Q345(16Mn)建造了南京长江大桥，用强度更高的低合金结构钢 16MnVN 建成了九江长江大桥，金属材料已成为当前最重要的工程材料。根据世界钢铁协会的统计数据，2023 年全球粗钢产量合计 18.497 亿 t，我国粗钢年产量为 10.19 亿 t，约占全球粗钢总量的 55%，已成为世界上最大的钢铁生产和消费国家。从武汉长江大桥(1957 年)到港珠澳大桥(2018 年)，我国的科技工作者用智慧和勇气完成了一个又一个世界奇迹。中国超级工程的建设和完成，不断地向世界证明着中国的实力，不断引领中华儿女不忘初心，砥砺前行，实现中华民族伟大复兴。同时，我们也要保持清醒的头脑，深刻地认识到，由于我国钢铁行业多年来积累的产能过剩、区域布局和产业结构不合理、环境污染严重等一系列问题，导致我国钢铁企业的生产存在传统产品过剩、高附加值钢铁产品竞争力不足等问题。

20 世纪初，由于物理和化学等科学理论在材料技术中的应用，从而出现了材料科学。在此基础上，人类开始了人工合成材料的新阶段。人工合成塑料、合成纤维及合成橡胶等合成高分子材料，加上已有的金属材料和陶瓷材料(无机非金属材料)，构成了现代材料。目前，世界三大有机合成材料(树脂、纤维和橡胶)年产量逾亿吨。20 世纪 50 年代金属陶瓷的出现标志着复合材料时代的到来。人类已经可以利用新的物理、化学方法，根据实际需要设计独特性能的复合材料。20 世纪后半叶，新材料研制日新月异，出现了"高分子时代""半导体时代""先进陶瓷时代"和"复合材料时代"等提法，材料产业进入了高速发展新阶段。

随着科学技术的发展，尤其是材料测试分析技术的不断提高，如电子显微技术、微区成分分析技术等的应用，材料的内部结构和性能间的关系不断被揭示，对于材料的认识也从宏观领域进入微观领域。在认识各种材料的共性基本规律的基础上，人们正在探索按指定性能来设计新材料的途径。在认识各种材料的共性基本规律的基础上，人类正在探索在极端服役条件下按指定功能开发设计的新型材料。

0.2　工程材料的分类

工程材料
的分类

工程材料主要指应用于机械、车辆、船舶、建筑、化工、能源、仪器仪表、航空航天等工程领域中的材料，用于制造工程构件、机械零件、刀具夹具和具有特殊性能(耐酸、耐蚀、耐高温等)的材料。工程材料学作为一门材料学科,主要研究与材料相关的成分、结构、组织、工艺、性能及应用之间的关系。

工程材料种类繁多,有不同的分类方法,比较通用的分类方法是按照材料的结合键(离子键、共价键、金属键等)进行分类。按其结合键的性质,通常将工程材料分为金属材料、高分子材料、陶瓷材料和复合材料四大类,其中最常见的是金属材料,如图 0-2 所示。也有文献将工程材料按照用途或使用领域进行分类,如按照用途分类,可分为结构材料(如机械零件、工程构件)、工具材料(如量具、刀具、模具)和功能材料(如磁性材料、超导材料等);按使用领域分类,可分为机械工程材料、建筑工程材料、能源工程材料、信息工程材料和生物工程材料等。

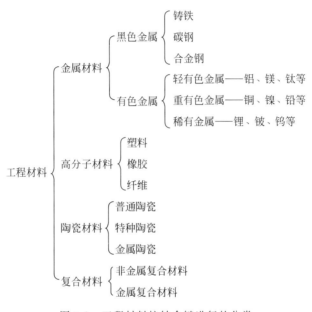

图 0-2 工程材料按结合键进行的分类

0.2.1 金属材料

金属材料是最重要的工程材料,包括金属和以金属为基的合金。最简单的金属材料是纯金属,其次是过渡族金属。由于金属构成原子之间的结合键基本上是金属键,所以金属材料通常为金属晶体材料。

工业生产中把金属材料分为两大类:

(1)黑色金属——主要指铁、锰、铬及其合金。因为铁的表面常常生锈,盖着一层黑色的四氧化三铁与棕褐色的氧化铁的混合物,看上去就是黑色的,因此被称为黑色金属。常说的"黑色冶金工业",主要是指钢铁工业。最常见的合金钢是锰钢与铬钢,实际上,铁、锰、铬都不是黑色的,纯铁是银白色的,锰是灰白色的,铬是银白色的。铁、锰、铬都是冶炼钢铁的主要原料,而钢铁在国民经济中占有极其重要的地位,也是衡量国家实力的重要标志。黑色金属的产量约占世界金属总产量的 95%。

（2）有色金属——黑色金属以外的所有金属及其合金。有色金属是国民经济发展的基础材料,航空、航天、汽车、机械制造、电力、通信、建筑、家电等绝大部分行业都有以有色金属材料为原材料的制造单元。随着现代化工、农业和科学技术的突飞猛进,有色金属在社会和经济发展中的地位越来越重要。它不仅是世界上重要的战略物资和重要的生产资料,而且还是人类生活中不可缺少的消费物资的重要材料。

北京科技大学新金属材料国家重点实验室主要从事新金属结构材料的基础研究、新金属功能材料的基础研究、材料制备新技术与新工艺的基础研究等。

0.2.2　高分子材料

高分子材料为有机合成材料,亦称聚合物。它具有较高的强度、良好的塑性、较强的耐腐蚀性、很好的绝缘性以及重量轻等优良性能,在工程上是发展最快的一类新型材料。

和无机材料一样,高分子材料按其分子链排列有序与否,可分为结晶聚合物和无定型聚合物两类。结晶聚合物的强度较高,结晶度取决于分子链排列的有序程度。

高分子材料种类很多,工程上通常根据机械性能和使用状态将其分为三大类：

（1）塑料——指强度、韧性和耐磨性较好、可制造某些机械零件或构件的工程塑料,分为热塑性塑料和热固性塑料两种。

（2）橡胶——指经硫化处理、弹性特别优良的聚合物,有通用橡胶和特种橡胶两种。

（3）合成纤维——指由单体聚合而成、强度很高的聚合物,通过机械处理所获得的纤维材料。

四川大学高分子材料工程国家重点实验室主要围绕高分子材料的高性能化和加工开展应用基础研究。

0.2.3　陶瓷材料

陶瓷材料是人类应用最早的材料。硬度高,性能稳定(熔点高、耐腐蚀),但脆性大,可以制造工具和模具；在特殊情况下也可以用作结构材料。

除了金属材料之外的无机材料都属于无机非金属材料,在众多的无机非金属材料中,以陶瓷的种类最多,应用最广。无机非金属材料的提法是 20 世纪 40 年代以后,随着现代科学技术的发展从传统的硅酸盐材料演变而来的,由于大部分无机非金属材料含有硅和其他元素的化合物,所以又叫作硅酸盐材料。硅酸盐是指硅、氧与其他化学元素(主要是铝、铁、钙、镁、钾、钠等)结合而成的化合物的总称。它在地壳中分布极广,是构成多数岩石(如花岗岩)和土壤的主要成分。如以硅酸盐为主体,无机非金属材料有陶瓷、玻璃、搪瓷、水泥、耐火材料、砖瓦等各种制品。

陶瓷材料按照成分和用途,可分为：

（1）普通陶瓷(或传统陶瓷)——主要指硅、铝氧化物的硅酸盐材料。

（2）特种陶瓷(或新型陶瓷、高技术陶瓷、精细陶瓷、先进陶瓷)——主要指高熔点的氧化物、碳化物、氮化物、硅化物等烧结材料。

（3）金属陶瓷——主要指用陶瓷生产方法制取的金属与碳化物或其他化合物的粉末制品。

武汉理工大学硅酸盐建筑材料国家重点实验室主要从事水泥与胶凝材料、浮法玻璃、建筑节能围护材料、高性能混凝土、环保陶瓷等方面的研究。

0.2.4　复合材料

复合材料就是两种或两种以上不同材料的组合材料,其性能是它的组成材料所不具备的。复合材料可以由各种不同种类的材料复合组成,它的结合键非常复杂,在强度、刚度和耐腐蚀性方面比单纯的金属、陶瓷和聚合物都优越,是一种特殊的工程材料,具有广阔的发展前景。

武汉理工大学材料复合新技术国家重点实验室主要开展面向国家重大工程和支柱产业的先进复合材料、面向新能源技术的高效能源转换和储存材料、面向生命科学的纳米复合生物材料、面向信息技术的信息功能材料和面向变革性技术的前沿新材料等方面的研究。

0.3　工程材料与机械工程

机械工程是一门利用物理定律为机械系统作分析、设计、制造及维修的工程学科。机械工程是以有关的自然科学和技术科学为理论基础,结合生产实践中的技术经验,研究和解决在开发、设计、制造、安装、运用和维修各种机械中的全部理论和实际问题的应用学科。机械工程在工业领域扮演着越来越重要的角色,涉及传统制造业、交通行业、医疗行业、机器人与智能制造行业等。机床、汽车、超声仪等机械产品通常是由上万个形状不同的零件组装而成,这些零件是用各种不同的材料制造而成的。

随着我国社会主义现代化建设的不断发展,现代机械装备正朝着大型、高速、耐高温、耐高压、耐低温、耐受恶劣环境影响等方向发展。在这样复杂苛刻的工况条件下,要求各种机械装备的性能优异,产品质量稳定,能安全地运行和使用。一台机器要真正发挥这些优异的技术功能,除了要有合理的设计及正确的使用保养外,合理的选材和加工是至关重要的一步。如果选材和加工不当,轻则使机械的质量性能下降,重则使装备断裂失效甚至酿成安全事故,因此工程技术人员在设计机械产品时,要根据零件的使用工况选用合适的材料,制订材料正确的加工工艺,限定使用状态下零件内部的显微组织,校核能否在规定的寿命期限内正常服役,等等。

如果工程技术人员没有工程材料的知识背景,不考虑服役条件,照抄别人的用材方案,或者在设计零件时,大量选用所谓的“万能”材料,如 45 钢,这样的选材方法会给产品埋下安全隐患,这已被许多安全事故所证实。在材料选用和处理过程中,零件材料使用状态下的微观组织是决定机器能否正常服役的重要因素。例如,改革开放初期,国内某企业生产的电冰箱,产品设计合理,各项性能指标都不低于甚至超过国外某同款电冰箱,但用户反映不耐用,压缩机常常出现故障。后来把两种电冰箱制冷泵中的柱塞用金相显微镜和电子显微镜检查分析后发现,国外某同款电冰箱制冷泵的柱塞用优质球磨铸铁制成,其显微组织是在珠光体基体上分布着球状石墨,而国内某企业生产的电冰箱使用的是没有经过任何处理的普通碳素钢,其组织为耐磨性较差的铁素体和珠光体。如果设计人员不具备工程材料的专业知识而草率选择产品所使用的材料,将给产品的质量和公司声誉带来不良的影响。例如,2013年3月15日,某知名汽车公司的"生锈门"事件导致其公司形象严重受损。因此,机械工程设计和制造人员必须具备工程材料的基本知识。

目前,机械工业正朝着高速、重载、高效、节能、自动化程度高和使用寿命长的方向发展。在机械产品设计及其制造和维修过程中,所遇到有关机械工程材料的选用和热处理工艺路线方面的问题日趋增多,机械工业的发展与工程材料学科之间的关系更加密切。新型先进材料的发展是开发新产品和提高其质量的支撑基础。机械产品的可靠性和先进性,除设计因素外,在很大程度上取决于所选用材料的质量和性能。新材料的发展是开发新型产品和提高产品质量的物质基础。各种高强度材料的发展,为发展大型结构件和逐步提高材料的使用强度等级、减轻产品自重方面提供了条件;高性能的高温材料、耐腐蚀材料为开发和利用新能源开辟了新的途径。现代发展起来的新型材料有新型纤维材料、功能性高分子材料、非晶质材料、单晶体材料、精细陶瓷和新合金材料等,对于研制新一代的机械产品有重要意义。如碳纤维比玻璃纤维的强度和弹性更高,用它制造飞机和汽车等结构件,能显著减轻自重而节约能源。精细陶瓷如热压氮化硅和部分稳定结晶氧化锆,有足够的强度,比合金材料有更高的耐热性,能大幅提高热机的效率,是绝热发动机的关键材料。还有许多与能源利用和转换密切相关的功能材料,它的突破会引起科技的巨大变革。

0.4　"工程材料"课程的任务与内容

"工程材料"课程是机械类专业(机械工程及自动化、车辆工程、材料成型及控制工程、汽车服务工程、能源与动力工程、测控技术与仪器、工业工程等)和近机械类专业(自动化、电气工程及自动化等)的一门专业基础课。其目的是让学生从微观上认识工程材料,学习工程材料的基本理论知识,掌握材料的成分、结构、组织与性能之间的关系,根据零件服役条件和失效方式合理选择和使用材料,正确制定零件的加工工艺路线。

本课程学习内容包括:

(1) 工程材料的基础理论。即材料的性能、材料的结构、材料的凝固、二元合金及铁碳相图、金属的塑性变形与再结晶、钢的热处理。

(2) 工程材料的具体分类。即合金材料(含工业用钢、铸铁、有色金属及合金)、高分子材料、无机非金属材料、复合材料、功能材料、纳米材料。

(3) 机械零件的失效、强化、选材及工程材料的应用。

工程材料是一门从生产实践中发展起来,又直接为生产服务的科学,在学习时不仅要注意学习基本理论,还要重视本课程的相关实验和课堂讨论,注意理论联系生产实际。从而培养学生对工程材料及其加工工艺的兴趣,提高学生的实践能力和创新意识。

复习思考题

1. 现代技术的三大支柱是什么?

2. 工程材料的定义是什么? 主要研究哪些内容?

3. 根据原子结合键的不同,工程材料是如何分类的? 列出生活中至少 10 种常见的物品,它们分别主要由哪一类工程材料所构成?

自测题 0

1

材料的原子结合方式及性能

随着科学技术的发展和工程应用领域的不断拓展,新材料和新工艺不断涌现,工程材料的性能也在不断改善和提高,日益增长的工程材料不断地满足着持续增长的工程应用需要。无论是通过改性来提高现有工程材料的性能水平,还是研发新的工程材料,都必须建立在对材料基础科学理论认识基础之上,只有从理论上阐明其本质,掌握其规律,才能指导工程实践。

工程材料所涉及的种类繁多,包括金属材料、高分子材料、陶瓷材料和复合材料等。尽管不同类别材料有其自身的特点及应用场景,但追根溯源,它们总有许多共性和相通之处。材料的性能主要取决于其化学成分、组织结构和加工工艺等,成形技术对毛坯材料组织结构的形成和状态有着直接的影响。因此,学习材料的原子结合方式、结合力与结合键、宏观和微观组织结构与材料性能之间关系的理论对于掌握工程材料及其应用十分重要。

1.1 材料的结合方式与结合键

中学物理提到,物质是由原子、分子、离子构成的。原子是化学变化中的最小粒子,原子包含原子核和核外电子,原子核中有质子和中子;分子是原子通过共价键结合而形成的;离子是原子通过离子键结合而形成的。组成物质的基本单元——原子、分子或离子材料在三维空间有规则地周期性排列的固体称为晶体。金属材料通常都是晶体材料,但为什么同样以金属键结合的晶态铁与晶态铝在塑性上有很大的差异呢? 研究表明,材料的性能不仅与其组成原子的性质及原子间结合键的类型有关,还与晶体中原子、分子或离子在三维空间长程有序的排列方式有关。

1.1.1 晶体和非晶体

固态物质按照其原子、分子或离子的聚集状态可分为两大类:晶体和非晶体。晶体是指原子、分子或离子在三维空间有规则地周期性重复排列的一类物质,晶体中原子的规律性排序又称"长程有序"。自然界中除少数物质,如普通玻璃、松香(以松树松脂为原料,通过不同的加工方式得到的非挥发性天然树脂)、石蜡、沥青、赛璐珞(硝化纤维塑料,是塑料的一种,透明,可以染成各种颜色,容易燃烧,用来制造玩具、文具等,旧称假象牙)外,包括金属在内的绝大多数固体都是晶体。

晶体的特点:①结构有序;②有固定的熔点;③物理性质表现为各向异性;④在一定条件下有规则的几何外形。常见的晶体有石英、明矾、云母、结晶盐、水晶、糖、味精等。

非晶体是指原子、分子或离子在其内部沿三维空间呈紊乱、无序排列的一类物质。虽然非晶体在整体上是无序排列的,但在很小范围内原子排列还是有一定规律的,原子的这种规律排列称"短程有序"。典型的非晶体有玻璃、松香、石蜡、沥青、赛璐珞等,如图 1-1 所示。

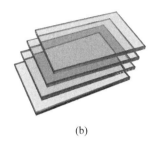
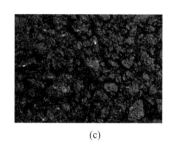

(a) (b) (c)

图 1-1 常见的非晶体

(a) 松香;(b) 普通玻璃;(c) 沥青

非晶体的特点:①结构无序;②没有固定的熔点;③物理性质表现为各向同性;④热导率和膨胀性小;⑤塑性变形大;⑥组成非晶体的化学成分变化范围大。

晶体具有长程有序的特点,但在较小范围内存在缺陷,即在较小范围内可能存在无序性;非晶体可能具有短程有序的特点,即在很小的范围内存在有序性。晶体和非晶体在一定的条件下是可以相互转化的。如通常是晶体的金属,如果将它从液态骤冷(106℃/s)到固态,便可使其具有非晶体的特征。这种非晶态金属被称为玻璃态金属;玻璃态金属经过长时间高温也可形成晶态玻璃。绝大部分的工程材料均为晶体物质。

1.1.2 结合力与结合能

理论上,当元素的原子相互距离为无限远时,彼此间是不存在相互作用的。当它们相互靠近时,便会发生相互作用。这种相互作用既有吸引,也有排斥。无论采取什么方式结合,吸引都是来自异号电荷的库仑相互作用;排斥则一方面来自同号电荷的库仑相互作用,另一方面来自泡利不相容原理决定的电子间相互作用。原子间结合键的强弱对材料的性能有着直接的影响。为了定量地描述结合键的强弱,通常可以计算得到原子间的结合力和结合能。

下面以离子键为例简要介绍原子间的结合力与结合能。在离子键结合中,正离子和负离子之间的库仑力使二者相互吸引,库仑力 F_c(N) 为

$$F_c = -k_0 \frac{(Z_1 q)(Z_2 q)}{a^2}$$

式中,k_0 为静电力常量,$k_0 = 9.0 \times 10^9 \text{N} \cdot \text{m}^2/\text{C}^2$;$Z_1$ 为正离子的价数;Z_2 为负离子的价数;q 为电子的电量,$q = 1.6 \times 10^{-19}$C;a 为正离子和负离子之间的距离,m。

当正离子和负离子相距过近时,电子云的场发生相互排斥,该排斥力 F_r(N) 为

$$F_r = -\frac{bn}{a^{n+1}}$$

式中,b、n 为经验常数,对离子键化合物,$n = 9$。

两离子间的作用力 F 为库仑力 F_c 与排斥力 F_r 之和,即

$$F = -k_0 \frac{(Z_1 q)(Z_2 q)}{a^2} + \left(-\frac{bn}{a^{n+1}}\right)$$

将作用力对距离积分,即得到正离子和负离子间的相互作用能 $E(\mathrm{eV})$ 为

$$E = \int_0^{+\infty} F \, \mathrm{d}a$$

图 1-2 与图 1-3 分别显示了两离子之间的作用力和作用能与离子间距的关系。对于金属键和共价键,上述关系式会发生变化,但基本规律是一致的。因此,图 1-2 与图 1-3 可作为描述材料内部原子间结合力与结合能的基本规律。

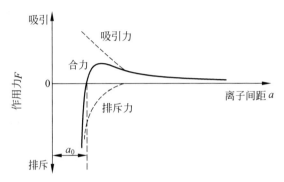

图 1-2   两离子间的作用力与离子间距的关系

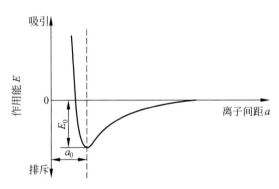

图 1-3   两离子间的作用能与离子间距的关系

由图 1-2 和图 1-3 可知,当两个原子之间的距离为 a_0 时,吸引力与排斥力相等;当两个原子之间的距离小于 a_0 时,排斥力大于吸引力,两原子被推开;当两个原子之间的距离大于 a_0 时,吸引力大于排斥力,两原子被拉近。因此,a_0 为两原子的平衡距离。此时,相互作用能处于最小值,即系统处于能量最小的状态,这是最稳定的状态,也是平衡状态。原子间距大于或小于这个间距均会导致系统能量升高,使之处于不稳定状态。材料的许多性质受结合能的影响,材料的结合能不同,其性质也不同。

1.1.3　材料的结合键

工程材料种类繁多,可以有不同的分类方法。比较科学的方法是根据材料的结合键进

行分类。各种工程材料均由各种不同的元素组成,由不同的原子、离子或分子结合而成。原子、离子或分子之间的结合力称为结合键。一般可把结合键分为离子键、共价键、金属键和分子键 4 种。

1.离子键

当元素周期表中相隔较远的正电性元素原子和负电性元素原子接触时,前者失去最外层价电子变成带正电荷的正离子,后者获得电子变成带负电荷的满壳层负离子。正离子和负离子由静电引力相互吸引;当它们十分接近时发生排斥,引力和斥力相等即形成稳定的离子键,如图 1-4 所示。

离子键的结合力很大,因此离子晶体的硬度高、强度大、热膨胀系数小,但脆性大。离子键中很难产生可以自由运动的电子,所以离子晶体都是良好的绝缘体。在离子键结合中,由于离子的外层电子比较牢固地被束缚,可见光的能量一般不足以使其受激发,因而不吸收可见光,所以典型的离子晶体是无色透明的。

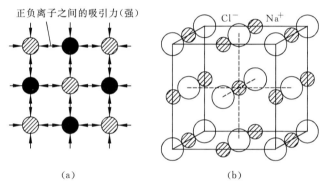

图 1-4　离子键和离子晶体氯化钠的结构
(a) 离子键示意图;(b) 氯化钠结构

2.共价键

处于元素周期表中间位置的 3、4、5 价元素,原子既可能获得电子变为负离子,也可能丢失电子变为正离子。当这些元素原子之间或与邻近元素原子形成分子或晶体时,以共用价电子形成稳定的电子满壳层的方式实现结合。这种由共用价电子对产生的结合键叫共价键,如图 1-5(a) 所示。

最具有代表性的共价晶体为金刚石,其结构如图 1-5(b) 所示。金刚石由碳原子组成,每个碳原子贡献出 4 个价电子与周围的 4 个碳原子共有,形成 4 个共价键,构成正四面体:一个碳原子在中心,与它共价的另外 4 个碳原子在 4 个顶角上。硅、锗、锡等元素也可构成共价晶体。属于共价晶体的还有 SiC、Si_3N_4、BN 等化合物。

共价键的结合力很大,所以共价晶体强度高、硬度高、脆性大、熔点高、沸点高、挥发性低。

3.金属键

元素周期表中Ⅰ、Ⅱ、Ⅲ族元素的原子在满壳层外有一个或几个价电子。原子很容易丢

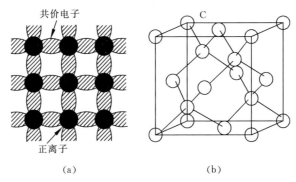

图 1-5 共价键和共价晶体金刚石的结构

(a) 共价键示意图；(b) 金刚石结构

失其价电子而成为正离子。被丢失的价电子不为某个或某两个原子所专有或共有，而是为全体原子所公有。这些公有化的电子叫作自由电子，它们在正离子之间自由运动，形成所谓电子气。正离子在三维空间或电子气中呈高度对称的规则分布。正离子和电子气之间产生强烈的静电吸引力，使全部离子结合起来。这种结合力就叫作金属键，如图 1-6(a)所示。图 1-6(b)显示金属键结合的钠结构。

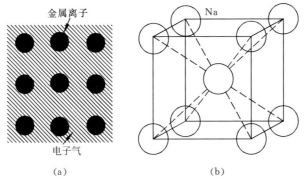

图 1-6 金属键和金属晶体钠的结构

(a) 金属键示意图；(b) 钠结构

在金属晶体中，价电子弥漫在整个体积内，所有的金属离子皆处于相同的环境之中，全部离子(或原子)均可被看作具有一定体积的圆球，所以金属键无所谓饱和性和方向性。

金属由金属键结合，因此金属具有下列特性：

(1) 良好的导电性和导热性。金属中有大量自由电子存在，当金属的两端存在电势差或外加电场时，自由电子可以定向地流动，使金属表现出优良的导电性。金属的导热性很好，一是由于自由电子的活动性很强，二是依靠金属离子振动的作用而导热。

(2) 正的电阻温度系数，即随温度升高电阻增大。绝大多数金属具有超导性，即在温度接近于绝对零度时电阻突然下降，趋近于零。加热时，离子(原子)的振动增强，空位增多，离子(原子)排列的规则性受干扰，电子的运动受阻，电阻增大；温度降低时，离子(原子)的振动减弱，则电阻减小。对于许多金属，在极低的温度(<20K)下，由于自由电子之间结合成两个电子相反自旋的电子对，不易遭受散射，所以导电性趋于无穷大，产生超导现象。

（3）金属中的自由电子能吸收并随后辐射出大部分投射到其表面的光能，所以金属不透明并呈现特有的金属光泽。

（4）金属键没有方向性，原子间也没有选择性，所以在受外力作用而发生原子位置的相对移动时，结合键不会遭到破坏，使金属具有良好的塑性变形能力，金属材料的强韧性好。

4. 分子键

原子状态形成稳定电子壳体的惰性气体元素，在低温下可结合成固体。甲烷分子在固态也能相互结合成为晶体。在它们的结合过程中没有电子的得失，共有或公有化，价电子的分布几乎不变，原子或分子之间靠范德瓦耳斯力结合起来。这种结合方式叫分子键。范德瓦耳斯力实际就是分子偶极之间的作用力。如图 1-7 所示，当一个分子中，正、负电荷的中心瞬时不重合，而使分子一端带正电、另一端带负电时，形成偶极。偶极分子之间会产生吸引力，使其结合在一起。在含氢的物质，特别是含氢的聚合物中，一个氢原子可同时和两个与电子亲和能力大的、半径较小的原子（如 F、O、N 等）相结合，形成氢键。氢键是一种较强的、有方向性的范德瓦耳斯键。其产生的原因是氢原子与某一原子形成共价键时，共有电子向那个原子强烈偏移，使氢原子几乎变成半径很小的带正电荷的核，因而它还可以与另一个原子相吸引，如图 1-7(c) 所示。

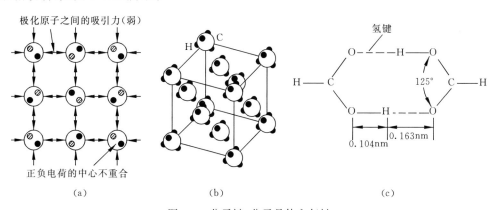

图 1-7 分子键、分子晶体和氢键

(a) 分子键示意图；(b) 甲烷结构；(c) 乙酸二聚体氢键结构

由于范德瓦耳斯力很弱，因此由分子键结合的固体材料熔点低、硬度也很低，无自由电子，因此这些材料有良好的绝缘性。

1.2 静载荷下材料的力学性能

金属材料的力学性能

力学性能也称机械性能，它是设计和校核工程机械设计是否合理的重要依据，因此掌握工程材料的力学性能方面的知识是至关重要的。所谓材料的力学性能，是指材料在外力作用下表现出来的性能，包括强度、塑性、硬度、韧性及疲劳强度等。

材料在加工及使用过程中所受的外力称为载荷。根据载荷作用性质的不同，分为静载荷、冲击载荷及疲劳载荷 3 种。静载荷是指不随时间变化的恒定载荷或加载变化缓慢的准静载荷；冲击载荷是指短时间内快速变化的载荷；疲劳载荷是指随时间做周期性或非周期性变化的动载荷(也称循环载荷)。根据载荷作用方式不同,分为拉伸载荷、压缩载荷、弯曲载荷、剪切载荷和扭转载荷等,如图 1-8 所示。

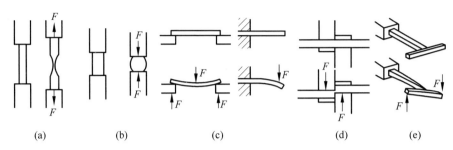

图 1-8　载荷的形式

(a)拉伸载荷；(b)压缩载荷；(c)弯曲载荷；(d)剪切载荷；(e)扭转载荷

材料受不同载荷作用而发生的几何形状和尺寸的变化称为变形。变形一般可分为弹性变形和塑性变形。材料在外力作用下产生变形,当外力取消后,材料变形即可消失并能完全恢复原来形状的性质称为弹性。这种可恢复的变形称为弹性变形。弹性变形的重要特征是其可逆性,即受力作用后产生变形,卸除载荷后变形消失。塑性变形是指材料在外力作用下产生形变而在外力去除后不能恢复的那部分变形。塑性变形是不可逆的,发生塑性变形后,材料不能恢复到原来的形状。

材料受外力作用后,在材料内部作用着与外力相对抗的力,称为内力。单位截面积上的内力称为应力。材料受拉伸载荷或压缩载荷作用时,其横截面积上的应力 R 的计算公式如下：

$$R = \frac{F}{S}$$

式中,F 为外力,N；S 为横截面积,m^2；R 为应力,Pa,$1Pa = 1N/m^2$。

1.2.1　强度、刚度和塑性

1. 强度

材料抵抗外力而不失效的能力称为强度。强度是机械零部件首先应满足的基本要求。强度大小通常用应力来表示。根据载荷作用方式不同,强度可分为抗拉强度(R_m)、抗压强度(R_{mc})、抗弯强度(R_{bb})、抗剪强度(τ_b)和抗扭强度(τ_m)5 种。一般情况下多以抗拉强度(R_m)作为判别材料强度高低的指标。强度校核是机械设计中的重要环节,结构设计工程师通过计算、分析和校核来验证产品在预期的工作载荷和环境下是否具有足够的承载能力,它关系到产品的安全性和稳定性。无论哪个行业,工程师都需要对自己设计的产品负责,严格遵守相关的法律法规和职业规范。

抗拉强度是通过拉伸试验测定的。拉伸试验的方法是用静拉力对标准试样进行轴向拉伸,同时连续测量力和相应的伸长,直至断裂。根据测得的数据,即可求出有关的力学性能。

1) 拉伸试样

拉伸试样的形状一般有圆形和矩形两类。在国家标准 GB/T 228.1—2021《金属材料　拉伸试验　第 1 部分:室温试验方法》中,对试样的形状、尺寸及加工要求均有明确的规定。图 1-9 所示为圆形拉伸试样。根据试样标距与横截面积之间的关系,试样可分为长试样($L_0 = 11.3\sqrt{S_0}$)和短试样($L_0 = 5.65\sqrt{S_0}$)。其中,L_0 代表试样的标距长度;S_0 代表试样中间平行长度的横截面积。

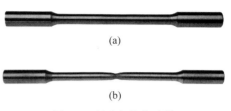

图 1-9 低碳钢拉伸试样

(a) 拉伸前;(b) 拉断后

2) 力-伸长曲线

拉伸试验中记录的拉伸力对伸长的关系曲线叫作力-伸长曲线,也称拉伸图。图 1-10 是低碳钢的力-伸长曲线,图中纵坐标表示力 F,单位为 N;横坐标表示绝对伸长 Δl,单位为 mm。图中明显地表现出下面几个变形阶段:

Oe——弹性变形阶段。试样的变形量与外加载荷成正比,载荷卸载后,试样恢复到原来的形状和尺寸。

es——屈服阶段。当载荷超过 F_e 时,若卸载的话,试样的伸长只能部分地恢复,而保留一部分残余变形。这种不能随载荷的去除而消失的变形称为塑性变形。当载荷超过到 F_e 时,图上出现平台或锯齿状,这种在载荷不增加或略有减小的情况下,试样继续发生变形的现象叫作屈服。F_s 称为屈服载荷。屈服后,材料将残留较大的塑性变形。

sb——强化阶段。在屈服阶段以后,欲使试样继续伸长,必须不断加载。随着塑性变形增大,试样变形抗力也逐渐增加,这种现象称为形变强化(或称加工硬化)。F_b 为试样拉伸试验时的最大载荷。

bz——缩颈阶段(局部塑性变形阶段)。当载荷达到最大值时,试样的直径发生局部收缩,称为缩颈。试样变形所需的载荷也随之降低,这时伸长主要集中于缩颈部位,直至断裂。

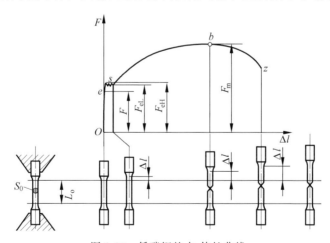

图 1-10 低碳钢的力-伸长曲线

工程上使用的材料,多数没有明显的屈服现象。对于低塑性材料,不仅没有屈服现象,而且也不产生缩颈,如球墨铸铁等。

3) 强度指标

(1) 屈服强度:当金属材料呈现屈服现象时,在试验期间金属材料产生塑性变形而力不增加时的应力点,按下式计算。屈服强度分为上屈服强度和下屈服强度。上屈服强度是指试样发生屈服而力首次下降前的最大应力。在屈服期间,不计初始瞬时效应时的最小应力为下屈服强度。

$$R_{eH(L)} = \frac{F_{eH(L)}}{S_0}$$

式中，$R_{eH(L)}$ 为上（下）屈服强度，N/mm^2；S_0 为试样原始横截面积，mm^2。

对于没有屈服强度或使用有规定要求的可设定规定塑性延伸强度（用 R_p 表示）或者规定残余延伸强度（用 R_r 表示）。例如，$R_{p0.2}$ 表示规定塑性延伸率为 0.2% 时的应力；$R_{r0.2}$ 表示规定残余延伸率为 0.2% 时的应力。图 1-11 为规定塑性延伸强度。

规定总延伸强度用符号 R_t 表示，总延伸率等于规定的引伸计标距百分率时的应力，如图 1-12 所示，使用的符号应附以下脚注说明所规定的百分率，例如 $R_{t0.5}$ 表示规定总延伸率为 0.5% 时的应力。

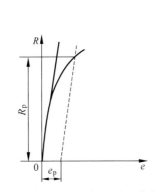

e—延伸率；e_p—规定的塑性延伸率；
R—应力；R_p—规定塑性延伸强度。

图 1-11　规定塑性延伸强度

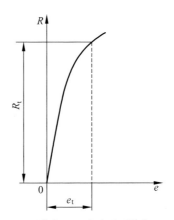

e—延伸率；e_t—规定总延伸率；
R—应力；R_t—规定总延伸强度。

图 1-12　规定总延伸强度

机械零件在工作时如受力过大，则会因过量的塑性变形而失效。若零件工作时所受的力低于材料的屈服强度，则不会产生过量的塑性变形。材料的下屈服强度或规定塑性屈服强度越高，允许的工作应力也越高，则零件的截面尺寸及自身质量就可以减小。因此，材料的下屈服强度或规定塑性屈服强度是机械设计的主要依据，也是评定材料优劣的重要指标。

（2）抗拉强度：材料在拉断前所能承受的最大应力称为抗拉强度，用符号 R_m 表示，按下式计算：

$$R_m = \frac{F_m}{S_0}$$

式中，R_m 为抗拉强度，N/mm^2；F_m 为试样承受的最大试验力，N。

抗拉强度表示材料在拉伸载荷作用下的最大均匀变形的抗力，也是机械零件设计和选材的主要依据之一。

2. 刚度

刚度是指材料或结构在受力时抵抗弹性变形的能力，是材料或结构弹性变形难易程度的表征。材料的刚度通常用弹性模量 E 来衡量。在宏观弹性范围内，刚度是零件荷载与位移成正比的比例系数,即引起单位位移所需的力。它的倒数称为柔度,即单位力引起的位移。刚度可分为静刚度和动刚度。

静载荷下抵抗变形的能力称为静刚度。动载荷下抵抗变形的能力称为动刚度,即引起单位振幅所需的动态力。如果干扰力变化很慢(干扰力的频率远小于结构的固有频率),动刚度与静刚度基本相同。如果干扰力变化极快(干扰力的频率远大于结构的固有频率),结构变形比较小,即动刚度比较大。当干扰力的频率与结构的固有频率相近时,有共振现象,此时动刚度最小,即最易变形,其动变形可达静载变形的几倍乃至十几倍。

构件变形常影响构件的正常服役,如齿轮轴的过度变形会影响齿轮啮合状况,机床变形过大会降低加工精度等。影响刚度的因素是材料的弹性模量和结构形式,改变结构形式对刚度有显著影响。刚度计算是振动理论和结构稳定性分析的基础。在质量不变的情况下,刚度大则固有频率高。静不定结构的应力分布与各部分的刚度比例有关。在断裂力学分析中,含裂纹构件的应力强度因子可根据柔度求得。

刚度与物体的材料性质、几何形状、边界支持情况以及外力作用形式有关。材料的弹性模量和剪切模量越大,则刚度越大。在工程上,有些机械、桥梁、建筑物、飞行器和舰船就因为结构刚度不够而出现失稳,或在流场中发生颤振等灾难性事故。因此在设计中,必须按规范要求确保结构有足够的刚度。研究刚度的重要意义还在于,通过分析物体各部分的刚度,可以确定物体内部的应力和应变分布,这也是固体力学的基本研究方法之一。

刚度一般针对构件或结构而言,它的大小不仅与材料本身的性质有关,还与构件或结构的截面和形状有关。而强度一般只是针对材料而言,它的大小与材料本身的性质及受力形式有关,与材料的形状无关。

3. 塑性

断裂前材料在外力作用下变形而不断裂的能力称为塑性。塑性指标也是通过拉伸试验测得的,常用塑性指标是断后伸长率和断面收缩率,是设计和计算的主要参考。

1) 伸长率

试样拉断后,标距的伸长与原始标距的百分比称为伸长率,用符号 A 表示,其计算方法如下:

$$A = \frac{L_u - L_0}{L_0} \times 100\%$$

式中,A 为伸长率,%;L_u 为试样拉断后的标距,mm;L_0 为试样的原始标距,mm。

2) 断面收缩率

试样拉断后,缩颈处截面积的最大缩减量与原始横截面积的百分比为断面收缩率,用符号 Z 表示,其计算方法如下:

$$Z = \frac{S_0 - S_u}{S_0} \times 100\%$$

式中,Z 为断面收缩率,%;S_0 为试样的原始横截面积,mm^2;S_u 为试样拉断处的最小横截面积,mm^2。

材料的伸长率(A)和断面收缩率(Z)数值越大,表示材料的塑性越好。塑性好的材料可以发生大量塑性变形而不破坏,便于通过塑性变形加工成复杂形状的零件。例如,工业纯铁的伸长率可达 50%,断面收缩率可达 80%,可以拉成细丝、轧成薄板等,而铸铁的伸长率和断面收缩率几乎为零,所以不能进行塑性变形加工。塑性好的材料,在受力过大时,由于首先产生塑性变形而不致发生突然断裂,因此比较安全。

1.2.2 硬度

材料抵抗局部变形(特别是塑性变形)、压痕或划痕的能力称为硬度(hardness)。硬度是各种零件和工具必须具备的性能指标。机械制造业所用的刀具、量具、模具等,都应具备足够的硬度,才能保证使用性能和寿命。有些机械零件如齿轮等,要求表面具有一定的硬度,以保证足够的耐磨性和使用寿命。因此硬度是材料重要的力学性能之一。

与拉伸试验相比,硬度试验简便易行,硬度值又可以间接地反映材料的强度以及材料在化学成分、金相组织和热处理工艺上的差异,因而硬度试验应用十分广泛。硬度试验的方法很多,有压入硬度试验法(如布氏硬度、洛氏硬度、维氏硬度等)、划痕硬度试验法(如莫氏硬度)、回跳硬度试验法(如肖氏硬度)等,生产中常用的是压入硬度试验法。

1. 布氏硬度

1) 布氏硬度(Brinell hardness)的测试原理

图 1-13 为布氏硬度的试验原理图。它是用一定直径的球体(钢球或硬质合金球),以相应的试验力压入试样表面,经规定保持时间后卸除试验力,用测量表面压痕直径来计算硬度的一种压痕硬度试验。

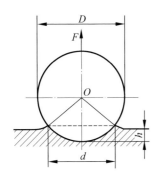

布氏硬度值用球面压痕单位表面积上所承受的平均压力来表示,用符号 HBS(HBW)表示。布氏硬度值按下式计算:

$$HBS(HBW) = 0.102 \frac{2F}{\pi D(D - \sqrt{D^2 - d^2})}$$

式中,HBS(HBW)为用钢球(或硬质合金球)试验时的布氏硬度值;F 为试验力,N;D 为球体直径,mm;d 为压痕平均直径,mm。

从上式可以看出,当外载荷 F、压头球体直径 D 一定时,布氏硬度值仅与压痕平均直径 d 的大小有关。d 越小,布氏硬度值越大,也就是硬度越高。相反,d 越大,布氏硬度值越小,硬

图 1-13 布氏硬度试验原理图

度也越低。在实际应用中,布氏硬度一般不用计算,而是用专用的刻度放大镜量出压痕平均直径 d,根据 d 的大小,再从专门的硬度表中查出相应的布氏硬度值。

2) 布氏硬度的符号及表示方法

当试验的压头为淬硬钢球时,其硬度符号用 HBS 表示。当试验压头为硬质合金球时,其硬度符号用 HBW 表示。

布氏硬度的表示方法规定为:符号 HBS 或 HBW 之前的数字为硬度值,符号后面按以下顺序用数字表示试验条件:球体直径/试验力/试验力保持的时间(10~15s 不标注)。

例如,170HBS 10/1000/30 表示用直径 10mm 的钢球,在 9807N(1000kgf)的试验力作用下,保持 30s 时测得的布氏硬度值为 170。530HBW 5/750 表示用直径 5mm 的硬质合金球,在 7355N(750kgf)的试验力作用下,保持 10~15s 时测得的布氏硬度值为 530。

3) 试验条件的选择

布氏硬度试验时,压头球体的直径 D、试验力 F 及试验力保持的时间 t,应根据被测材

料的种类、硬度值的范围及材料的厚度进行选择。

常见的压头球直径有 1mm、2.5mm、5mm 和 10mm。试验力的大小介于 9.807N (1kgf)～29.42kN(3kgf)之间。试验力的选择应保证压痕直径在 0.24D～0.6D 之间。如果压痕直径超出了上述区间,应在试验报告中注明压痕直径与压头球直径的比值 d/D。试验力与压头球直径平方的比率(0.102F/D^2 比值)应根据材料和硬度值选择,见表 1-1。为了保证在尽可能大的有代表性的试样区域试验,应尽可能地选取大直径压头。

表 1-1 不同材料推荐的试验力与压头球直径平方的比率

材　　料	布氏硬度/HBW	试验力与压头球直径平方的比率 $(0.102×F/D^2)/(N/mm^2)$
钢、镍基合金、钛合金		30
铸铁*	<140	10
	≥140	30
铜和铜合金	<35	5
	35～200	10
	>200	30
轻金属及合金	<35	2.5
	35～80	5
		10
		15
	>80	10
		15
铅、锡		1
烧结金属	依据 GB/T 9097—2016	

* 对于铸铁,压头球的名义直径应为 2.5mm、5mm 或 10mm。

注:此表来源于 GB/T 231.1—2018《金属材料　布氏硬度试验　第 1 部分:试验方法》。

4) 应用范围及优、缺点

布氏硬度适用于铸铁、有色金属及其合金、各种退火及调质的钢材,特别对于软材料,如铝、铅、锡等更为适宜。布氏硬度的优点是具有很高的测量精度,它采用的试验力大、球体直径也大,因而压痕直径也大,能较真实地反映出材料的平均性能。另外,由于布氏硬度与其他力学性能(如抗拉强度)之间存在一定的近似关系,因而在工程上得到广泛应用。布氏硬度的缺点是操作时间较长,对不同材料需要更换压头和试验力,压痕测量也较费时间。在进行高硬度材料试验时,由于球体本身的变形会使测量结果不准确。因此,用钢球压头测量时,硬度值必须小于 450HBS;用硬质合金球压头测量时,硬度值必须小于 650HBW。又因压痕较大,不宜用于测量成品件及薄件。

2. 洛氏硬度

1) 洛氏硬度(Rockwell hardness)的测试原理

在初始试验力 F_0 及总试验力 F_0+F_1 先后作用下,将压头(金刚石圆锥体或钢球)压入试样表面,经规定保持时间后卸除主试验力 F_1,用保持初始试验力的条件下测量的残余压痕深度增量来计算硬度。图 1-14 为用金刚石圆锥体压头进行洛氏硬度试验的示意图。

从图中可看出,洛氏硬度值 HR 是用洛氏硬度相应标尺刻度满量程 100 与残余压痕深度增量 e 之差计算硬度值,计算公式如下:

$$HR = k - e$$

式中,HR 为洛氏硬度值;k 为常数,用金刚石圆锥体压头进行试验时 k 为 100,用钢球压头进行试验时 k 为 130;e 为残余压痕深度增量,单位为 0.002mm。

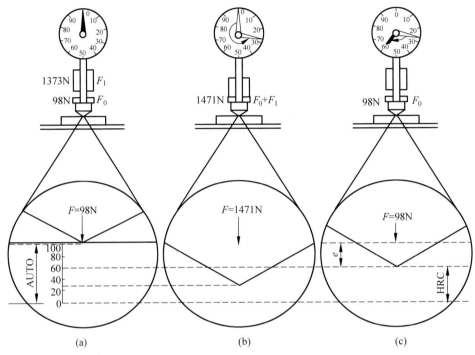

图 1-14　用金刚石圆锥体压头试验示意图
(a) 加初始试验力 F_0;(b) 加总试验力 $F_0 + F_1$;(c) 卸除主试验力 F_1

2）常用洛氏硬度标尺及其适用范围

为了用一台硬度计测定从软到硬不同材料的硬度,可采用不同的压头和总试验力,组成 15 种洛氏硬度标尺,每一种标尺用一个字母在洛氏硬度符号 HR 后面加以注明。常用的洛氏硬度标尺有 HRA、HRB、HRC 3 种,其中 HRC 应用最为广泛。3 种洛氏硬度标尺的试验条件和适用范围见表 1-2。

表 1-2　常用洛氏硬度标尺的试验条件和适用范围

硬度标尺	压头类型	总试验力/N	硬度值有效范围	应用举例
HRC	120°金刚石圆锥体	1471.0	20～70 HRC	适用于调质钢、淬火钢件等
HRB	1.588mm 钢球	980.7	20～100 HRB	适用于软钢、退火钢、铜合金等
HRA	120°金刚石圆锥体	588.4	20～88 HRA	适用于硬质合金、表面淬火钢等

各种不同标尺的洛氏硬度值不能直接进行比较,但可用实验测定的换算表相互比较。

3）优、缺点

洛氏硬度试验的优点是操作简单、迅速,能直接从刻度盘上读出硬度值;压痕较小,可以测定成品及薄的工件;测试的硬度值范围大,可测从很软到很硬的材料。其缺点是压痕较小,当材料的内部组织不均匀时,硬度数据波动较大使测量值的代表性不足,通常需要在不同部位测试数次,取其平均值来代表材料的硬度。

3. 维氏硬度

维氏硬度(Vickers hardness)的试验原理基本上和布氏硬度试验相同,如图 1-15 所示。将相对面夹角为 136°的正四棱锥体金刚石压头,以选定的试验力压入试样表面,经规定保持时间后卸除试验力,通过测量压痕对角线的长度来计算硬度。即用正四棱锥形压痕单位表面积上承受的平均压力代表维氏硬度值。计算公式如下:

$$HV = 0.1891\frac{F}{d^2}$$

式中,HV 为维氏硬度值;F 为试验力,N;d 为压痕两对角线长度的算术平均值,mm。

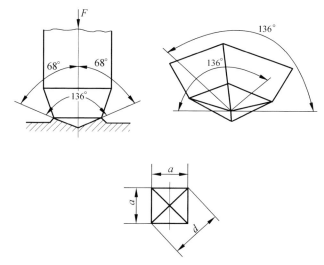

图 1-15　维氏硬度试验原理示意图

在实际工作中,维氏硬度值同布氏硬度一样,不用计算,而是根据压痕对角线长度从表中直接查出。

维氏硬度试验所用的试验力可根据试件的大小、厚薄等条件进行选择,常用试验力在 49.03~980.7N 范围内变动。试验力保持的时间:黑色金属材料为 10~15s;有色金属材料为(30±2)s。

维氏硬度用符号 HV 表示,HV 前面为硬度值,HV 后面的数字按顺序表示试验条件。例如,640 HV30 表示用 294.2N(30kgf)试验力,保持 10~15s(可省略不标)测定的维氏硬度值为 640。

维氏硬度计通常用于材料研究和科学试验中小负荷硬度试验,主要用于小型精密零件的硬度、表面硬化层硬度和有效硬化层深度、镀层的表面硬度、薄片材料和细线材的硬度、刀刃附近的硬度、牙科材料的硬度测试等。由于试验力很小,压痕也很小,试样外观和使用性能都可以不受影响。维氏硬度试验的缺点是试验时需要测量压痕对角线的长度,测试过程较烦琐;压痕小,对试件表面质量要求较高。

1.3　动载荷下材料的力学性能

1.3.1　冲击韧性

许多机械零件在工作中会受到冲击载荷的作用,如活塞销、锤杆、冲模和锻模等,制造这类零件所用的材料,其性能指标不能单纯用静载荷作用下的指标来衡量,而必须考虑材料抵抗冲击载荷的能力。材料抵抗冲击载荷作用而不破坏的能力称为冲击韧度(impact toughness)。目前,常用一次摆锤冲击弯曲试验来测定材料的冲击韧度。

1. 冲击试样

为了使试验结果可以互相比较,试样必须采用标准试样。冲击试样的类型很多,需根据国家标准 GB/T 229—2020《金属材料　夏比摆锤冲击试验方法》有关的要求来选择。常用的试样有 V 形缺口和 U 形缺口试样,其尺寸如图 1-16 及图 1-17 所示。

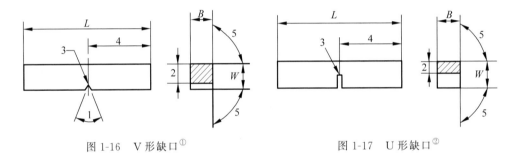

图 1-16　V 形缺口[①]　　　　　　　　图 1-17　U 形缺口[②]

2. 冲击试验的原理及方法

冲击试验利用能量守恒原理:试样被冲断过程中吸收的能量等于摆锤冲击试样前后的势能差。

冲击试验是这样进行的:将待测的材料加工成标准试样,然后放在试验机的支座上,放置时,试样缺口应背向摆锤的冲击方向,如图 1-18(a)所示。再将具有一定重力 G 的摆锤举至一定的高度 H_1,如图 1-18(b)所示,使其获得一定的势能(GH_1),然后使摆锤自由落下,将试样冲断。摆锤的剩余势能为 GH_2。试样破断所吸收的能量即摆锤冲击试样所做的功,称为冲击吸收功,用符号 A_k 表示,其计算公式为

$$A_k = GH_1 - GH_2 = G(H_1 - H_2)$$

式中,A_k 为冲击吸收功,J;G 为摆锤的重力,N;H_1 为摆锤举起的高度,m;H_2 为冲断试样后摆锤回升的高度,m。

冲击吸收功 A_k 除以试样缺口处截面积 S_0,即可得到材料的冲击韧度,用符号 a_k 表

---

　①　②　符号 L、W、B 和数字 1~5 的尺寸见 GB/T 229—2020《金属材料　夏比摆锤冲击试验方法》。

示,其计算公式如下:

$$a_k = \frac{k}{S_0}$$

式中,a_k 为冲击韧度,J/cm^2;k 为冲击吸收功,J;S_0 为试样缺口处截面积,cm^2。

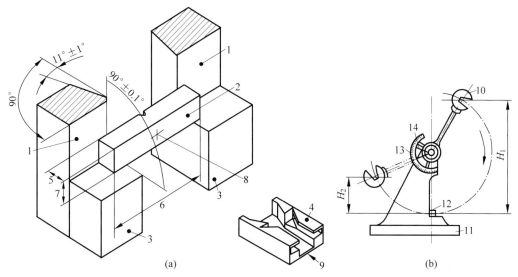

1—砧座;2—标准尺寸试样;3—试样支座;4—保护罩;5—试样宽度;6—试样长度;7—试样厚度;8—打击点;
9—摆锤冲击方向;10—摆锤;11—机架;12—试样;13—刻度盘;14—指针。

图 1-18　冲击试验示意图

冲击韧度是冲击试样缺口处单位横截面积上的冲击吸收功,冲击韧度越大,表示材料的韧性越好。必须说明的是,使用不同类型的试样(U 形缺口或 V 形缺口)进行试验时,其冲击吸收功应分别标为 A_{kU} 或 A_{kV},冲击韧度则标为 a_{kU} 或 a_{kV}。

3. 小能量多次冲击试验

实践表明,承受冲击载荷的机械零件,很少因一次大能量冲击而遭破坏,绝大多数是在一次冲击不足以使零件破坏的小能量多次冲击作用下而破坏的。如凿岩机风镐上的活塞、冲模的冲头等,它们的破坏是由于多次冲击损伤的积累,导致裂纹产生与扩展的结果,根本不同于一次冲击的破坏过程。对于这样的零件,用冲击韧度来设计显然是不符合实际的。

实践表明,一次冲击韧度高的材料,小能量多次冲击抗力不一定高。如大功率柴油机曲轴是用孕育铸铁制成的,它的冲击韧度接近于零,而在长期使用中未发生断裂。因此,需要采用小能量多次冲击试验来检验这类材料的抗冲击性能。

小能量多次冲击测试的原理如图 1-19 所示。试样在冲头多次冲击下断裂时经受的冲击次数 N,代表材料的抗冲击能力。

实践证明,在小能量多次冲击条件下,其冲击抗力主要取决于材料的强度和塑性。

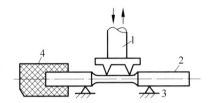

1—冲头；2—试样；3—支承座；4—橡皮传动轴。

图 1-19　小能量多次冲击工作图

1.3.2　疲劳强度

1. 疲劳的概念

许多机械零件如轴、齿轮、轴承、叶片、弹簧等在工作过程中各点的应力随时间作周期性的变化,这种随时间作周期性变化的应力称为交变应力(也称循环应力)。在交变应力作用下,虽然零件所承受的应力低于材料的屈服点,但经过较长时间的工作而产生裂纹或突然发生完全断裂的过程称为材料的疲劳。

疲劳破坏是机械零件失效的主要原因之一。据统计,在机械零件失效中约 80% 以上属于疲劳破坏,而且疲劳破坏前没有明显的变形而突然破断。所以,疲劳破坏经常造成重大事故。

2. 疲劳破坏的特征

尽管疲劳载荷有各种不同的类型,但疲劳破坏有共同的特点:

(1) 疲劳断裂时并没有明显的宏观塑性变形,断裂前没有预兆,而是突然地破坏;

(2) 引起疲劳断裂的应力很低,常常低于材料的屈服点;

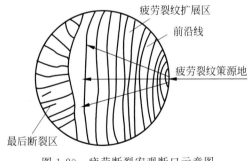

图 1-20　疲劳断裂宏观断口示意图

(3) 疲劳破坏的宏观断口由两部分组成,即疲劳裂纹的策源地及扩展区(光滑部分)和最后断裂区(毛糙部分),如图 1-20 所示。机械零件之所以产生疲劳断裂,是由于材料表面或内部有缺陷(夹杂、划痕、尖角等)。这些地方的局部应力大于屈服点,从而产生局部塑性变形而导致开裂。这些微裂缝随应力循环次数的增加而逐渐扩展,直至最后截面大大减小,以致不能承受所加载荷而突然断裂。

3. 疲劳曲线和疲劳极限

疲劳曲线是交变应力与循环次数的关系曲线,如图 1-21 所示。曲线表明,材料承受的最大交变应力越大,则断裂时应力循环次数 N 越少,反之则 N 越多。

从图 1-21 可以看出,当应力低于一定值时,试样可以经受无限周期循环而不破坏,此应力值称为材料的疲劳极限,用 σ_r 表示,r 表示应力循环特性。对于对称循环(见图 1-22),

$r = -1$，故疲劳极限用 σ_{-1} 表示。

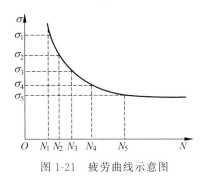

图 1-21　疲劳曲线示意图

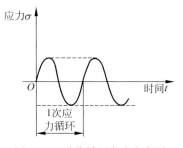

图 1-22　对称循环交变应力图

实际上，材料不可能做无限次交变载荷试验。对于黑色材料，一般规定应力循环 10^7 周次而不断裂的最大应力称为疲劳极限。有色材料、不锈钢等取 10^8 周次。

综上所述，常用的力学性能指标及其含义见表 1-3。

表 1-3　常用的力学性能指标及其含义

力学性能	性能指标			含　　义
	符号	名称	单位	
强度	R_m	抗拉强度	MPa	试样拉断前承受的最大标称拉应力
	R_{eH}	上屈服强度	MPa	试样发生屈服而力首次下降前的最大应力
	R_{eL}	下屈服强度	MPa	在屈服期间，不计初始瞬时效应时的最小应力
	R_p	规定塑性延伸强度	MPa	$R_{p0.2}$ 表示规定塑性延伸率为 0.2% 时的应力
	R_t	规定总延伸强度	MPa	$R_{t0.5}$ 表示规定总延伸率为 0.5% 时的应力
塑性	A	伸长率	%	标距的伸长与原始标距的百分比
	Z	断面收缩率	%	缩颈处横截面积的最大缩减量与原始横截面积的百分比
硬度	HB	布氏硬度		球形压痕，单位表面积上所承受的平均压力
	HRC	C 标洛氏硬度		$HRC=100\cdots e$ 相应标尺刻度满景程与残余压痕深度增量 e 之差计算的硬度值
	HRB	B 标洛氏硬度		$HRB=130\cdots e$
	HRA	A 标洛氏硬度		$HRA=100\cdots e$
	HV	维氏硬度		正四棱锥形压痕单位表面积上所承受的平均压力
韧性	a_k	冲击韧度	J/cm²	冲击试样缺口处单位横截面积上的冲击吸收功
抗疲劳性	σ_{-1}	疲劳极限	MPa	对称循环时，在指定循环基数（如 10^7）下的中值疲劳强度

1.3.3　断裂韧度

前面几节讨论的力学性能，都是假定材料是均质、连续、各向同性的。以这些假设为依据的设计方法称为常规设计方法。根据常规方法分析认为是安全的设计，有时会发生意外断裂事故。研究这种在高强度金属材料中发生的低应力脆性断裂，发现前述假设是不成立的。

实际上，材料的组织远非均匀、各向同性的，组织中有微裂纹，还会有夹杂、气孔等宏观缺陷，这些缺陷可看成是材料中的裂纹。当材料受外力作用时，这些裂纹的尖端附近便出现应力集中,形成一个裂纹尖端的应力场。根据断裂力学对裂纹尖端应力场的分析,裂纹前端附近应力场的强弱主要取决于一个力学参数,即应力强度因子 K_1,单位为 $MN \cdot m^{-3/2}$:

$$K_1 = Y\sigma\sqrt{a} \ (MN \cdot m^{-3/2})$$

式中,Y 为与裂纹形状、加载方法及试样尺寸有关的量,是一个无量纲的系数;σ 为外加拉应力,MPa;a 为裂纹长度的一半,m。

对某一个有裂纹的试样(或机件),在拉伸外力作用下,Y 值是一定的。当外加拉力逐渐增大,或裂纹逐渐扩展时,裂纹尖端的应力强度因子 K_1 也随之增大;当 K_1 增大到某一临界值时,试样(或机件)中的裂纹会产生突然失稳扩展,导致断裂。这个应力强度因子的临界值称为材料的断裂韧度,用 K_{IC} 表示。

断裂韧度是用来反映材料抵抗裂纹失稳扩展,即抵抗脆性断裂能力的性能指标。当 $K_1 < K_{IC}$ 时,裂纹扩展很慢或不扩展;当 $K_1 \geqslant K_{IC}$ 时,则材料发生失稳脆断。这是一项重要的判据,可用来分析和计算一些实际问题。例如,若已知材料的断裂韧度和裂纹尺寸,便可以计算裂纹扩展以致断裂的临界应力,即机件的承载能力;或者已知材料的断裂韧度和工作应力,就能确定材料中允许存在的最大裂纹尺寸。

断裂韧度测定是把试验材料制成一定形状和尺寸的试样,在试样上预制出能反映材料实际情况的疲劳裂纹,然后施加载荷。试验中用仪器自动记录并绘出外力和裂纹扩展的关系曲线,经过计算和分析,确定断裂韧度。能够反映材料抵抗裂纹失稳扩展的性能指标及其试验测定方法有多种,具体试验测定方法及要求见 GB/T 4161—2007《金属材料 平面应变断裂韧度 K_1(试验方法)》、GB/T 21143—2014《金属材料 准静态断裂 韧度的统一试验方法》等。

断裂韧度是材料固有的力学性能指标,是强度和韧性的综合体现,它与裂纹的大小、形状、外加应力等无关,主要取决于材料的成分、内部组织和结构。

材料的物理和化学性能

1.4 材料的物理、化学及工艺性能

1.4.1 材料的物理性能

常用金属的物理性能见表 1-4。

表 1-4 常用金属的物理性能

金属名称	符号	密度/(kg/m³)(20℃)	熔点/℃	热导率/(W/(m·K))	线膨胀系数/(10⁻⁶×K⁻¹)(0~100℃)	电阻率/(Ω·m×10⁻⁸)
银	Ag	10.49×10^3	960.8	418.6	19.7	1.5
铜	Cu	8.95×10^3	1083	393.5	17	1.67~1.68(20℃)
铝	Al	2.7×10^3	660	221.9	23.6	2.655
镁	Mg	1.74×10^3	650	153.7	24.3	4.47
钨	W	19.3×10^3	3380	166.2	4.6(20℃)	5.1
镍	Ni	8.9×10^3	1453	92.1	13.4	6.84

续表

金属名称	符号	密度/(kg/m³)(20℃)	熔点/℃	热导率/(W/(m·K))	线膨胀系数/($10^{-6} \times K^{-1}$)(0~100℃)	电阻率/($\Omega \cdot m \times 10^{-8}$)
铁	Fe	7.87×10^3	1538	75.4	11.76	9.7
锡	Sn	7.3×10^3	231.9	62.8	2.3	11.5
铬	Cr	7.19×10^3	1903	67	6.2	12.9
钛	Ti	4.508×10^3	1677	15.1	8.2	42.1~47.8
锰	Mn	7.43×10^3	1244	4.98(−192℃)	37	185(20℃)

1. 密度

单位体积物质的质量称为该物质的密度。不同材料的密度不同,如铁的密度为 $7.8 \times 10^3 \, kg/m^3$ 左右,陶瓷为 $2.2 \times 10^3 \sim 2.5 \times 10^3 \, kg/m^3$,常见的非金属材料的密度一般较金属材料小。

强度 R_m 与密度 ρ 之比称为比强度,弹性模量 E 与密度 ρ 之比称为比弹性模量,这都是零件选材的重要指标。

2. 熔点

熔点是指材料的熔化温度。陶瓷的熔点一般显著高于金属及合金的熔点,而高分子材料一般不是完全晶体,所以没有固定的熔点。工业上常用的防火安全阀及熔断器等零件,使用低熔点合金。而工业高温炉、火箭、导弹、燃气轮机、喷气飞机等某些零部件,却必须使用耐高温的难熔材料。

3. 导热性

材料传导热量的性能称为导热性,用导热系数(也称热导率)表示,见表1-4。导热性好的材料(如铜、铝及其合金)常用来制造热交换器等传热设备的零部件。导热性差的材料(陶瓷、木材、塑料等)可用来制造绝热材料。一般来说,金属及合金的导热系数远高于非金属材料。

在制定焊接、铸造、锻造和热处理工艺时,必须考虑材料的导热性,防止材料在加热和冷却过程中形成过大的内应力而造成变形与开裂。

4. 热膨胀性

材料随着温度变化而膨胀、收缩的特性称为热膨胀性。一般来说,材料受热时膨胀而使体积增大,冷却时收缩而使体积缩小。热膨胀性的大小用线膨胀系数 a_c、体膨胀系数 a_v 来表示。表1-4列出了常见金属的线膨胀系数。体膨胀系数近似为线膨胀系数的3倍。

一般情况下,陶瓷的线膨胀系数最低,金属次之,高分子材料的线膨胀系数最高。

5. 导电性

材料传导电流的能力称为导电性,常用其电导率表示,但用其倒数(电阻率)更方便。

通常金属的电阻率随温度的升高而增加。相反,非金属材料的电阻率随温度升高而降低。金属及其合金具有良好的导电性,银的导电性最好,铜、铝次之,故常用作导电材料。但电阻率大的金属可制造电热元件。

高分子材料都是绝缘体,但有的高分子复合材料也有良好的导电性。陶瓷材料虽是良好的绝缘体,但某些成分的陶瓷却是半导体。

6. 磁性

通常把材料能导磁的性能叫作磁性。磁性材料分软磁材料和永磁材料。软磁材料易磁化、导磁性良好,外磁场去除后磁性基本消失,如电工纯铁、硅钢片等。永磁材料是经磁化后,保持磁场,磁性不易消失,如铝镍钴系和稀土钴等。许多金属,如铁、镍、钴等有较高的磁性,但也有许多金属是无磁性的,如铝、铜、铅、不锈钢等。非金属材料一般无磁性,但最近也出现了磁性陶(铁氧体)等材料。

磁性材料当温度升高到一定值时,磁性消失,这个温度称为居里点,如铁的居里点为770℃。

1.4.2   材料的化学性能

1. 耐腐蚀性

耐腐蚀性是指材料抵抗各种介质的侵蚀能力。非金属材料的耐腐蚀性远远高于金属材料。提高材料的耐腐蚀性,对于节约材料和延长构件使用寿命具有现实的经济意义。

2. 抗氧化性

材料在加热时抵抗氧化作用的能力称为抗氧化性。金属及合金抗氧化的机理是材料在高温下迅速氧化后,能在表面形成一层连续而致密并与母体结合牢靠的膜以阻止进一步氧化,而高分子材料抗氧化机制则不同。

3. 化学稳定性

化学稳定性是材料的耐腐蚀性和抗氧化性的总称。高温下的化学稳定性又称热稳定性。在高温条件下工作的设备(如锅炉、汽轮机、火箭等)上的部件需要选择热稳定性好的材料来制造。

材料的工
艺性能

1.4.3   材料的工艺性能

现代工业所用的机械设备,大多是由金属零件装配而成的。金属零件的加工是机械制造中的重要步骤。工艺性能一般是指材料在成形过程中进行冷、热加工的难易程度,主要包含以下内容:

(1) 铸造性能。主要指液体金属的流动性和凝固过程中的收缩及偏析倾向。

(2) 锻造性能。主要指金属进行锻造时,其塑性的好坏和变形抗力的大小。塑性高、变形抗力小,则锻造性能好。

（3）焊接性能。主要指在一定焊接工艺条件下,零部件获得优质焊接接头的难易程度。它受到材料本身特性和工艺条件的影响。

（4）切削加工性能。工件材料接受切削加工的难易程度称为材料的切削加工性能。材料切削加工性能的好坏与材料的物理、力学性能有关。

（5）热处理工艺性能。包括淬透性、热应力倾向、加热和冷却过程中裂纹形成倾向等。热处理工艺性能对于材料的性能是非常重要的。

复习思考题

1. 名词解释:

强度;硬度;塑性;韧性;刚度;屈强比。

2. 指出下列力学性能符号所代表的力学性能指标的名称和含义。

R_{m}; R_{eL}; R_{eH}; $R_{p0.2}$; Z; A; HBW; K_{1}; E。

3. 低碳钢试验在受到静拉力作用直至拉断时经过怎样的变形过程? 试绘出应力-应变曲线。

4. 比较布氏硬度、洛氏硬度、维氏硬度的特点,试指出各自最适用的范围。

5. 某铸铁材料的拉伸试样 $L_{0}=100mm$, $d_{0}=10mm$。拉伸到产生 0.2% 塑性变形时作用力(载荷)$F_{0.2}=6.5\times10^{3}N$,拉断前的最大力 $F_{m}=8.5\times10^{3}N$。拉断后标距长为 $L_{1}=120mm$,断口处最小直径为 $d_{1}=6.4mm$,试求该材料的 $R_{p0.2}$ 和 R_{m}。

自测题 1

2

材料的晶体结构

材料的性能取决于材料的化学成分和其内部的组织结构。固态物质按照其原子、分子或离子的聚集状态可分为两大类：晶体和非晶体。

晶体与非晶体

2.1 晶体结构基础知识

2.1.1 晶格结构与晶胞

在实际晶体中，每个原子都围绕着自身的平衡位置不停地振动着，并且这种振动随着温度的升高而加剧。此外，晶体中还存在局部破坏原子排列完整性的各种缺陷。为了讨论方便，这里先把晶体看作由不动的原子所组成，而且是不含各种缺陷的理想晶体。

假设理想晶体中的原子都是固定不动的钢球，则晶体可被认为是由这些钢球堆砌而成的。图 2-1(a)即为这种钢球堆砌模型。该模型的优点是立体感强，很直观；缺点是钢球密密麻麻地堆在一起，很难看清内部的排列规律，不便于研究。为了方便起见，常将组成晶体的最小单元的体积忽略，抽象成为纯粹的几何点，称之为阵点或结点。这些阵点可以是原子或分子的中心，也可以是彼此等同的原子群或分子群的中心，但各个阵点的环境必须相同。这种由周围环境相同的阵点在空间排列的点阵称为空间点阵。进一步用许多平行直线将空间点阵的各阵点连接起来，构成一个三维空间格架，如图 2-1(b)所示。这种用以描述晶体中原子排列规律的空间格架就称为晶格。

由于晶体中原子排列具有周期性的特点，故可从晶格中选取一个能完全反映晶格特征的最小几何单元来分析晶体中原子排列的规律性，这个最小的几何单元称为晶胞，如图 2-1(c)所示。通常是取一个最小的平行六面体作为晶胞，将晶胞作三维的重复堆砌就构成了空间点阵。

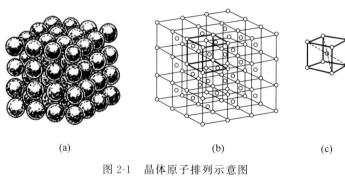

(a)   (b)   (c)

图 2-1 晶体原子排列示意图

(a)原子堆砌模型；(b)晶格；(c)晶胞

2.1.2 晶系与晶格常数

　　自然界中的晶体有成千上万种,它们的晶体结构各不相同,组成晶体的基本单元(原子、离子和分子)在三维空间中形成有规律的某种对称排列,如果我们用点来代表组成晶体的基本单元,这些点的空间排列就称为空间点阵。点阵中的各个点称为阵点。空间点阵是一种数学抽象,根据空间点阵"每个阵点周围有相同的环境"的要求,奥古斯特·布拉菲(Auguste Bravais,法国物理学家,于 1845 年得出了三维晶体原子排列的所有 14 种布拉菲点阵结构,首次将群的概念应用于物理学,为固体物理学作出了奠基性的贡献)用数学方法证明了空间点阵共有且只能有 14 种,这 14 种空间点阵的晶胞如图 2-2 所示。

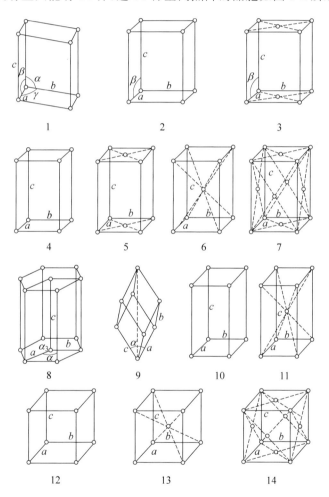

图 2-2 14 种空间点阵的晶胞

　　进一步根据晶胞的 3 个晶格常数和 3 个轴间夹角的相互关系对所有晶体进行分类,又可把 14 种空间点阵归纳为 7 个晶系。

　　(1) 三斜晶系:$a \neq b \neq c$,$\alpha \neq \beta \neq \gamma \neq 90°$;

　　(2) 单斜晶系:$a \neq b \neq c$,$\alpha = \gamma = 90° \neq \beta$;

（3）正交晶系：$a \neq b \neq c$，$\alpha = \beta = \gamma = 90°$；

（4）六方晶系：$a = b \neq c$，$\alpha = \beta = 90°$，$\gamma = 120°$；

（5）菱方晶系：$a = b = c$，$\alpha = \beta = \gamma \neq 90°$；

（6）正方晶系：$a = b \neq c$，$\alpha = \beta = \gamma = 90°$；

（7）立方晶系：$a = b = c$，$\alpha = \beta = \gamma = 90°$。

表 2-1 列出了 14 种空间点阵归属于 7 个晶系的情况。

表 2-1　空间点阵与晶系

晶系	空间点阵	分图号	晶系	空间点阵	分图号
三斜	简单三斜	1	六方	简单六方	8
单斜	简单单斜	2	菱方	简单菱方	9
	底心单斜	3	正方	简单正方	10
正交	简单正交	4		体心正方	11
	底心正交	5	立方	简单立方	12
	体心正交	6		体心立方	13
	面心正交	7		面心立方	14

应特别注意，对晶系分类只考虑晶胞的外形，即 a、b、c 是否相等，α、β、γ 是否相等，以及它们是否成直角等因素，而不涉及晶胞中原子排列的具体情况。

2.1.3　晶面指数和晶向指数

晶向指数
与晶面指
数

晶体中原子排列的规律性也可以从晶面和晶向上的排列规律反映出来，特别是晶体中某些特殊晶面和晶向对晶体中发生的许多重要的过程，如塑性变形、晶格转变、晶体长大等起着重要作用。为了便于研究和描述不同晶面和晶向上原子排列情况与特征，需要给予各种晶面或晶向以一定的符号来表示它们在晶体中的方位或方向，这种符号叫晶面指数或晶向指数。

1．晶面指数

在晶格中由一系列原子所构成的平面称为晶面。对于立方晶体，求晶面指数的步骤如下（以图 2-3 中画有阴影线的晶面为例）：

（1）设坐标。在晶格中，以晶胞的 3 个互相垂直的棱边为参考坐标轴 X、Y、Z。为防止出现零截距，坐标原点应位于待定晶面以外。

（2）求截距。以晶格常数为度量单位，求出该晶面在各坐标轴上的截距分别为 1、2、∞。

（3）取倒数。目的是避免晶面指数中出现∞，该面截距的倒数分别为 1、$\frac{1}{2}$、0。

（4）按比例化为最小整数。上例为 2、1、0。

（5）放于圆括号内。将所得各整数依次连续放于圆括号内，即得该晶面的晶面指数（210）。图 2-4 为立方晶格中 3 种重要的晶面：（100）、（110）、（111）。

2．晶向指数

在晶格中，任意两原子之间的连线所指的方向，都能代表晶体中原子排列在空间的位向，即晶向。

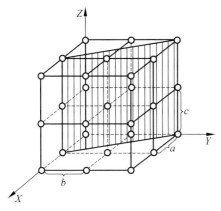

图 2-3　晶面指数确定的方法

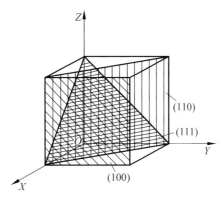

图 2-4　立方晶格中重要的晶面

求晶向指数的步骤如下：

（1）设坐标。以晶胞的 3 个互相垂直的棱边为参考坐标轴 X、Y、Z。

（2）通过坐标原点引一直线平行于待定晶向，求出该直线上任一点的 3 个坐标值（以晶格常数为度量单位）。

（3）按比例化为最小整数。

（4）依次连续置于方括号内。

【例】　求图 2-5 中 AB 的晶向指数。

（1）过原点 O 引 AB 的平行线交顶面于 C 点，$OC/\!/AB$。

（2）C 点坐标 $X=\dfrac{1}{2}$，$Y=\dfrac{1}{2}$，$Z=1$。

（3）按比例化为最小整数：1、1、2。

（4）AB 的晶向指数为[112]。

图 2-6 为立方晶格中 3 个重要晶向：[100]、[110]、[111]。

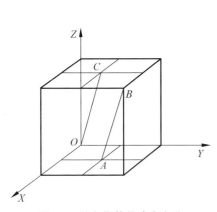

图 2-5　晶向指数的确定方法

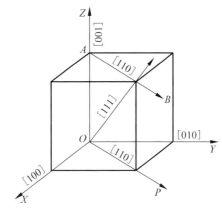

图 2-6　立方晶格中重要的晶向

2.1.4　常见的 3 种晶体结构

化学元素周期表中所列的金属元素有 80 余种，工业上使用的金属也不下 40 种，除少数

常见金属
晶体结构

具有复杂的晶体结构外,大多数金属具有比较简单的高对称性结构。常见的只有 3 种,即体心立方(body-centered cubic,bcc)、面心立方(face-centered cubic,fcc)及密排六方(hegxaganal close-packed,hcp)。前两种属于立方晶系,后一种属于六方晶系(分别见图 2-7、图 2-8 和图 2-9)。属于体心立方结构的金属有 α-铁、β-钛、铬、钨、钼、钒、铌等约 30 种;属于面心立方结构的金属有 γ-铁、铝、铜、镍、金、银、铂等约 20 种;属于密排六方结构的金属有 α-钛、铍、锌、镉、镁等。

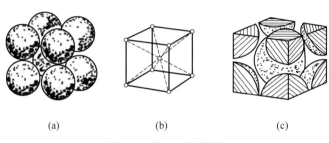

(a) (b) (c)

图 2-7 体心立方晶胞
(a)钢球模型;(b)质点模型;(c)晶胞原子数

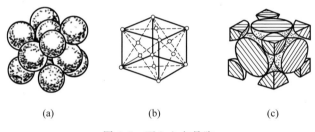

(a) (b) (c)

图 2-8 面心立方晶胞
(a)钢球模型;(b)质点模型;(c)晶胞原子数

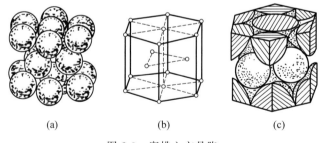

(a) (b) (c)

图 2-9 密排六方晶胞
(a)钢球模型;(b)质点模型;(c)晶胞原子数

1. 晶胞中的原子数

由于晶体是由大量晶胞堆砌而成的,故处于晶胞顶角或周面上的原子就不会为一个晶胞所独有,只有在晶胞体内的原子才为该晶胞独占。对立方晶体结构,顶角原子应为 8 个晶胞所共有,因此每个晶胞只占有 1/8 个原子,而周面上的原子为相邻两晶胞共有,故每个晶胞只占有 1/2 个原子;对于六方晶系的结构,顶角原子应为 6 个晶胞共有,每个晶胞仅分得 1/6 个原子,这样,3 种结构每个晶胞拥有的原子数目(n)如下:

体心立方：$n=8\times\dfrac{1}{8}+1=2$ 个；

面心立方：$n=8\times\dfrac{1}{8}+6\times\dfrac{1}{2}=4$ 个；

密排六方：$n=12\times\dfrac{1}{6}+2\times\dfrac{1}{2}+3=6$ 个。

2. 点阵常数

点阵常数，也称晶格常数，是指晶体中各晶胞的长度、角度和对称性等几何参数，它是描述晶体结构的基本物理量之一。

假设把金属原子看作大小相同、半径为 R 的钢球，由图 2-7～图 2-9 可以看出，面心立方和密排六方结构中每个原子和最近邻的原子都是相接触的（相切）；而体心立方结构中除位于体心的原子与顶角上 8 个原子相切外，8 个顶角原子之间互不相切。根据简单的几何学知识便可求出点阵常数与原子（钢球）半径之间的关系如下：

体心立方：$R=\dfrac{\sqrt{3}}{4}a$ 或 $a=\dfrac{4}{3}\sqrt{3}R$；

面心立方：$R=\dfrac{\sqrt{2}}{4}a$ 或 $a=2\sqrt{2}R$；

密排六方：$R=\dfrac{1}{2}a$ 或 $a=2R,\dfrac{c}{a}=1.633$。

应该指出，实际密排六方结构金属的值 $\dfrac{c}{a}$ 均与 1.633 有一定的偏差，这说明金属原子为等径钢球只是一种近似的假设。

3. 晶体原子排列的紧密程度

晶体中原子排列的紧密程度通常用致密度来表示。所谓致密度，是指单位晶胞体积中原子（钢球）所占的体积与晶胞体积之比，即

$$K=\frac{nv}{V}$$

式中，n 为晶胞中的原子数；v 为一个原子的体积；V 为晶胞的体积。

以体心立方晶格结构为例，$a=\dfrac{4}{3}\sqrt{3}R,n=2$，则

$$K=\frac{nv}{V}=\frac{2\times\dfrac{4}{3}\pi R^{2}}{\left(\dfrac{4}{3}\sqrt{3}R\right)^{3}}\approx0.68$$

同样可计算出面心立方和理想密排六方结构的致密度 K 为 0.74。

2.1.5 纯金属的晶体结构

当金属处于气态时，各原子间距离较远，只是偶尔发生碰撞，彼此间并不存在结合键；

当金属原子互相靠近到一定程度而成为液体金属或固体金属时,原子间就形成结合键,使原子紧凑而规则地排列在一起。这种金属原子间的结合键称为金属键,金属原子间依靠金属键结合形成金属晶体。

金属键原子结构的特点是外层电子少,原子容易失去价电子而成为正离子。当金属原子相互结合时,金属原子的外层电子(价电子)就脱离原子,成为自由电子,为整个金属晶体中的原子所共有,称为电子公有化。当金属原子结合成晶体时,价电子不再被束缚在各个原子上,而是在整个晶体内运动,形成所谓的"电子气",失去价电子的金属正离子与组成电子气的自由电子之间产生的静电引力使金属原子结合在一起,形成了金属晶体。

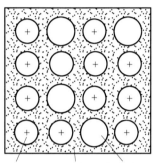

正离子　电子气　中性原子

图 2-10　金属键的模型

如图 2-10 所示为金属键的模型,在实际的固体金属中,并非所有的金属原子都变成正离子,而只是绝大部分处于正离子状态,还有小部分处于中性原子状态,并且金属原子的这种状态也是在不断地变化着。

由金属键的定义和模型可以解释固态金属的许多特性。

(1)金属在很小的外电场作用下,自由电子可沿着电场方向流动,形成电流,即有良好的导电性。

(2)金属正离子的热振动与自由电子的运动都可以传递热能,即有良好的导热性。

(3)随着温度的升高,金属正离子振动的振幅加大,阻碍自由电子流动,使电阻升高,故金属具有正的电阻温度系数。

(4)自由电子易吸收可见光的能量,使金属具有不透明性,而吸收了能量从激发态的电子回到基态时产生辐射,使金属具有光泽。

(5)在固态金属中,电子气好像一种流动的万能胶,把所有正离子都结合在一起,所以金属键并不挑选结合对象,也没有方向性,当一块金属的两部分发生相对位移时,金属正离子始终"浸泡"在电子气中,仍保持着金属键的结合,这样,金属就能经变形而不断裂,使其具有较好的塑性。

2.2　实际金属的晶体结构与晶体缺陷

2.2.1　单晶体与多晶体

液态金属结晶的金属晶体是由许多外形不一、大小不一的晶粒组成的。如果一个晶体的晶粒晶格排列方位完全一致(可看作只由一颗晶粒所组成),这样的晶体就是单晶体,如图 2-11 所示。理想的几何单晶体在自然界中几乎是不存在的。近代用人工方法可以制得许多元素的单晶体,如生产半导体元件的单晶硅、单晶锗等。单晶体具有各向异性的特征,在某些特殊要求的零件中得到了应用。工业上制作变压器用的硅钢片,就是利用其各晶向具有不同的磁化能力,并通过特殊的轧制工艺,使轧制方向平行于易磁化的方向,从而提高了硅钢片的磁导率。

实际上,工程中用的金属材料大多是多晶体,它是由许多颗晶格排列方位各不相同的晶粒组成的,如图 2-12 所示。

单晶体在不同方向上的物理、化学和力学性能不相同,即各向异性;多晶体是许多颗晶格排列方位各不相同,其性能为各个晶粒的平均性能,具有各向同性的特点,实际金属多是多晶体结构,故宏观上显示出各向同性的性能。

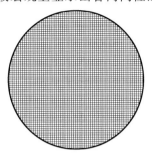
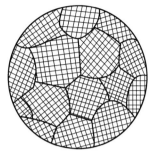

图 2-11　单晶体结构示意图　　　　图 2-12　多晶体结构示意图

2.2.2　晶体缺陷

晶体缺陷

这里所讲的晶体缺陷不是指晶体的宏观缺陷,而是指实际金属晶体中原子排列的不完整性。凡是原子排列不规则的区域都是晶体缺陷。晶体缺陷的存在对实际金属的宏观性能影响较大。根据晶体缺陷的集合特点和对原子排列不规则性的影响范围可分为以下三种类型。

1. 点缺陷

最常见的点缺陷是空位、间隙原子和置换原子,如图 2-13 所示。因为这些点缺陷的存在,会使其周围的晶格发生畸变,引起性能的变化。

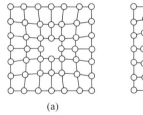
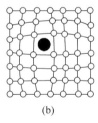
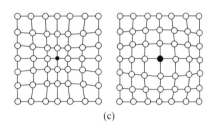

(a)　　　　　　　(b)　　　　　　　(c)

图 2-13　点缺陷的类型
(a) 空位;(b) 间隙原子;(c) 置换原子

1) 空位

晶格中没有原子的结点称为空位,如图 2-13(a)所示。产生空位的原因是由于晶体中原子在结点上下不停地进行热振动。在一定的温度下原子热振动能量的平均值虽然是一定的,但各个原子的热振动能量并不完全相等。有的可能高于平均值,甚至个别原子的能量会大到足以克服周围原子对它的束缚作用,使得原子脱离原来的结点,从而造成该结点的空缺,于是形成了一个空位。

2) 间隙原子

位于晶格间隙之中(或指在晶格结点以外存在)的原子称为间隙原子,如图 2-13(b)所示。它一般是较小的异类原子。所谓的异类原子,是指挤入晶格间隙或占据正常结点的外来原子。如钢中的氢、氮、碳、硼等,尽管原子半径很小,但仍比晶格中的间隙大得多,所以造成的晶格畸变远比空位严重。

3)置换原子

占据在晶格结点的异类原子称为置换原子,一般来说置换原子的半径与金属原子的半径相接近或较大,如图 2-13(c)所示。

在上述点缺陷中,不管是哪类点缺陷,都会造成晶格畸变,这将对金属的性能产生影响,如使屈服强度升高、硬度升高、电阻增大、体积膨胀等。此外,点缺陷的存在将加速金属中的扩散过程,因而凡与扩散有关的相变、化学热处理、高温下的塑性变形和断裂等都与点缺陷的存在和运动有着密切的关系。

2. 线缺陷

线缺陷是指在二维尺寸很小而第三维尺寸相对很大的缺陷,属于一维缺陷。晶体中的线缺陷就是各种类型的位错。这是晶体中极为重要的一类缺陷,它对晶体的塑性变形、强度和断裂起着决定性的作用。位错是由晶体原子平面的错动引起的,即晶格中的某处有一列或若干列原子发生了某些有规律的错排现象。位错的基本类型有两种:刃形位错和螺形位错。

1)刃形位错

图 2-14(a)为刃形位错立体图。设有一个立方晶体,由图可见,晶体的上半部多出一个原子面(称为半原子面),它像一把锋利的刀将晶体的上半部分切开,刀刃处的原子列称为刃形位错线。位错线周围会发生晶格畸变。严重晶格畸变的范围约为几个原子间距。当从晶体上部插入一个半原子面时称为正刃形位错,用符号"⊥"表示;当从晶体下部插入一个半原子面时称为负刃形位错,用符号"⊤"表示,如图 2-14(b)所示。实际上这种正负之分没有本质上的区别,只是为了表示两者的相对位置,便于以后讨论而已。

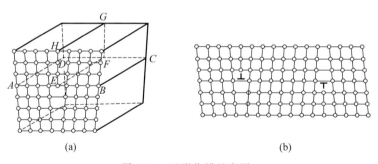

(a)　　　　　　　　　　　(b)

图 2-14　刃形位错示意图

(a)刃形位错立体图;(b)正刃形位错和负刃形位错

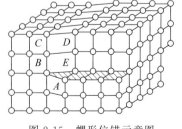

图 2-15　螺形位错示意图

2)螺形位错

晶体右边的上部原子相对于下部的原子向后错动一个原子间距,即图 2-15 右边上部相对于下部晶面发生错动,若将错动区的原子用线连起来,则具有螺旋形特征,故称为螺形位错。

晶体中的位错密度以单位体积内所包含的位错线的总长度来表示,符号为 ρ:

$$\rho = L/V$$

式中,L 为位错线总长度,cm;V 为体积,cm^3;ρ 为位错密度,cm/cm^2 或 cm^{-2}。

金属中的位错线数量很多,呈空间曲线分布,有时会连接成网,甚至缠结成团。位错可在金属凝固时形成,更容易在塑性变形中产生,它在温度和外力的作用下,还能够不断地运动,数量随外界作用发生变化。金属中的位错密度一般为 $10^4 \sim 10^{12}\,cm/cm^3$,在退火时为 $10^6\,cm/cm^3$,冷变形金属中可达 $10^{12}\,cm/cm^3$。

位错引起晶格畸变,对金属的性能影响很大。图 2-16 为位错密度与屈服强度的关系。没有缺陷的晶体强度很高,但这样理想的晶体很难得到,工业上生产的金属晶须只是理想晶体的近似。位错的存在使晶体强度降低,但当大量位错产生后,强度反而提高,生产中可通过增加位错的办法对金属进行强化,但金属的塑性有所降低。提高位错密度是金属强化的重要途径之一。图 2-17 为透射电子显微镜观察到的晶体中的位错。

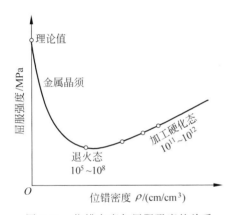

图 2-16 位错密度与屈服强度的关系

图 2-17 透射电子显微镜观察到的晶体中的位错

3. 面缺陷

面缺陷属于二维缺陷,它在二维方向上尺寸很大,第三维方向上尺寸很小。最常见的面缺陷是晶体中的晶界和亚晶界。

1)晶界

实际金属为多晶体,由大量外形不规则的多边形小晶粒组成,如图 2-18 所示。每个晶粒基本上可视为单晶体,一般尺寸为 $10^{-5} \sim 10^{-4}\,m$,但也有大至几个毫米或十几个毫米的。在纯金属中,所有晶粒的结构全部相同,但彼此之间的位向不同;在多晶体中,晶粒间的位向差大多为 $30° \sim 40°$,晶界宽度一般在几个原子间距到几十个原子间距内变动。晶界处原子排列混乱,规则性较差。原子排列总是选取相邻两晶粒的折中位置,由其中一晶粒的位向,通过晶界的协调,逐步过渡到另外一晶粒的位向。一般来说,金属纯度越高则晶界宽度越小,反之则越大。此处晶格畸变较大,与晶粒内部原子相比,具有较高的平均能量,如图 2-19 所示。

2)亚晶界

多晶体里的每个晶粒内部也不是完全理想的规则排列,而是存在很多尺寸很小(边长为 $10^{-8} \sim 10^{-6}\,m$)、位向差也很小(小于 $1° \sim 2°$)的小晶块,这些小晶块称为亚晶粒,如图 2-20 所示。

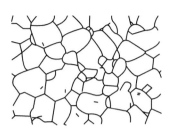

图 2-18　多晶体的晶粒形貌

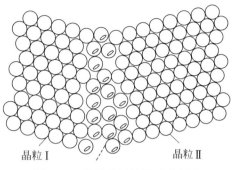

晶粒 I　　　　　　　　　晶粒 II

图 2-19　晶界处原子排列示意图

亚晶粒之间的交界叫亚晶界,亚晶界是位错规则排列的结构,它实际上由垂直排列的一系列刃形位错(位错墙)构成,如图 2-21 所示。亚晶界是晶粒内的一种面缺陷。在晶界、亚晶界或金属内部的其他界面上,原子的排列偏离平衡位置,位错密度较大,原子处于较高的能量状态,原子的活性较大,因此对金属中许多加工过程的进行,具有极其重要的作用。晶界和亚晶界均可以同时提高金属的强度和塑性。晶界越多,位错越多,强度越高;晶界越多,晶粒越细小,金属的塑性变形能力越大,塑性越好。此外,晶界处还有耐蚀性低、熔点低、原子扩散速度较快的特点。

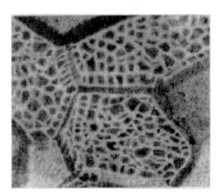

图 2-20　Au-Ni 合金中的亚晶粒

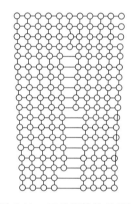

图 2-21　亚晶界结构示意图

2.2.3　晶体缺陷对机械性能及固态相变过程的影响

　　金属的实际晶体结构并非完整无缺,而是存在各种缺陷,而且这些缺陷并非固定不变,而是处于不断的运动和变化之中。如晶体中的空位和间隙原子就是处于不断运动变化之中的点缺陷,当空位周围的原子由于热振动获得足够的能量时,就有可能跳入这个空位,而在其原来的平衡位置上形成新的空位,这相当于空位发生了位移。间隙原子也可由一个间隙位置跳到另一个间隙位置而发生位移。当空位或间隙原子移到晶体表面或晶界时,空位或间隙也随之消失。当两者相遇时,也能同时消失。空位和间隙原子的运动是晶体中原子扩散的主要方式之一。金属的固态相变和化学热处理过程均依赖于原子的扩散。此外,点缺陷能引起电阻、体积、密度等的变化,过饱和的点缺陷还能提高金属的强度,所以点缺陷对金属的热处理过程以及金属强化起着积极的作用,如将镁加入到铝合金中,形成 Al-Mg 固溶体,可以显著地提高铝合金的抗拉强度和硬度。

晶体中的位错是一种极其重要的晶体缺陷,它在一定的外部条件下也能作不同形式的运动,并增殖。位错对金属的塑性变形、强化和断裂起着决定性的作用,此外,它对金属中原子的扩散及相变过程也有较大的影响。同样,面缺陷也对金属的性能及相变过程有重要影响。由于晶界处原子排列处于一种过渡的折中位置,且具有较高的能量,故在固态相变时,新相往往首先在固相、晶界处形核。原始晶粒越细,则新相的形核率越高,相变后新相的晶粒越细。

因此,晶体缺陷只是指晶体中原子排列的不完整性,这种不完整性对金属在固态下的相变、热处理和金属的性能等都有极其重要的影响。

复习思考题

1. 名词解释:

晶格;晶胞;晶粒;晶界;亚晶粒;亚晶界;晶面;晶向;晶格常数;单晶体;多晶体;致密度;固溶体;机械混合物。

2. 为什么单晶体呈各向异性,而多晶体通常呈各向同性?

3. 什么叫晶体缺陷?晶体中可能有哪些晶体缺陷?它们的存在有何实际意义?

4. 已知 Cu 的原子直径为 0.256nm,求 Cu 的晶格常数,并计算 $1mm^3$ 中 Cu 中的原子数。

5. 在立方晶系的结构中,一平面通过 $Y=0.5$、$Z=3$ 并平行于 X 轴,它的晶面指数是多少?与此晶面垂直的晶向是多少?试在立方晶系中绘图表示。

6. 试证明密排六方晶格结构中,轴长比 $c/a=1.633$。

自测题 2

3

纯金属与合金的结晶

金属由液态转变为固态的过程称为凝固。金属的凝固是在液态金属内形成许多小晶体及其长大的过程,所以也称为结晶。金属的结晶是铸锭、铸件及焊接件生产中的重要过程,这个过程决定了构件的组织和微观结构,直接影响锻压和热处理等工艺性能以及零件的使用性能。因此,研究与控制结晶过程是提高金属机械性能和工艺性能的重要手段之一,同时又是研究金属固态转变的理论基础。

3.1 纯金属的结晶

3.1.1 结晶的基本概念

1. 结晶的一般过程

结晶的一般过程

液态金属结晶时,首先在液体中形成一些极微小的晶体,然后再以它们为核心不断地在液体中长大,这种作为结晶核心的微小颗粒称为晶核。结晶就是不断形成晶核和晶核不断长大的全过程,结晶终了时获得多晶体组织,其中每一个晶粒是由一颗晶核长大而成的。由于晶核的位向是随机的,所以各个晶粒的位向各不相同,但综合起来看,表现出各向同性如图 3-1 所示。

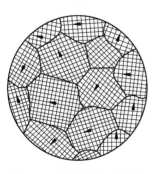

如果在结晶过程中仅有一颗晶核,在它长大过程中并未出现第二颗晶核,则结晶终了时便可获得一块单晶体。不过这只有在实验室条件下才能获得,实际工业生产中金属材料皆是多晶体。

图 3-1　多晶体结构示意图

2. 结晶的过冷现象

将纯金属加热熔化成液态,然后缓慢冷却,在冷却过程中每隔一段时间测量相应的瞬时温度,最后将实验数据绘制在温度-时间坐标中,便获得图 3-2 所示的纯金属结晶时的冷却曲线。

由纯金属的冷却曲线可见,在结晶之前温度均匀下降,当液态金属冷却到理论结晶温度 T_0 时并不开始结晶,而是必须冷却到 T_0 以下某一温度 T_n 时才开始结晶。在结晶过程中,由于放出结晶潜热,足以补偿这一阶段散失的热能,使结晶时的温度保持不变,因而在冷却曲线上出现了平台,此平台所对应的温度 T_n 便是该纯金属的实际结晶温度,平台延续的时间就是结晶开始到终了的时间。结晶终了后,由于再没有结晶潜热产生,故温度又继续下降。通过测绘冷却曲线以测定金属实际结晶温度的方法叫作热分析法。

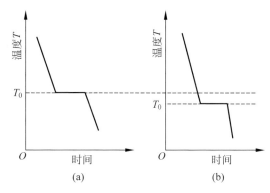

图 3-2　纯金属结晶时的冷却曲线

（a）理论结晶冷却曲线；（b）实际结晶冷却曲线

实验表明,纯金属的实际结晶温度 T_n 总是低于理论结晶温度 T_0,这种现象叫作过冷。T_0 与 T_n 之差叫作过冷度,以 ΔT 表示。过冷度不是一个恒定值,而是随金属中所含的杂质、冷却速度等因素的变化而变化。金属纯度越高,结晶时的过冷度越大。同一金属冷却速度越高则过冷度越大,即金属的实际结晶温度越低。总之,金属的结晶必须在一定的过冷度下进行,液态金属若不过冷就不可能进行结晶,因而过冷是结晶的必要条件。

3. 结晶的能量条件与结构条件

1）能量条件

金属为什么在某温度下呈液态而在另一温度下结晶成固态？结晶又为什么必须在过冷条件下才能进行？这些都是由结晶时的能量条件决定的。

自然界中,一切自发进行的转变包括结晶（或熔化）,都是由于在新条件下新状态具有较低的能量,因而更为稳定的缘故。如图 3-3 所示,在地球重力场中,小球从状态 1 势必滚到更为稳定的状态 2,这是由于状态 2 的势能比状态 1 低。

图 3-3　小球滚动示意图

自然界中由大量热振动的质点（原子、分子）所构成的体系,其状态的变化是自发地朝着系统自由能（F）降低的方向进行的。所谓自由能,是指系统中能够自动向外界释放出来,并能对外做功的这一部分能量。自由能越高表示其做功的能力越大,而且体系所处状态的自由能越高,则体系越不稳定,一旦有可能,体系便转变到自由能较低的状态。同一物质的液相与固相,虽然它们的自由能都是随着温度升高而降低,但是由于其原子聚集状态不同,它们在不同温度下自由能的变化是不同的,因此代表液相与固相自由能变化与温度的关系曲线中便会在某个温度下出现一个交点,在此交点处 $F_{液}=F_{固}$。这就是说,在两条曲线的交点所对应的温度下,金属由液相转变为固相和由固相转变为液相的可能性是相同的,宏观上表现为液、固两相处于平衡状态,这一温度就是金属的理论结晶温度或称平衡结晶温度 T_0。

由图 3-4 可知,在温度低于 T_0 时,由于液相的自由能 $F_{液}$ 高于固相晶体的自由能 $F_{固}$,液体向晶体的转变会伴随能量降低,因而有可能发生结晶。也就是说,要使液体进行结晶,就必须使其温度低于理论结晶温度 T_0,造成液体与晶体间的自由能差（$\Delta F = F_{液} - F_{固}$）,理论结晶温度与实际结晶温度之差叫过冷度（$\Delta T = T_0 - T_1$）。由图 3-4 可见,过冷度越大,液、固两相之间自由能差 F 便越大,液态金属自动结晶为固态金属的推动力就越大,因而结晶倾向也就越大。

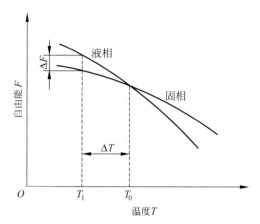

图 3-4　液相与固相在不同温度下的自由能变化曲线

2) 金属结晶的结构条件

固态金属是晶体,其内部原子的排列是规则、有序的,并以一定的平衡位置为中心不停地进行热振动,固态金属的这种结构特征称为远程有序。

当金属为液态时,由于金属原子的热运动强烈,使固态下呈远程有序的结构受到破坏。从整体(远程)来看,原子排列是不规则的,但是由于原子在不断地运动,因此在液态金属某些局部(短程)范围内,仍然可能在某一瞬间呈现接近于规则排列的原子集团——短程有序。由于高温下金属原子热运动强烈,原子不断地改变其平衡位置,使得短程有序的结构不断地被破坏而消失,而在其他地方又会出现新的短程有序的原子集团,因此液态金属中的短程有序结构总是处于时起时伏、此起彼伏的变化之中。液态金属中这种规则排列的原子集团时聚时散的现象称为结构起伏,如图 3-5 所示。

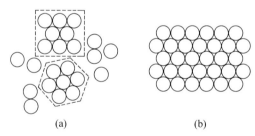

(a)　　　　　　　　　(b)

图 3-5　短程有序及远程有序结构示意图
(a) 液态金属的"短程有序"结构; (b) 固态金属的"远程有序"结构

结晶的实质是由具有"短程有序"结构的液态流体转变为"远程有序"结构的固态晶体,所以液态金属中的结构起伏现象是结晶时产生晶核的基础。在过冷的液态金属中,许多大小不等、时聚时散的原子集团是形成晶核的胚芽,又称晶胚。

结晶的一般规律

3.1.2　结晶的一般规律

结晶是由两个基本过程——形核和长大相互更迭地进行,直至液态金属消耗完毕的过程。

1. 晶核的形成

在过冷的液态金属中,并非所有尺寸的晶胚都能稳定存在并长大,而是在不同的过冷度下存在一个临界尺寸——临界半径 r_k。当晶胚半径 $r<r_k$ 时,这样的晶胚在液体中是不稳定的,形成后又会重新熔解,因而不能成为晶核;当晶胚半径 $r \geqslant r_k$ 时,晶胚能稳定存在并长大,这样的晶胚便能成为结晶时的晶核。晶胚稳定长大形核,需要从形核区周围液体中获得能量,这部分能量是从液态金属的能量起伏中获得的。虽然在一定温度下液体中的自由能是一定的,但其中各个微区的自由能并不相等,有的高于平均值,有的低于平均值,而且各个微区所具有的能量大小随时都在变化,这种现象叫作能量起伏。形核时所需的能量就是靠能量起伏来提供的。

实验表明,临界半径 r_k 与过冷度 ΔT 成反比,即过冷度越大,临界半径越小。也就是说,原来的过冷度较小时不能成为晶核的那些尺寸较小的晶胚,随着过冷度的增加,也可能稳定下来成为晶核。像这种在过冷液态金属中依靠液态本身能量的变化获得驱动力,由晶胚直接形核的过程称为均质形核。

由于实验用的金属不可能绝对纯净,其中总或多或少地含有某些杂质,当液态金属中存在一些难熔杂质的细小质点时,在结晶过程中,晶胚便依附在这些杂质表面上形核,这种形核方式称为异质形核。异质形核也需要过冷,需要从周围液体中获得能量,不过异质形核比均质形核所需的能量小,所需的过冷度也小得多。

2. 晶核的长大

晶核一旦形成就将迅速长大,晶核长大过程的实质就是原子由液体转移到固态晶体上的过程。在晶核开始长大的初期,因其内部原子规则排列的特点,其外形也大多是规则的,但随着晶核的成长和晶体棱角的形成,棱角处的散热条件优于其他部位,如图 3-6 所示,因而棱角处便得到优先成长,如树枝一样先长出枝干,再长出分枝,最后的分枝把晶间填满。这种长大方式叫枝晶长大。冷却速度越快,过冷度越大,枝晶成长的特点便越明显。

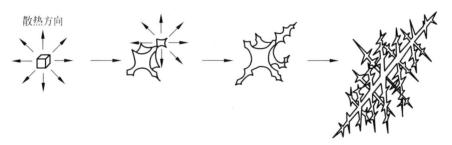

图 3-6　晶体成长示意图

综上所述,可以把金属的结晶过程用图 3-7 表示出来。

在结晶过程中,由于晶核是按树枝状骨架方式长大的,当其发展到与相邻的树枝状骨架相遇时,就停止往这个方向扩展,但此时骨架仍处于液体之中,骨架内将不断地长出分枝,原先的枝干也在不断地加粗,使剩下的液态金属越来越少,直到液体全部结晶完毕,每个晶核便成长为一个充实的、外形不规则的晶粒。

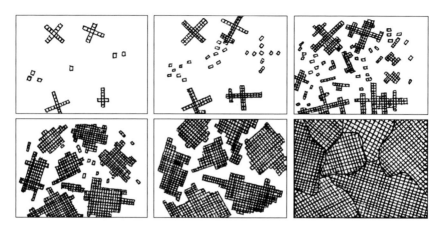

图 3-7　金属结晶过程示意图

在枝晶成长过程中,由于液体的流动、晶轴本身重力的作用和彼此间的碰撞以及杂质元素的影响等种种原因,会使某些轴发生偏斜或折断,以致造成晶粒中的嵌镶块、亚晶界以及位错等各种晶体缺陷。

3. 影响晶核的形核率和晶体长大速率的因素

形核率 N 指的是单位时间内单位体积液态金属内所形成晶核的数目,其单位常用"个/(s·mm³)"表示。晶体长大速率 G 就是单位时间内晶体线性尺寸增加的毫米数,其单位为 mm/s。影响它们的最主要的因素是结晶时的过冷度和液体中未熔杂质质点的数量和性质。

1）过冷度的影响

金属结晶时的冷却速度越大,其过冷度便越大,不同过冷度 ΔT 对晶核的形核率 N 和长大速率 G(也称成长率)的影响如图 3-8 所示。当实际结晶温度等于理论结晶温度时,晶核的形核率及成长率均为 0。随着过冷度的增加,形核率及成长率都增大,并在一定的过冷度时达到最大值。而后当过冷度再进一步增大时,它们又逐渐减小,直至在很大过冷度的情况下,二者又先后趋于 0。过冷度对晶核的形核率及成长率的这些影响,主要是因为在结晶过程中有两个因素在起作用。其中之一即如前所述的晶体与液体的自由能差(ΔF),它是晶核形成和成长的驱动力;另一个因素是液体中原子的扩散系数 D,它是晶核形成和成长的必需条件。当原子的扩散系数太小时,晶核形成和晶体长大是难以进行的。如图 3-9 所示,随着过冷度增加,晶体与液体的自由能差便越大,而液体中的原子扩散系数却迅速减小。由于这两种随过冷度不同而作相反变化的因素的综合作用,便使晶核的形核率和成长率与过冷度的关系上出现一个极大值。在过冷度较小时,虽然原子的扩散系数较大,但因作为结晶驱动力的自由能差较小,以致晶核的形核率和成长率都较小;在过冷度较大时,虽然作为结晶驱动力的自由能差 ΔF 很大,但由于原子的扩散在此情况下相当困难,故也难使晶核形成和成长;而只有当两种因素在中等过冷情况下都不存在明显不利的影响时,晶核的形核率和成长率才会达到其极大值。

由图 3-8 可知,在一般工业条件下,图中曲线的前半部(实线部分)表明:结晶时的冷却速度越大或过冷度越大时,金属的晶粒便越细。至于图中曲线后半部(虚线部分),在通常的

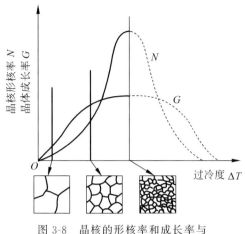

图 3-8　晶核的形核率和成长率与
过冷度的关系

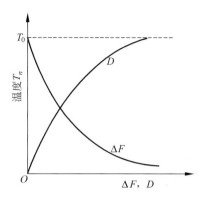

图 3-9　液体与晶体的自由能差和扩散系数以及理论
结晶温度 T_0 和实际结晶温度 T_n 的关系

工业实际中,金属的结晶一般达不到这么高的过冷度,仅在实验室中对金属液滴进行高速冷却时才会达到。当形核率和成长率均为 0 时,金属将不通过结晶方式来凝固,而是形成原子排列无规则的非晶态金属——金属玻璃。

2) 未熔杂质的影响

当液态金属中悬浮着某些未熔杂质质点,且晶体结构在某种程度上与该金属相似时,这些未熔杂质质点就可以充当晶核的作用。液态金属在结晶时,可以沿着这些现成的固体质点表面产生晶核,这样便可减小它暴露于液体中的表面积,使表面能降低,从而显著地增加结晶时的形核率,其作用甚至会远大于冷却速度或过冷度对形核和长大的影响。

3.1.3　细化晶粒的途径

细化晶粒
的途径

铸件晶粒的粗细会影响其所含杂质分布的均匀程度及机械性能,晶粒越细小,杂质分布就越均匀,对铸件性能的不利影响也会减弱,因此其机械性能比晶粒粗大的铸件要好,因而控制铸件晶粒大小是提高铸件质量的一项重要措施。

液态金属结晶时,细化晶粒的基本途径是形成足够数量的晶核,使它们在尚未显著长大前便互相接触而结束结晶过程。措施之一是增加模壁的冷却能力,以提高冷却速度,使金属液体在较大的过冷度下结晶。当过冷度增大时,形核率可以大大增加而成长率增加较少,因而可使晶粒细化。在实际生产中用金属型铸造常可得到晶粒较细的铸件,但当铸件较大时,即使采用金属型铸造,也不可能使其表里冷却速度皆很高,而且还必须考虑铸造热应力、变形、开裂等问题,故这种方法受到铸件尺寸的限制。

变质处理是细化铸件晶粒的另一种常用方法,即在金属浇注前往液态金属中加入少量的可以作为变质剂的物质,以增加结晶时异质形核的核心。

表 3-1 说明了铸造铝合金中加入 B、Zr、Ti 等变质剂后细化晶粒的效果。

表 3-1　铸造合金中加变质剂细化晶粒的情况

材　　料	加 入 元 素	$1cm^2$ 中晶粒数	铸 模 材 料
铸造铝合金 ZL104	不加元素 $(0.1\%\sim0.2\%)$B 0.05%Ti$+0.05\%$B	$8\sim12$ $120\sim150$ $180\sim200$	砂模 砂模 砂模
铸造铝合金 ZL301	不加元素 $(0.1\%\sim0.2\%)$Zr	$8\sim10$ $130\sim150$	砂模 砂模

除上述措施外,采用机械振动、超声波振动和电磁搅拌等措施使液态金属在铸模中运动,造成枝晶破碎,不仅可以使已生长的晶粒因破碎而细化,而且破碎的晶枝可以起到晶核的作用,增大形核率,也促使晶粒变细。

3.2　金属的同素异晶转变

有一些金属,如铁、钴、钛、锡等,在结晶之后继续冷却时或由固态加热直至熔化前皆会发生晶体结构的变化,从一种晶格转变为另一种晶格,这种转变叫作同素异晶转变。

铁的同素异晶转变现象具有十分重要的意义。纯铁在912℃以下铁原子排列成体心立方晶格,叫作 α-Fe;在912～1394℃之间为面心立方晶格,叫作 γ-Fe;在1394℃以上纯铁又具有体心立方晶格,叫作 δ-Fe(见图3-10)。其同素异晶转变的反应式为

$$\delta\text{-Fe}\xtofrom{1394℃}\gamma\text{-Fe}\xtofrom{912℃}\alpha\text{-Fe}$$

体心立方晶格　　　面心立方晶格　　体心立方晶格

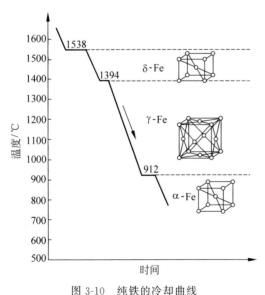

图 3-10　纯铁的冷却曲线

金属的同素异晶转变与液态金属结晶时原子排列的过程相似,实质上也是一个结晶过程。为了与液体结晶相区分,通常把前者称为重结晶。与液体结晶一样,同素异晶转变也遵循着结晶的一般规律:有一定的转变温度,转变时需要过冷(或过热),其转变过程也是通过形核和长大来完成的。

但是,由于这种转变是在固态下进行的,因而与液体结晶又有许多不同之处,其主要差别如下:

(1) 同素异晶转变时,新相往往在旧相的晶界或某些特定部位形核。

(2) 同素异晶转变具有较大的过冷倾向。一般金属铸造时结晶的过冷度不超过20℃,而同素异晶转变则可以达到比它大得

多的过冷度。这是由于在固态下原子的扩散要比液态时困难得多,因而转变所需的时间较长,在快速冷却的条件下,转变过程容易被推移到较低的温度(转变尚未开始就被快速冷却到低温)。

(3) 同素异晶转变时往往产生较大的内应力。这是由于在固态下随着原子排列方式的改变,必然会引起晶体内原子密度的变化,因此同素异晶转变将伴随着体积的变化。在较低的温度下,金属材料的塑性变形抗力较大,少量的体积变化引起的内应力不能通过塑性变形而充分消除并被保留下来。

(4) 同素异晶转变后得到的新相晶粒不是树枝状的,随着金属成分和冷却速度的不同,可以得到多面体状、大块状或片状等不同形态的晶粒。

3.3　合金的结晶

纯金属的力学性能、工艺性能和物理化学性能远远不能满足使用要求,在工业上实际广泛应用的基本都是合金。

3.3.1　合金的相结构及性能

二元合金
的基本相
结构

先介绍一些有关合金的基本概念。

(1) 合金。由两种或两种以上的金属元素或金属元素与非金属元素组成的具有金属特性的物质称为合金。例如,碳素钢主要是铁和碳组成的合金;黄铜是铜和锌组成的合金。

(2) 组元。组成合金的最简单、最基本的独立物质称为组元,简称为元。一般来说,组元就是组成合金的元素。如黄铜的组元是铜和锌,碳素钢的组元是铁和碳。但是,在一定的条件下,较稳定的化合物也可以作为组元看待,如 Fe_3C 等。由两个组元组成的合金称为二元合金;由三个组元组成的合金称为三元合金;由三个以上组元组成的合金则称为多元合金。

(3) 相。在合金中具有同一化学成分、同一结构和原子聚集状态,并以界面而互相分开的、均匀的组成部分称为相。例如,纯金属在熔点以下为固相;在熔点以上为液相;在熔点时既有固态又有液态,并被相界面分开,它们的原子聚集状态不同,为液相和固相共存的两相混合物。

(4) 显微组织。金属或合金的金相磨面经过适当的浸蚀剂侵蚀后,借助光学或电子显微镜所观察到的,涉及晶体或晶粒的大小、方向、形状、排列状况等组成关系的构造情况称为显微组织。显微组织可由单相组成,也可由两个或两个以上的相组成。

合金的性能一般是由合金的成分、相、组织所决定的,也就是说是由合金的结构决定的。为了了解合金的组织和性能,首先必须研究固态合金的相结构和性能。

根据合金在固态下所存在的形式,一般可分为固溶体、金属化合物和机械混合物三大类。

1.　固溶体

合金各组元在液态下相互溶解,结晶后溶质的原子溶入溶剂晶格中,形成具有溶剂晶格类型的金属晶体,叫作固溶体。如钢中的铁素体是碳在 α-Fe 中的固溶体,碳是溶质,α-Fe 是溶剂,具有体心立方晶格,故铁素体也是体心立方晶格。固溶体是固态合金中的重要合金相。工业上所用的金属材料大多数是单相固溶体或以固溶体为基体的多相合金。

1) 固溶体的主要类型及形成条件

根据溶质原子在溶剂晶格中所处位置不同,固溶体可分为置换固溶体和间隙固溶体。

(1) 置换固溶体

溶剂和溶质的原子半径比较接近时易形成置换固溶体,这时溶质原子取代了一部分溶剂原子而占据了溶剂晶格中某些结点位置。例如,金属 A 具有图 3-11(a)所示的晶体结构,溶质 B 原子部分地置换了溶剂晶体结构中的 A 原子,如图 3-11(b)所示。

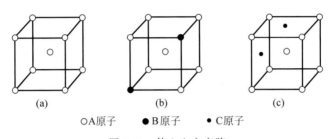

○A原子　　●B原子　　·C原子

图 3-11　体心立方点阵

(a) 纯金属;(b) 置换固溶体;(c) 间隙固溶体

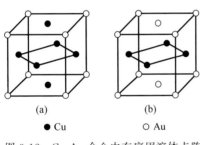

● Cu　　　○ Au

图 3-12　Cu-Au 合金中有序固溶体点阵

(a) Cu₃Au;(b) CuAu

在置换固溶体中,溶质原子在溶剂晶格中的分布一般是无序的,有的合金在一定条件下(如结晶后缓慢冷却),通过原子的扩散,溶质原子可过渡到有序排列,这一过程称为有序化,这种固溶体叫有序固溶体。如 Cu-Au 合金中,Cu 原子占据了原来 Au 原子面心立方晶格所有或部分侧面的中心位置,此时两种原子数的比例为 3∶1 或 1∶1,该相可用化学式 Cu_3Au 或 CuAu 表示,如图 3-12 所示。有序固溶体是介于固溶体与化合物之间的中间相,其硬度和脆性升高,塑性和电阻降低。

按照溶质在溶剂中的溶解度不同,置换固溶体又可分为有限固溶体和无限固溶体。形成无限固溶体的首要条件是:两组元具有相同的晶体结构,同时具有相近的原子结构,价电子数相差不超过一个,并且两组元在元素周期表中位置彼此靠近,即原子的电子层结构和物理性质相似,而且原子半径差别很小(两组元的原子半径之差不超过 15%,在以铁为基的固溶体中,铁与其他溶质的原子半径之差不超过 8%)。这样才可能形成无限溶解的固溶体,即无限固溶体。一般情况下,大多数不符合上述条件的合金,在液态时组元间能够以任何比例互溶,而凝固后的置换固溶体的溶解度是有一定限度的,只能形成有限固溶体。有限固溶体的溶解度除了和组元的晶体结构、电子层结构、原子半径等因素有关外,还与温度有关,温度越高,溶解度越大。因此,凡是在高温已达饱和的有限固溶体,在其冷却时,由于本身溶解度的降低,将使固溶体发生分解而析出其他相。

(2) 间隙固溶体

当溶质原子嵌入溶剂晶格的间隙中且不占据晶格结点位置时所形成的固溶体称为间隙

固溶体，如图 3-11(c)所示。这时溶质原子 C 分布于 A 原子之间。

一般情况下，只有当溶质与溶剂半径的比值 $R_质/R_剂 < 0.59$ 时，才有可能形成间隙固溶体。其中，一些原子半径小的非金属元素，如氢、硼、碳、氮、氧等通常作为溶质，而溶剂都是过渡族金属元素。间隙固溶体必定是有限固溶体，也就是说它对溶质的溶解量总是有限的，这是因为溶剂晶格中的间隙总是有一定限度的。

2）晶格畸变

如图 3-13(a)所示，间隙固溶体中，溶质原子溶入溶剂晶格的空隙后，将使溶剂晶格常数增大，并使晶格发生畸变。溶质原子溶入越多，晶格扭曲越厉害，畸变越严重。置换固溶体虽然保持了溶剂的晶格结构，但由于溶质和溶剂的原子半径不可能完全相同，从而造成晶格畸变，如图 3-13(b)、(c)所示。若溶质原子较溶剂原子的半径大，则会引起正畸变，晶格体积膨胀；反之引起负畸变，晶格体积则缩小。组元间的原子半径差别越大，晶格畸变程度越大。

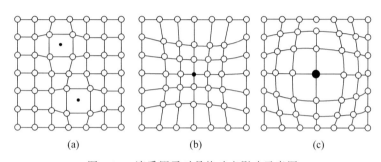

图 3-13　溶质原子对晶格畸变影响示意图
(a) 间隙固溶体；(b) 置换固溶体(溶质原子小于溶剂原子)；(c) 置换固溶体(溶质原子大于溶剂原子)

3）固溶体的性能

由于溶质原子的溶入，造成了晶格畸变，阻碍了晶体滑移，结果使固溶体的强度、硬度提高，这种现象称为固溶强化。固溶强化是提高工程材料力学性能的重要途径之一。例如，在低合金钢中利用 Mn、Si 等元素来强化铁素体，同时保持了相当好的塑性和韧性。此外，有的固溶体的电阻率很高，是工业中大量应用的电热材料。

2. 金属化合物

形成化合物时，一般可以用化学分子式表示其组成，晶格类型和性能完全不同于任一组元。在金属化合物，如碳素钢中的 Fe_3C、黄铜中的 CuZn、铜铝合金中的 $CuAl_2$，除离子键、共价键外，金属键也在相当程度上参与作用，使这种化合物仍具有一定程度的金属性质(如导电性等)，同时，均具有较高的熔点、较高的硬度及较大的脆性。除金属化合物外，还有非金属化合物，如具有离子键的 FeS、MnS 等，它们是没有金属性质的一般化合物，尤其 FeS 是在工程材料中引起脆性的有害杂质，应该在熔炼过程中加以控制。

三种金属化合物的类型及其特征如下。

1）正常化合物

正常化合物通常是由金属元素与周期表中ⅣA、ⅤA、ⅥA 族元素组成的，例如，MgS、MnS、Mg_2Si、Mg_2Sn、Mg_2Pb 等。其中，MnS 是钢铁材料中常见的夹杂物，Mg_2Si 则是铝合金中常见的强化相。

正常价化合物由电负性相差较大的元素形成,根据电负性差值的大小,原子间结合键的类型分别以离子键、共价键或金属键为主。正常价化合物具有严格的化合比,成分固定不变,可用化学式表示。这类化合物一般具有较高的硬度,脆性较大。

2) 电子化合物

电子化合物是由ⅠB族或过渡族金属元素与ⅡB、ⅢA、ⅣA族金属元素形成的金属化合物,它不遵守原子价规律,而是按照一定电子浓度的比值形成的化合物,电子浓度不同,所形成的化合物的晶体结构也不同。例如电子浓度为3/2(21/14)时,具有体心立方结构,简称为β相;电子浓度为21/13时,为复杂立方结构,称为γ相;电子浓度为7/4(21/12)时,则为密排六方结构,称为ε相。表3-2列出了一些常见的电子化合物及结构类型。

表 3-2　常见的电子化合物及结构类型

电子浓度	$\dfrac{3}{2}\left(\dfrac{21}{14}\right)$	$\dfrac{21}{13}$	$\dfrac{7}{4}\left(\dfrac{21}{12}\right)$
结构类型	体心立方结构(β相)	复杂立方结构(γ相)	密排六方结构(ε相)
电子化合物	$CuZn$	Cu_5Zn_8	$CuZn_3$
	Cu_3Al	Cu_9Al_4	Cu_5Al_3
	Cu_5Si	$Cu_{31}Si_8$	Cu_3Si
	Cu_5Sn	$Cu_{31}Sn_8$	Cu_3Sn
	$AgZn$	Ag_5Zn_8	$AgZn_3$
	$AuCd$	Au_5Cd_8	$AuCd_3$
	$FeAl$	Fe_5Zn_{21}	Ag_5Al_3
	$CoAl$	Co_5Zn_{21}	Au_3Sn
	$NiAl$	Ni_5Be_{21}	Au_5Al_3

电子化合物虽然可以用化学式表示,但其成分可以在一定的范围内变化,因此可以把它看作以化合物为基的固溶体。电子化合物的原子间结合键以金属键为主。通常具有很高的熔点和硬度,但脆性很大。

3) 间隙相和间隙化合物

间隙相和间隙化合物主要受组元的原子尺寸因素控制,通常是由过渡族金属与原子半径很小的非金属元素 H、N、C、B 所组成。根据非金属元素(以 X 表示)与金属元素(以 M 表示)原子半径的比值,可以将其分为两类:当 $r_X/r_M \leqslant 0.59$ 时,形成具有简单结构的化合物,称为间隙相;当 $r_X/r_M > 0.59$ 时,则形成具有复杂晶体结构的化合物,称为间隙化合物。由于氢和氮的原子半径较小,所以过渡族金属的氢化物和氮化物都是间隙相。硼的原子半径最大,所以过渡族金属的硼化物都是间隙化合物。碳的原子半径也比较大,但比硼的小,所以一部分碳化物是间隙相,另一部分则是间隙化合物。间隙相和间隙化合物中的原子间结合键为金属键与共价键相混合。

(1) 间隙相

当非金属原子半径与金属原子半径的比 $r_X/r_M < 0.59$ 时,形成具有简单晶格的间隙化合物,称为间隙相。间隙相中的组元比例一般能满足简单的化学式:M_4X、M_2X、MX、MX_2(M代表金属元素、X 代表非金属元素)。间隙相化学式与结构类型的关系如表3-3所示。

表 3-3 间隙相化学式与结构类型的关系

化合物的一般化学式	钢中可能遇到的化合物	结 构 类 型
M_4X	Fe_4N、Nb_4C、Mn_4N	面心立方
M_2X	Al_2N、Cr_2N、W_2C、Mo_2C	密排六方
MX	TaC、TiC、ZrC、VC	面心立方
	ZrN、VN、TiN、WC	体心立方
	MoN、CrN	简单立方
MX_2	VC_2、CeC_2、ZrH_2、TiH_2	面心立方

图 3-14 为面心立方晶格 VC 的示意图,V 原子占据晶格的正常位置,而 C 原子则规则地分布在晶格的空隙之中。但实际的合金,有些晶格中的间隙未被填满而出现了缺陷。由于间隙相中某一元素原子的缺位,而另一元素在间隙相中的含量相对地过剩,这就相当于形成了以间隙相为基的固溶体,这种以缺位方式形成的固溶体称为缺位固溶体。图 3-15 所示为 TiC 缺位固溶体。

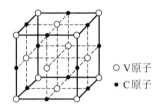
○ V原子
● C原子

图 3-14 间隙相 VC 的结构图

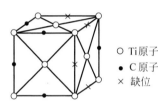
○ Ti 原子
● C 原子
× 缺位

图 3-15 TiC 缺位固溶体

间隙相具有极高的硬度和熔点,有明显的金属特性,是合金工具钢重要的强化相,也是硬质合金和高温金属陶瓷材料的重要组成相。

(2)间隙化合物

当 $r_X/r_M > 0.59$ 时,形成具有复杂结构的间隙化合物。如碳素钢中的 Fe_3C,合金钢中的 Cr_7C_3、$Cr_{23}C_6$、Fe_4W_2C 等。图 3-16 所示为 Fe_3C 的晶格结构。碳原子构成一个正交晶格($\alpha = \beta = \gamma = 90°$, $a \neq b \neq c$),每个碳原子周围有 6 个铁原子构成八面体,每个八面体的轴彼此倾斜某一角度,每个八面体内有 1 个碳原子,每个铁原子为 2 个八面体共有,故 Fe_3C 中 Fe 原子数量与 C 原子数量的比为

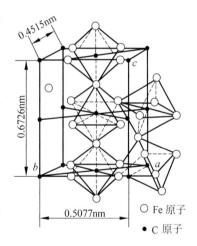
0.4515nm
0.6726nm
0.5077nm
○ Fe 原子
● C 原子

图 3-16 Fe_3C 的晶格结构

$$\frac{Fe\ 原子数量}{C\ 原子数量} = \frac{\frac{1}{2} \times 6}{1} = \frac{3}{1}$$

因而,这种间隙化合物的化学式为 Fe_3C,称为渗碳体。渗碳体中的铁原子可以部分被其他金属原子(Mn、Cr、Mo、W)所置换,形成以 Fe_3C 为基的固溶体,如$(Fe,Mn)_3C$、$(Fe,Cr)_3C$ 等,成为合金渗碳体。其他复杂晶格的间隙化合物中的金属原子也可被其他金属元素所置换。

具有复杂结构的间隙化合物有很高的硬度、熔点和脆性,但与间隙相相比要稍低一些,高温下容易分解,它是碳钢及合金钢中重要的强化相。

3. 机械混合物

在液态下组元互溶的合金,凝固后可形成单相固溶体或单相化合物,还可形成两种单相固溶体或单相固溶体与单相化合物组成的复相物,这种复相物称为机械混合物。组成机械混合物的组元既不溶解,也不化合,它们保持各自的晶格结构,其力学性能取决于组元的相对数量,同样也取决于组成相的大小和形状,数值介于组元性能之间。

3.3.2　二元合金相图与结晶过程分析

合金的结晶比纯金属的结晶复杂得多。随着合金中元素种类及数量的变化,合金的组织与性能也发生变化,这种变化关系具有严格的规律性。合金相图正是研究这些规律的有效工具。

在研究相图之前,先解释下面几个名词:

(1) 合金系。由两个或两个以上组元按不同比例配制成的一系列不同成分的合金称为合金系,简称系,如 Pb-Sn 系、Fe-Fe$_3$C 系等。

(2) 平衡(相平衡)。平衡是指在合金中参与结晶或相变过程的各相之间的相对质量和相的浓度不再改变时的状态。

(3) 相图。相图是表示合金系在平衡条件下合金的状态与成分、温度之间的关系图解,又称状态图或平衡图。相图是在十分缓慢的冷却条件下(接近平衡条件)用热分析法测定的。利用相图可以知道不同成分的合金在不同温度、平衡条件下存在哪些相,各相的相对数量、化学成分及条件变化时可能发生的相变。在生产实践中,合金相图可以作为制定铸造、锻造及热处理工艺的重要依据,也是分析研究合金组织及其变化规律的有效工具。

1. 相图的绘制

合金相图一般采用热分析法、热膨胀法、电阻法及 X 光结构分析法等各种实验方法测定。测定的关键是准确地找到合金的熔点和固态转变温度——临界点。下面以 Pb-Sb 合金为例,说明以热分析实验绘制二元合金相图的方法,如图 3-17 所示。

(1) 首先配制 5 组不同的 Pb-Sb 合金,即含铅量 ω_{Pb} 分别为 100%、95%、89%、50%、0 的 Pb-Sb 合金。

(2) 分别将上述合金加热熔化,并缓慢冷却,测定其冷却曲线,如图 3-17(1)~(5)所示。

(3) 在冷却曲线上找出上述合金的临界点,见表 3-4。

(4) 将各临界点绘在温度-成分坐标图中的相应成分垂线上,将各相同意义的临界点连接成光滑曲线,即获得图 3-17 所示的 Pb-Sb 合金相图。

实际上,二元合金相图大多比较复杂,但不管它怎样复杂,都可以看作由几个最基本的简单相图组成的。下面分别介绍几个基本的二元合金相图。

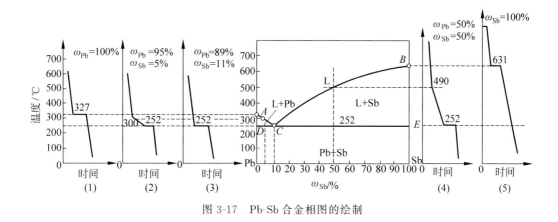

图 3-17　Pb-Sb 合金相图的绘制

表 3-4　实验用 Pb-Sb 合金的成分和转变温度

合金序号	成分		开始结晶温度/℃	终了结晶温度/℃
	ω_{Pb}/%	ω_{Sb}/%		
1	100	0	327	327
2	95	5	300	252
3	89	11	252	252
4	50	50	490	252
5	0	100	631	631

2. 匀晶相图

匀晶相图

两组元在液态与固态下均彼此无限互溶，形成无限置换固溶体，如 Cu-Ni、Fe-Cr、Au-Ag 等，这类合金的相图叫匀晶相图。下面以 Cu-Ni 合金相图为例进行分析，如图 3-18 所示。

1）相图分析

组元：Cu、Ni。A、B 点分别表示纯铜、纯镍的熔点。

相：L、α。合金可能存在有液相 L，Ni 溶于 Cu 的固溶体——α 相。

$\overset{\frown}{A1B}$：液相线。合金在这条线以上是液相 L 区。

$\overset{\frown}{A4B}$：固相线。合金在这条线以下是固溶体 α 相区。

可见，由液相线和固相线把 Cu-Ni 合金相图划分为 3 个区域：L、L＋α、α。两组元在任何状态下彼此互溶，因此只可能存在两相。

2）合金的结晶过程

以含镍量为 $\omega_{Ni}=k$% 的 K 合金为例，讨论合金的结晶过程，如图 3-18(c) 所示。当合金由液态缓慢冷却至 $1'$ 点时，相当于结晶开始，K 合金温度处于 $1'\sim4'$（液相线与固相线）之间进入 L 和 α 两相区，随着温度下降，L 成分沿液相线 $1'-2'-3'-4'$ 变化，数量不断减少，α 成分沿固相线 $1''-2''-3''-4''$ 变化，数量逐渐增多，同时 L 和 α 的成分也将通过原子扩散不断改变。当温度降到 $4''$ 点时，合金结晶终了，得到与含镍量 $\omega_{Ni}=k$% 的液相成分一致的均匀单相多面体的 α 固溶体。

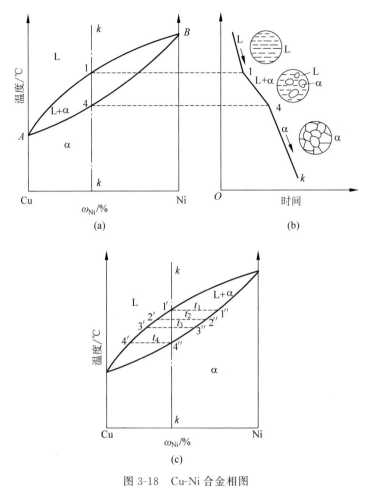

图 3-18　Cu-Ni 合金相图

（a）Cu-Ni 合金相图；（b）冷却曲线；（c）结晶过程分析

　　结晶过程中，只有在非常缓慢的冷却条件下，原子能够有充分的时间进行扩散，最后得到的固溶体才具有均匀的成分。但是，在实际生产中，液态金属的结晶过程不可能以十分缓慢的速度进行，而是在较快的冷却速度下进行，而且原子在固态扩散又很困难，尤其是固溶体的结晶过程一般是按树枝晶方式进行的。合金在较高的温度下先结晶出来的枝干，其 α 相含 Ni 量较高；在较低的温度下后结晶出来的枝间，其 α 相含 Ni 量较低。这种在一个晶粒内部化学成分不均匀的现象，称为枝晶偏析。枝晶偏析的存在使晶粒内部性能不一致，造成合金的力学性能降低，特别是塑性和韧性降低。由于枝晶偏析是一种不稳定的组织，在工业上常把这种组织加热到高温并保持相当长时间，这样使原子充分地扩散，枝晶偏析的现象便可全部消除，这种方法叫扩散退火。

　　3）杠杆定律及应用

　　合金在缓慢冷却的过程中，液相和固相的成分以及它们的相对量都在不断地发生变化，利用相图及杠杆定律不但能够确定两相区内任一成分的合金在任一温度下处于平衡时的各相成分，而且可以确定各相的质量，如图 3-19 所示。

（1）确定两平衡相的成分

在图 3-19 中，点 r 表示 I 合金在温度 T_1 时的状态，该合金在此温度时是由两个相邻的液相和固相组成的。通过 r 点作一水平线，与液相线交于 a 点，与固相线交于 b 点，分别将 a、b 两点投影在成分坐标轴上，因此，合金 I 在 T_1 温度下是由 $\omega_{Ni}=C_L\%$ 的液相和 $\omega_{Ni}=C_\alpha\%$ 的固相组成的。

（2）确定两平衡相的相对质量

设图 3-19 中 I 合金的总质量为 m，在温度 T_1 时的液相质量为 m_L，固相质量为 m_α，则有

$$\begin{cases} m_L + m_\alpha = m \\ m_L C_L + m_\alpha C_\alpha = mC \end{cases}$$

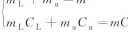

图 3-19　杠杆定律的证明及作用

解此方程式组，可得 $m_L/m_\alpha = \overline{rb}/\overline{ra}$。

由此可得出结论，某合金两相的质量比等于这两相成分点到合金成分点距离的反比。这与力学中的杠杆定律非常相似，所以称为杠杆定律，在二元合金相图中这一定律只适用于两相区。用这一公式可以直接求出平衡状态下两相的百分含量（质量分数）。

3. 共晶相图

一定成分的合金液体冷却时，转变为两种或多种紧密混合的固相的恒温可逆反应称为共晶反应，这种反应形成的组织即为共晶组织。形成共晶组织的二元合金系的相图称为共晶相图。如 Pb-Sb、Pb-Sn、Ag-Cu、Al-Si 等合金的相图都属于共晶相图。下面以图 3-20 所示的 Pb-Sb 合金系为例，对共晶相图进行分析。

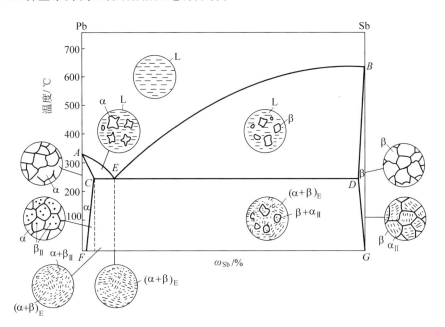

图 3-20　Pb-Sb 合金相图

1) 相图分析

组元：Pb、Sb。A、B 点分别表示纯 Pb、纯 Sb 的熔点。

相：L、α、β。合金可能存在液相 L；Sb 溶于 Pb 中的固溶体——α 相；Pb 溶于 Sb 中的固溶体——β 相。

AEB——液相线。这条线以上是液相 L 区。

$ACEDB$——固相线。$AECA$ 与 $EBDE$ 为两相区，分别为液相＋共晶体 α(L＋α)、液相＋共晶体 β(L＋β)。

CF、DG——α、β 相的溶解度线，也称固溶线。ACF 与 BDG 为单相区，分别为 α、β。

CED——共晶水平线。共晶温度为 252℃，在这个温度下发生 L $\xrightarrow[\text{252℃}]{}$ (α+β) 共晶转变，此时 L、α、β 三相共存。E 为共晶点，其成分为 $\omega_{Sb}=11.1\%$，$\omega_{Pb}=88.9\%$。

对应于 E 点的合金称为共晶合金；成分位于 CE 之间的合金为亚共晶合金；成分位于 ED 之间的合金称为过共晶合金。

2) 典型合金的平衡结晶及其组织

(1) 含 Sb 量小于 C 点的合金结晶过程

图 3-21 是成分为 $\omega_{Pb}=98\%$、$\omega_{Sb}=2\%$ 合金的冷却曲线及其各温度下的组织示意图。合金在点 1 以上呈液相，在点 1 结晶出固溶体 α。α 的成分沿曲线 $a2$ 变化，而液相成分沿曲线 $1b$ 变化，到点 2 结晶终了，所得到的固溶体 α 具有原液相的成分。合金冷却到固溶线 CF 上的 3 点以前，α 不发生任何变化。到达 3 点时，Sb 在 Pb 中的溶解度达到此温度下的饱和状态；低于 3 点时，将发生过剩的 Sb 以 β 固溶体的形式从 α 固溶体中析出。为了区别从液相中结晶出的 β 相，此时的 β 固溶体称二次相，用 β_{II} 表示。由于固态下原子的扩散能力小，β_{II} 不易长大，一般比较细，分布于晶界或固溶体中。应该指出，凡成分在 F 点左方的合金均不析出 β_{II}，位于 F、C 点之间的合金结晶过程与含 Sb 量 $\omega_{Sb}=2\%$ 的合金相似，只是合金成分越接近 C 点，其所含的 β_{II} 越多，它们的显微组织都是 $\alpha+\beta_{II}$。$\alpha+\beta_{II}$ 的相对量可用杠杆定律算出。

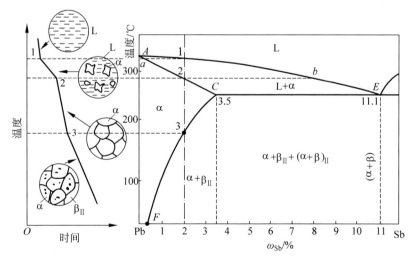

图 3-21　含 Sb($\omega_{Sb}=2\%$)合金的结晶过程及组织转变示意图

共晶结晶
过程分析

(2) 共晶合金的结晶过程

如图 3-20、图 3-21 和图 3-22 所示，合金由液相缓慢冷却到温度 t_E 时，将发生共晶转

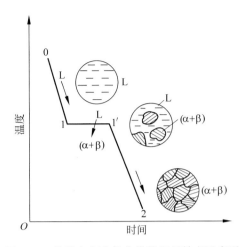

图 3-22　共晶合金冷却曲线及组织转变示意图

变,同时结晶出 α、β 两种固溶体,即

$$L_E \underset{}{\overset{t_E}{\rightleftharpoons}} \alpha_C + \beta_D$$

式中,L_E 为共晶成分的液相;α_C 为 C 点含量的 α 固溶体;β_D 为 D 点含量的 β 固溶体。

这一过程在温度为 t_E 的恒温下一直进行到液相完全消失为止。结晶终了后的合金为 α 固溶体与 β 固溶体的共晶组织,共晶组织中的 α_C 和 β_D 的相对量可用杠杆定律计算如下:

$$\omega_{\alpha_C} = \frac{ED}{CD} \times 100\%$$

$$\omega_{\beta_D} = \frac{CE}{CD} \times 100\%$$

继续冷却时,共晶组织中的 α、β 固溶体将发生二次结晶,并从其中分别析出 β_{II} 和 α_{II}。α_{II} 和 β_{II} 都与 α 和 β 混在一起,在金相显微镜下分辨不清,所以默认室温下的组织为 α+β。它的显微组织特征是两个相的颗粒都比较细小且高度分散,并相互交替分布。

(3) 亚共晶合金的结晶过程

成分为 $\omega_{Sb} = 5\%$ 的亚共晶合金的冷却曲线与组织转变过程如图 3-20 和图 3-23 所示。当合金以缓慢速度冷却到 l_1 点时,开始从液相中结晶生成 α 固溶体,随着温度的降低,液相的成分沿液相线 l_1E 变化,数量不断减少;α 固溶体的成分沿固相线 a_1C 变化,数量逐渐增

亚过结晶
过程分析

多。当温度降到 t_E 时,固相和液相的相对量可用杠杆定律求出:$\dfrac{\omega_\alpha}{\omega_L} = \dfrac{Eh}{Ch}$,此时成分相当于 E 点的液相发生共晶转变,这一转变一直在恒温下进行到剩余液相全部转变为共晶组织为止。共晶转变终了后,合金的组织由先结晶生成的 α 固溶体与后发生共晶反应得到的共晶体 $(\alpha+\beta)_E$ 组成,从共晶温度继续冷却到室温的过程中,由于固溶体的溶解度随温度的降低而减小,将从 α 固溶体(先结晶和后共晶的)和 β 固溶体(共晶的)中分别析出 β_{II} 和 α_{II}。在显微镜下,只有从先结晶生成的 α 固溶体中析出的 β_{II} 可能观察到,共晶组织中析出的 α_{II} 与 α 和 β 混在一起,一般难以分清,因此在图中也没有标出。所有成分位于 C、E 点之间的合金,平衡结晶过程都与含 Sb 量 $\omega_{Sb} = 5\%$ 的合金类似,其显微组织均为先结晶 α、β_{II} 及后共晶 $(\alpha+\beta)_E$ 组成。虽然亚共晶的组织构成是多样的,但冷却后的合金仅含有 α 与 β 两个相,

其各自总量仍可用杠杆定律求出。

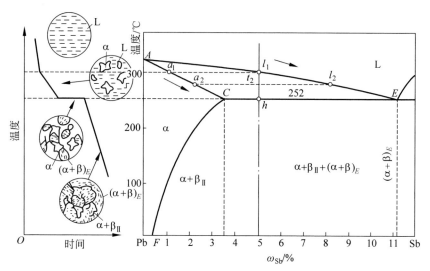

图 3-23　含锑量为 5% 的亚共晶合金的结晶过程示意图

（4）过共晶合金的结晶过程

这类合金的结晶过程与亚共晶合金基本相似,不同的是先共晶为 β,二次相主要是从先共晶的 β 固溶体中析出的 α_{II}。室温下的组织为 $\beta + \alpha_{II} + (\alpha + \beta)_E$。

由前述可知,合金在结晶过程中,将要从液态合金中结晶出两种与液态密度完全不同的 α 固溶体和 β 固溶体。如果结晶出来的晶体的密度与剩余的液体的密度相差较大,这些晶粒便会在液体中上浮或下沉,从而导致结晶后的上、下部分的化学成分不一致。这种因密度不同而造成的化学成分不均匀的现象称为比重偏析(是由密度引起的)。比重偏析不能通过热处理来消除或减轻,只能在结晶过程中提高冷却速度使晶粒来不及下沉或上浮,有时也采用增加外来晶粒加速结晶的措施加以防止。

共析相图

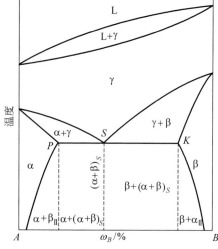

图 3-24　共析转变型的相图

4. 共析相图

图 3-24 为具有共析转变的相图。PSK 为一条三相共存水平线,在这个温度,从 S 点成分为 γ 的固溶体中同时析出 P 点成分的 α 与 K 点成分的 β,可表示为 $\gamma_S \overset{t_S}{\rightleftharpoons} \alpha_P + \beta_K$。因此,一定成分的固溶体冷却时转变为两种紧密混合的固相的恒温可逆反应,称为共析反应。这种反应形成的组织即为共析组织。具有共析组织的相图称为共析相图。

5. 形成稳定化合物的相图

所谓稳定化合物,是指在熔化前既不分解也不产生任何化学反应的化合物。如在 Mg-Si 合金系中,Mg 和 Si 能形成稳定的化合物 Mg_2Si。图 3-25

为 Mg-Si 合金相图。由于稳定化合物的结晶过程与纯组元类似,所以把稳定化合物 Mg₂Si 看作一个独立的组元,它在相图中是一条垂线。因此,可将 Mg-Si 相图看作由 Mg-Mg₂Si 和 Mg₂Si-Si 两个共晶相图组成。其相图分析与其他共晶相图相同,故不再赘述。

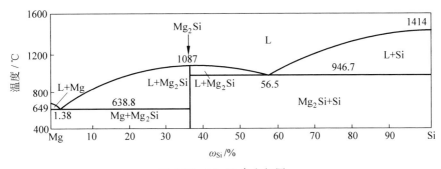

图 3-25　Mg-Si 合金相图

6. 包晶相图

冷却时结晶出来的固相与包围它的合金溶液作用,形成一个固相的恒温可逆反应,称为包晶反应。这种反应形成的组织称为包晶组织,其相图称为包晶相图,如二元合金系 Pt-Ag、Ag-Sn、Al-Pt 相图等。图 3-26 为 Pt-Ag 相图。

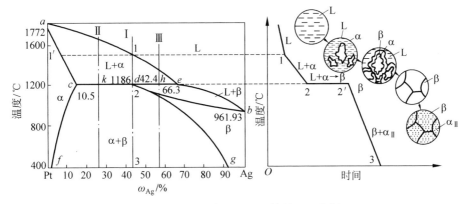

图 3-26　Pt-Ag 合金相图及结晶过程分析

组元:Pt、Ag。a、b 分别为 Pt、Ag 的熔点。

相:L、α、β。α 相是 Ag 溶于 Pt 中的固溶体,β 相是 Pt 溶于 Ag 中的固溶体。

aeb 与 $acdb$ 分别为液相线和固相线。

cf 与 dg 分别为 Ag 溶于 Pt 中和 Pt 溶于 Ag 中的溶解度线。

cde 为包晶线,代表这个合金系中发生包晶反应的温度和成分范围。

现以合金 I 为例,分析其结晶过程如下。

合金 I 由液态慢冷到液相线 1 点时,开始从液相中结晶出 α 固溶体,随着温度降低,α 固溶体的量不断增加,而液相的量则不断减少,α 固溶体的成分沿 ac 线由 $1'c$ 变化,液相的成分则沿 ae 线由 $1e$ 变化。到 d 点液相成分为 e,固相成分为 c,两相的相对量可由杠杆定律求出。此时,合金在恒温 t_d 的条件下发生包晶反应,即由成分为 e 的 L 相和成分为 c 的

α相转变为成分相当于 d 点的β固溶体,反应式为：$L_e + \alpha_c \underset{}{\overset{t_d}{\rightleftharpoons}} \beta_d$。这一转变过程,在温度为 t_d 的恒温下,将一直进行到液相与α固溶体全部消失,仅剩下新生的β固溶体为止。合金Ⅰ继续冷却时,由于Pt在β固溶体中的溶解度随着温度的下降而减小,因而将不断地从β固溶体中析出 α_{II},合金Ⅰ的室温组织为 $\beta + \alpha_{\mathrm{II}}$。在包晶反应完成后,成分在 cde 包晶线上 d 点左边的合金(如合金Ⅱ)将有剩余的α固溶体;成分在 d 点右边的合金(如合金Ⅲ)将有剩余的L相,多余的L相在随后的冷却过程中继续结晶为β固溶体。

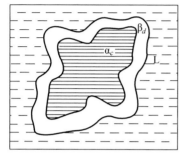

图 3-27　包晶反应示意图

如图 3-27 所示,在进行包晶转变时,新产生的β固溶体往往在已有的α固溶体的晶界上成核、长大,即β包围着α的周缘进行结晶。从图 3-26 可以看出,成分为 d 点的β固溶体比成分为 e 点的L相的含Ag量低,但含Pt量比L相高。同时,β固溶体中的含Ag量又比成分为 c 点的α固溶体高,而含Pt量则比α固溶体低。此时,液相中的Ag原子通过β固溶体扩散到α固溶体中,而α中的Pt原子通过β扩散到L相中去。一般地说,原子在固相中的扩散速度要比液相中小得多。而在实际生产中,由于冷却速度较快,因此,各相原子扩散往往来不及,包晶转变不能充分进行,得到不平衡的组织。这种由于包晶转变产生的化学成分不均匀的现象称为包晶偏析。包晶偏析可采用扩散退火来减少或消除。

与包晶反应相似,一固相在恒温下与另一固相反应生成新的固相,称为包析转变。

以上分析了二元合金相图的几种基本类型,各类型的特征综合列于表 3-5。

表 3-5　二元合金相图的分类及其特征

图形特征	转变特征	转变名称	相图形式	转变式	说明
Ⅰ Ⅰ+Ⅱ Ⅱ	Ⅰ $\rightleftharpoons$ Ⅰ+Ⅱ $\rightleftharpoons$ Ⅱ	匀晶转变	L L+α α	$L \rightleftharpoons \alpha$	一个液相L经过一个温度范围转变为同一成分的固相
		固溶体同素异晶转变	L L+γ γ α+γ α	$\gamma \rightleftharpoons \alpha$	一个固相γ经过一个温度范围转变为成分相同的另一个固相α
Ⅱ Ⅰ Ⅲ	Ⅰ $\rightleftharpoons$ Ⅱ+Ⅲ	共晶转变	α　L　β	$L \rightleftharpoons \alpha + \beta$	恒温下由一个液相L同时转变为两个成分不同的固相α及β
		共析转变	α　γ　β	$\gamma \rightleftharpoons \alpha + \beta$	恒温下由一个固相γ同时转变为另外两个固相α及β

续表

图形特征	转变特征	转变名称	相图形式	转变式	说明
I＋II⇌III	I＋II⇌III	包晶转变		$L+\beta \rightleftharpoons \alpha$	恒温下由液相 L 和一个固相 β 相互作用生成一个新的固相 α
		包析转变		$\gamma+\beta \rightleftharpoons \alpha$	恒温下两个固相 γ 及 β 相互作用生成另一个固相 α

7. 合金性能与相图的关系

相图与合金性能

相图的形式取决于二组元形成的相,合金的性能同样也取决于所形成的相。因此,相图形式与合金性能之间存在一定的联系。图 3-28 所示为各类合金的相图与合金硬度、强度及电导率之间的关系。

当形成机械混合物时,若两个相似晶粒较粗,而且均匀分布时,其性能是组成相性能的平均值,即性能与成分呈直线关系。但是,由于过冷和原子扩散速度等原因,共析或共晶反应后极易形成细小分散的组织,这样合金的力学性能将偏离直线关系而出现高峰,如图 3-28(a)、(c)、(d)、(e)中虚线所示。当合金形成单相固溶体时,合金的性能显然与组元的性质及溶质溶入的量有关。固溶体的机械性能,如强度、硬度等通常比由该固溶体所包含的组元的同类性能要高。当形成化合物时,其性能在曲线上会出现极大(极小)点,又称奇点,如图 3-28(d)、(e)所示。

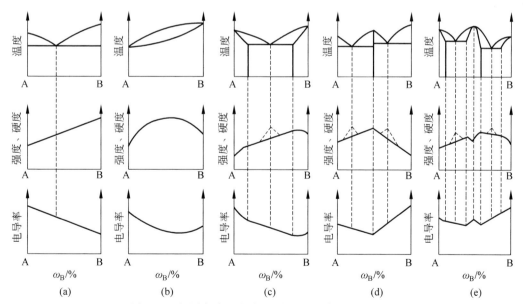

图 3-28 相图与合金硬度、强度及电导率之间的关系

(a) 形成混合物的相图;(b) 形成无限固溶体的相图;(c) 形成有限固溶体的相图;(d) 形成稳定化合物的相图;(e) 具有以化合物为基的固溶体的相图

从铸造工艺性能来看,共晶合金的熔点低,并且在恒温下凝固,故其流动性好。凝固后

容易形成集中缩孔,而分散缩孔(缩松)少,热裂和偏析的倾向小。图 3-29 所示为合金的流动性、缩孔性质与相图之间的关系。此图还说明形成固溶体合金的流动性不如纯金属和共晶合金,而且液相线与固相线间隙越大,即结晶温度范围越宽,形成枝晶偏析的倾向越大,其流动性也就越差,形成分散缩孔多而集中缩孔少,铸造性能不好。具有单相固溶体的合金塑性较好,变形抗力小,变形均匀,具有良好的锻造性能,但切削加工时不易断屑,加工表面比较粗糙,形成两相混合物的合金塑性不如固溶体,特别是其中有硬而脆的相,不利于进行锻造加工,而切削加工性好于固溶体合金。

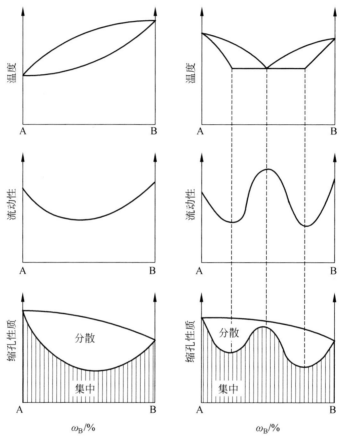

图 3-29   合金的流动性、缩孔性质与相图之间的关系

相图可以帮助我们了解材料的相变规律和相稳定性,为材料的设计和制备提供指导。自然科学就是通过科学方法探索自然规律和积累科学知识的过程。科学方法的灵活运用使得我们能更好地认识自然规律,而这些规律的探索与应用则帮助我们不断增加科学知识。自然科学的发展也为人类提供了改善生活、保护环境和解决实际问题的科学依据。我们应当重视自然科学的学习和研究,为人类社会的繁荣和可持续发展作出积极贡献。

复习思考题

1. 名词解释:
    凝固;过冷现象;变质处理;同素异构转变;重结晶;合金;组元;固溶强化;相;显微

组织；相图；匀晶转变；平衡结晶；枝晶偏析；共晶转变。

2. 如果其他条件相同,比较在下列条件下铸件的晶粒大小:

(1) 金属型铸造与砂型铸造；

(2) 铸成薄壁件和铸成厚壁件；

(3) 高温浇铸与低温浇铸；

(4) 浇注时采用振动和不采用振动。

3. 在铸造生产中,采用哪些措施可以控制晶粒大小? 在生产中如何应用变质处理? 举例说明。

4. 何谓同素异晶转变? 以纯铁为例,用反应式和冷却结晶曲线分别描述。同素异晶转变又称重结晶,重结晶与结晶有何异同?

5. 纯金属的结晶必须满足哪几个条件?

6. 晶核长大的方式有哪几种?

7. 试述晶粒大小对其机械性能有何影响。

8. 二元合金相图表达了合金的哪些关系?

9. 在二元合金相图中应用杠杆定律可以计算什么?

10. 为什么铸件常选用靠近共晶成分的合金生产,压力加工件则选用单相固溶体成分的合金生产?

11. 已知 A(熔点:600℃)与 B(熔点:500℃) 在液态无限互溶；在固态 300℃时 A 溶于 B 的最大溶解度为 30%,室温时为 10%,但 B 不溶 A；在 300℃时,含 40%B 的液态合金发生共晶反应。现要求:

(1) 作出 A-B 合金相图；

(2) 分析 20%A、45%A、80%A 等合金的结晶过程,并确定室温下的组织组成物和相组成物的相对量。

12. 某合金相图如图 3-30 所示。

(1) 试标注①～④空白区域中存在相的名称；

(2) 指出此相图包括哪几种转变类型；

(3) 说明合金Ⅰ的平衡结晶过程及室温下的显微组织。

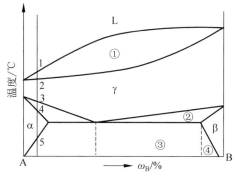

图 3-30　某合金相图

4

铁碳合金相图与碳素钢

现代工业中使用最广泛的钢铁材料都属于铁碳合金的范畴。普通碳素钢和铸铁是铁碳合金,合金钢和合金铸铁实际上是加入合金元素的铁碳合金。因此,为了认识铁碳合金的本质并了解铁碳合金的成分、组织和性能之间的关系,以便在生产中合理地使用,首先必须了解铁碳合金的相图。

在铁碳合金中,铁与碳可以形成 Fe_3C、Fe_2C、FeC 等一系列化合物,而稳定的化合物可以作为一个独立的组元。由于钢和铸铁中的含碳量一般不超过 5%($\omega_C \leqslant 5\%$),是在 Fe-Fe_3C($\omega_C = 6.69\%$)的成分范围内,因此,在研究铁碳合金时仅考虑 Fe-Fe_3C 相图。

4.1 铁碳合金的相与基本组织

基本相结构

4.1.1 铁碳合金的组元

形成 Fe-Fe_3C 相图的组元是铁和渗碳体,这两个组元的结构和性能如下。

1. 铁(Fe)

铁为过渡族元素,熔点为 1538℃,密度为 $7.87g/cm^3$,在 770℃以上无磁性。纯铁性能因其纯度和晶粒大小的不同而有差别,其力学性能大致如下:

抗拉强度 $R_m = 180 \sim 280MPa$;

下屈服强度 $R_{eL} = 100 \sim 170MPa$;

伸长率 $A = 30\% \sim 50\%$;

断面收缩率 $Z = 70\% \sim 80\%$;

冲击韧度 $a_k = 160 \sim 200J/cm^2$;

硬度 $= 50 \sim 80HBW$。

在固态时铁有两种结构:δ-Fe 和 α-Fe 是体心立方晶格,γ-Fe 是面心立方晶格。两种体心立方晶格的铁是在不同温度范围存在的,α-Fe 是指温度低于 912℃的铁,而 δ-Fe 存在于 $1394 \sim 1538$℃之间。面心立方晶格的 γ-Fe 存在于 $912 \sim 1394$℃之间。

2. 渗碳体(cementite)

铁与碳形成的金属化合物 Fe_3C 称为渗碳体,用 Fe_3C 或符号 Cm 表示。渗碳体是一种具有复杂结构的间隙化合物,其晶体结构如图 4-1 所示,其中碳原子构成一正交晶格(3个晶格常数互不相等 $a \neq b \neq c$),而且在每个碳原子周围都有 6 个铁原子构成八面体,各个八面体的轴彼此倾斜一定的角度,每个铁原子为两个八面体所共有。所以铁原子与碳原子的比例符合 Fe：C＝3：1 的关系。渗碳体的熔点为 1227℃,含碳量为 ω_C＝6.67%,硬度很高(950～1050HV),脆性大,塑性和韧性几乎等于 0。渗碳体是钢中主要的强化相,其形状、数量、大小及分布对钢的性能有很大的影响。

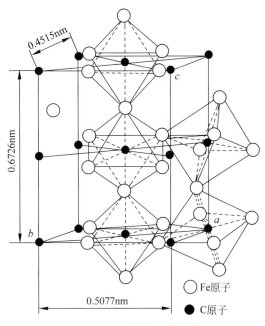

图 4-1　渗碳体的晶体结构

　　渗碳体在一定的条件下(高于 900℃ 长时间加热、缓冷)能分解形成石墨状的自由碳和铁,即 $Fe_3C \longrightarrow 3Fe+C$(石墨),这一过程对铸铁具有重要的意义。

4.1.2　铁碳合金的基本相

　　$Fe-Fe_3C$ 相图中除了高温时存在的液相 L 和金属化合物相 Fe_3C 外,还有碳溶于铁形成的几种间隙固溶体相,具体如下:

　　(1) 高温铁素体。碳溶于 δ-Fe 的间隙固溶体,体心立方晶格,用符号 δ 表示。

　　(2) 铁素体。碳溶于 α-Fe 的间隙固溶体,体心立方晶格,用符号 α 或 F 表示。铁素体中碳的固溶度很小,力学性能与工业纯铁相当。

　　(3) 奥氏体。碳溶于 γ-Fe 的间隙固溶体,面心立方晶格,用符号 γ 或 A 表示,奥氏体强度较低,塑性很好。

4.1.3　铁碳合金的基本组织

1. 铁素体(ferrite)

　　铁素体的晶体结构和显微组织如图 4-2 所示。由于晶格间隙半径较小,碳在 α-Fe 中的溶解度也较小,在 727℃时,α-Fe 中的含碳量 ω_C＝0.0218%,随着温度降低,α-Fe 中的含碳量逐渐减少,在室温时降到 $\omega_C=0.0008\%$ 。

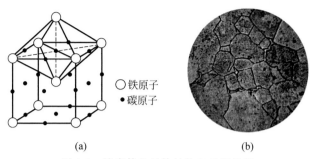

图 4-2 铁素体的晶体结构和显微组织

(a) 晶体结构;(b) $\omega_C=0.01\%$ 的工业纯铁显微组织(200×)

由于铁素体中的含碳量低,所以铁素体的力学性能与工业纯铁相似。其 $R_m=230\text{MPa}$, $A=50\%$,硬度为 80HBS。

碳在 δ-Fe 中的间隙固溶体叫 δ 相,也是铁素体(称为高温铁素体),呈体心立方晶格。碳在 δ-Fe 中的最大溶解度为 0.09%(1495℃时)。

2. 奥氏体(austenite)

碳溶于 γ-Fe 中形成的间隙固溶体称为奥氏体,用符号 A 表示。奥氏体仍保持 γ-Fe 的面心立方晶格,碳溶于 γ-Fe 的晶格间隙中,由于面心立方晶格间隙较大,故奥氏体的溶碳能

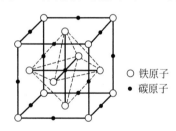

图 4-3 奥氏体的晶体结构

力较强,在 1148℃时含碳量 $\omega_C=2.11\%$,随着温度的下降,逐渐减少,在 727℃时 $\omega_C=0.77\%$,其晶体结构如图 4-3 所示,在显微镜下观察,奥氏体仍呈不规则的多边形的晶粒,但晶界较平直,具有孪晶线。奥氏体的力学性能与其溶碳量及晶粒大小有关,一般来说奥氏体的硬度为 170～220HBS,伸长率 δ 为 40%～50%,因此奥氏体是一个硬度较低而塑性较高的相,是绝大多数钢热成形所要求的相。

3. 渗碳体(cementite)

详细内容见前述组元的介绍。

4. 珠光体(pearlite)

铁素体和渗碳体组成的机械混合物称为珠光体,用符号 P 表示。珠光体是含碳量 $\omega_C>0.0218\%$ 的奥氏体在 727℃时发生共析转变的产物。其力学性能介于铁素体和渗碳体之间,硬度约为 180HBW, $R_{eL}=770\text{MPa}$, $A=20\%～25\%$ 。

珠光体的显微组织如图 4-4 所示。从图中看出,珠光体组织是铁素体和渗碳体呈片状交替间隔排列。

5. 莱氏体(ledeburite)

奥氏体与渗碳体组成的机械混合物称为莱氏体,用符号 Ld 表示。它是含碳量 $\omega_C=4.3\%$ 的铁碳合金液体在 1148℃发生共晶转变的产物。在 727℃以下,莱氏体中的奥氏体将转变为珠光体,由珠光体与渗碳体组成的机械混合物称为低温莱氏体,用符号 L'd 表示。

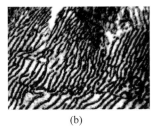

(a)　　　　　　　　　(b)

图 4-4　珠光体显微组织

(a) 500×；(b) 1600×

莱氏体可以看作渗碳体的基体上分布着奥氏体(或珠光体)，故硬度很高(在 700HBW 以上)，塑性、韧性极差。

4.2　铁碳合金相图

铁碳合金
相图分析

4.2.1　铁碳合金相图概述

铁碳合金相图是研究铁碳合金的组织和性能的基础，是指导选择材料、制定热加工工艺和确定热处理方法的工具。由于 $\omega_C > 6.69\%$ 的铁碳合金脆性极大，没有使用价值，另外，$Fe_3C(\omega_C = 6.69\%)$ 是个稳定的金属化合物，可以作为一个组元，因此，研究的铁碳合金相图实际上是 $Fe\text{-}Fe_3C$ 相图。如图 4-5 所示。

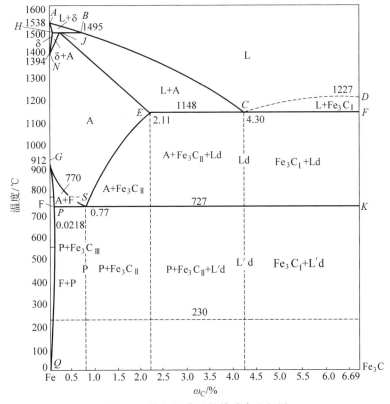

图 4-5　按组织分区的铁碳合金相图

4.2.2　Fe-Fe₃C 相图分析

　　Fe-Fe₃C 相图比较复杂,但是,将其分解成三个基本相图分别进行讨论就简单了,这三个基本相图就是包晶反应图、共晶反应图和共析反应图,如图 4-6 所示。

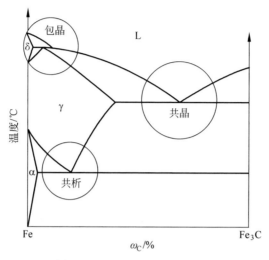

图 4-6　Fe-Fe₃C 相图的分解图

1. 三个重要的转变

　　1) 包晶转变

　　包晶转变(见图 4-7)发生于 1495℃(水平线 HJB),恒温下含碳量 $\omega_C=0.53\%$ 的液相与含碳量 $\omega_C=0.09\%$ 的高温铁素体,形成含碳量 $\omega_C=0.17\%$ 的奥氏体,其反应式为

$$L_B + \delta_H \underset{}{\overset{1495℃}{\rightleftharpoons}} A_J$$

　　凡是含碳量 ω_C 为 $0.09\%\sim0.53\%$ 的合金结晶,缓慢冷却到 1495℃均发生包晶转变,转变产物是奥氏体。

　　2) 共晶转变

　　共晶转变是在 1148℃恒温下含碳量 $\omega_C=4.3\%$ 的液相转变为含碳量 $\omega_C=2.11\%$ 的奥氏体和含碳量 $\omega_C=6.69\%$ 的渗碳体的机械混合物,其反应式为

$$L_C \underset{}{\overset{1148℃}{\rightleftharpoons}} A_E + Fe_3C$$

　　共晶转变的产物称为莱氏体。共晶转变的温度就是相图上的水平线 ECF,称为共晶温度或共晶线。因此,含碳量 ω_C 在 $2.11\%\sim6.69\%$ 内的合金都要进行共晶转变。

　　3) 共析转变

　　共析转变是在 727℃恒温下含碳量 $\omega_C=0.77\%$ 的奥氏体转变为含碳量 $\omega_C=0.0218\%$ 的铁素体和含碳量 $\omega_C=6.69\%$ 的渗碳体的机械混合物,其反应式为

$$A_S \underset{}{\overset{727℃}{\rightleftharpoons}} F_P + Fe_3C$$

　　共析转变产物称为珠光体。共析转变的温度是相图上的水平线 PSK,称为共析转变温度或共析线,常用符号 A_1 表示。因此,凡是含碳量超过 0.0218% 的铁碳合金都将进行共析转变。

2. 三条重要的特性曲线

1) ES 线

它是碳在奥氏体中的固溶线。在 1148℃ 时,奥氏体中含碳量 $\omega_C=2.11\%$,而在 727℃ 时,奥氏体中含碳量 $\omega_C=0.77\%$,故凡是含碳量 $\omega_C>0.77\%$ 的铁碳合金自 1148℃ 冷却至 727℃ 时,都会从奥氏体中沿晶界析出渗碳体,称为二次渗碳体(Fe_3C_{II})。ES 线又称 A_{cm} 线。

2) PQ 线

它是碳在铁素体中的固溶线。在 727℃ 时,铁素体中的含碳量 $\omega_C=0.0218\%$,而在室温下,铁素体中含碳量 $\omega_C=0.0008\%$,故一般铁碳合金由 727℃ 冷却至室温时,将由铁素体中析出渗碳体,称为三次渗碳体(Fe_3C_{III})。在含碳量 ω_C 较高的合金中,因其数量极少可忽略不计。

3) GS 线

它是合金冷却时自奥氏体中开始析出铁素体的析出线,通常称为 A_3 线。

3. 相图中的特性点、线和相区

Fe-Fe_3C 相图中主要的特性点、特性线和相区的含义见表 4-1～表 4-3。

表 4-1　铁碳合金相图中的特性点

特性点	温度 $t/℃$	含碳量 $\omega_C/\%$	特性点的含义	特性点	温度 $t/℃$	含碳量 $\omega_C/\%$	特性点的含义
A	1538	0	纯铁的熔点	H	1495	0.09	碳在 δ 固溶体中的最大溶解度
B	1495	0.53	包晶转度时液相的成分	J	1495	0.17	包晶点
C	1148	4.30	共晶点	K	727	6.69	共析渗碳体的成分点
D	1227*	6.69	渗碳体的熔点	N	1394	0	γ-Fe $\Longleftrightarrow$ δ-Fe 同素异构转变点(A_4)
E	1148	2.11	碳在奥氏体中的最大溶解度	P	727	0.0218	碳在铁素体中的最大溶解度
F	1148	6.69	共晶渗碳体的成分点	S	727	0.77	共析点
G	912	0	α-Fe $\Longleftrightarrow$ γ-Fe 同素异构转变点(A_3)	Q	25	0.0008	碳在铁素体中的溶解度

注:* 计算值,有的资料介绍约为 1600℃。

表 4-2　铁碳合金相图中的特性线

特性线	特性线的含义	特性线	特性线的含义
ABCD	铁碳合金的液相线	ES	碳在奥氏体中的溶解度线,常以 A_{cm} 表示
AHJECF	铁碳合金的固相线	HJB	$L_B+\delta_H \Longleftrightarrow A_J$ 包晶转变线
HN	奥氏体向 δ 固溶体转变终了温度线,即碳在 δ 固溶体中的溶解度线	ECF	$L_C \Longleftrightarrow A_E+Fe_3C$ 共晶转变线

续表

特性线	特性线的含义	特性线	特性线的含义
JN	奥氏体向 δ 固溶体转变开始温度线	PSK	$A_S \rightleftharpoons F_P + Fe_3C$ 共析转变线，常以 A_1 表示
GS	铁素体向奥氏体转变终了温度线，常以 A_3 表示	770℃水平虚线	铁素体的磁性转变线，常以 A_2 表示
GP	铁素体向奥氏体转变开始温度线	230℃水平虚线	渗碳体的磁性转变线，常以 A_0 表示
PQ	碳在铁素体中的溶解度线，也叫固溶线		

注：表中的 A_1 习惯上称为下临界点，A_3、A_{cm} 习惯上称为上临界点。

表 4-3 铁碳合金相图中的相区

单 相 区			两 相 区		三 相 区	
相区范围	相组成	代号	相区范围	相组成	相区范围	相组成
$ABCD$ 线以上	液相	L	$ABHA$	$L+\delta$	HJB 线	$L+\delta+A$
$AHNA$	δ固溶体	δ	$NHJN$	$\delta+A$	ECF 线	$L+A+Fe_3C$
$NJESGN$	奥氏体	A 或 γ	$BCEJB$	$L+A$	PSK 线	$A+F+Fe_3C$
GPQ 线以左	铁素体	F 或 α	$CDFC$	$L+Fe_3C$		
DFK 垂线	渗碳体	Fe_3C	$GSPG$	$A+F$		
			$ESKFE$	$A+Fe_3C$		
			PSK 线以下	$P+Fe_3C$		

4. 铁碳合金的分类

根据含碳量和组织特点，铁碳合金一般分为工业纯铁、钢及白口铸铁，具体分类见表 4-4。

表 4-4 铁碳合金分类

合金类别	工业纯铁	钢			白口铸铁		
		亚共析钢	共析钢	过共析钢	亚共晶白口铸铁	共晶白口铸铁	过共晶白口铸铁
含碳量 ω_C/%	≤0.0218	0.0218~2.11			2.11~6.69		
		<0.77	0.77	>0.77	<4.30	4.30	>4.30
室温组织	F	F+P	P	$P+Fe_3C_{II}$	$P+Fe_3C_{II}+L'd$	$L'd$	$L'd+Fe_3C_{II}$

4.2.3 典型铁碳合金的结晶过程分析

下面以几种典型的铁碳合金为例，分析其平衡结晶及组织转变过程。所选取的合金成分及相应的冷却曲线如图 4-7 所示。

1. 工业纯铁（$\omega_C \leqslant 0.0218\%$）

此合金为图 4-7 中合金成分为①的合金。该合金在 1 点温度以上为 L，缓冷至 2 点时，开始从 L 中结晶出 δ，在 1~2 点间，δ 不断结晶。2~3 点间全部为 δ，3~4 点间 δ 逐渐转变

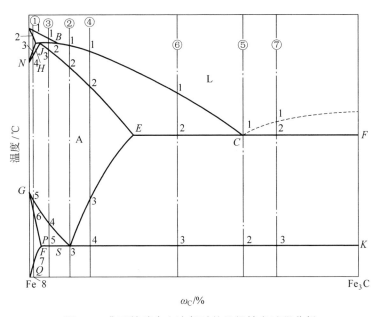

图 4-7 典型铁碳合金冷却时的组织转变过程分析

为 A,至 4 点全部转变为 A,4～5 点 A 冷却,冷至 5～6 点间,不断从 A 中析出 F,至 6 点全部转变为 F,6～7 点间 F 冷却。7～8 点间 F 晶界处析出 Fe_3C_{III}。因此,此合金的室温平衡组织为 $F+Fe_3C_{III}$,其冷却曲线和平衡结晶过程如图 4-8 所示。

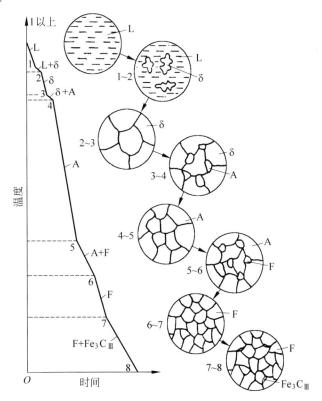

图 4-8 工业纯铁结晶过程示意图

2. 共析钢($\omega_C=0.77\%$)

此合金为图 4-6 中合金成分为②的合金。该合金在 1～2 点温度间从 L 中不断结晶出 A,缓冷至 2 点以下全部为 A,2～3 点间 A 冷却,缓冷至 3 点时,A 发生共析反应生成 P,该合金的室温组织为 P,其冷却曲线和平衡结晶过程如图 4-9 所示。

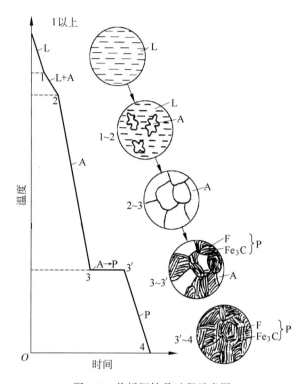

图 4-9　共析钢结晶过程示意图

共析钢的室温平衡组织 P 中 F 和 Fe_3C 的相对量为

$$\omega_F=\frac{6.69-0.77}{6.69-0.0008}\times100\%=88.5\%$$

$$\omega_{Fe_3C}=1-88.5\%=11.5\%$$

3. 亚共析钢($\omega_C=0.45\%$)

此合金为图 4-7 中合金成分为③的合金。该合金缓冷时,在 1～2 点间不断从 L 中结晶出 δ,冷至 2 点时,L 中的 $\omega_C=0.53\%$,δ 中的 $\omega_C=0.09\%$,此时发生包晶反应($L_B+\delta_H\Longleftrightarrow A_J$)生成 A,反应结束后有多余的 L 相。冷至 2～3 点间不断从 L 中结晶出 A,到 3 点合金全部结晶为 A。3～4 点间 A 冷却,在 4～5 点间不断从 A 中析出 F,缓冷至 5 点时,剩余的 A 成分为 $\omega_C=0.77\%$,发生共析反应($A_S\Longleftrightarrow P$)生成 P,该合金的室温平衡组织为 F+P,其冷却曲线和平衡结晶过程如图 4-10 所示。亚共析钢的显微组织如图 4-11 所示。

$\omega_C=0.45\%$ 的亚共析钢室温组织组成物为 F+P,相组成物为 F+Fe_3C,它们的相对量为

组织组成物:　　　　$\omega_F=\frac{0.77-0.45}{0.77-0.0218}\times100\%=42.8\%$

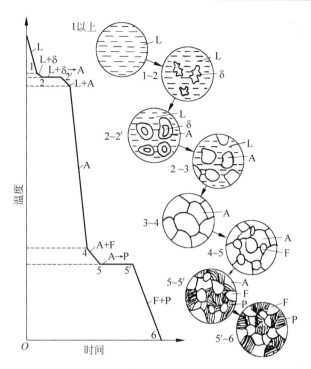

图 4-10　亚共析钢结晶过程示意图

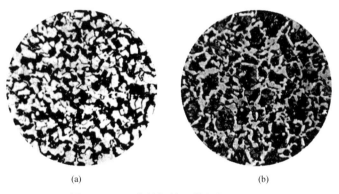

图 4-11　亚共析钢的显微组织(200×)

(a) $\omega_C=0.30\%$；(b) $\omega_C=0.45\%$

$$\omega_P=1-42.8\%=57.2\%$$

相组成物：　　$$\omega_F=\frac{6.69-0.45}{6.69-0.0008}\times100\%=93.3\%$$

$$\omega_{Fe_3C_{II}}=1-93.3\%=6.7\%$$

若将室温时亚共析钢中 F 的 ω_C 忽略不计,则钢的 ω_C 全部在 P 中,因此,可由钢中的 P 的质量分数 ω_P 求出钢的 $\omega_C=\omega_P\times0.77\%$。

由于 P 和 F 的密度相近,所以钢中 P 和 F 的质量分数近似等于钢中 P 和 F 的面积百分数。例如,某退火(平衡状态)亚共析钢,在显微镜下观察,P 约占 50%,F 约占 50%,则此钢的 $\omega_C=50\%\times0.77\%=0.385\%$。

过共析钢
结晶分析

4. 过共析钢（$\omega_C = 1.2\%$）

此合金为图 4-7 中合金成分为④的合金。该合金在 1～2 点温度间不断从 L 中结晶出 A，2～3 点为 A 冷却，在 3～4 点间从 A 中不断析出沿 A 晶界分布、呈网状的 Fe_3C_{II}。缓慢冷至 4 点时，剩余的 A 中 $\omega_C = 0.77\%$，发生共析反应（$A_S \rightleftharpoons P$）。因此，此合金室温平衡组织为 $P + Fe_3C_{II}$，其冷却曲线及平衡结晶过程如图 4-12 所示。图 4-13 所示为该钢的显微组织。

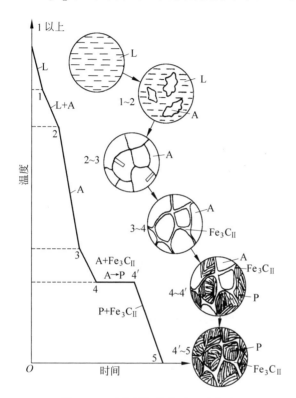

图 4-12　过共析钢结晶过程示意图

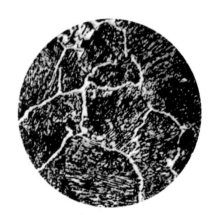

图 4-13　过共析钢（$\omega_C = 1.2\%$）
显微组织（500×）

$\omega_C = 1.2\%$ 的过共析钢室温时组织组成物（$P + Fe_3C_{II}$）和相组成物（$F + Fe_3C_{II}$）的相对量为

组织组成物：
$$\omega_P = \frac{6.69 - 1.2}{6.69 - 0.77} \times 100\% = 92.7\%$$
$$\omega_{Fe_3C_{II}} = 1 - 92.7\% = 7.3\%$$

相组成物：
$$\omega_F = \frac{6.69 - 1.2}{6.69 - 0.0008} \times 100\% = 82\%$$
$$\omega_{Fe_3C_{II}} = 1 - 82\% = 18\%$$

共晶铸铁
结晶分析

5. 共晶白口铸铁（$\omega_C = 4.3\%$）

此合金为图 4-7 中合金成分为⑤的合金。该合金缓冷至 1 点温度（1148℃）时，发生共晶反应（$L_C \rightleftharpoons A_E + Fe_3C_{II}$）形成莱氏体（Ld）。在 1～2 点间时，由于 Ld 中 A 的 ω_C 沿 ES 线逐渐减少而不断析出 Fe_3C_{II}。当缓冷至 2 点时，共晶 A 的 ω_C 降至 0.77%，发生共析反应($A_S \rightleftharpoons P$)形成 P。该合金的室温平衡组织是由 P 和 Fe_3C 组成的共晶体,称为低温莱氏体或变态莱氏体($L'd$),其冷却曲线及平衡结晶过程如图 4-14 所示,其显微组织如图 4-15 所示。

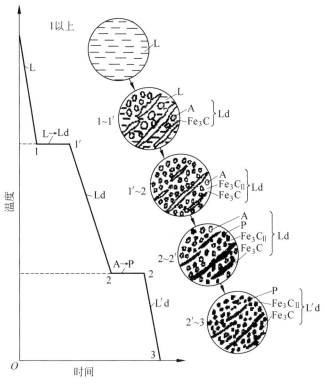

图 4-14 共晶白口铸铁结晶过程示意图

图 4-15 共晶白口铸铁显微
组织(200×)

6. 亚共晶白口铸铁($\omega_C = 3.0\%$)

此合金为图 4-7 中合金成分为⑥的合金。该合金在 1~2 点间不断从 L 中结晶出 A。温度下降至 2 点时,剩余 L 相的成分达到共晶成分,发生共析转变($L_C \rightleftharpoons A_E + Fe_3C$)形成莱氏体。冷至 2 点以下时,从初晶 A 和共晶 A 中均析出 Fe_3C_{II},所以 A 中的 ω_C 沿 ES 线降低。当温度降到 3 点时,A 的 $\omega_C = 0.77\%$,发生共析反应($A_S \rightleftharpoons P$)形成 P。因此,该合金的室温平衡组织为 $P + Fe_3C_{II} + L'd$。其冷却曲线及平衡结晶过程如图 4-16 所示。图 4-17 所示为该合金的显微组织。

亚共晶铸铁结晶分析

7. 过共晶白口铸铁($\omega_C = 5.0\%$)

此合金为图 4-7 中合金成分为⑦的合金。该合金缓冷至 1 点温度时,从 L 中结晶出 Fe_3C_I。温度降至 2 点时,剩余 L 相达到共晶成分,发生共晶转变($L_C \rightleftharpoons A_E + Fe_3C$),变为 Ld。在 2~3 点中,共晶 A 中析出 Fe_3C_{II}。到 3 点时,A 为共析成分,转变为 P。3 点以下至室温组织不变。因此,此合金的室温平衡组织为 $Fe_3C_I + L'd$。其冷却曲线及平衡结晶过程如图 4-18 所示,其显微组织如图 4-19 所示。

过共晶铸铁结晶分析

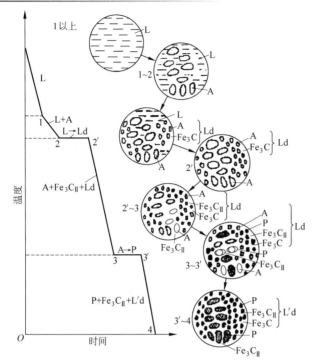

图 4-16　亚共晶白口铸铁结晶过程示意图

图 4-17　亚共晶白口铸铁的显微
　　　　　组织（200×）

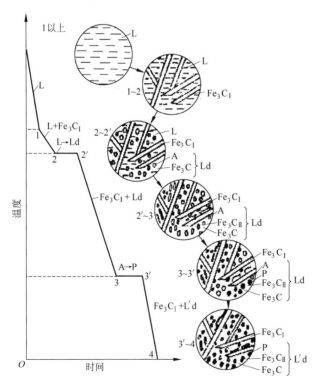

图 4-18　过共晶白口铸铁结晶过程示意图

图 4-19　过共晶白口铸铁的显微
　　　　　组织（100×）

4.3　铁碳合金成分、组织和性能关系

4.3.1　含碳量对平衡组织的影响

由 Fe-Fe_3C 相图可知,随着 ω_C 的增加,铁碳合金的显微组织发生如下变化:

$$F+P \rightarrow P \rightarrow P+Fe_3C_{II} \rightarrow P+Fe_3C_{II}+L'd \rightarrow L'd \rightarrow L'd+Fe_3C_I$$

根据杠杆定律计算的结果,可以求得铁碳合金的 ω_C 与缓冷后相组成物及组织组成物间的相对量关系,如图 4-20 所示。

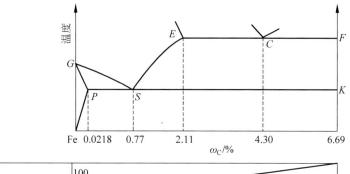

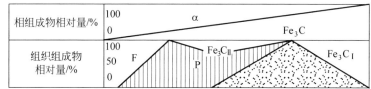

图 4-20　铁碳合金的 ω_C 与相组成物和组织组成物相对量的关系

从图 4-20 中看出,当 ω_C 增加时,组织中 Fe_3C 数量增加,而且 Fe_3C 在组织中的形态也发生变化,即由分布在 F 晶界上(如 Fe_3C_{III})变为分布在 F 的基体内(如 P),进而分布在原 A 的晶界上(如 Fe_3C_{II}),最后形成 $L'd$ 时,Fe_3C 已作为基体出现。即含碳量 ω_C 不同的钢具有不同的组织,因此它们具有不同的性能。

4.3.2　含碳量对力学性能的影响

含碳量 ω_C 对钢的力学性能的影响如图 4-21 所示。

1. 硬度和塑性、韧性

由于硬度对组织形态不敏感,所以钢中 ω_C 增加,高硬度的 Fe_3C 增多,低硬度的 F 减少,故钢的硬度呈直线增加,而塑性、韧性不断下降。

2. 强度

由于强度对组织形态很敏感,所以在亚共析钢中,随着 ω_C 增加,强度高的 P 增多,强度

低的 F 减少,因此强度随 ω_C 的增加而升高。当 $\omega_C = 0.77\%$ 时,钢的组织全部为 P,P 的组织越细密,则强度越高。但当 ω_C 超过共析成分后,$\omega_C < 0.9\%$ 时,由于强度很低的、少量的、一般未连成网状的 Fe_3C_{II} 沿晶界出现,所以合金的强度增加变慢;当 $\omega_C > 0.9\%$ 时,Fe_3C_{II} 数量增加且呈网状分布在晶界处,因而导致钢的强度下降。因此,为了保证工业用钢具有足够的强度和一定的塑性、韧性,碳素钢中的 ω_C 一般不超过 $1.3\% \sim 1.4\%$。

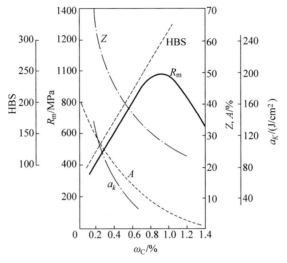

图 4-21 ω_C 对钢(退火)的力学性能的影响

4.3.3   含碳量对工艺性能的影响

1. 切削加工性

低碳钢中 F 较多,塑性好,切削加工时产生切削热大,易粘刀,不易断屑,表面粗糙度差,故切削加工性差。高碳钢中 FeC 多,刀具磨损严重,故切削加工性也差。中碳钢中 F 和 FeC 的比例适当,切削加工性较好。一般认为钢的硬度为 $170 \sim 230$ HBS 时切削加工性较好。在高碳钢 FeC 呈球状时,可改善切削加工性。

2. 可锻性

当钢加热到高温后能得到单相 A 组织时,可锻性好。所以低碳钢可锻性好,ω_C 增加时可锻性下降。白口铸铁无论在高温或低温,因组织中含有硬而脆的莱氏体,所以不能锻造。

3. 铸造性能

合金的铸造性能与 ω_C 有关,随着 ω_C 增加,钢的结晶温度间隔增大,流动性下降,分散缩孔增大,但随着 ω_C 的增加,液相线温度降低,过热度(浇注温度与液相线温度之差)增加,提高了钢液的流动性。铸铁因其液相线温度比钢低,其流动性比钢好。亚共晶铸铁随着 ω_C 增加,结晶温度间隔减少,流动性增加。共晶成分流动性最好。过共晶铸铁随着 ω_C 的增加,流动性变差,枝晶偏析严重,分散缩孔增大。所以,铸铁件一般选择共晶成分或接近共晶成分的铁碳合金。

4. 可焊性

随着钢中 ω_C 的增加,其塑性下降,所以,为了保证获得优质焊接接头,应优先选用低碳钢($\omega_C \leq 0.25\%$的钢)。一般不用 $\omega_C > 0.5\%$ 的钢,因为其可焊性差;如果要用,应采取必要的焊接工艺措施。铸铁由于含碳量高,塑性差,强度低,属于可焊性差的材料,不宜用来制造焊接结构。

4.4 铁碳合金相图的应用

1. 选择材料方面的应用

根据铁碳合金成分、组织、性能之间的变化规律,可以根据零件的服役条件来选择材料。如要求有良好的焊接性能和冲压性能的机件,应选用组织中铁素体较多、塑性好的低碳钢($\omega_C \leq 0.25\%$)制造,如冲压件、桥梁、船舶和各种建筑结构;对于一些要求具有综合力学性能(强度、硬度和塑性、韧性都较高)的机器构件,如齿轮、传动轴等,应选用中碳钢($0.25\% < \omega_C \leq 0.6\%$)来制造;高碳钢($\omega_C > 0.6\%$)主要用来制造弹性零件及要求高硬度、高耐磨性的工具、模具和量具等;对于形状复杂的箱体和机座等,可选用铸造性能好的铸铁来制造。

2. 制定热加工工艺方面的应用

在铸造生产方面,根据 Fe-Fe$_3$C 相图可以确定铸钢和铸铁的浇注温度。浇注温度一般在液相以上150℃左右。另外,从相图中还可看出接近共晶成分的铁碳合金熔点低、结晶温度间隔小,因此,它们的流动性好,分散缩孔少,可能得到组织致密的铸件。所以,铸造生产中,接近共晶成分的铸铁得到较广泛的应用。

在锻造生产方面,钢处于单相奥氏体时,塑性好,变形抗力小,便于锻造成形。因此,钢材在热轧、锻造时要将钢加热到单相奥氏体区。一般碳钢的始锻温度为1150~1250℃,而终锻温度在800℃左右。

在焊接方面,可根据 Fe-Fe$_3$C 相图分析低碳钢焊接接头的组织变化情况,各种热处理方法和加热温度的选择也需参考 Fe-Fe$_3$C 相图,这将在后续章节中详细讨论。

图 4-22 所示为 Fe-Fe$_3$C 相图与热加工温度的关系。

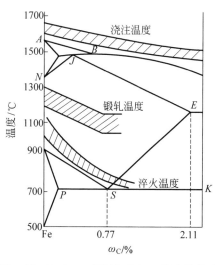

图 4-22 Fe-Fe$_3$C 相图与热加工温度的关系

4.5　碳　素　钢

1. 碳素钢的成分

碳素钢是指含碳量小于 2.11%，且含有少量硅、锰、硫、磷等杂质元素的铁碳合金。碳素钢的性能主要由其含碳量决定。碳素钢中的杂质元素一般是冶炼时混入的，对钢的性能和质量有一定影响，冶炼时应适当控制各杂质元素的含量。

1）硅的影响

硅是作为脱氧剂加入钢中的。在镇静钢中含硅量通常为 0.10%～0.40%，在沸腾钢中仅有 0.03%～0.07%。硅的脱氧作用比锰要强，它与钢液中的 FeO 反应生成炉渣，能消除 FeO 对钢的不良影响；硅能溶于铁素体中，并使铁素体强化，从而提高钢的强度和硬度，但降低钢的塑性和韧性。

2）锰的影响

锰是炼钢时用锰铁脱氧后残留在钢中的。锰能把钢中的 FeO 还原成铁，改善钢的质量；锰还可与硫化合，形成 MnS，消除硫的有害作用，降低钢的脆性，改善钢的热加工性能；锰能大部分溶解于铁素体中，使铁素体强化，提高钢的强度和硬度。碳素钢中的含锰量一般为 0.25%～0.80%。

3）硫的影响

硫是在炼钢时由矿石和燃料带进钢中的。在固态下硫不溶于铁，而以 FeS 的形式存在。FeS 与 Fe 能形成低熔点的共晶体，熔点为 985℃，分布在晶界上，当钢材在 1100～1200℃ 内进行热加工时，由于共晶体熔化，从而导致热加工时脆化、开裂，这种现象称为热脆。因此必须控制钢中的含硫量，一般控制在 0.05% 以下。

4）磷的影响

磷是由矿石带入钢中的。磷在钢中能全部溶于铁素体中，因此提高了铁素体的强度和硬度；但在室温或更低温度下，因析出脆性化合物 Fe_3P，钢的塑性和韧性急剧下降，产生脆性，这种现象称为冷脆。因此要严格限制含磷量，一般控制在 0.045% 以下。

2. 碳素钢的分类

1）按钢中含碳量分类

（1）低碳钢：$\omega_C \leqslant 0.25\%$。

（2）中碳钢：$0.25\% < \omega_C \leqslant 0.6\%$。

（3）高碳钢：$\omega_C > 0.60\%$。

2）按钢的平衡组织分类

（1）亚共析钢：平衡组织为 F+P。

（2）共析钢：平衡组织为 P。

（3）过共析钢：平衡组织为 $P+Fe_3C_{II}$。

3）按钢的主要质量等级分类

（1）普通碳素钢：$\omega_S \leqslant 0.055\%$，$\omega_P \leqslant 0.045\%$。

（2）优质碳素钢：$\omega_S \leqslant 0.04\%$，$\omega_P \leqslant 0.04\%$。

（3）高级优质碳素钢：$\omega_S \leqslant 0.03\%$，$\omega_P \leqslant 0.035\%$。

4）按钢的用途分类

（1）碳素结构钢：用于制造各种机械零件（如齿轮、轴、连杆、螺钉、螺母等）和各种工程结构件（如桥梁、船舶、建筑构架等）。这类钢一般属于低、中碳钢。

（2）碳素工具钢：用于制造刀具、量具和模具。这类钢一般属于高碳钢。

此外，钢按冶炼时脱氧方法不同，分为沸腾钢、镇静钢和半镇静钢等。

复习思考题

1. 默画 Fe-Fe$_3$C 相图，并按组织组成物填写各个相区。指出 A、J、C、D、G、S、E、P、Q 9 个点及 A_1、A_3、A_{cm}、ECF、PSK 5 条线的含义。

2. 何为一次渗碳体、二次渗碳体、三次渗碳体、共晶渗碳体和共析渗碳体？它们之间有何异同？其金相形态如何？

3. 为何各种非共晶成分的合金也能在共晶温度发生部分共晶转变？

4. Fe-Fe$_3$C 相图在选材、热处理、锻造、铸造等方面有什么用途？

5. 何为铁素体（F）、奥氏体（A）、渗碳体（Fe$_3$C）、珠光体（P）和莱氏体（Ld）？它们的结构、组织、形态、性能等各有何特点？

6. Fe-Fe$_3$C 合金相图有何作用？在生产实践中有何指导意义？又有何局限性？

7. 简述 Fe-Fe$_3$C 相图中 3 个基本反应：包晶反应、共晶反应及共析反应。写出反应式，标出对应含碳量及温度。

8. 何为碳素钢？何为白口铸铁？两者的成分、组织和性能有何差别？

9. 亚共析钢、共析钢和过共析钢的组织有何异同点？

10. 分析含碳量分别为 0.20%、0.60%、0.80%、1.0% 的铁碳合金从液态缓冷至室温时的结晶过程和室温组织。

11. 说明共晶线与共析线的含义，写出共晶转变式和共析转变式。

12. 在铁碳合金相图中有哪些相？它们各自的性能如何？

13. 说明下列各渗碳体的生成条件：

一次渗碳体；二次渗碳体；三次渗碳体；共晶渗碳体；共析渗碳体。

14. 试分析 45 钢、T8 钢、T12 钢在极缓慢的冷却过程中相变的过程（用冷却速度曲线分析）。

15. 某碳素钢钢号不清，经金相检查其显微组织是 F+P，其中 P 约占 20%。可否据此判定出它的钢号是什么？

16. 过共析钢在结晶过程中，当温度由 1148℃ 下降到 727℃ 时，为何会有二次渗碳体析出？二次渗碳体对过共析钢的性能有什么影响？它和一次渗碳体有何不同？二次渗碳体的数量与什么因素有关？

17. 根据 Fe-Fe$_3$C 相图，并通过必要的计算回答下面的问题：

（1）室温时，$\omega_C = 0.5\%$ 的钢中珠光体和铁素体各占多少？铁素体和渗碳体又各占多少？

(2) 室温时，$\omega_C = 1.0\%$ 的钢中组织组成物的相对质量为多少？相组成物的相对质量又为多少？

(3) 65 钢在室温时相组成物和组织组成物各是什么？其相对质量百分数各是多少？

(4) T8 钢(按共析钢对待)在室温时相组成物和组织组成物各是什么？质量百分数各是多少？

(5) T12 钢的相组成物和组织组成物各是什么？各占多大比例？

(6) 铁碳合金中，二次渗碳体和三次渗碳体的最大百分含量各是多少？

18. 某亚共析钢，其中铁素体占 80%，问：此钢的含碳量 ω_C 大约是多少？

19. 根据 Fe-Fe₃C 相图，试完成下列问题：

(1) 根据组织特征，写出铁碳合金按含碳量划分的类型；

(2) 写出相图中三条水平线上的反应及反应类型；

(3) 分别写出亚共析钢、亚共晶白口铸铁在冷却过程中的相变过程并画出结晶组织示意图；

(4) 40 钢从液态缓冷至室温，计算其在室温下各相组成物和各组织组成物的相对质量百分数。

20. 根据已学到的知识解释下列现象：

(1) 螺钉、螺母等标准件常用低碳钢制造；

(2) 室温时平衡状态下 T10 钢比 T12 钢抗拉强度高，但硬度却低；

(3) 捆绑用的镀锌钢丝常用低碳钢丝，而起重用的钢丝绳和绕制弹簧所用钢丝却是 65Mn 或 65 钢；

(4) 锉刀常用 T12 钢制造，而钳工钢锯条常用 T10 钢制造；

(5) 钢锭在正常热轧温度下轧制有时会开裂；

(6) 钢适于各种变形加工成形，不易铸造成形；

(7) 钢在锻造时始锻温度选 1000～1250℃，终锻温度选 800℃ 左右。

21. 对某退火碳素钢进行金相分析，其组织的相组成物为铁素体＋渗碳体(粒状)，其中渗碳体占 18%。问：此碳钢的含碳量大约是多少？

22. 对某退火碳素钢进行金相分析，其组织为珠光体＋渗碳体(网状)，其中珠光体占 93%。问：此碳钢的含碳量大约为多少？

23. 热轧空冷状态的碳素钢随 ω_C 增加，其力学性能有什么变化？为什么？

自测题 4

5

金属的塑性变形及再结晶

良好的塑性是金属材料的一项重要力学性能。在金属材料的生产中,利用塑性可对金属材料进行各种压力加工(如轧制、锻造、挤压、拉拔和冲压等),为金属零件的成形提供经济而有效的途径。金属经塑性变形后,不仅改变了外形和尺寸,内部组织和有关性能也发生了变化,所以塑性变形也是改善金属材料性能的一项重要手段。此外,金属的常规力学性能,如强度、塑性等,是根据其变形行为来评定的。

因此,研究金属及合金的塑性变形规律具有非常重要的理论和实际意义。它一方面可以揭示金属材料强度和塑性的本质,并由此探索强化金属材料的方法和途径;另一方面为处理生产上各种有关的塑性变形问题提供重要的线索和参考,或作为改进加工工艺和提高加工质量的依据。

2013 年,我国科研工作者在刻苦奋斗 6 年后,终于制造出了最大输出压力高达 8 万吨级的液压模锻机,用于制造国产某型号的商用飞机起落架。8 万吨级液压模锻机的成功研制展现了我国科研人员不畏艰难、无私奉献的精神,他们不断突破"卡脖子"技术瓶颈,把深厚的爱国情怀融入科技兴国的理想信念中,为中国式现代化贡献智慧和力量!

5.1　金属塑性变形的实质

金属的塑性变形

对材料进行加载,若加载的应力超过材料的弹性极限,卸载后,试样不会完全恢复原状,会留下一部分永久变形,这种永久变形称为塑性变形。虽然工程上应用的金属材料大多数为多晶体,但是由于多晶体中每个晶粒的变形机理和单晶体相同,因此有必要先了解单晶体的塑性变形机制,再讨论多晶体中晶界对塑性变形的影响,以便全面了解金属材料塑性变形规律。

5.1.1　单晶体的塑性变形

1. 滑移现象

将一个表面抛光的单晶体拉伸到达一定量的塑性变形后,在光学显微镜下观察,会发现抛光表面存在许多平行的线条,称为滑移带。若进一步用电子显微镜观察,发现每条滑移带均由许多聚集在一起的互相平行的滑移线组成,这些滑移线实际上是晶体表面产生的一个个小台阶,如图 5-1 所示,其高度约为 1000 个原子间距,滑移细线间的距离

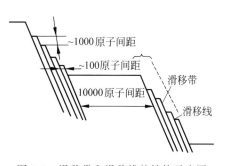

图 5-1　滑移带和滑移线的结构示意图

约为 100 个原子间距。相互靠近的一组小台阶在宏观上是一个大台阶,这就是滑移带。

对变形后的晶体进行 X 射线结构分析,发现晶体结构类型并未改变,同时,平行线两侧晶体的取向亦未改变,故可推知,晶体的滑移是晶体的一部分相对于另一部分沿着晶面发生的平移滑动。每一层晶面平移滑动后在晶体表面形成一个滑移台阶(滑移线),台阶的高度标志着该晶面的滑移量,所有滑移台阶的累积造成了宏观塑性变形。由图 5-1 可知,晶体的滑移并非均匀分布,而是集中在某些晶面上可连续滑动一个很大的距离,而相邻两条滑移线之间的晶体并未滑移。

2. 滑移特征

1)滑移系

在塑性变形试样中出现的滑移线与滑移带并不是任意排列的,它们彼此之间或者相互平行或成一定角度,这表明金属中的滑移只能沿一定的晶面和一定晶向进行,这些特定的晶面和晶向分别称为金属的滑移面和滑移方向。一个滑移面与其上的一个滑移方向组成一个滑移系,每一个滑移系表示金属晶体进行滑移时可能采取的一个空间取向。其他条件相同时,晶体中的滑移系越多,滑移过程可能采取的空间取向便越多,该金属的塑性便越好。滑移系的多少主要取决于晶体结构。几种常见金属晶体结构的滑移面及滑移方向见表 5-1。

表 5-1　三种典型金属晶格的滑移系

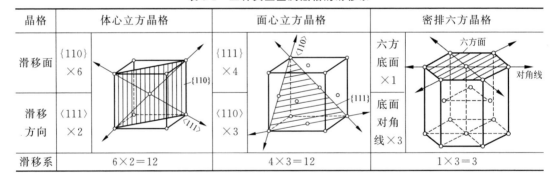

晶格	体心立方晶格	面心立方晶格	密排六方晶格
滑移面	{110}×6 {110} {111}	{111}×4 {111} ⟨110⟩	六方底面×1 六方面 对角线
滑移方向	⟨111⟩×2 ⟨111⟩	⟨110⟩×3	底面对角线×3
滑移系	6×2=12	4×3=12	1×3=3

通常,滑移多是在原子排列最密的晶面之间进行,如图 5-2 所示。因为原子密度最大的晶面(见图 5-2,Ⅰ组),其晶面上原子距离最小,而晶面之间的距离最大,即晶面之间的结合力最弱。因此,在切应力(外力沿晶面上的一定方向分解的切应力)作用下,便容易发生晶面之间的相互滑移而使塑性变形得以进行。反之,原子密度小的晶面(见图 5-2,Ⅱ组和Ⅲ组晶面),由于面间距离小,即晶面之间的结合力甚强而难以进行滑移。所以,在冷、热态加工时,金属的滑移常是沿着原子排列最密的晶面进行的。

每一种晶格类型的金属都具有特定的滑移系。具有面心立方晶格的金属滑移面为{111},共有 4 组,每组包含 3 个滑移方向,即⟨110⟩,因此共有 12 个滑移系;具有体心立方晶格的金属滑移面一般是{110},共有 6 组,每组包含 2 个滑移方向,即⟨111⟩,故也有 12 个滑移系。滑移方向对滑移所起的作用比滑移面大,所以具有面心立方晶格的金属比具有体心立方晶格的金属的塑性更好。

2)滑移只能在滑移面上沿滑移方向的切应力 r 达到临界值时才能发生

对于金属晶体受到的外力,不论方向大小与作用方式如何,均可将其分解为垂直某滑移面的正应力和沿滑移面的切应力。临界切应力的大小主要取决于金属的本性,与外力无关。当条件一定时,各种晶体的临界切应力各有定值,与试样取向无关。但它是一个对组织结构较敏感的性能指标,金属的纯度、变形速度和温度、金属的加工和处理状态都对其有很大影响。金属晶体实际滑移时,不是沿着这些滑移系同时移动,而是沿着最有利的滑移系首先滑移。如图 5-3 所示,A 与 A' 面原子密度大、间距大$\left(间距为 \dfrac{a}{\sqrt{2}}\right)$;而 B 与 B' 面原子密度小、间距小$\left(间距为 \dfrac{a}{2}\right)$。因此沿 A 与 A' 面滑动阻力小,沿 B 与 B' 面滑动阻力大。同理,原子最密的方向,阻力最小。

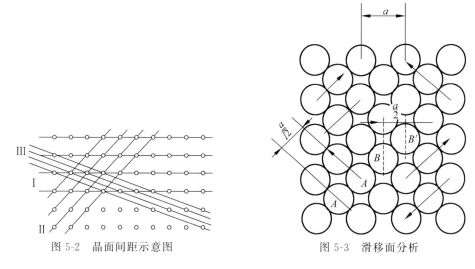

图 5-2　晶面间距示意图　　　　　　图 5-3　滑移面分析

3) 位错的运动造成塑性变形

事实上,实际晶体存在位错,所以金属在切应力作用下的滑移,实质上是位错在沿着滑移面运动,如图 5-4 和图 5-5 所示。在滑移过程中,一部分旧的位错消失,又产生大量新的位错,总的位错数量是增加的。

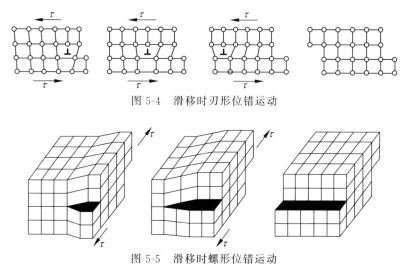

图 5-4　滑移时刃形位错运动

图 5-5　滑移时螺形位错运动

3. 孪生

孪生是金属进行塑性变形的另一种基本方式。在切应力作用下,晶体的一部分相对另一部分以一定的晶面(孪生面)及晶向(孪生方向)产生剪切变形,这种变形称为孪生。发生切变的部分叫孪生带或简称孪晶。图 5-6 表示孪生变形时晶体内部原子的位移情况。

孪生变形与滑移变形的主要区别是:

(1)孪生通过切变使晶格位向发生了改变,造成变形部分与未变形部分形成对称分布。而滑移变形后,晶体各部分的相对位向不发生改变。

(2)孪生时,原子沿孪生方向的相对位移是原子间距的分数值;而滑移时,原子在滑移方向的位移是原子间距的整数倍。

(3)孪生变形所需的切应力比滑移大得多,因此,孪生一般在不易滑移的条件下才发生,而且孪生变形的速度很快(接近声速)。

还需指出,孪晶一般可分为机械孪晶和退火孪晶。在外力作用下发生孪生变形而形成的孪晶称为机械孪晶。有的面心立方晶格金属(如 Cu)一般不产生机械孪晶,但在退火时则会产生孪晶,称为退火孪晶。

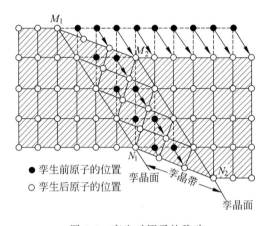

图 5-6　孪生时原子的移动

5.1.2　多晶体的塑性变形

工业上实际使用的金属都是多晶体。多晶体由许许多多微小的晶粒(晶粒尺寸介于 0.01～1mm 之间)所组成。各晶粒大小、形状、晶格位向都不同。晶粒之间由晶界相连,晶界处原子排列紊乱,并常有低熔点的杂质聚集于此。尽管如此,但它变形的基本方式仍然是滑移和孪生。

1. 晶界和晶粒方位在变形中的作用

晶界的原子排列比较紊乱,同时也是杂质原子或各种缺陷集中的地方,因此,当晶粒内产生滑移时,它就成为一种主要障碍,使位错运动受阻,变形抗力提高。图 5-7 表示由两个晶粒构成的试样进行拉伸实验。经过变形会出现明显的所谓"竹节"现象,即在晶粒中部出现明显的缩颈,而在晶界附近则难以变形。

多晶体在受到外力作用时,变形首先在那些晶格位向最有利(与外力成 45°的方向剪切应力最大,某些晶粒的晶格滑移面与最大剪切应力方向平行,则最易塑性变形)的晶粒中进行。在这些晶粒中,位错将沿着最有利的滑移面运动,一般运动到晶界处停止,变形受阻,抗力增大,其他位向的晶粒也发生滑移。图 5-8 所示为多晶体各晶粒内滑移变形的情况。

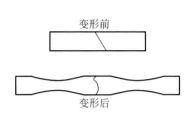

图 5-7　仅两个晶粒的试样在拉伸变形时的示意图　　　图 5-8　多晶体各晶粒内的滑移线

2. 多晶体塑性变形过程

晶间变形包括晶粒之间的微量相互位移与转动(见图 5-9),使原来处于硬位向的晶粒可能转到软位向而参与滑移,其结果促使另一批晶粒开始滑移变形。

总之,多晶体的塑性变形总是一批一批晶粒逐步发生,先是软位向晶粒,然后发展到硬位向晶粒,参加滑移的晶粒越来越多,由少量晶粒最后扩展到全体晶粒,从不均匀变形逐步发展到比较均匀地变形。

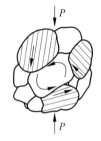

图 5-9　多晶体各晶粒间的
转动示意图

5.2　冷塑性变形对金属组织和性能的影响

塑性变形
影响性能

经过冷塑性变形,可使金属的组织和性能发生一系列变化。

5.2.1　金属组织和结构变化

1. 改变金属的显微组织

金属产生塑性变形时,随着外形的改变,金属内部的晶粒形状也由原来等轴晶粒变为沿变形方向被拉长或压扁的晶粒。变形程度越大,则晶粒形状的改变也越大。

当变形量很大时,各晶粒将会被拉长为细条状或纤维状,晶界变得模糊不清。这时,金属的性能也会具有明显的方向性,例如沿纤维方向的强度和塑性远大于垂直纤维方向的,这种组织特征通常称为冷加工纤维组织。

2. 变形亚结构的形成

金属材料在未变形或经少量变形时,位错密度的分布一般是较均匀的。但是在大量变形之后,由于位错的运动和相互作用,造成位错的不均匀分布,由大量的纠缠在一起的位错构成变形亚结构,表现为晶粒碎化成许多位向略有差异的亚晶粒,如图 5-10 所示。

亚晶粒边界(亚晶界)上聚集了大量的位错,随着变形程度的增大,晶粒的碎细程度便越

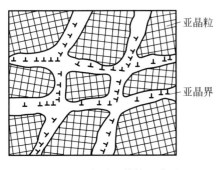

图 5-10　变形亚结构示意图

大,亚晶界越多,位错密度显著增加。

3. 形变织构的产生

随着变形的发生,不仅金属内部的晶粒会被破碎拉长,而且各晶粒的位向也会沿着变形的方向发生转动。当变形量达到一定程度(如 70%～90%)时,由于晶粒的转动便会造成晶粒取向的一致性,使金属表现出明显的各向异性,这种有序化结构叫作形变织构,如图 5-11 所示。它实际上是多晶体在变形过程中的一种择优取向,织构的形成使材料产生各向异性,对材料的性能和加工工艺都有很大的影响。例如,有织构的薄板冲制简形工件会因各方向变形程度不同而出现四周边缘不整齐的所谓“制耳”现象,如图 5-12 所示。但织构现象在某些方面还是很有用的。例如,制造变压器铁芯的硅钢片,利用织构可以大大提高变压器的效率。

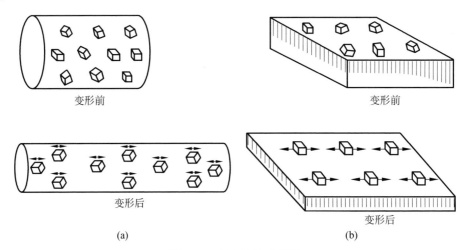

变形前　　　　　　　　　　　　　变形前

变形后　　　　　　　　　　　　　变形后

(a)　　　　　　　　　　　　　　(b)

图 5-11　形变织构示意图

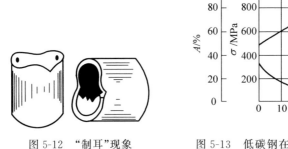

图 5-12　“制耳”现象

图 5-13　低碳钢在冷塑性变形后性能的变化

织构形成后很难消除。工业生产中为避免织构的形成,所需的较大的变形量往往通过几次变形来完成,并在工序中施以中间退火。

5.2.2　金属性能的变化

冷塑性变形使金属晶粒的晶格畸变,位错增加,位错密度上升,形成纤维组织;使金属硬度、强度增加,塑性、韧性(伸长率、断面收缩率和冲击韧性)降低(见图 5-13)。另外,金属的导热性、导电性、导磁性和抗腐蚀性都有所降低,金属的密度也略有减小(由于晶粒内部和晶粒之间产生了微小裂纹所致)。

5.2.3　残余内应力的产生

残余内应力是指去除外力以后,残留于金属内部的应力。经过塑性变形,外力对金属做功绝大部分在变形过程中转化为热而散去,只有少数的功转化为内应力而残留于金属中,使金属的内应力增加。残余内应力通常分为以下三种。

1. 宏观内应力(第一类内应力)

由于金属表面和心部变形不均匀或这一部分和那一部分变形不均匀,而平衡于它们之间的宏观范围内的残余内应力,称为宏观内应力。

2. 微观内应力(第二类内应力)

由于多晶体中各晶粒在塑性变形中受到了周围位向不同的晶粒与晶界的影响与约束,因此,各晶粒或亚晶粒间的变形总是不均匀的,结果在各晶粒或亚晶粒间也会产生残余内应力,这种作用于金属晶粒或亚晶粒间的残余内应力称为微观内应力。

3. 晶格畸变应力(第三类内应力)

金属在塑性变形后,增加了位错等晶体缺陷,而引起其附近的晶格发生畸变,这种由于晶格畸变而产生的残余内应力称为晶格畸变应力。

为了消除残余内应力的有害作用,通常在金属塑性变形后都要进行去应力退火。

5.3　冷变形金属在加热时的组织和性能的变化

金属材料经冷塑性变形后,由于晶体缺陷增多,增加了晶体的畸变能,使金属的内能升高,处于热力学不稳定状态,它有自发地恢复到原来稳定状态的趋势。但在室温下原子活动能力不够大,这种不稳定状态要经过很长时间才能逐渐向较稳定状态过渡。如果对塑性变形后的金属进行加热使原子获得足够的活动能力,它就会迅速地发生一系列组织和性能的变化,使金属恢复到变形前的稳定状态。随着加热温度的升高,大体上相继发生回复、再结晶和晶粒长大三个阶段的变化,如图 5-14 所示。

5.3.1　回复

当加热温度较低时,冷变形金属的显微组织无明显变化,仍保持纤维组织,其机械性能

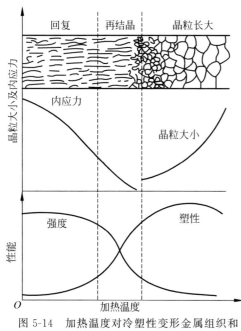

图 5-14　加热温度对冷塑性变形金属组织和
性能的影响

也变化不大,但残余内应力显著降低,其他物理和化学性能也部分地恢复到变形前的水平。

由于在回复过程中加热温度不高,所以晶体中的原子只能作短距离扩散使空位与间隙原子合并,空位与位错的交互作用逐渐消失,晶格畸变有所减轻,残余内应力下降。但因亚结构的尺寸并未明显改变,位错密度未明显减少,因而加工硬化的现象仍然得以保持。

在工业生产中可以利用冷变形金属的回复现象将已加工硬化的金属在较低温度下加热,使其内应力基本消除,与此同时却保留了被强化了的机械性能,这种处理通常称为消除内应力退火。例如,用冷拉钢丝卷制弹簧,在卷成之后都要进行一次 250~300℃ 的低温退火处理,以消除卷制时产生的残余内应力,提高疲劳强度与尺寸稳定性。

5.3.2　再结晶

当对冷变形金属加热到比回复阶段更高的温度时,原子的扩散能力增大,使得变形金属的显微组织发生显著的变化,被拉长破碎的晶粒又变成了等轴晶粒,所有的性能指标完全恢复到变形前的水平,这一过程称为再结晶。

1. 再结晶过程

再结晶过程是通过形核和长大方式来完成的。关于再结晶的形核理论有几种假说,其中之一认为再结晶的核心是指晶格严重畸变区形成的碎晶,晶核一旦形成,它将凭借由于变形存储于金属内部的能量和原子的扩散,向周围长大形成新的等轴晶粒。直到金属内部各个部分由新的等轴晶粒全部取代破碎晶粒之后,再结晶过程便告完成。再结晶虽然改变了晶粒的外形和消除了因变形而产生的某些晶体缺陷,但新、旧晶粒的晶格类型是完全相同的。

工件经过冷塑性变形后,若要求消除加工硬化、提高塑性和完全消除残余应力,则可将工件加热到再结晶温度以上,保温一定时间后冷却,使工件发生再结晶,这种处理方式称为再结晶退火。它主要用于金属在变形之后或变形过程中,使其硬度降低、塑性提高,便于进一步加工。

2. 再结晶温度

由于再结晶前后各晶粒点阵结构、成分都不变,所以再结晶过程仅是通过形核与长大过程的一种组织形态的改变,而不是相变过程。因此,再结晶温度不像结晶或其他相变那样,有确定的转变温度,而是随条件不同,可以在一个较宽的温度范围内变化。

冷变形金属开始进行再结晶的最低温度,称为再结晶温度。为了便于比较和使用方便,通常在生产上常用的再结晶温度,是指经较大冷变形(变形量大于 70%)的金属,在 1h 内能够完成再结晶的最低温度。

大量实验结果表明,对许多工业纯金属而言,在较大冷变形量条件下,若完成再结晶时间为 $0.5\sim1h$,则再结晶开始温度 T_R 与熔点 T_m(绝对温度值)之间存在如下经验关系:

$$T_R \approx (0.35 \sim 0.45)T_m$$

一般工业纯金属的再结晶温度见表 5-2。

表 5-2 某些工业纯金属的再结晶温度

金属	再结晶温度/℃	熔点/℃	T_R/T_m	金属	再结晶温度/℃	熔点/℃	T_R/T_m
Sn	−71	232	0.40	Cu	200	1083	0.35
Pb	−33	327	0.40	Fe	450	1538	0.40
Zn	15	419	0.43	Ni	600	1455	0.51
Al	150	660	0.45	Mo	900	2625	0.41
Mg	150	650	0.46	W	1200	3410	0.40

3. 晶粒长大

冷变形金属完成再结晶以后,一般都得到细小均匀的等轴晶粒,但若继续升高温度或延长保温时间,则会发生晶粒长大。

晶粒长大是一种自发的过程,它可使晶界的面积减少,表面能降低,使组织处于更加稳定的状态。晶粒长大是通过晶界的迁移来实现的,如图 5-15 所示。即通过一个晶粒的边界向另一个晶粒中迁移,把另一个晶粒中的晶格位向逐步地改变成与这个晶粒相同的晶格位向,于是,另一个晶粒便逐步地被这一晶粒所"吞并",从而合并成为一个大晶粒。

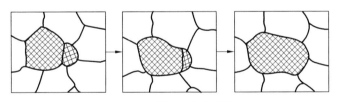

图 5-15 晶粒长大示意图

4. 影响再结晶后晶粒大小的因素

1) 加热温度的影响

变形金属经过再结晶会得到细而均匀的等轴晶粒,当温度升得不高时,晶粒会长大,但长大速度不很大,而且晶粒尺寸也较均匀,这种情况称为正常的晶粒长大。当温度升得较高时,原子的活动能力加强,有利于晶界迁移,晶粒会异常长大,这种不均匀急剧长大的现象称为二次再结晶或者聚合再结晶。

2) 变形程度的影响

变形程度的影响实际上是一个变形均匀度的问题。变形很小时,金属的晶格畸变很小,不足以引起再结晶,因此晶粒保持原来大小。当变形程度达到某一值(纯铁为 $2\%\sim10\%$)时,金属中只有一部分晶粒发生了变形。再结晶时,形核数目很少,而且晶粒大小很不均匀,使大晶粒极易吞并小晶粒,得到异常粗大的晶粒,这时的变形程度称为临界变形度。当超过临界变形度后,随着变形程度的增加,变形越来越均匀,再结晶时的形核率便越大,得到的晶粒也会越细而均匀。但是,当变形程度太大($\geqslant 90\%$)时,某些金属中有时会再次出现晶粒异常长大的现象,这与金属中的形变织构的形成有关。

为了生产上使用方便,通常将加热温度和变形程度对再结晶晶粒大小的影响综合表达在一个主体图中(见图 5-16),这种图称为再结晶全图。

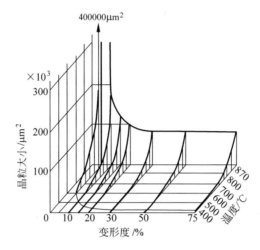

图 5-16   纯铁的加热温度、变形度对再结晶后晶粒大小影响的全图

5.4   金属的热塑性变形

5.4.1   冷加工与热加工的区别

冷加工是在变形中伴随着应变硬化,使变形所需的应力随着变形的进行而不断增加。而热加工则是在变形的同时,回复与再结晶等软化过程也起作用,结果使硬化现象在很大程度上得到消除,使变形应力明显下降。在这种条件下,就可以在不使金属被破坏(断裂)的前提下,使材料发生很大的变形。图 5-17 示意了金属在热轧时的变形与再结晶现象。

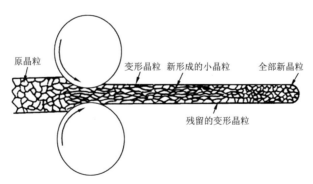

图 5-17   金属在热轧时的变形和再结晶现象

高温变形(热加工)过程中的软化过程是以一定的速度向着与硬化过程相反的方向进行的,这与冷加工时的情形有所不同(此时,软化过程的作用因温度较低可以忽略)。由此可见,热加工时出现的回复、再结晶过程是与变形过程同时并存的,这与冷加工后再加热出现的回复、再结晶过程是有一定差别的。

与变形同时进行的回复称为动态回复。热加工时,金属具有很高的塑性,同时还能消除铸锭中的某些缺陷,从而提高机械性能。此外,在热加工过程中,金属中所含的夹杂物以及枝晶等会沿着金属变形流动的方向被拉长,形成"流线",使金属的性能出现明显的方向性,即沿流线方向具有较高的机械性能,因此,应尽可能使流线方向与工件承受的最大应力方向一致。图5-18为锻压成形曲轴与切削成形曲轴组织示意图,锻压成形曲轴(见图5-18(a))的流线分布合理并且没被切断,而切削成形曲轴(见图5-18(b))的流线被切断,显然,锻造曲轴的机械性能优于切削成的曲轴。

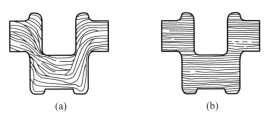

图 5-18　曲轴流线组织示意图
(a) 锻压成形曲轴;(b) 切削成形曲轴

5.4.2　热加工对金属组织和性能的影响

虽然热加工不能使金属硬化,但是它能使金属的组织和性能发生显著的变化。

1. 改善金属铸态组织和性能

通过热加工可以使铸态金属中的气孔焊合,将分散缩孔压实,使致密度增加,使晶粒细化,机械性能提高。

2. 热加工纤维组织

金属内部的夹杂物在高温下具有一定的塑性。热加工时,铸态金属中的粗大枝晶和各种夹杂物均沿变形方向伸长,这样就使铸锭中的枝晶间富集的杂质和非金属夹杂物的走向逐渐与变形方向一致,使它们呈条带状、线状或片层状。在宏观检验时,可在试样表面观察到一条条的细线,这就是热加工金属中的流线。由一条条流线构成的这种组织称为热加工纤维组织。

热加工纤维组织的出现将使金属的性能呈现各向异性。在沿着纤维方向伸展的方向(纵向)上具有较高的机械性能,而在垂直于纤维方向(横向)上性能较差。因此,某些锻件在热加工时应力求其流线要正确地分布(见图5-18(a))。

热处理不能改变或消除流线分布,只能通过塑性变形来改善其分布状态。有时,如果不希望材料出现各向异性,必须交替采用不同方向的变形(锻造时反复镦粗和拔长)来打乱流线的方向性。

3. 产生带状组织

热加工后的亚共析钢的组织中,因铁素体常常会在被拉长了的杂质上优先形核析出,则出现铁素体与珠光体沿金属的加工变形方向呈层状平行交替分布的条带状组织,这种组织称为带状组织。

在过共析钢中,带状组织表现为密集的粒状碳化物带,它是钢锭中显微偏析在热加工变形过程中延伸而成的碳化物富集带。

带状组织使钢的机械性能呈各向异性,并降低塑性和韧性;热处理时易产生变形,并使组织和硬度不均匀。

复习思考题

1. 名词解释:

滑移;孪生;滑移系;热加工;冷加工。

2. 指出下列名词的主要区别:

(1) 弹性变形与塑性变形;

(2) 韧性断裂与脆性断裂;

(3) 再结晶与二次再结晶;

(4) 热加工与冷加工。

3. 说明下列现象产生的原因:

(1) 滑移面是原子密度最大的晶面,滑移方向是原子密度最大的方向;

(2) 晶界处滑移的阻力最大;

(3) 实际测得的晶体滑移所需的临界切应力比理论计算的数值小;

(4) Zn、α-Fe、Cu 的塑性不同。

4. 画图说明体心立方、面心立方和密排六方 3 种常见晶体结构的滑移面、滑移方向及滑移系。

5. 金属的再结晶温度如何确定?

6. 为什么细晶粒钢强度高,塑性、韧性也好?

7. 多晶体塑性变形有何特点? 在多晶体中,哪些方位的晶粒最先滑移?

8. 热加工对金属组织和性能有何影响? 钢材在热加工(如轧制)时,为什么不出现加工硬化现象?

9. 与冷加工相比,热加工给金属件带来的益处有哪些?

10. 已知金属钨、铁、铅、锡的熔点分别为 3380℃、1538℃、327℃、232℃,试计算这些金属的最低再结晶温度。并分析钨和铁在 1100℃ 及铅和锡在室温(20℃)下的加工各为何种加工。

11. 在制造齿轮时,有时采用喷丸法(将金属喷丸射到零件表面上)使齿面得以强化。试分析强化原因。

12. 有 4 个外形完全相同的齿轮,所用材质也都是 $\omega_C = 0.45\%$ 的优质碳素钢,但是制作方法不同,它们分别是:

(1) 直接铸出毛坯,然后切削加工成形。

(2) 从热轧厚钢板上取料,然后切削加工成形。

(3) 从热轧圆钢上取料,然后切削加工成形。

(4) 从热轧圆钢上取料后锻造成毛坯,然后切削加工成形。

试分析哪个齿轮的使用效果应该最好,哪个应该最差。

13. 有一块铝板被子弹击穿了一个孔。若将此铝板进行正确的再结晶退火后,弹孔周围的晶粒可能有什么变化? 并说明理由。

14. 在室温下对铅板进行弯折,越弯越硬,而稍隔一段时间再进行弯折,铅板又像最初一样柔软,这是什么原因?

15. 用冷拔钢丝缠绕的螺旋弹簧,经低温回火后,其弹力要比未回火好,这是为什么?

16. 在冷拔钢丝时,如果总变形量很大,则中间需穿插几次退火工序,这是为什么? 中间退火温度选择多少合适?

自测题 5

6

钢的热处理及表面技术

6.1 概　述

热处理概述

6.1.1 热处理的实质、目的及应用范围

　　钢的热处理是指将钢在一定的介质中施以不同的加热、保温和冷却,以改变其组织,从而获得所需性能的一种工艺。

　　热处理对钢的性能的改变,是通过改变钢的组织结构来实现的。钢在固态下加热、保温和冷却过程中会发生一系列组织结构的转变,这些转变具有严格的规律性。如果钢在加热和冷却过程中不存在组织结构变化的可能性,钢就不可能进行热处理,其用途也就不会像现在这样广泛了。

　　热处理的主要目的在于改变钢的性能,即改善钢的工艺性能和提高钢的力学性能。例如,用工具钢制造钻头,先要采用"退火"来降低钢的硬度,改善工艺性能以利于切削加工;加工成钻头之后,又必须进行"淬火"和"回火"来提高硬度、耐磨性及韧性,以保证钻头的力学性能。

　　通过热处理可以改善或强化金属材料的性能,所以绝大多数机器零件都要经过热处理工艺来提高产品的质量,延长使用寿命。例如,机床工业中需要经过热处理的零件占总量的 $60\% \sim 70\%$,汽车、拖拉机工业占 $70\% \sim 80\%$,而各种工具制造业则达到 100%。如果把原材料的预先热处理也包括进去,几乎所有的零件都需要热处理。因此,随着我国工业生产的不断发展,热处理必将发挥更大的作用。

6.1.2 热处理的分类及工艺曲线

　　根据热处理加热和冷却的规范以及组织、性能变化的特点,热处理方法大致可分为如下几类:

热处理 {
　整体热处理:退火、正火、淬火、回火
　表面热处理 {
　　表面淬火:感应加热表面淬火、火焰加热表面淬火等
　　化学热处理:渗碳、渗氮等
}
}

除此之外,还有其他热处理方法,如形变热处理、真空热处理、可控气氛热处理、激光热处理等。

热处理的方法是多种多样的,但它们的工艺都是加热、保温和冷却,可用图 6-1 所示的热处理工艺曲线来表述。其中保温只是加热的继续,因此,研究钢在加热和冷却过程中组织转变的规律以及对性能的影响是制定各种热处理工艺的重要理论基础。

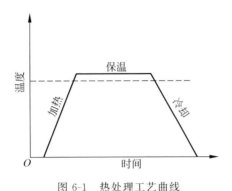

图 6-1　热处理工艺曲线

6.2　热处理过程中钢的组织转变

钢在加热时的转变

为了使钢件在热处理后获得所需的性能,对于大多数热处理工艺,都要将钢件加热到高于临界点的温度,以获得全部(或部分)奥氏体组织并使之均匀化,这个过程称为奥氏体化。加热形成的奥氏体组织的质量(化学成分、均匀性和晶粒大小等)对随后的冷却转变过程以及冷却转变产物的组织和性能有极大的影响。

6.2.1　钢在加热时的组织转变

1. 转变温度

由 Fe-Fe$_3$C 相图可知,碳钢在缓慢加热或冷却过程中,经过 PSK 线、GS 线和 ES 线时,其组织都要发生变化。为了今后使用方便,常把 PSK 线称为 A_1 线;GS 线称为 A_3 线;ES 线称为 A_{cm} 线。该线上的临界点则相应地用 A_1 点、A_3 点、A_{cm} 点来表示。

A_1、A_3 和 A_{cm} 点是相变的平衡临界点。在实际热处理加热和冷却条件下,相变是一个在非平衡条件下的转变过程,其转变点与平衡临界点有一些差异。加热转变只能在平衡临界点以上发生,冷却转变只能在平衡临界点以下发生,这种现象称为滞后。随着加热和冷却速度的增加,滞后现象更加严重。通常把实际加热时的临界点用 Ac_1、Ac_3、Ac_{cm} 表示;把冷却时的临界点用 Ar_1、Ar_3、Ar_{cm} 表示,如图 6-2 所示。

2. 奥氏体的形成

钢在加热时的奥氏体形成过程(奥氏体化)属于一种扩散型的转变,是通过形核和核长

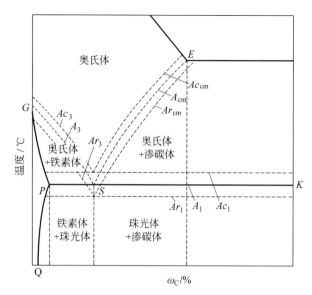

图 6-2 加热(冷却)时 Fe-Fe₃C 相图上各临界点的位置

大过程来实现的。

1) 基本过程

以共析钢为例,将其加热到稍高于 Ac_1 的温度,便发生珠光体(P)向奥氏体(A)的转变,其反应式为

$$P(F_{0.0218} + Fe_3C_{6.69}) \longrightarrow A_{0.77}$$

显然,奥氏体的形成必须进行晶格的改组和铁、碳原子的扩散,其基本过程是通过图 6-3 所示的 4 个阶段来完成的。

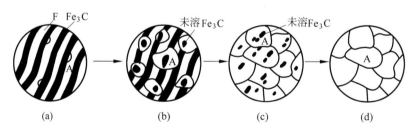

图 6-3 共析钢的奥氏体化过程示意图

(a) A 形核;(b) A 长大;(c) 残余 Fe₃C 溶解;(d) A 成分均匀化

(1) 奥氏体晶核的形成。当钢加热到 Ac_1 以上的温度时,珠光体处于不稳定状态,而且本身铁素体和渗碳体界面处碳的浓度处于中间值,界面处的原子排列是两种点阵的过渡区,同时这里的位错、空位密度较高,因此,在浓度、结构和能量上为奥氏体晶核的形成提供了有利条件,即奥氏体晶核便优先在铁素体和渗碳体相界面上形成。

(2) 奥氏体晶核的长大。奥氏体晶核形成后逐渐长大,由于它一面与渗碳体相接,另一面与铁素体相接,因此,奥氏体晶核的长大是新相奥氏体的相界面同时向渗碳体与铁素体方向的推移过程,它是依靠铁、碳原子的扩散,使与奥氏体晶核邻近的渗碳体不断溶解和邻近的铁素体改组为面心立方晶格来完成的。

（3）残余渗碳体的溶解。由于渗碳体的晶体结构和含碳量都与奥氏体相差很大，所以渗碳体向奥氏体的溶解速度比铁素体向奥氏体的转变速度要慢。即在铁素体全部转变完毕后，仍有部分残余渗碳体还未溶解。但随着保温时间的增加，残余渗碳体将会不断地溶入奥氏体中，直至完全消失。

（4）奥氏体的均匀化。残余渗碳体完全溶解后，奥氏体中的碳浓度仍是不均匀的，在原来渗碳体处碳浓度较高，在原来铁素体处碳浓度较低。所以，必须继续保温，使原子充分扩散才能使奥氏体组织各部分成分均匀化。

亚共析钢和过共析钢的奥氏体形成过程与共析钢基本相同，不同之处在于：若将它们加热至 Ac_1 以上时，并未完全奥氏体化，若要得到单一的奥氏体，还需要继续加热至 Ac_3 和 Ac_{cm} 以上，同时还存在亚共析钢中过剩相铁素体的待转变以及过共析钢中过剩相渗碳体的待溶解问题。它们的反应式为

亚共析钢：$F+P \longrightarrow F+A \longrightarrow A$

过共析钢：$P+Fe_3C_{II} \longrightarrow A+Fe_3C_{II} \longrightarrow A$

可以发现，亚共析钢和过共析钢的加热温度如处在上临界点（Ac_3、Ac_{cm}）与下临界点（Ac_1）之间，其组织由奥氏体与一部分尚未转变的过剩相所组成，这种加热方法称为不完全奥氏体化加热。

2）影响奥氏体形成的因素

（1）加热温度。加热温度越高，原子的扩散能力越大，使奥氏体形成所进行的晶格改组和铁、碳原子的扩散越快，故加速了奥氏体的形成。

（2）加热速度。随着加热速度的增加，过热度增大，奥氏体形成温度升高，形成温度范围扩大，形成所需的时间也缩短。

（3）原始组织。钢中的原始组织越细，则相界面越多，奥氏体的形成速度就越快。如钢的成分相同时，组织中珠光体越细，奥氏体形成速度越快。层片状珠光体的相界面比粒状珠光体多，加热时奥氏体容易形成。

（4）合金元素。钢中加入合金元素不改变奥氏体形成的基本过程，但影响奥氏体的形成速度。除钴、镍等元素可增大碳在奥氏体中的扩散速度，加快奥氏体化过程之外，大多数合金元素如铬、钼、钒等，能与钢形成难溶碳化物，阻碍碳在奥氏体中的扩散，都将不同程度减缓奥氏体化过程。所以，在一般情况下，合金钢在热处理时的加热温度应比同样含碳量的碳钢高一些，保温时间要长一些。

3. 奥氏体晶粒大小及对力学性能的影响

钢中奥氏体晶粒的大小直接影响冷却后所得到的组织和性能。加热时若能获得细小的奥氏体晶粒，则冷却产物的强度、塑性及韧性也较好；反之，则其性能较差。为了获得合适的晶粒大小，有必要弄清奥氏体晶粒度的概念及其影响因素。

1）奥氏体晶粒度

晶粒度是表示晶粒大小的一种尺度。生产上是根据标准的晶粒度等级图，用比较的方法确定所测钢种晶粒大小的级别。一般结构钢的奥氏体晶粒度分为 8 级，1～4 级为粗晶粒，5～8 级为细晶粒，超过 8 级为超细晶粒。

根据其形成过程和长大情况。奥氏体有 3 种不同概念的晶粒度。

（1）起始晶粒度。起始晶粒度是指珠光体刚刚转变成奥氏体时的晶粒度，这时的晶粒非常细小。

（2）实际晶粒度。实际晶粒度是指具体热处理或热加工条件下获得的奥氏体晶粒大小。实际晶粒一般总比起始晶粒大，它直接影响钢热处理后的力学性能。

（3）本质晶粒度。各种不同的钢在加热时奥氏体晶粒长大的倾向不同，如图 6-4 所示。有些钢在加热到临界点后，随着温度的升高，奥氏体晶粒就迅速长大而粗化，这类钢称为本质粗晶粒钢。也有一些钢在大约 930℃ 以下加热时，奥氏体晶粒长大很缓慢，一直保持细小晶粒，只有加热到更高温度时，奥氏体晶粒才急剧长大，这类钢称为本质细晶粒钢。因此，本质晶粒度并不是晶粒大小的实际度量，而是表示在规定的加热条件下，奥氏体晶粒长大倾向性的高低。具体的方法是：把钢加热到（930±10）℃，保温 3～8h，冷却后在 100 倍显微镜下所测定的晶粒度与标准的晶粒等级图进行比较评级。凡晶粒是 1～4 级的定为本质粗晶粒钢，5～8 级者定为本质细晶粒钢，超过 8 级以上者为超细晶粒钢。

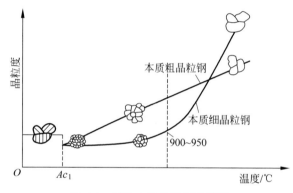

图 6-4　钢的本质晶粒度示意图

2）奥氏体晶粒大小对钢力学性能的影响

在实际生产中，奥氏体实际晶粒大小对随后热处理冷却状态的组织与性能有很大影响。奥氏体晶粒越均匀且细小，则热处理后钢的力学性能越高，尤其是冲击韧性越高。所以热处理加热时，希望获得细小而均匀的奥氏体组织。如果钢在加热时温度过高或加热时间过长，会引起奥氏体晶粒显著粗化，这种现象称为"过热"。过热组织不仅使钢的力学性能下降，而且粗大的奥氏体晶粒在淬火时也容易引起工件产生较大的变形甚至开裂，所以，一般对于重要的工件进行热处理时都要对奥氏体晶粒度进行金相评级，奥氏体晶粒大小是评定热处理加热质量的指标之一。

6.2.2　钢在冷却时的组织转变

C 曲线的建立

在实际生产中，钢在热处理时采用的冷却方式通常有等温冷却和连续冷却两种，如图 6-5 所示。为了指导生产，把钢在奥氏体冷却时组织转变的规律总结成了过冷奥氏体等温冷却转变曲线和连续冷却转变曲线。借助这些曲线图，我们可以了解奥氏体在冷却时的冷却条件与相变间的关系，从而为正确制定和合理选择热处理工艺提供了理论依据。

1. 过冷奥氏体的等温冷却转变

奥氏体在临界点 A_1 点以下就处于不稳定状态，必然要发生相变。但过冷到 A_1 点以下的奥氏体并不是立即发生转变，而是要经过一个孕育期后才开始转变，这种在孕育期暂时存在的、处于不稳定状态的奥氏体称为过冷奥氏体。

过冷奥氏体总是要转变为稳定的新相。过冷奥氏体等温冷却转变曲线反映了过冷奥氏体在等温冷却时组织转变的规律。下面以共析钢为例介绍用金相法测定过冷奥氏体等温冷却转变曲线的过程。

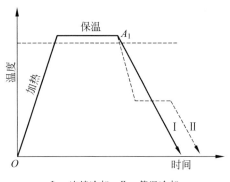

Ⅰ—连续冷却；Ⅱ—等温冷却。

图 6-5　两种冷却方式示意图

1) 共析钢过冷奥氏体等温冷却转变曲线的建立

具体步骤如下：

（1）将共析钢制成许多 $\phi 10\text{mm} \times 1.5\text{mm}$ 的小圆片试样，分成几组（每一组用于测定某一温度下的转变开始和终了时刻），并将使其完全奥氏体化。

（2）把各组试样分别投入 A_1 点以下不同温度（如 650℃、600℃、550℃、350℃ 等）的等温浴槽中进行等温冷却转变。

（3）每隔一定时间取出一个试样淬入水中，凡等温时尚未转变的奥氏体，在水冷后会转变为在金相显微镜下能观察到的白亮色的马氏体和残余奥氏体，而等温转变的产物则原样不动地保留下来，在金相显微镜下呈暗黑色，这样便能较方便地分析出在同一等温温度下不同等温时间转变产物的情况。

（4）以转变产物的转变量为 1％ 的时刻作为转变开始点，以转变量为 99％ 的时刻为转变终了点，将各个温度下的转变开始点和终了点都绘在温度-时间坐标中，然后分别把转变开始点和转变终了点用光滑的曲线连接起来，成为转变开始线和转变终了线，如图 6-6 所示。这样便绘成了过冷奥氏体等温冷却转变曲线（简称等温转变图或 TTT 曲线），由于曲线的形状与字母 C 很相似，故也俗称 C 曲线。

在 C 曲线的下面还有两条水平线：M_s 线和 M_f 线（见图 6-7），它们分别表示过冷奥氏体转变为马氏体的开始线和终了线。

2) 过冷奥氏体等温冷却转变曲线的分析

如果把图 6-6 中的加热、保温和冷却工艺曲线舍去，就能得到共析钢完善的 C 曲线，如图 6-7 所示。由图可见：

（1）A_1 以上是奥氏体稳定区域；A_1 以下、转变开始线以左的区域是过冷奥氏体区；A_1 以下、转变终了线以右和 M_s 点以上的区域为转变产物区；转变开始线和转变终了线之间为过冷奥氏体和转变产物共存区。

（2）过冷奥氏体在转变之前都要经过一段孕育期（以转变开始线与纵坐标轴之间的距离来表示）。在不同的等温温度下，孕育期的长短不同。对于共析钢，在 550℃ 时的孕育期最短，即说明这时的过冷奥氏体最不稳定，最易发生分解，转变速度也最快。在高于或低于 550℃ 时，孕育期均由短变长，即表示过冷奥氏体的稳定性提高了。

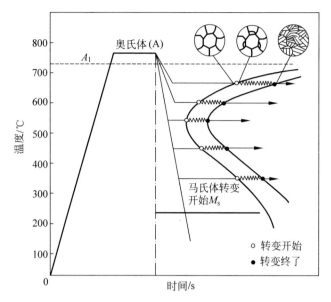

图 6-6　共析钢过冷奥氏体等温冷却转变曲线

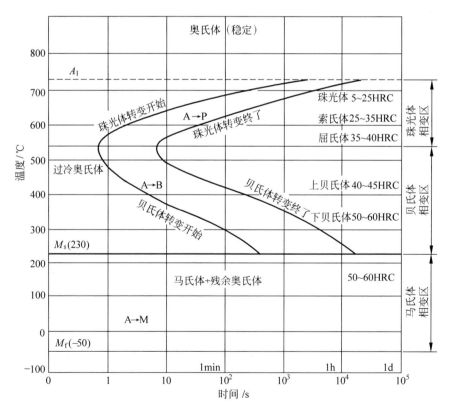

图 6-7　共析钢的过冷奥氏体等温冷却转变曲线

C 曲线上孕育期最短的地方,称为 C 曲线的"鼻尖",所对应的温度称为"鼻温"。C 曲线鼻尖处的孕育期长短十分重要,它是决定一种钢材是否容易淬火的重要依据之一,并依此来选择不同的冷却介质。

(3) C 曲线上明确地表示出了过冷奥氏体有 3 个转变区。

① A_1 点至 C 曲线"鼻尖"区间为高温转变,其转变产物是珠光体,故为珠光体型转变区;

② C 曲线"鼻尖"至 M_s 点区间为中温转变,其转变产物是贝氏体,故为贝氏体型转变区;

③ M_s 点以下为低温转变,其转变产物是马氏体,故为马氏体型转变区。

3) 过冷奥氏体等温冷却转变产物的组织与性能

(1) 珠光体型转变

共析钢的珠光体型转变是由面心立方晶格的奥氏体($\omega_C = 0.77\%$)转变为体心立方晶格的铁素体和复杂晶格的渗碳体两相混合物的过程,该过程是通过形核和长大来完成的,如图 6-8 所示。

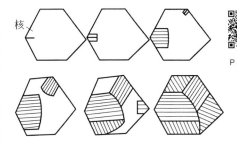

P 型转变

首先在奥氏体晶界上形成渗碳体晶核,随后通过碳原子扩散使渗碳体片不断分枝长大,由于渗碳体是高碳相,它的长大会不断地吸收与其相邻的奥

图 6-8 片状珠光体形成

氏体中的碳原子,使这部分奥氏体中的含碳量不断地降低,从而促进渗碳体片两侧的奥氏体转变为铁素体片,像这样的过程不断地发生与发展,结果就形成了铁素体与渗碳体片层相间的珠光体组织。这种由一个渗碳体晶核发展起来具有同一位向的片层状组织,称为一个珠光体晶团或珠光体领域。由于在一个奥氏体晶粒的边界上其他部位也可能发生这一过程,所以在同一奥氏体晶粒中便可能产生几个方位彼此不同的珠光体晶团,当各个珠光体晶团不断长大直至相遇时,奥氏体就全部转变为珠光体了。

在珠光体型转变中,随着等温温度降低,即过冷度增大,珠光体中铁素体和渗碳体的片间距越来越小。过冷度较小时,获得片间距较大的珠光体组织,用符号"P"表示;过冷度稍大时,获得片间距较小的细珠光体组织,这种组织称为索氏体,用符号"S"表示;过冷度更大时,获得极细珠光体组织,这种组织称为托氏体,用符号"T"表示。

片状珠光体的力学性能主要取决于片间距的大小,片间距越小,相界面越多,强度、硬度越高,同时塑性和韧性也有所改善。表 6-1 为共析钢的珠光体型转变产物的形成温度和性能。

表 6-1 共析钢的珠光体型转变产物的形成温度和性能

组织名称	表示符号	形成温度/℃	硬度	能辨别其片层的放大倍数
珠光体	P	$A_1 \sim 650$	170~200HB	<500×
索氏体	S	650~600	25~35HRC	<1000×
托氏体	T	600~550	35~40HRC	<2000×

(2) 贝氏体型转变

共析钢的奥氏体过冷到 C 曲线的"鼻尖"至 M_s 点的温度范围内(550~230℃),将发生奥氏体向贝氏体的转变。贝氏体用符号"B"表示。贝氏体是由含过饱和碳的铁素体与渗碳

B 型转变

体(或碳化物)组成的两相混合物,所以奥氏体向贝氏体转变时也必须进行碳原子的扩散与晶格改组,其转变过程也是通过固态下形核和长大来完成的。但由于转变温度较低,铁原子已不能扩散,因而,贝氏体转变的机理与组织形态、性能等都不同于珠光体。贝氏体的形态是多种多样的,下面介绍两种常见的贝氏体组织。

① 上贝氏体。上贝氏体是过冷奥氏体在 C 曲线"鼻尖"至 350℃温度范围内的转变产物,其形成过程可以用图 6-9 来描述。首先在奥氏体晶界上或奥氏体的贫碳区形成铁素体晶核,然后向奥氏体晶粒内部沿一定方向成排长大,铁素体的长大需将过多的碳原子扩散出去,但由于转变温度较低,碳原子的扩散能力较弱,使铁素体形成时只有部分碳原子能扩散到与其相邻的奥氏体中,还有一部分一时来不及扩散的碳原子仍固溶在铁素体中,成为含碳过饱和的铁素体。随着铁素体条越来越密集,条间的奥氏体碳浓度不断提高,当碳浓度升高到一定的程度,便可以在铁素体条间析出断续的细条状渗碳体,结果形成了典型的上贝氏体组织。上贝氏体在金相显微镜下呈羽毛状形态。

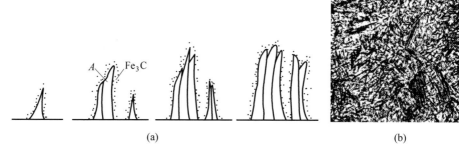

A Fe_3C

(a)   (b)

图 6-9   上贝氏体组织形态

(a) 上贝氏体形成示意图;(b) 金相显微组织(200×)

② 下贝氏体。下贝氏体是过冷奥氏体在 350℃至 M_s 点温度范围内的转变产物,其形成过程如图 6-10 所示。铁素体晶核首先在奥氏体的贫碳区或晶界上形成,然后沿奥氏体一定的位向呈针状(或片状)长大。由于下贝氏体的形成温度较上贝氏体低,所以碳原子的扩散能力更小,不能较长距离扩散穿过铁素体片,而只能在铁素体内作短程扩散并聚集,在含碳量过饱和的铁素体内析出与长轴成 55°~65°的细片状碳化物(Fe_xC),结果形成了典型的下贝氏体组织。下贝氏体在金相显微镜下呈黑色针状形态。

贝氏体的性能取决于其组织形态。上贝氏体的形成温度较高,其铁素体条较宽,塑性变形抗力较低;另外,断续的条状渗碳体分布在铁素体条之间,容易引起材料的脆断,因此上贝氏体的强度和韧性都较差。下贝氏体中的铁素体片细小,且无方向性,碳的过饱和程度大,位错密度高;而且,碳化物分布均匀、弥散度大。所以与上贝氏体比较,下贝氏体不仅具有较高的硬度和耐磨性(共析碳的下贝氏体硬度为 45~55HRC,上贝氏体硬度为 40~45HRC),而且强度、韧性和塑性均高于上贝氏体,具有较高的综合力学性能。生产上的等温淬火就是要获得下贝氏体组织。

(3) 马氏体型转变

奥氏体被迅速过冷到 M_s 点以下便开始发生马氏体转变,获得马氏体组织。马氏体用符号"M"表示。由于转变温度很低,过冷度很大,这时铁、碳原子的扩散被抑制,奥氏体向马氏体转变时只发生 $\gamma\text{-Fe}\rightarrow\alpha\text{-Fe}$ 的晶格改组,而没有碳原子的扩散,结果是奥氏体直接转变

M 型转变

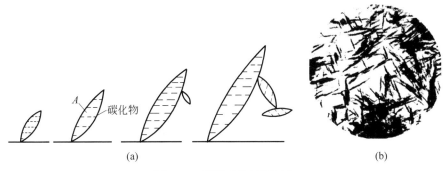

图 6-10　下贝氏体组织形态

(a) 下贝氏体形成示意图；(b) 金相显微组织(500×)

成碳在 α-Fe 中的过饱和固溶体(马氏体)。马氏体中的含碳量就是转变前奥氏体中的含碳量。

① 马氏体的晶体结构。马氏体是碳在 α-Fe 中过饱和的固溶体。由于碳的过饱和固溶，使 α-Fe 晶格由体心立方变为体心正方晶格，如图 6-11 所示。c 轴的晶格常数大于 a 轴的晶格常数，其晶格常数 c 与 a 之比(c/a)称为马氏体的正方度，它随马氏体中含碳量的增加而呈线性增加。

钢中奥氏体的比容最小，马氏体的比容最大，而且马氏体的比容随正方度的增加而变大，所以奥氏体向马氏体转变时必然要发生体积膨胀而引起内应力，这是钢件淬火时出现变形或开裂的原因之一。

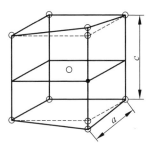

图 6-11　马氏体晶体结构

② 马氏体的组织形态。马氏体的组织形态主要有两种基本类型：一种是板条状马氏体；另一种是片状马氏体。其组织形态主要取决于奥氏体中的碳浓度。当奥氏体的含碳量小于 0.20% 的钢淬火后，马氏体的形态为板条状马氏体，故板条状马氏体又称为低碳马氏体；而含碳量高于 1.0% 的奥氏体淬火时几乎只形成片状马氏体，故片状马氏体又称为高碳马氏体；当含碳量介于 0.2%～1.0% 的奥氏体淬火时则形成两种马氏体的混合组织。

图 6-12　板条状马氏体显微组织(630×)

板条状马氏体由平行的一束束长条状晶体所组成，具有板条状特征。每个马氏体条的立体形态为椭圆截面的柱状晶体。一个奥氏体晶粒中可以形成几束不同位向的板条状马氏体，如图 6-12 所示。

电镜研究表明，板条状马氏体内存在大量错位，位错密度高达 $10^{12}/\mathrm{cm}^2$ 的数量级，所以板条状马氏体也称为位错马氏体。

片状马氏体在显微镜下通常呈针状或片状，其立体形态为双凸透镜状，所谓的片状或针状是由试样的金相磨面与马氏体不同部位相截而呈现的图像。在一个奥氏体晶粒中的第一片马氏体往往横贯整个奥氏体晶粒，使以后形成的马氏体片的大小受到限制，导致越是后形成的马氏体片其尺寸越小,如图 6-13 所示。

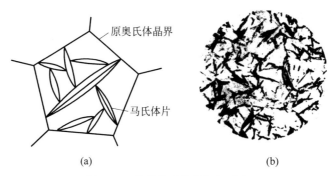

图 6-13　片状马氏体的组织形态

(a) 片状马氏体示意图；(b) 光学显微组织(500×)

电镜研究表明,片状马氏体内存在大量细微孪晶的亚结构,因此片状马氏体又称孪晶马氏体。另外,片状马氏体中存在大量微裂纹,这种微裂纹在应力作用下会逐渐扩展,发展成宏观裂纹,导致工件开裂。

③ 马氏体的性能。马氏体的硬度和强度主要取决于马氏体的碳浓度,如图 6-14 所示。随着马氏体含碳量的增加,其硬度和强度也随之增加,尤其在含碳量较低时增加的幅度十分明显,但当含碳量超过 0.6％以后就趋于平缓,这主要是由于钢中残余奥氏体量逐渐增多所致。

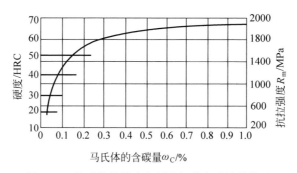

图 6-14　马氏体的强度和硬度与其含碳量的关系

造成马氏体强化的原因主要是过饱和碳原子对马氏体的固溶强化,其次是由于马氏体相变而引起的组织显著细化、高密度位错以及微细孪晶等亚结构强化。

片状马氏体的性能特点是硬度高而脆性大；板条状马氏体不仅具有较好的强度和硬度,而且还具有良好的塑性和韧性,它打破了凡是马氏体都"硬而脆"的概念,使得具有马氏体组织的工件在生产中的应用范围得以进一步扩大。用低碳钢和低碳合金钢进行强烈淬火获得低碳马氏体的热处理工艺在节约钢材、减轻机械重量和延长使用寿命等方面都具有十分重要的意义。

④ 马氏体转变的特点。马氏体转变也是一个形核和长大的过程,但它和珠光体、贝氏体转变相比较,具有以下几个方面的特点：

(a) 马氏体转变无扩散性。前述的珠光体转变是扩散型转变,贝氏体转变属于半扩散型转变。但马氏体转变是过冷奥氏体在极大的过冷度下进行的,铁、碳原子均无扩散,所以马氏体转变是无扩散型转变。

（b）马氏体转变速度极快。高碳片状马氏体的长大速度为$(1\sim1.5)\times10^6$cm/s，每片马氏体的形成时间只需10^{-7}s；低碳板条状马氏体的长大速度为100mm/s左右。

（c）马氏体转变是在一个温度范围内形成的。当过冷奥氏体在足够大的过冷度条件下冷至M_s点时，就发生马氏体转变。随着温度不断降低，马氏体的转变量增加，当温度降到M_f点时，马氏体转变就结束。马氏体转变为$M_s\sim M_f$点不断降温的情况下才能进行，如果冷却中断，转变也就很快停止。

（d）马氏体转变的不完全性。马氏体转变不能进行到底，或多或少总有一部分未转变的奥氏体残留下来，这部分奥氏体称为残余奥氏体，以A'或r'表示。残余奥氏体的数量主要取决于M_s和M_f点的位置，而M_s和M_f点的位置主要与奥氏体中的碳浓度和合金元素的含量有关。图6-15所示为奥氏体含碳量对M_s和M_f点的影响，由图可见，随着奥氏体中含碳量增加，M_s和M_f点降低。当含碳量在0.5%以上时M_f点已降低到室温以下，这时即使奥氏体被快冷到室温也不能完全转变成马氏体而要残留一部分奥氏体，且残余奥氏体的数量随含碳量增加而增多，如图6-16所示。总之，凡是使M_s和M_f点位置降低的因素，都将使残余奥氏体的数量增多。

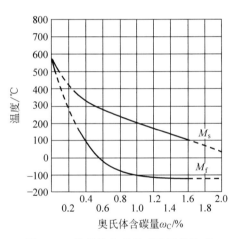

图6-15 奥氏体含碳量对马氏体转变
温度的影响

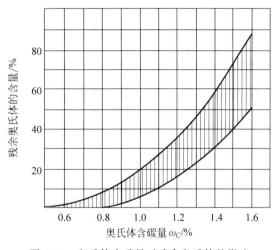

图6-16 奥氏体含碳量对残余奥氏体的影响

另外，在保证马氏体转变的条件下，即使把奥氏体过冷到M_s点以下，也不可能获得100%的马氏体，总有少量的残余奥氏体被保留下来。这是由于奥氏体的比容最小，而马氏体的比容最大，马氏体形成时体积要发生膨胀，已形成的马氏体对尚未转变的奥氏体产生了多向压应力，从而阻碍奥氏体向马氏体继续转变，这就是马氏体转变的不完全性。

一般情况下中碳钢淬火到室温后有1%～2%的残余奥氏体，高碳钢淬火到室温后有10%～15%的残余奥氏体，这不仅会降低淬火钢的硬度和耐磨性，而且也会由于残余奥氏体在工件使用过程中发生转变，从而降低工件的尺寸精度。因此，生产中对一些高精度的工件，为了确保它们在使用过程中的精度，常采用"冷处理"，即淬火冷却到室温后，随即将其放到0℃以下的冷却介质中冷却，以最大限度地减少残余奥氏体的数量。

4）亚共析钢与过共析钢的过冷奥氏体等温冷却转变曲线

图 6-17 所示是亚共析钢、共析钢和过共析钢 C 曲线的比较,可以看出它们都具有过冷奥氏体转变开始线与转变终了线,但在亚共析钢的 C 曲线上多出了一条铁素体析出线,在过共析钢的 C 曲线上多出了一条渗碳体析出线,这表明在发生过冷奥氏体向珠光体共析转变之前,要从奥氏体中析出先共析相铁素体或渗碳体,这一析出过程称为先共析转变。

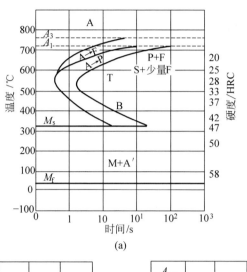

(a)

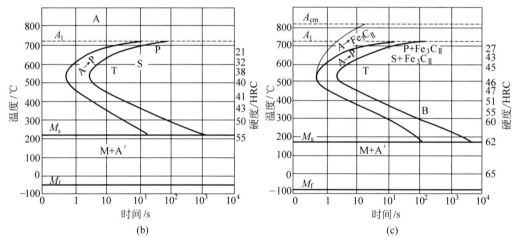

(b)　　　　　　　　　　　　　　(c)

图 6-17　碳钢的 C 曲线比较

（a）亚共析钢；（b）共析钢；（c）过共析钢

5）影响过冷奥氏体等温冷却转变曲线的因素

影响过冷奥氏体等温冷却转变曲线的因素较多,但主要是奥氏体的化学成分、奥氏体转化温度、奥氏体的晶粒度等,它们将使 C 曲线的位置或形状发生变化。

（1）奥氏体含碳量的影响

随着奥氏体中含碳量的增加,其稳定性增大,过冷奥氏体越不易分解,孕育期延长,C 曲线的位置向右边移动。

在热处理正常的加热条件下,亚共析钢中过冷奥氏体的稳定性随着其含碳量的增加而增大,使 C 曲线向右移。过共析钢通常只加热到 Ac_1 线以上某一温度,随着钢中含碳量增加但并未增加奥氏体中的含碳量,却增加了未溶渗碳体的量;在以后的等温冷却过程中,这些渗碳体将起非自发形核的作用,促进过冷奥氏体分解,使 C 曲线向左移。由此可见,共析钢的过冷奥氏体最稳定,C 曲线最靠右。

(2) 合金元素的影响

除 Co、Al(>2.5%)外,所有的合金元素当其溶入奥氏体后,都增大过冷奥氏体的稳定性,使 C 曲线右移并降低 M_s 点。碳化物形成元素如 Cr、Mo、W、V、Ti 等若溶入奥氏体中,还会使 C 曲线形状发生变化。

(3) 加热温度和保温时间的影响

这实质是奥氏体均匀化程度和晶粒度对 C 曲线的影响。加热温度越高,保温时间越长,奥氏体成分越均匀,作为非自发形核的核心数目越少,同时奥氏体晶粒长大,晶界面积减少,这都不利于过冷奥氏体分解,提高了过冷奥氏体的稳定性,使 C 曲线向右移。

因此,同一种钢的加热温度和保温时间不同,其 C 曲线有较大差别。所以在查阅有关资料、手册时,某一种钢的 C 曲线都注明了奥氏体化温度和晶粒度。

2. 过冷奥氏体连续冷却转变

奥氏体连续冷却转变

在实际生产中,许多热处理工艺都是在连续冷却过程中完成的,如一般的退火、正火、淬火等,因此,研究过冷奥氏体在连续冷却时组织转变的规律具有很重要的理论与实际意义。

1) 过冷奥氏体连续冷却转变曲线(CCT)

过冷奥氏体连续冷却转变曲线也是通过实验测定出来的。图 6-18 所示为共析钢的过冷奥氏体连续冷却转变曲线,图中 P_s 线为过冷奥氏体转变成珠光体的开始线,P_f 线为转变终了线。K 线为珠光体型转变的中途停止线,当冷却曲线碰到 K 线时,过冷奥氏体便中止向珠光体型转变,而一直保持到 M_s 点以下,直接转变为马氏体。

由图 6-18 还可发现,当冷却速度大于 v_K 时(相当于水冷),过冷奥氏体只发生马氏体转变。所以 v_K 是保证过冷奥氏体在连续冷却过程中不发生分解而全部转变为马氏体的最小冷却速度,称为上临界冷却速度,通常叫作临界淬火冷却速度。显然,v_K 越小时钢淬火得到马氏体越容易,或者说钢接受淬火的能力越强。v'_K 是保证过冷奥氏体在连续冷却过程中全部转变为珠光体的最大冷却速度,称为下临界冷却速度。凡是小于 v'_K 的冷却速度都将获得全部珠光体型的组织(相当于炉冷、空冷)。当冷却速度介于 $v_K \sim v'_K$ 之间(如油冷)时,部分过冷奥氏体在 K 线之前转变成珠光体型的组织,直到 K 线转变中止,剩余的过冷奥氏体冷却到 M_s 点以下发生马氏体转变,最终得到"托氏体＋马氏体＋残余奥氏体"的混合组织。

2) 连续冷却转变曲线与等温冷却转变曲线的比较

图 6-19 所示是共析钢的两种曲线合在一张图上的情况,由图可知:

(1) 连续冷却转变曲线位于等温冷却转变曲线的右下方,说明连续冷却时,过冷奥氏体完成珠光体型转变的温度要低一些,时间要长一些。

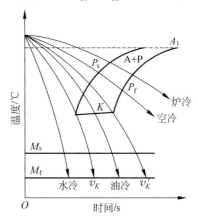

图 6-18 共析钢的连续冷却转变曲线

（2）连续冷却转变时,共析钢的转变曲线没有过冷奥氏体转变成贝氏体的线段,即不形成贝氏体。共析钢要获得贝氏体组织,必须在等温冷却的条件下进行。

3）过冷奥氏体等温冷却转变曲线的应用

由于过冷奥氏体连续冷却转变曲线的测定比较困难,而且有些使用较广泛的钢种的连续冷却转变曲线至今尚未被测出,所以目前还常用过冷奥氏体等温冷却转变曲线来定性说明连续冷却中的转变。其方法是将不同冷却速度曲线绘制在等温冷却转变曲线图上,根据交点的位置判断分析出组织转变的情况。

过冷奥氏体等温冷却转变曲线有如下应用:

（1）对于制定等温退火、等温淬火、分级淬火以及形变热处理工艺具有指导作用,由此可定出等温温度、保温时间等工艺参数。

（2）可以近似估计出临界淬火冷却速度 v_k 的大小,合理选择冷却介质。

（3）可以定性地、近似地分析过冷奥氏体在连续冷却时的组织转变情况。图 6-20 所示是在共析钢的等温冷却转变曲线上估计连续冷却转变的产物。冷却速度 v_1 相当于随炉冷却的速度,根据它与等温冷却转变曲线相交的位置,可以判断是发生珠光体转变,最终组织为珠光体。v_2 冷却速度相当于空气中冷却的速度,根据它和等温冷却转变曲线相交的位置,可以判断其转变产物是索氏体。v_3 相当于在油中淬火的冷却速度,一部分奥氏体先转变成托氏体,剩余的奥氏体冷却到 M_s 点以下变成马氏体（还有少量的残余奥氏体）,最终获得“托氏体＋马氏体＋残余奥氏体”的混合组织。v_4 冷却速度相当于水中淬火,它不与等温冷却转变曲线相交,冷却至 M_s 点以下转变为“马氏体＋残余奥氏体”。

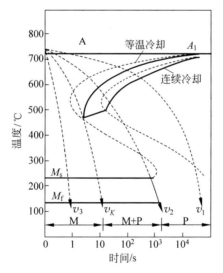

图 6-19　共析钢连续冷却转变曲线与等温冷却转变曲线的比较

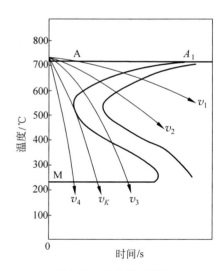

图 6-20　C 曲线的应用

6.3　钢的整体热处理工艺

在机械零件或工模具的制造过程中,往往要经过各种冷、热加工,而且在各加工工序中还经常要穿插多次热处理工序,按其作用可分为预先热处理和最终热处理。它们在零件的加工工艺路线中所处的位置如下：

  铸造或锻造 → 预先热处理 → 机械（粗）加工 → 最终热处理 → 机械（精）加工

  为使工件满足使用条件下的性能要求的热处理称为最终热处理，如淬火＋回火等工序。为了消除前道工序造成的某些缺陷，或为随后的切削加工和最终热处理作好组织准备的热处理，称为预先热处理，如退火或正火工序。

6.3.1 钢的退火与正火

退火

  退火是将组织偏离平衡状态的钢加热到适当温度且保持一定时间，然后缓慢冷却（一般是随炉冷却），以获得接近平衡状态组织的热处理工艺。

  退火的主要目的大致可归纳为如下几点：

  （1）调整硬度，以利于随后的切削加工。

  （2）细化晶粒、改善组织，以提高钢的力学性能。

  （3）消除残余应力，稳定工件尺寸，减少或防止其变形或开裂。

  （4）为最终热处理作好组织准备。

  根据钢的成分和退火目的及要求不同，退火可分为完全退火、等温退火、球化退火、扩散退火和去应力退火等。各种退火的加热温度范围和工艺曲线如图 6-21 所示。

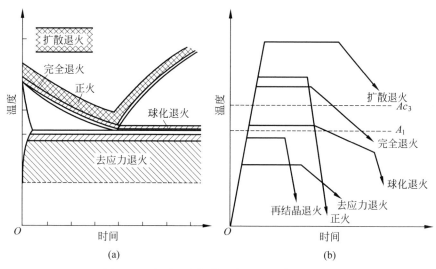

图 6-21　各种退火加热温度和工艺曲线示意图
(a) 加热温度范围；(b) 热处理工艺曲线

1. 完全退火（重结晶退火）

  完全退火一般简称退火，其工艺是将钢加热至 Ac_3 以上 20～50℃，保温一定时间后，随炉缓冷至 600℃以下出炉，在空气中冷却。

  完全退火的所谓"完全"，是指退火时钢获得完全的奥氏体状态。完全退火可使由铸、锻、焊造成的粗大、不均匀的组织达到均匀细化，消除过热组织，降低硬度，便于切削加工。

  完全退火主要用于亚共析成分的碳钢和合金钢的铸、锻、焊件及热轧型材。而不适用于过共析成分的钢,因为过共析成分的钢加热到 Ac_{cm} 以上完全奥氏体化,在随后的缓冷过程中,Fe_3C_{II} 会在奥氏体晶界析出,并呈网状结构,大大降低钢的韧性。

完全退火虽然能满足对工件组织和硬度的要求,但是这种退火工艺生产周期长,尤其是某些过冷奥氏体稳定性比较大的合金钢,其退火周期往往需要数十小时甚至数天。为了缩短整个退火周期,可采用等温退火来代替完全退火。

2. 等温退火

等温退火主要用于要求比较高的合金钢工件。图 6-22 所示是高速钢整体退火与等温退火的工艺比较。可见,采用等温退火能使高速钢退火周期从 15~20h 缩短为几个小时。

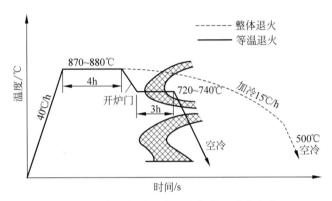

图 6-22 高速钢的整体退火与等温退火比较

3. 球化退火

球化退火主要用于共析或过共析成分的碳钢和合金钢。其目的是使网状二次渗碳体及珠光体中的片状渗碳体球状化,以降低硬度,改善切削加工性能,并为以后的淬火作好组织准备。球化退火后得到的是铁素体基体上分布着球状渗碳体的组织,称为球状珠光体,如图 6-23 所示。

常用球化退火工艺有两种方式:

(1) 普通球化退火。将钢加热到 Ac_1 以上 20~40℃,保温一定时间,然后缓慢冷却至 600℃ 以下出炉空冷。

(2) 等温球化退火。将钢同样加热到 Ac_1 以上 20~40℃,保温一定时间后,快冷至 Ar_1 以下 20℃ 左右,进行较长时间等温,然后随炉冷至 600℃ 以下出炉空冷。

球化退火的原理是,将钢加热到 Ac_1~Ac_{cm} 间两相区保温时(未完全奥氏体化),渗碳体开始溶解,但又未完全溶解,只是把片状渗碳体或网状渗碳体溶断为许多细小链状或点状渗碳体,弥散地分布在奥氏体基体上;同时由于短时加热,奥氏体成分极不均匀,在随后的缓冷或低

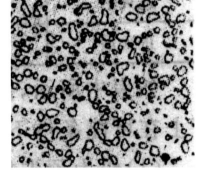

图 6-23 T12 钢球化退火后的
显微组织(500×)

于 Ar_1 的等温过程中,或以上述点状渗碳体为核心,或从奥氏体中富碳处产生新的渗碳体晶核,形成均匀的颗粒状渗碳体。从自由能方面考虑,在球化退火中渗碳体也会自发球化,

成为颗粒状的渗碳体。

为了便于球化过程的进行,对原始组织中网状渗碳体严重的过共析钢,应在球化退火之前进行一次正火,以消除网状渗碳体。

4. 扩散退火

扩散退火主要用于合金铸锭及铸件,其目的是消除铸造结晶过程中产生的枝晶偏析,使成分均匀化,又称为均匀化退火。

扩散退火的加热温度一般选在 Ac_3 以上 $150\sim250℃$,保温时间 $10\sim15h$,以保证原子扩散充分进行,然后再随炉冷却。由于扩散退火加热温度高,保温时间长,晶粒异常粗化,所以扩散退火后一般再施以完全退火或正火处理,以细化晶粒。

5. 去应力退火

为了消除铸件、锻件、焊接件、冷冲压件以及机加工件中的残余应力,稳定工件尺寸,减少使用过程中的变形或开裂倾向而进行的退火,称为去应力退火。

去应力退火不改变工件的内部组织,加热温度不超过 Ac_1 点,一般在 $500\sim650℃$ 之间,保温后随炉缓冷至 $200℃$ 出炉空冷。去应力退火可将残余应力消除 $50\%\sim80\%$。

再结晶退火已在第 5 章介绍过,这里不再赘述。

6. 钢的正火

正火

正火是将钢首先加热到 Ac_3(亚共析钢)或 Ac_{cm}(过共析钢)以上,进行完全奥氏体化,然后出炉在空气中冷却的一种热处理工艺。

从实质上来说,正火是退火的特例。两者的主要差别是由于正火的冷却速度较快,过冷度较大,因而发生所谓的伪共析转变,使组织中珠光体量增多且片间距变小。如含碳量为 $0.6\%\sim1.4\%$ 的钢经正火后,组织中一般不出现先共析相,只有伪共析的珠光体型组织。含碳量小于 0.6% 的钢中,正火后会出现铁素体。由于正火与退火后钢的组织存在一定差别,所以反映在性能上也有所不同。表 6-2 为 45 钢铸、锻后退火、正火状态的力学性能比较。

表 6-2　45 钢铸、锻后退火、正火状态的力学性能比较

状态	抗拉强度 R_m/MPa	伸长率 $A/\%$	冲击韧性 $a_k/(J/cm^2)$	硬度/HB	组织特点
铸态	$490\sim588$	$2\sim6$	$11.8\sim19.6$	~200	晶粒粗大,成分不均匀
锻后	$588\sim686$	$5\sim10$	$19.6\sim39.2$	~230	晶粒较粗,成分不均匀
退火后	$637\sim686$	$15\sim20$	$39.2\sim58.8$	~180	晶粒细化,组织均匀
正火后	$686\sim785$	$15\sim20$	$49.0\sim78.4$	~220	比退火更细、更均匀

钢正火后的性能高于退火,而且正火操作简单,生产周期短,能耗少,所以生产上在可能条件下应优先考虑采用正火处理,见表 6-2。正火的主要应用范围是:

(1)作为预先热处理。调整低、中碳钢的硬度,改善其切削加工性;消除过共析钢中的网状二次渗碳体,为球化退火作好组织准备。

（2）可作最终热处理。对于力学性能要求不太高的普通结构零件,常以正火作为最终热处理;同时正火也常代替调质处理,为随后的高频感应加热表面淬火作好组织准备。

6.3.2　钢的淬火

淬火

在机械制造中,淬火是很重要的热处理工艺(大多数情况下属于最终热处理)。所有的工模具和重要的机械零件都要进行淬火,使其达到所要求的性能。

钢的淬火是将钢加热到临界温度以上,保温一定时间,然后在水或油等冷却介质中快速冷却,从而发生马氏体转变的热处理工艺。

1. 淬火加热温度的选择

为使淬火能得到细而均匀的马氏体,首先就要求淬火加热时能获得细而均匀的奥氏体。淬火温度选择是否恰当直接影响奥氏体晶粒大小,并进一步影响钢淬火的组织和性能。各种钢的淬火加热温度往往根据钢的原始组织类型以及临界点的位置来确定。图 6-24 所示为碳钢的淬火加热温度范围。

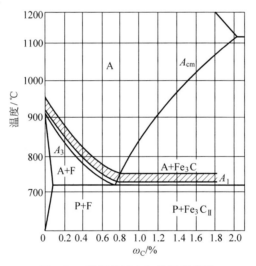

图 6-24　碳钢的淬火加热温度范围

1）亚共析钢加热温度

亚共析钢淬火加热温度通常选择在 $Ac_3+(30\sim50)$℃的范围,加热到 Ac_3 以上完全奥氏体化。如果淬火加热温度选择为 $Ac_1\sim Ac_3$,必然有一部分未溶铁素体残存,淬火后铁素体仍被保留在淬火组织中,将造成淬火硬度不足;如果加热温度超过 Ac_3 过高时,奥氏体晶粒粗化,淬火后马氏体粗大,钢的性能变差。

2）过共析钢加热温度

过共析钢加热温度通常选择在 $Ac_1+(30\sim50)$℃的范围,进行不完全奥氏体化淬火。前面已经知道,过共析钢在淬火以前,都经过球化退火,那么加热到 $Ac_1+(30\sim50)$℃时,组织应为奥氏体和一部分未溶细粒状渗碳体所组成。淬火冷却后,奥氏体变为马氏体+残余奥氏体+未溶细粒状渗碳体。由于渗碳体硬度高且弥散分布,它的存在不但不会降低淬火钢的硬度,而且还可以提高钢的耐磨性。如果过共析钢加热到 Ac_{cm} 以上完全奥氏体淬火,不仅会得到粗大的马氏体,增加钢的脆性,而且会由于渗碳体的全部溶解使奥氏体含碳量增加,马氏体转变温度降低,增多淬火钢中的残余奥氏体量,使钢的硬度和耐磨性降低。

2. 淬火加热时间的选择

将工件淬火加热的升温与保温所需的时间合在一起称为加热时间。

工件的加热时间与钢的成分、原始组织、工件形状和尺寸、加热介质、装炉方式、炉温等许多因素有关,要精确地计算加热时间是一项复杂的工作。目前生产中一般是根据工件的有效厚度来计算加热时间(计算时间可查有关手册)。

3. 淬火冷却介质

在淬火冷却时,怎样才能满足既能得到马氏体,又能减少工件的变形或开裂倾向? 这是淬火工艺上应考虑的主要问题之一。要解决这一问题,可以从两方面着手:首先,考虑能否寻找一种比较理想的淬火冷却介质;其次,改进淬火方法。

从碳钢的过冷奥氏体等温冷却转变曲线上可以看出,为了得到马氏体组织,并不需要在整个冷却过程中都进行快速冷却,关键是在其过冷奥氏体最不稳定的 C 曲线鼻部温度附近(650~550℃)要快速冷却,而在其他温度区间并不需要快冷。钢在淬火时最理想的冷却速度曲线如图 6-25 所示。能满足这种理想冷却速度的淬火介质称为理想的淬火冷却介质。

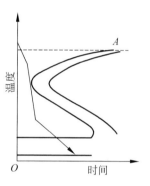

图 6-25 钢在淬火时最理想的冷却速度曲线

但是,迄今还未发现或研制出这种理想的淬火介质。实际生产中常用的淬火冷却介质仍然是水、盐或碱的水溶液和油。例如水在 650~550℃ 的冷却能力较大(≈600℃/s),但在 300~200℃ 也能很快地冷却(270℃/s),因此在水淬时工件容易发生变形或开裂。如果在水中加盐或碱类物质制成含有这类物质的水溶液,只能增加 650~550℃ 的冷却能力,而基本上不改变水在 300~200℃ 的冷却能力,见表 6-3。至于各种矿物油,虽然在 300~200℃ 的冷却能力比较小,这有利于减小工件的变形,但它在 650~550℃ 的冷却能力却较低,这不利于碳钢的淬火,所以油淬只能用于一些过冷奥氏体稳定性比较大的合金钢。

表 6-3　常用的几种淬火冷却介质

淬火冷却剂	冷却速度/(℃/s)	
	650~550℃	300~200℃
18℃的水	600	270
50℃的水	100	270
10%的食盐水溶液	1100	300
10%的碱水溶液	800	270
矿物油	100~200	20~50
矿物机器油	100	18~15

除了以上谈到的常用淬火介质外,近年来工厂还试用了一些效果比较好的水溶液淬火介质,如水玻璃-碱水溶液、氯化锌-碱水溶液、过饱和硝盐水溶液等。

由于常用的淬火冷却介质不能完全满足淬火质量的要求,所以在热处理工艺方面还应考虑采取正确的淬火冷却方式,进行正确的淬火操作。

4. 常用的淬火方法

1）单液淬火法

单液淬火法是指将加热的工件投入一种淬火介质中一直冷却至室温的淬火,如图6-26中的曲线1所示。例如,一般碳钢在水或水溶液中淬火,合金钢在油中淬火等均属于单液淬火法。

单液淬火法操作简单,容易实现机械化、自动化。其缺点是水淬变形、开裂的倾向大,油淬容易产生硬度不足或硬度不均匀等现象。

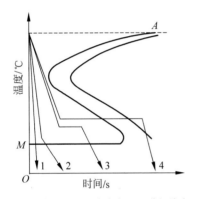

1—单液淬火;2—双液淬火;3—分级淬火;
4—等温淬火。

图6-26　不同淬火方法示意图

2）双液淬火法

双液淬火法是指将工件奥氏体化后,先投入一种冷却能力较强的介质中,在工件冷却到300℃左右时,马上再放入另一种冷却能力较弱的介质中冷却,如先水淬后油冷、先水淬后空冷等。这种淬火操作如图6-26中的曲线2所示。

双液淬火的优点是,马氏体转变在冷却能力较低的介质中进行,产生的内应力小,减少了变形和开裂的可能性。其缺点是操作较复杂,要求有娴熟的实践经验。

3）分级淬火法

分级淬火法是指将工件奥氏体化后,迅速投入稍高于M_s点的液体介质(盐浴或碱浴)中,保持适当时间,待工件表面与心部的温度都趋近于介质温度后取出空冷,以获得马氏体组织。这种淬火操作如图6-26中的曲线3所示。

分级淬火是防止工件变形、开裂的一种十分有效的淬火方法,它可用于形状复杂或截面不均匀的工件。

4）等温淬火法

等温淬火法是指将工件奥氏体化后,投入温度稍高于M_s的熔盐中,保持足够长的时间直至过冷奥氏体完全转变为下贝氏体,然后在空气中冷却。工艺操作如图6-26中的曲线4所示。

等温淬火能大大降低工件的内应力,减少变形,适用于处理形状复杂或精度要求高的小件。其缺点是生产周期长,生产效率低。

5. 淬透性与淬硬性

1) 淬透性

淬透性是指在规定条件下钢试样淬硬层的深度，也指钢淬火时获得马氏体的能力。

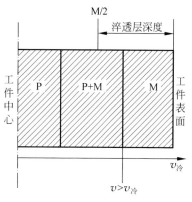

淬透性可用在规定条件下的有效淬硬层深度来表示。有效淬硬层深度是指从淬硬的工件表面（组织全部为马氏体）至规定硬度值处（硬度一般为 550HV，组织为一半马氏体）的垂直距离。图 6-27 为淬透层深度示意图。

图 6-27　淬透层深度示意图

淬透性也可用临界直径 d_0 来表示（钢制圆柱试样在某种介质中快冷后，中心得到全部或 50% 马氏体组织的最大直径）。常用钢的临界淬透直径见表 6-4。

表 6-4　常用钢的临界淬透直径 　　　　　　　mm

钢号	临界直径		钢号	临界直径	
	水冷	油冷		水冷	油冷
45	13～16.5	6～9.5	35CrMn	36～42	20～28
60	11～17	6～12	60Si2Mn	55～62	32～46
T10	10～15	<8	50CrVA	55～62	32～40
65Mn	25～30	17～25	38CrMoAlA	100	80
20Cr	12～19	6～12	20CrMnTi	22～35	15～24
40Cr	30～38	19～28	30CrMnSi	40～50	23～40
35SiMn	40～46	25～34	40MnB	50～55	28～40

淬透性是钢本身固有的属性，由其内部成分决定，主要取决于钢中合金元素的种类和含量。除钴外，大多数合金元素都能显著提高钢的淬透性，这是因为大多数合金元素可使钢的 C 曲线向右移动，使得钢淬火时的临界冷却速度减小，从而提高钢的淬透性。

在选用材料和制定热处理工艺时经常要考虑淬透性。若工件整个截面未被淬透，则工件表面和心部的组织及性能就不均匀，心部未淬透部分的性能就达不到要求。因此，对大锤锻模等，应选用淬透性高的钢；对承受交变弯曲应力、扭转应力、冲击载荷和局部磨损的轴类零件，其表面受力很大，心部受力较小，不要求全部淬透，可选用淬透性较低的钢；焊接件一般选用淬透性低的钢，否则易在焊缝和热影响区出现淬火组织，导致变形和开裂；承受交变应力和振动的弹簧，为防止心部淬不透而导致工作时产生塑性变形，应选用淬透性高的钢。

2) 淬硬性

淬硬性是指钢在理想条件下淬火所能达到的最高硬度，即淬火后得到的马氏体的硬度。

淬硬性主要取决于钢的含碳量，合金元素对它没有显著影响。含碳量越高，淬火加热时固溶于奥氏体中的含碳量越高，所得马氏体的含碳量越高，钢的淬硬性越高。

钢的淬硬性、淬透性是两个不同的概念。淬硬性高的钢，不一定淬透性就高；淬硬性低的钢,不一定淬透性就低。例如,低碳合金钢的淬透性相当好,但它的淬硬性却不高;高碳工具钢的淬透性较差,但它的淬硬性很高。零件的淬硬层深度与淬透性也是不同的概念,淬透性是钢本身的特性,与其成分有关;而淬硬层深度是不确定的,它除了取决于钢的淬透性外,还与零件形状及尺寸、冷却介质等外界因素有关。如同一钢种在相同的奥氏体化条件下,水淬要比油淬的淬硬层深,小件要比大件的淬硬层深。

淬硬性对选材及制定热处理工艺也具有指导作用。对要求高硬度、高耐磨性的工模具,可选用淬硬性高的高碳钢、高碳合金钢;对要求高综合力学性能的轴类、齿轮类零件,选用淬硬性中等的中碳钢;对要求高塑性的焊接件等,选用淬硬性低的低碳钢、低碳合金钢。

回火

6.3.3 钢的回火

钢淬火后的组织主要由马氏体和少量残余奥氏体组成,并不稳定,在室温下长期放置或工件受热时将会向稳定状态发生转变,并引起工件尺寸和性能的变化。另外,具有硬而脆的片状马氏体组织的淬火钢无法直接使用,况且淬火后又处于高应力状态,若不及时消除,将会引起工件变形或开裂。因此,钢淬火后,一般都需要进行回火才能使用。

回火是将淬火钢重新加热至 A_1 以下的一定温度,经过适当时间的保温后冷却到室温的一种热处理工艺。

1. 淬火钢在回火时的组织变化

由铁碳合金相图可知,钢在 A_1 点以下最稳定的组织是由铁素体和粗粒状渗碳体(或碳化物)所构成的两相混合物。当淬火钢在重新加热接近 A_1 点以下时,无论是马氏体还是残余奥氏体,都有向铁素体和粗粒状渗碳体转化的趋势,这一过程可表达为

$$M \longrightarrow F(\alpha) + Fe_3C(粗粒状)$$
$$A'(r') \longrightarrow F(\alpha) + Fe_3C(粗粒状)$$

回火得到的最稳定组织称为回火珠光体。实际上回火转变并不是如此简单,而是由一系列转变组成的复杂过程,如图 6-28 所示。

对于淬火碳钢,回火时的组织转变大致可分为 4 个阶段:

1)马氏体的分解

在 200℃ 以下温度回火时,马氏体发生分解。即从过饱和碳的 α 固溶体中析出 ε 碳化物 ($Fe_{2.4}C$),这种碳化物是亚稳定相,或者说它是向着 Fe_3C 转变前的过渡相。ε 碳化物具有密排六方晶格,而且与过饱和的 α 固溶体晶格相联系在一起,保持着所谓的共格关系。

由于 ε 碳化物的析出,将引起马氏体的碳浓度降低,使其正方度(c/a)值也随之减小,但是马氏体中仍然固溶有过饱和的碳。这种由过饱和碳的 α 固溶体和高度弥散的 ε 碳化物组成的两相混合物,称为回火马氏体,记为 $M_{回}$。

随着回火温度的升高,马氏体继续分解,正方度(c/a)逐渐趋近于 1。对于碳钢而言,马氏体的分解一直延续到 350℃ 左右才基本结束。

2)残余奥氏体的转变

由于马氏体的不断分解,体积缩小,降低了对残余奥氏体的压应力,在 200~300℃ 的温度范围内残余奥氏体转变为下贝氏体。这一转变与过冷奥氏体等温冷却转变的本质是相同

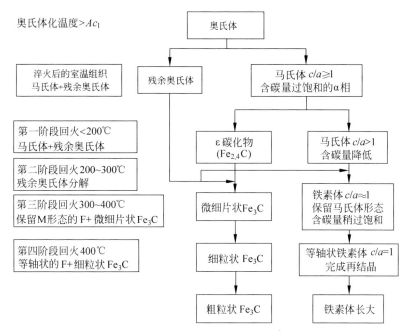

图 6-28　碳钢回火过程中的组织变化示意图

的,转变的温区也是相同的。

3) 回火托氏体的形成

当回火温度升高至 $250\sim500℃$ 时 ε 碳化物将转变为 Fe_3C,转变过程是以 ε 碳化物重新溶入固溶体并以稳定相 Fe_3C 不断析出的方式进行的,最初析出的 Fe_3C 是细小片状,随着温度升高,Fe_3C 不断长大。同时,过饱和 α 固溶体逐渐转变为铁素体(仍保持着原来马氏体的形态)。这种由铁素体和弥散分布的细小 Fe_3C 颗粒所组成的混合组织,称为回火托氏体,记为 $T_回$。

4) 回火索氏体的形成

随着回火温度升高到 $500\sim600℃$ 以上时,α 相逐渐发生再结晶,形成稳定平衡的铁素体等轴晶粒。与此同时,当回火温度超过 $400℃$ 时,Fe_3C 发生明显的聚集长大成为球粒状,这是一种自发的能量降低的过程。最终得到的是等轴晶的铁素体基体上分布有球粒状的渗碳体的混合组织,称为回火索氏体,记为 $S_回$。

综上所述,淬火钢回火时的组织转变是在不同温度范围内产生的,又是交叉重叠进行的,在同一回火温度会进行几种不同的变化。淬火钢回火后的性能随着回火温度升高,强度、硬度降低,塑性、韧性提高。图 6-29 所示为 40 钢淬火回火后的力学性能与回火温度的关系。从图 6-29 可以看出:随着回火温度提高,钢的硬度和强度下降,而塑性和韧性提高;在 $600℃$ 左右回火时,塑性和韧性达到较高的数值,并保持较高的强度,即具有良好的综合力学性能。

2. 回火的分类及应用

回火是紧接着淬火的热处理工序。除某些情况外,淬火后的钢都必须进行回火。回火

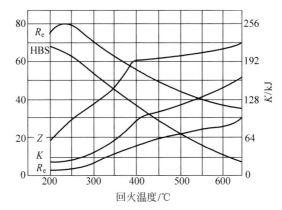

图 6-29　40 钢回火后的力学性能与回火温度的关系

决定钢在使用状态下的组织和性能,因此,回火是很关键的工序。回火不足还可以再补充回火,但一旦回火过度,就会前功尽弃,必须重新淬火才行。

根据工作的性能要求不同,可将回火分为以下几种:

(1) 低温回火(150～250℃)。回火后的组织为回火马氏体($M_回$),硬度为 58～64HRC,它硬而耐磨,强度高,疲劳抗力大。这种回火多用于各种高碳工模具、滚动轴承和经渗碳淬火或表面淬火后的零件等。

(2) 中温回火(350～500℃)。回火后的组织为回火托氏体($T_回$),硬度为 35～45HRC,屈强比(屈服强度与抗拉强度的比值)高,弹性好,故这种回火主要用于各种大、中型弹簧及某些承受冲击的零件。

(3) 高温回火(500～650℃)。回火后得到的是回火索氏体($S_回$),硬度为 25～35HRC,具有强度、塑性及韧性配合较好的综合力学性能。通常把淬火加高温回火的热处理称为调质处理。调质处理广泛用于各类重要的结构零件,尤其是那些在交变载荷下工作的连杆、螺栓以及轴类零件等。

此外,生产某些精密工件(精密量具、精密轴承等)时,为了保持淬火后的高硬度及尺寸稳定性,常采用 100～150℃加热温度,保温 10～50h。这种低温长时间的热处理工艺称为时效处理(或称人工时效)。

必须指出,回火温度是决定工件回火后硬度高低的主要因素,但随着回火时间的增长,工件硬度也将下降。确定回火时间的基本原则是保证工件透热以及组织转变能够充分进行。实际上,组织转变所需时间一般不大于 0.5h,而透热时间则随温度、工件的有效厚度、装炉量及加热方式等的不同而波动较大,一般为 1～3h。

关于回火的冷却方式,由于大多钢件在回火冷却时不发生相变,该回火冷却速度对钢的性能影响不大,回火加热后可空冷,也可水冷或油冷。但对于重要的或形状复杂的结构件,为避免高温回火快冷时产生新的热应力,通常采用空冷。

3. 回火脆性

淬火钢回火时,力学性能总的变化趋势是随着回火温度的升高,强度、硬度降低,而塑性、韧性提高,冲击韧度也相应增大。但淬火钢在某些特定的温度范围回火时,随回火温度的提高,其韧性不仅没有提高,反而出现了明显的下降,这种现象称为回火脆性。

淬火钢在250～350℃温度区间回火时,产生的回火脆性称为第一类回火脆性。由于这类回火脆性出现在较低的回火温度区间,故又称为低温回火脆性。生产实践证明,第一类回火脆性几乎在所有的工业用钢中都会出现。一般认为产生这类回火脆性的原因是在250～350℃之间,马氏体分解时可沿其片状或板条状晶体的界面上析出硬脆的碳化物薄片,它们降低了晶界的断裂强度,导致脆性断裂。如果提高回火温度,这些薄片状的碳化物将聚集或球化,改善界面的脆化状态而使钢的韧性又重新恢复或提高。第一类回火脆性不仅会降低钢的冲击吸收功,而且还会使钢的脆性转化温度升高。到目前为止,仍未找到防止或消除这类回火脆性的有效方法,生产中一般采取避开此温度区间回火的方法来防止低温回火脆性的产生。

另外,某些含Cr、Ni的合金钢在450～650℃温度范围回火也会出现回火脆性,这类回火脆性称为第二类回火脆性或高温回火脆性。具有高温回火脆性的合金钢工件,高温回火后应进行水冷或油冷,以防止回火脆性的产生。

6.3.4　钢的热处理缺陷及防止

钢的热处理缺陷包括加热缺陷(氧化、脱碳、晶粒粗大等)与冷却缺陷(变形、开裂等)两类。各种缺陷的危害及防止办法见表6-5。

表 6-5　热处理缺陷及防止办法

缺陷名称		原　因	危　害	防　止　办　法
加热缺陷	欠热	加热温度偏低	淬火后硬度不足	适当提高加热温度,可通过退火或正火矫正
	过热	加热温度偏高	淬火后得到粗大马氏体,脆性大	过热可以适当降低加热温度,可通过退火或正火矫正,但过烧则无法挽救
	过烧	加热温度过高	晶界氧化或熔化造成报废	
	氧化	钢表面形成氧化铁	使工件尺寸减小,表面粗糙	采用盐浴加热、保护气氛加热、真空加热等
	脱氧	钢表面碳氧化减少	淬火后表面硬度不足	
冷却缺陷	淬火变形	淬火时热应力与相变应力大	影响工作精度甚至报废	可选用淬透性好的钢,以降低冷却速度;采用双淬火或分级淬火、等温淬火;合理进行零件结构设计
	淬火裂纹	淬火时热应力与相变应力太大	造成报废	

1. 加热缺陷的防止

热处理加热过程中的主要缺陷是氧化、脱碳和晶粒粗大等,其原因主要是加热温度过高、时间过长或防护措施不当,使空气中的氧气进入炉内与钢表面的铁或碳发生了反应。控制措施主要是严格保证加热温度和保温时间。此外,为防止晶粒粗大,可采用高温快速短时间的加热工艺;为防止氧化、脱碳,可采用盐浴加热炉、保护气氛加热炉、真空加热炉等。

2. 冷却缺陷的防止

热处理冷却过程中经常发生且危害较大的缺陷是变形和开裂,其主要是由工件各处加热特别是冷却温度不均匀、内应力过大造成的,另外,冷却相变时的组织应力也有一定影响。

对一些精密零件如精密齿轮、刀具、模具、量具等,必须控制其热处理变形及开裂。

防止措施主要有:

(1) 合理选材。对精密复杂工件应选择强度高的钢(如合金钢)。

(2) 零件结构设计要合理。厚薄不要太悬殊,形状要对称,对于变形较大的工件要掌握变形规律,预留加工余量,对于大型、精密复杂工件可采用组合结构。

(3) 精密复杂工件要进行预先热处理。淬火前进行退火或正火热处理,消除工件的内应力并细化组织。

(4) 合理选择加热温度,控制加热速度。对于精密复杂工件,可采用缓慢加热、预热和其他均衡加热的方法来减少热处理变形,尽量采用真空加热淬火。

(5) 采用合理的冷却方式。在保证工件硬度的前提下,尽量采用预冷、分级冷却淬火或等温淬火工艺。

(6) 淬火后处理。对精密复杂工件,淬火后采用深冷处理,降低残余奥氏体含量,保证工件尺寸稳定性。

另外,正确的热处理工艺操作(如堵孔、绑扎、机械固定、正确选择工件的冷却方向和在冷却介质中的运动方向等)和合理的回火热处理工艺也是减少精密复杂工件变形和开裂的有效措施。

表面热处理

6.4 钢的表面热处理与化学热处理

许多机器零件工作时要求表面与心部具有显著不同的性能。例如,在交变载荷及摩擦条件下工作的齿轮、凸轮轴、曲轴及机床导轨等,它们的表面或轴颈部分应具有高的硬度和耐磨性,而心部则应具有高的强度和韧性。在这种情况下,如果单从钢材的选择上考虑满足上述要求是十分困难的。若采用高碳钢制造,则心部韧性不够;若采用低碳钢制造,则表面硬度和耐磨性低。如某些零件的表面要求具备不锈、耐蚀等特殊性能,但耐热就很难满足了,这时应采用表面热处理的方法来解决。表面热处理的种类较多,但大致可分为表面淬火及化学热处理两大类。通过表面热处理,机械零部件在力学性能上可实现"刚柔并济,内外兼修"。

6.4.1 钢的表面淬火

表面淬火是利用快速的加热方法将钢的表层奥氏体化,然后淬火而心部组织保持不变的一种热处理工艺。

根据加热介质不同,表面淬火分为感应加热表面淬火、火焰加热表面淬火、盐浴加热表面淬火、电解液加热表面淬火等。

下面主要介绍应用较为普遍的感应加热表面淬火和火焰加热表面淬火。

1. 感应加热表面淬火

1) 感应加热的基本原理

高频感应加热表面淬火的装置如图 6-30 所示。把工件放在铜制的感应器中,当高频电流通过感应器时,感应器周围便产生高频交变磁场,在高频交变磁场的作用下,工件(导体)中感生出高频感生电流且自成回路,称为涡流。由物理学可知,这种涡流主要分布在工件表面上,而且频率越高,涡流集中表面层越薄,工件中心几乎没有电流通过,这种现象称为表面效应或集肤效应。由于集肤效应使工件表面薄层在几秒钟内被迅速加热到淬火温度(800～1000℃),随后喷水或浸入水中冷却进行表面淬火。

电流透入工件表层的深度主要与电流频率有关。对于碳钢,存在以下表达式。

δ 与 f 的关系可用下式表示:

$$\delta = \frac{500}{\sqrt{f}} (mm)$$

式中,δ 为高频感应电流透入深度,mm;f 为电流频率,Hz。

由此可见,频率 f 越高,δ 越浅。热处理生产中所用的感应电流,按频率的高低可分为高频(70～1000kHz)、中频(0.5～10kHz)和工频(普通工业电流,50Hz),应用最多的是高频感应加热表面淬火法。

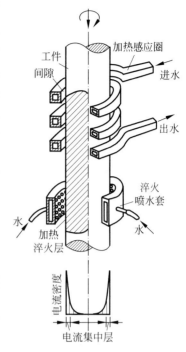

图 6-30　感应加热表面淬火示意图

一个零件要求的淬硬层的深度取决于零件的工作情况和零件尺寸。淬硬层太薄会减弱零件的强度,淬硬层太厚则增加零件脆断的危险性。对于要求耐磨的零件,当直径大于20mm 时,淬硬层深度推荐采用1.7～4.0mm。当要求提高机械零件强度时,淬硬层深度一般采用零件直径的10%～20%;零件直径大于40mm 时,建议采用零件直径的10%。按零件的工作情况,淬硬层深度要求见表6-6。

表 6-6　不同零件感应加热的淬硬层、材料及设备

工作条件及零件种类	不同淬硬层深度/mm	采用材料	采用设备
工作于摩擦条件下的零件,如较小齿轮、轴类等	1.5～2	45、40Cr、42MnVB	GP60 GP100 (电子管式高频机)
承受扭曲、压力负荷的零件,如曲轴、大齿轮、磨床主轴等	3～5	45、40Cr、65Mn、9Mn2V、球墨铸铁	BPBD100/8000 (中频发电机)
承受扭曲、压力负荷的大型零件,如冷轧辊等	＞10～15	9Cr2W、9Cr2Mo	工频设备

感应加热表面淬火常用于中碳钢和中碳合金结构钢零件,也可用于高碳工具钢和低合金工具钢零件及铸铁件。该法在汽车、拖拉机、机床中应用广泛。

高频淬火时对原始组织有一定要求,一般进行正火或调质处理。对于铸铁件,高频淬火前的原始组织应是珠光体基体和均匀细小分布的石墨为宜。

高频淬火后的回火均采用低温回火,通常为180～200℃,以降低应力,保持其硬度和耐磨性,也可利用工件淬火的余热进行回火。

2）感应加热表面淬火的特点

（1）生产率高，一般只需几秒钟到几分钟就可完成一次表面淬火，操作容易实现机械化和自动化，几乎不造成环境污染。

（2）淬火件质量好，表面层比整体淬火硬度高 2～3HRC，疲劳强度、韧性也有所提高，一般可提高 20%～30%。

（3）工件淬火变形小，不易氧化脱碳，淬火层容易控制。

感应加热表面淬火的缺点是设备昂贵，处理形状复杂的零件比较困难。

2. 火焰加热表面淬火

1）火焰加热表面淬火的基本原理

火焰加热表面淬火是利用乙炔-氧或煤气-氧的混合气体燃烧的火焰，喷射在零件表面上，使它快速被加热，当达到淬火温度时立即喷水淬火冷却，从而获得预期的硬度和淬硬层深度的一种表面淬火方法，如图 6-31 所示。

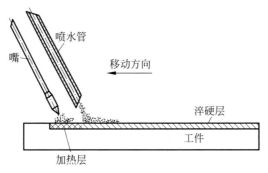

图 6-31　火焰加热表面淬火示意图

火焰加热表面淬火零件的材料常用中碳钢（如 35 钢、45 钢）以及中碳合金结构钢（如 40Cr、65Mn）等。如果含碳量太低，淬火后的硬度较低；碳和合金元素含量过高则易淬裂。火焰加热表面淬火还可用于对铸铁件如灰口铸铁、合金铸铁进行表面淬火。

2）火焰加热表面淬火的特点

（1）设备简单、成本低，但生产率低。

（2）零件表面有不同程度的过热，质量控制比较困难。

（3）主要用于单件、小批量生产及大型零件（如大型齿轮、轴、轧辊等）的表面淬火。

6.4.2　钢的化学热处理

化学热处理是将钢件置于一定温度的活性介质中保温，使一种或几种元素渗入它的表面，改变其化学成分和组织，从而改善表面性能、满足要求的热处理工艺过程。

钢件表面渗入的元素不同，会使工件表面所具有的性能也不同。如渗碳、碳氮共渗可提高钢的硬度、耐磨性以及疲劳强度；氮化、渗硼、渗铬可使表面特别硬，显著提高耐磨性和耐蚀性；渗硅可提高耐酸性；渗铝可提高耐热抗氧化性等。

下面简单介绍化学热处理的基本过程以及机械制造中常用的几种化学热处理方法。

1. 化学热处理的基本过程

无论是哪一种化学热处理,元素渗入钢件表层的过程都是由分解、吸收和扩散3个基本过程组成的。

1)分解过程

在化学热处理过程中,只有活性原子才能为钢的表面所吸收。化学介质在一定的温度下,由分解反应生成活性原子。

例如,渗碳时由CO或CH_4分解出活性碳原子[C]:

$$2CO \longrightarrow CO_2 + [C]$$

$$CH_4 \longrightarrow 2H_2 + [C]$$

而渗氮时由NH_3分解出活性氮原子[N]:

$$2NH_3 \longrightarrow 3H_2 + 2[N]$$

化学介质分解反应越快,介质中活性原子浓度越大,介质的活性越大。有时为了增加化学介质的活性,加入催渗剂加速分解速度。例如固体渗碳时,在渗碳剂中加入一定数量的碳酸盐等物质。

2)吸收过程

吸收的必要条件是渗入元素,如[C]、[N]等在钢基中有较大的可溶性,否则吸收过程很快就会中止,钢的表面就不可能形成扩散层。

碳、氮、硼等原子半径较小,是以间隙原子方式进入钢基的;而铝、硅、铬等原子半径较大,是以置换原子的方式进入钢基的。

3)扩散过程

扩散过程是渗入元素原子由钢表面向内部扩散迁移的过程。一般情况下总是吸收过程快于扩散过程,所以使表面浓度逐渐升高,与内部形成浓度梯度,而渗入元素的原子沿着浓度梯度下降的方向向内部扩散,形成一定深度的扩散层。

2. 钢的渗碳

向钢的表面渗入碳原子的过程称为渗碳。

1)渗碳的目的及用钢

一些重要零件如齿轮、凸轮、活塞等工作时受到较严重的磨损、冲击以及弯曲、扭转等复合应力作用,因此要求这类零件表面具有高的硬度、耐磨性及疲劳强度,而心部具有较高的强度和韧性。显然,选用高碳钢或低碳钢经过整体热处理都不能满足上述要求,但若用低碳钢进行渗碳,随后进行淬火回火处理就可以得到很好地解决。低碳钢经渗碳后,零件表层将获得高的含碳量,经淬火后会得到高的硬度,而心部仍为低碳成分,保留较高的强度和韧性,这样将高碳钢与低碳钢的不同性能结合在一个零件上,从而满足零件的性能要求。

因此,渗碳的目的是使零件表层获得高的含碳量,经淬火后使零件表面具有高的硬度、耐磨性及疲劳强度,并且保持心部具有较高的强度和韧性,以适应工件在工作时所产生的复合应力的作用。

渗碳用钢一般为含碳量0.10%~0.25%的低碳钢和低碳合金钢,如15、20、20CrMnTi钢等。

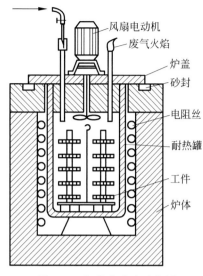

图 6-32　气体渗碳法示意图

2）渗碳方法

按照渗碳剂的不同,可分为气体渗碳法、固体渗碳法和液体渗碳法 3 种,常用的为前两种,尤其是气体渗碳在生产中应用最为广泛。

（1）气体渗碳法

气体渗碳法通常在井式渗碳炉中进行,如图 6-32 所示。目前采用两类气体渗碳气氛:一类是有机液体,如煤油、甲苯、甲醇、乙醇及丙酮等,使用时采用滴入法,使其在高温下分解出活性碳原子,渗入工件表面,以获得高碳表面层;另一类是渗碳气体,如城市煤气、丙烷(C_3H_8)、石油液化气以及天然气等,这些介质可直接通入炉内使用。

渗碳时最主要的工艺因素是加热温度和保温时间。加热温度一般定为 $900 \sim 930 ℃$,即超过 Ac_3 以上 $50 \sim 80 ℃$ 的高温奥氏体区;渗碳时间由渗碳方法、渗碳温度及渗碳层深度来决定。一般渗碳层深度为 $0.5 \sim 2.0 mm$,气体渗碳只需 $3 \sim 9h$。表 6-7 给出了气体渗碳时不同渗层厚度与保温时间的关系。

表 6-7　气体渗碳时渗层厚度与保温时间的关系

保温时间/h	渗层厚度/mm				保温时间/h	渗层厚度/mm			
	温度/℃					温度/℃			
	850	900	950	1000		850	900	950	1000
1	0.40	0.53	0.74	1.00	9	1.12	1.60	2.23	3.00
2	0.53	0.76	1.04	1.42	10	1.17	1.70	2.36	3.20
3	0.63	0.94	1.30	1.75	11	1.22	1.78	2.46	3.35
4	0.77	1.07	1.50	2.00	12	1.30	1.85	2.50	3.55
5	0.84	1.24	1.68	2.26	13	1.35	1.93	2.61	3.68
6	0.91	1.32	1.83	2.46	14	1.40	2.00	2.77	3.81
7	1.00	1.42	1.98	2.55	15	1.45	2.10	2.81	3.92
8	1.04	1.52	2.11	2.80	16	1.50	3.10	2.87	4.06

气体渗碳法是比较完善和经济的方法,不仅生产效率高,劳动条件好,而且渗碳质量高,容易控制,同时也容易实现机械化与自动化,因此在现代热处理生产中得到广泛的应用。

（2）固体渗碳法

固体渗碳是将工件放入四周填有固体渗碳剂的密封箱中,送入炉中加热至渗碳温度（$900 \sim 950 ℃$）,保温一定时间,使零件表面渗碳的方法,如图 6-33 所示。

固体渗碳剂一般由木炭与碳酸盐（Na_2CO_3 或 $BaCO_3$ 等）混合组成,其中木炭是基本的渗碳物质,加入碳酸盐可加速渗碳过程。

固体渗碳法设备费用低廉,操作简单,适用于大小不同的零件,因此目前仍在使用。其缺点是劳动条件差,质量不易控制,渗碳后不易直接淬火等。

图中标注：风扇电动机、废气火焰、炉盖、砂封、电阻丝、耐热罐、工件、炉体

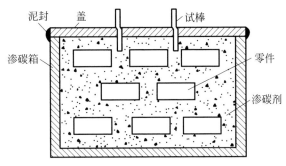

图 6-33 固体渗碳装箱示意图

3）渗碳后的金相组织

渗碳层厚度一般为 0.5～2.0mm,渗碳层碳浓度一般控制在 0.8%～1.05% 为宜。零件渗碳后,表面碳浓度最高,其表面向中心碳浓度逐渐降低,中心为原始碳浓度。因此,零件从渗碳温度缓慢冷却后,其金相组织表层为珠光体与网状二次渗碳体混合的过共析组织;心部为珠光体与铁素体混合的亚共析原始组织;中间为过渡区,越靠近表层铁素体越少。一般规定,从表面到过渡区一半处的厚度为渗碳层的厚度。

4）渗碳后的热处理

零件渗碳后必须进行淬火和低温回火处理,这样才能有效地发挥渗碳层的作用。渗碳件的淬火方法有 3 种,如图 6-34 所示。

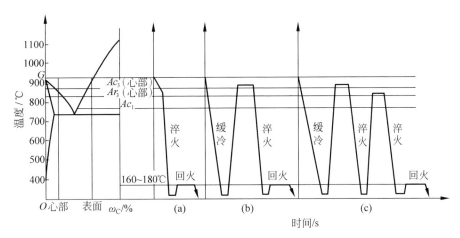

图 6-34 渗碳件常用的热处理方法

(a) 直接淬火法;(b) 一次淬火法;(c) 两次淬火法

(1) 直接淬火法。工件渗碳后经过预冷直接淬火,如图 6-34(a)所示。这种方法比较简单,不需要重新加热淬火,因而减少了热处理变形,节约了时间和费用,适用于本质细晶粒钢或耐磨性要求低和承受低载荷的零件。

预冷可以减少变形和开裂,并能使表层析出一些碳化物,降低奥氏体碳浓度,淬火后减少残余奥氏体量,提高表层硬度。

(2) 一次淬火法。工件渗碳后出炉在空气中冷却,然后再重新加热淬火,如图 6-34(b)所示。对于心部组织要求较高的合金渗碳钢,一次淬火加热温度可略高于心部材料的 Ac_3,

以达到细化心部晶粒,并得到低碳马氏体组织的目的;对于受载不大但表面性能要求高的零件,其淬火温度应选在 Ac_1 以上 30～50℃,以保证使表层晶粒细化,但心部组织得不到细化,性能稍差一点。

(3) 两次淬火法。对于性能要求很高的渗碳件或本质粗晶粒钢,若采用一次淬火很难使表面和心部都得到满意的强化效果,可进行两次淬火,如图 6-34(c)所示。第一次淬火加热到心部的 Ac_3,以上进行完全淬火,目的是细化心部组织,同时消除表面的网状碳化物;第二次淬火加热到表层的 Ac_1,以上进行不完全淬火,目的是使表层得到细针状马氏体和细粒状碳化物的组织,这次淬火对心部影响不大。两次淬火工艺复杂,成本高,故应用较少。

渗碳件淬火后,都必须进行低温回火,回火温度一般为 150～220℃。

工件经渗碳、淬火、回火后的最终组织,其表层为针状回火马氏体、碳化物和少量的残余奥氏体,硬度为 58～62HRC。心部组织随钢的淬透性而定,对于低碳钢如 15 钢、20 钢,心部为铁素体＋珠光体,硬度为 10～15HRC;而对于某些低碳合金钢如 20CrMnTi,心部由低碳马氏体和铁素体组成,其硬度为 35～45HRC,并具有较高的强度和韧性。

3. 钢的氮化

氮化是向钢件表层渗入氮原子的过程。氮化的目的是提高钢件表面的硬度和耐磨性,提高其疲劳强度和抗蚀性。

1) 氮化工艺

目前工业中应用最广泛的、比较成熟的是气体氮化法,它是利用氨气在加热时分解出活性氮原子,被钢吸收后在其表面形成氮化层,同时氮原子向心部扩散。氨的分解反应如下:

$$2NH_3 \longrightarrow 2[N] + 3H_2$$

气体氮化的工艺特点:

(1) 氮化温度低,一般为 500～600℃。氨在 200℃ 以上即开始分解,铁素体对 [N] 有一定的溶解能力,因此不必加热到高温。此外,零件在氮化前要进行调质处理,氮化温度不能比调质温度高,以免破坏心部的组织与性能。

(2) 氮化时间长,若要得到 0.3～0.5mm 厚的氮化层需 20～50h,而得到相同厚度的渗碳层只需 3h 左右。时间长是氮化工艺的一个缺点。

(3) 氮化前零件需经调质处理,目的是改善零件的机加工性能和获得均匀的回火索氏体组织,保证有较高的强度和韧性。对形状复杂或精度要求高的零件,在氮化前精加工后还要进行消除内应力的退火,以减少氮化时的变形。

2) 氮化后的组织和性能

钢件氮化后不需淬火并具有很高的硬度(1000～1100HV),且在 600～650℃ 还能保持硬度不下降,因此氮化件有很高的耐磨性和热硬性,其原因是氮可溶入铁素体中并与铁形成 γ 相(Fe_4N)和 ε 相(Fe_2N),使钢件表面形成一层坚硬的氮化物层。

钢氮化后,渗层体积增大,造成表面压应力,可提高疲劳强度 15%～35%。

氮化温度低,氮化件变形小。

氮化层具有较高的抗蚀性能(在水中、过热的蒸气中或碱性溶液中耐蚀),这是因为氮化层是由致密的氮化物组成的连续薄层,能有效地防止某些介质的腐蚀作用。

3) 氮化用钢

碳钢氮化时形成的氮化物不太稳定,加热至较高温度容易分解并聚集粗化,使硬度很快降低。为克服这个缺点,氮化用钢中常含有 Al、Cr、Mo、W、V 等合金元素。因为它们的氮化物 AlN、CrN、MoN 等都很稳定,并且在钢中均匀弥散分布,使钢的硬度提高,在 600~650℃也不降低。常用的氮化钢有 35CrMo、38CrMoAlA 等。

由于氮化工艺复杂,时间长,成本高,所以只用于对耐磨性和精度都要求较高的零件或要求抗热、抗蚀的耐磨件,如发动机油缸、排气阀、精密机床丝杠、镗床主轴、汽轮机的阀门和阀杆等零件。

生产实际中除了广泛采用的气体氮化外,还有液体氮化、洁净氮化、离子氮化等,这里不再介绍。

4. 钢的氰化(碳氮共渗)

氰化即同时向零件表面渗入碳和氮的化学热处理工艺,也称为碳氮共渗。氰化分为固体氰化、液体氰化、气体氰化 3 种,其中应用最普遍的是气体氰化。气体氰化又可分为高温气体氰化、中温气体氰化和低温气体氰化,目前常用的是后两种。

1) 中温气体氰化

中温气体氰化温度多为 840~860℃,将工件放入密封炉内,向炉中滴入煤油,通入氨气,在共渗温度下分解出活性炭、氮原子,渗入工件表面形成一定深度的共渗层。

零件经中温气体氰化后需淬火、低温回火,氰化温度低,不会发生晶粒的长大,一般可采用直接淬火。氰化淬火后得到的含氮马氏体硬度较高,因而耐磨性比渗碳更好。氰化层比渗碳层具有较高的压应力,因而有更高的疲劳强度。

中温气体氰化主要用于低碳钢及中碳结构钢零件,如汽车、拖拉机变速箱齿轮,高速大马力柴油机传动齿轮等零件。

2) 低温气体氰化

低温气体氰化实质上是气体软氮化,与一般气体氮化相比,渗层硬度较低,脆性较小。低温气体氰化温度一般在 520~570℃,由于共渗温度低,以渗氮为主。共渗介质多用尿素、甲酰胺、三乙醇胺等有机液。在共渗温度下分解出活性炭、氮原子,同时渗入钢的表面形成共渗层。

低温气体氰化能有效地提高零件的耐磨性、疲劳强度、抗咬合性等,它的生产周期短(1~3h),零件变形小,而且不受钢材限制,碳钢、合金钢以及铸铁等材料都可采用。现在该工艺普遍用于模具、量具以及耐磨零件的处理,效果良好。

6.4.3 表面淬火和化学热处理的比较

表面淬火、渗碳、氮化、氰化 4 种热处理工艺的特点和性能比较列于表 6-8 中。

表 6-8   表面淬火和化学热处理的比较

处理方法	表面淬火	渗碳	氮化	氰化
处理工艺	表面加热淬火及低温回火	渗碳淬火及低温回火	氮化	氰化、淬火及低温回火
生产周期	很短,只需几秒至几分钟	长,8~9h	很长,30~50h	短,1~2h
表层深度/mm	0.5~7	0.5~2	0.3~0.5	0.2~0.5

续表

处理方法	表面淬火	渗碳	氮化	氰化
硬度/HRC	58～63	58～63	65～70 (1000～1100HV)	58～63
耐磨性	较高	良好	最好	良好
疲劳强度	良好	较好	最好	良好
耐蚀性	一般	一般	最好	较好
热处理后变形	较小	较大	最小	较小

在实际生产中,可根据零件的工作条件、几何形状、尺寸大小等选用合适的表面热处理工艺。

(1) 高频表面淬火主要用于耐磨性及硬度要求一般、形状简单及变形要求较小的工件,如曲轴、机床齿轮等。

(2) 渗碳主要用于耐磨性要求高、受重载和较大冲击载荷的工件,如汽车齿轮、活塞销等。

(3) 氮化主要用于耐磨性和精度要求高的零件,如精密机床主轴、丝杠等。

(4) 氰化主要用于耐磨性要求较高、形状复杂、变形要求较小的中小型零件。

6.5　热处理新技术、新工艺

6.5.1　形变热处理

形变热处理是很有效地强化金属材料的先进技术之一。形变热处理是将形变强化(锻、轧等)与热处理强化结合起来,使金属材料同时经受形变和相变,从而使晶粒细化,位错密度增加,晶界发生畸变,达到提高综合力学性能的方法。

形变热处理种类很多,根据形变与相变过程的关系,可分为 3 种基本类型:形变在相变前的形变热处理;形变在相变中的形变热处理;形变在相变后的形变热处理。无论哪一种形变热处理方法,都要求获得形变强化与相变强化的综合效果。下面介绍一种最典型的先形变后热处理的工艺。

根据奥氏体预先塑性变形温度不同,可将其分为高温形变热处理和低温形变热处理两种,如图 6-35 所示。

1. 高温形变热处理

高温形变热处理是在奥氏体稳定区内先进行塑性变形,然后立即淬火,使之发生马氏体转变并回火的热处理工艺,如图 6-35(a)所示。对于亚共析钢,形变温度大多在 A_3 点以上;对于过共析钢则在 A_1 点以上。为了保证形变强化效果,防止再结晶软化,形变之后应立即淬火,然后再进行低温回火、中温回火或高温回火。某厂汽车板簧高温形变热处理与整体热处理性能的比较,见表 6-9。其高温形变热处理的工艺:将钢板加热到 930℃,进行形变量为18% 的形变,停留 30～50s 后立即用 20 号机油冷却,随后进行快速回火。

从表 6-9 可以看出,高温形变热处理不仅能提高板簧的强度和硬度,而且能显著地提高其疲劳寿命和韧性。

表 6-9　60Si2Mn 钢汽车板簧高温形变热处理与整体热处理性能的比较

热　处　理	力　学　性　能					
	抗拉强度 R_m/MPa	屈服强度 R_{eL}/MPa	伸长率 A/%	断面收缩度 Z/%	冲击韧度 a_k/(J/cm²)	硬度/HRC
整体热处理(淬火＋回火)	1489.6	1372	9.86	41.6	3.35	44
高温形变热处理(淬火＋回火)	2271.6	2232.4	1.7	40.4	6.80	56

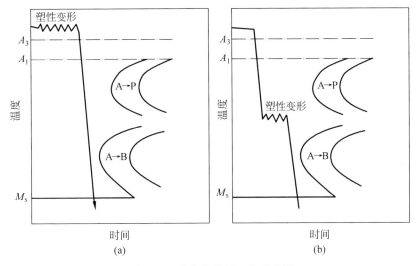

图 6-35　形变热处理工艺示意图

(a) 高温形变热处理；(b) 低温形变热处理

　　锻造(轧制)余热淬火工艺是高温形变热处理的例子,利用锻造(轧制)余热直接淬火不仅提高了零件的强度,还可以改善韧性、塑性和疲劳抗力,减少回火脆性及缺口敏感性,而且可以优化工序和减少能耗。锻造余热淬火可应用于各种碳钢及合金钢的调质件以及加工量不大的铸件,如曲轴、连杆、弹簧、农机具等。

　　此外,热轧高速钢钻头、热轧齿轮、热拔钢管都可以进行高温形变热处理。

2. 低温形变热处理

　　低温形变热处理是在过冷奥氏体孕育期最长的温度(500～600℃)下先进行大量塑性变形(70%～80%),然后淬火,最后进行低温回火或中温回火,如图 6-35(b)所示。这种工艺只适宜某些合金钢,即珠光体区和贝氏体区之间具有较长孕育期的那些钢。

　　低温形变热处理的特点是,在保证塑性和韧性不降低的条件下,能够大幅提高钢的强度和抗磨损能力。主要用于要求强度极高的零件,如飞机起落架、高速钢刃具、模具等。

　　形变热处理造成强韧化的原因是多方面的,主要有细化马氏体晶体和亚结构、增高位错密度、合金碳化物弥散析出、板条状马氏体增多以及改变残余奥氏体的数量及分布等。

　　形变热处理主要受设备和工艺条件的限制,应用还不普遍。对于形状复杂的工件很难进行形变热处理,形变热处理后对工件的切削加工或焊接也有一定影响。有关形变热处理的许多理论与工艺问题,有待进一步研究和解决。

6.5.2　真空热处理

热处理炉内的气氛主要有空气、真空、中性盐浴(或熔融金属)和可控气氛四大类。真空是指压强远低于一个大气压的气态空间。在真空中进行的热处理称为真空热处理,包括真空退火、真空淬火、真空回火及真空化学热处理等,通常可在低真空($>10^{-1}\,\text{Pa}$)、高真空($10^{-1}\sim10^{-5}\,\text{Pa}$)或超高真空($<10^{-5}\,\text{Pa}$)热处理炉内进行。

1. 真空热处理的特点

(1) 真空热处理可以有效地防止金属在处理过程中产生氧化、脱碳,且具有脱脂、除气的特殊效果。良好的表面状态对精密细小的零件、容易与炉气发生反应的活性材料和后续处理有困难的产品是非常适用的。

(2) 经真空热处理的产品,其力学性能均匀,质量稳定,淬火变形小,变形规律易于掌握。这对于形状复杂、几何精度要求高的产品(如工模具)格外重要。

(3) 真空化学热处理具有高的生产率。真空渗碳比普通气体渗碳的生产率约高 1 倍,真空离子化学热处理较真空化学热处理的生产率更高。

(4) 真空热处理是节能无公害的工艺方法。真空炉完善的密封和高效的隔热系统使加热功率得到了较充分的利用。

综上所述,真空热处理与整体热处理相比,其主要优点:①工件尺寸精度较高。②工件的力学性能较好,主要表现在使强度有所提高,特别是使与钢件表面状态有关的疲劳性能和耐磨性等提高。对模具寿命来说,真空热处理比盐浴热处理一般高 40%～400%;对工具寿命来说可提高 3～4 倍。

由于真空热处理存在设备投资大、辅助材料(保护性气体、淬火油等)价格高等缺点,目前仅适宜于处理下述产品:刀具、模具和量具,性能要求高的结构件和精密零件,形状与结构复杂的渗碳件及难以渗碳的特殊材料。

2. 真空热处理的应用

1) 真空退火

采用真空退火的主要目的是使零件在退火的同时表面具有一定的光亮度。除了钢、铜及其合金外,还可用于处理一些与气体亲和力较强的金属,如钛、钼、铬、锆等。

2) 真空淬火

采用真空淬火的主要目的是实现零件的光洁淬火。零件的淬火冷却在真空炉内进行,淬火介质主要是气体(如惰性气体)、水和真空淬火油等。真空淬火已大量应用于各种渗碳钢、合金工具钢、高速钢和不锈钢的淬火,以及各种时效合金、硬磁合金的固溶处理。

3) 真空渗碳

真空渗碳是近年来在高温渗碳和真空淬火基础上发展起来的一种新工艺。它是将工件入炉后先抽真空,随即通电加热升温至渗碳温度(1030～1050℃)。工件经脱气、净化并均热保温后,通入渗碳剂进行渗碳,渗碳结束后将工件进行油淬。与普通渗碳相比,真空渗碳主要有以下优点：

（1）由于渗碳温度高，加之净化作用使工件表面处于活化状态，渗碳过程被大大加速，时间显著缩短；

（2）工件表面光洁，渗层均匀且碳浓度梯度平缓，渗层深度易精确控制，无反常组织和晶间氧化产生，因此渗碳质量好；

（3）改善了劳动条件，减少了环境污染。

6.5.3　可控气氛热处理

为了防止加热工件在空气介质的热处理炉中被氧化、脱碳和烧损，向热处理炉内通入某种经过制备的气体介质，这些气体介质总称为可控气氛。工件在可控气氛中进行的各种热处理称为可控气氛热处理。

1．可控气氛的组成及性质

常用的可控气氛主要由一氧化碳（CO）、氢（H_2）、氮（N_2）及微量的二氧化碳（CO_2）、水蒸气（H_2O）和甲烷（CH_4）等气体及氩（Ar）、氦（He）等惰性气体组成。各种气体与钢铁的化学反应见表 6-10。

表 6-10　各种气体与钢铁的化学反应

气体成分	无氧化条件/%	化学反应	性质	不脱碳条件/%
O_2	0	$2Fe+O_2 \longrightarrow 2FeO$ $Fe_3C+O_2 \longrightarrow 3Fe+CO_2$	强氧化性 强脱碳性	0
N_2	100		中性	100
CO_2	≤5	$Fe+CO_2 \longrightarrow FeO+CO$ $Fe_3C+CO_2 \longrightarrow 3Fe+2CO$	强氧化性 强脱碳性	0
H_2O	≤3 （24℃以下）	$Fe+H_2O \longrightarrow FeO+H_2$ $Fe_3C+H_2O \longrightarrow 3Fe+H_2+CO$	氧化性 强脱碳性	≤0.25 （−11℃以下）
H_2	2～100	$FeO+H_2 \longrightarrow Fe+H_2O$	强还原性	
CO	8～20	$Fe+2CO \longrightarrow Fe(C)+CO_2$ $FeO+CO \longrightarrow Fe+CO_2$	弱渗碳性 还原性	
CH_4	1	$Fe+CH_4 \longrightarrow Fe(C)+2H_2$	强渗碳性	1

根据这些气体与钢铁发生化学反应的性质，可将它们分为以下 4 类：

（1）具有氧化和脱碳作用的气体。除了氧是强烈氧化和脱碳性气体外，二氧化碳和水蒸气同样使钢铁零件在高温下产生氧化和脱碳，因此必须严格控制气氛中的这两种气体。

（2）具有还原性的气体。氢和一氧化碳不仅能够保护钢铁在高温下不被氧化，而且还具有将氧化铁还原成铁的作用。一氧化碳还是一种增碳性气体。

（3）具有强烈渗碳作用的气体。甲烷是一种强渗碳性气体，在高温下能分解出大量活性碳原子，渗入钢的表层，使之增碳。

（4）中性气体。氩、氦、氮气等高温下与钢铁零件既不发生氧化、脱碳，也不还原，也无渗碳作用。

实际上通入炉内的可控气氛常采用多种气体的混合气体。在高温下，这些混合气体究竟使钢铁氧化、脱碳,还是不氧化、不脱碳,或是增碳,这取决于组成混合气体的各种气体的性质及相对含量。控制上述混合气体的相对含量,便可使加热炉内分别获得渗碳性、还原性和中性气氛,进行各种热处理。

2. 可控气氛的类型及应用

可控气氛的种类繁多,在热处理生产中常用的有如下几类。

1) 放热型气氛

燃料气(如甲烷或丙烷、丁烷等)与一定比例的空气混合后通入发生器,靠自身的放热燃烧反应而制成的气体,称为放热型气氛。其主要成分为 N_2、CO、CO_2,只能用作防止氧化的保护气氛,而不能作为防止脱碳的气氛。因此,放热型气氛常用于低碳钢零件的光亮退火,以及短时加热的中碳钢小件的光亮淬火。

2) 吸热型气氛

燃料气(如丙烷或丁烷、甲烷等)与一定比例(较放热型气氛为低)的少量空气混合后,通入发生器进行加热,在触媒的作用下,经吸热反应而制成的气体,称为吸热型气氛。气氛中的主要成分是 N_2、H_2、CO,几乎不含 CO_2 和 H_2O,因此可用于各种碳钢的光亮热处理,以及作为渗碳或碳氮共渗的稀释气体,还可以进行钢板的穿透渗碳或脱碳钢的复碳处理。

3) 氨分解气氛

将无水氨加热到 $800\sim900℃$,在铁触媒的作用下,很容易分解为 H_2 和 N_2。其性质为还原性和脱碳性的。氨分解气氛不含 CO,不会与钢中的铬形成碳化物而使其贫铬,因而常用作不锈钢和高铬合金钢加热的保护气氛。

4) 氮基气氛

氮是不活泼气体,利用液态氮可以得到露点低、纯度高的氮。近年来,国内外十分重视从空气中提取氮来代替以燃料作原料的可控气氛。工业氮中常含有少量的氧,需除去后方能防止工件氧化。实际上纯氮常需加入少量的还原性或渗碳性气体才能适应各种热处理生产的要求,这种混合气体称为氮基气氛。

除此之外,还有氢气、滴注式气氛等,这里不再赘述。几种可控气氛的成分及主要应用见表 6-11。

表 6-11　几种可控气氛的成分及主要应用

气氛名称		成分/%				露点/℃	主要应用			
		H_2	CO	CO_2	N_2		低碳钢	中碳钢	高碳钢	特殊钢
吸热型气氛		30～41	17～25	0～1	14～15	−10～30	渗碳、软氮化	渗碳、光亮退火、无氧化淬火	光亮退火、无氧化淬火	无氧化淬火(高速钢)
放热型气氛	浓型	6～13	10～11	5～8	70～80	室温	光亮正火	光亮正火(30min 以下)		
	淡型	0.8～1.2	0.5～1.5		10～13	87	室温	保护少氧化			
	净化型	0.5～3	0.5～3		94～99	−40	光亮正火	光亮正火、无氧化淬火	光亮正火、无氧化淬火	

续表

气氛名称	成分/%				露点/℃	主 要 应 用			
	H_2	CO	CO_2	N_2		低碳钢	中碳钢	高碳钢	特殊钢
氨分解气氛	75			25	$-40\sim$ -60	烧结、表面氧化还原			光亮退火（铬钢）
氮基气氛	$0\sim10$			$90\sim100$	$-40\sim$ -60	添加其他成分可用于低、中、高碳钢的热处理			

6.6　机械制造过程中的热处理

6.6.1　热处理与金属切削加工性的关系

在机械制造过程中,切削加工方法占有重要地位,绝大部分的机械零件都是经过切削加工而最终形成的。因此改善钢的切削加工性对提高产品质量和生产率,降低成本具有重要意义。

材料的切削加工性是指材料被加工的难易程度。钢的切削加工性的好坏与其化学成分、金相组织和力学性能有关。在确定了化学成分以后,通过热处理方法来改变钢的金相组织和性能是改善钢的切削加工性的重要途径之一。

1. 化学成分对切削加工性的影响

1）碳的影响

碳钢的强度、硬度随含碳量的增加而提高,而塑性、韧性则随含碳的增加而降低。低碳钢的塑性、韧性高,高碳钢的硬度、强度高,这均给切削加工带来一定的困难。基于这种情况,生产上对含碳量不大于 0.25% 的低碳钢大多在热轧、高温正火或冷拔塑性变形状态下进行切削加工;含碳量超过 0.50% 时,大多先通过退火使其硬度适当降低之后再进行切削加工,含碳量在 0.25%～0.50% 的中碳钢为了获得较好的表面光洁度,经常采用正火处理获得较多的细片状珠光体,使硬度适当提高些。

2）合金元素的影响

钢中加入合金元素,一般将提高力学性能,改变物理性能,从而增加切削抗力。

在炼钢过程中常用铝和硅脱氧,但这两种元素往往对切削加工性不利,因为 Al_2O_3 和 SiO_2 是很硬的夹杂物,它们对刀具有很大的磨损作用。为了易于切削,冶炼时硅的含量常控制在最低限度,而且最好不用铝脱氧。

在铸铁中合金元素的作用是以促进或阻碍石墨化作为影响切削加工性的标志。因为碳以石墨形态存在会使强度和硬度降低,若以渗碳体形态存在,则强度和硬度提高,从而影响切削加工性。

2. 金相组织对切削加工性的影响

一般来说,塑性大的单相组织(如铁素体)切削时易发生"粘刀"现象,切屑实际上不是被切割下来的,而是被"撕裂"下来的。由于切削连续不断,刀具严重磨损,影响表面光洁度。另外,硬度高的相(如马氏体、渗碳体等)硬而脆,切削时虽不发生变形,但也严重磨损刀具。上述两种情况对材料的切削加工性都是不利的。

　　钢在预备热处理后的组织基本上是由铁素体及碳化物所组成,前者软而塑性大,后者硬而脆。具有这两种相的材料,其切削加工性主要取决于两者含量的多少,以及形状和分布情况。比较适宜的组织是晶界上没有粗厚的网状铁素体或碳化物,在晶粒内没有粗大的片状碳化物。因此,对于高碳钢,其切削加工性最好的组织是碳化物呈球状小颗粒均匀分布在铁素体基体上的组织(球状珠光体)。表 6-12 列出了常用结构钢热处理后的硬度、组织与表面光洁度的关系。

表 6-12　常用结构钢热处理后的硬度、组织与表面光洁度的关系

钢号	热处理	硬度/HB	组　　织	加工表面光洁度评价
20Cr	正火	156～118	铁素体＋索氏体	车削、拉、插尚好
20Cr	调质	187～207	回火索氏体＋铁素体	车削好,拉、插不良或尚好
20CrMnTi	正火	160～207	铁素体＋索氏体	车削好,拉、插不良
45	正火	170～230	铁素体＋索氏体	车削、拉、插尚好
45	调质	220～250	回火索氏体＋少量铁素体(10%)	车削好,拉、插不良
40Cr	正火	179～229	索氏体＋少量铁素体(>5%)	车削、拉、插均良好
40Cr	调质	230～250	回火索氏体＋少量铁素体	车削好,拉、插不良或尚好
35SiMn	正火	178～229	铁素体＋索氏体	车削、拉、插均良好

3. 力学性能对切削加工性的影响

　　通常,金属材料的硬度越高,切削加工性越差,冷硬铸铁比灰口铸铁难加工就是这个原因。切削加工时,切削温度很高,因而材料的高温硬度对切削加工性也有显著影响。耐热钢比碳钢难加工,就是因为耐热钢有较高的高温硬度。切削过程中的加工硬化同样影响切削加工性,奥氏体不锈钢比碳钢难加工的原因之一就是加工硬化严重,从而使刀具磨损加剧,甚至引起振动,降低表面光洁度。

6.6.2　热处理技术条件的标注及工序位置的安排

　　机械零件的技术条件包括机械加工方面的技术条件、热处理技术条件以及其他方面的技术条件。

　　热处理零件一般在图纸上都以硬度作为热处理技术条件,对于渗碳零件则还应标明渗碳层深度,某些要求性能较高的零件还需标明其他力学性能指标。

　　在图纸上,热处理技术条件要求书写相应的工艺名称,如调质、淬火回火、高频淬火等。在标注硬度范围时,其波动范围一般为:HRC 在 5 个单位左右,HB 在 30～40 个单位之间。

　　国标 GB/T 12603—2005《金属热处理工艺分类及代号》规定了热处理工艺分类及代号的详细表示方法,但目前仍有许多参考资料沿用原机械工业机床专业标准(GC 423—62)所规定的热处理工艺的代号及技术条件的表示方法,见表 6-13。

表 6-13 热处理工艺的代号及技术条件的表示方法

热处理方式	国标工艺代号	旧工艺代号	表示方法举例
退火	511	Th	退火表示方法为：Th
正火	512	Z	正火表示方法为：Z
调质	515	T	调质至 230～250HBS,表示方法为：T235
淬火	513	C	淬火回火至 45～50HRC,表示方法为：C48
油中淬火	513-O	Y	油冷淬火回火至 20～40HRC,表示方法为：Y35
高频淬火	521	G	高频淬火回火至 50～55HRC,表示方法为：G52
调质高频淬火	515-21	T-G	调质后高频淬火回火至 52～58HRC,表示方法为：T-G54
火焰淬火	521-05	H	火焰加热淬火回火至 52～58HRC,表示方法为：H54
氰化(C-N 共渗)	532	Q	氰化淬火回火至 56～62HRC,表示方法为：Q59
氮化	533	D	氮化层深度 0.3mm,硬度 HV＜850,表示方法为：D0.3-900
渗碳淬火	531-13	S-C	渗碳层深度 0.5mm,淬火回火至 56～66HRC,表示方法为：S0.5-C59
渗碳高频淬火	531-21	S-G	渗碳层深度 0.9mm,高频淬火回火至 56～62HRC,表示方法为：S0.9-G59

注：① 热处理表示方法代号中的数字是标准硬度范围的平均值。
　　② 去应力退火、发蓝用文字表示。

1. 硬度的标注

为什么大多数零件的热处理技术条件只标注硬度一项呢？首先是因为硬度与强度之间有一定关系,钢的硬度基本反映了钢的强度。其次,因为硬度检查非常方便,淬火钢的最高硬度主要取决于马氏体中的含碳量。经过分析后发现,为了使钢在正常淬火条件下得到 60HRC 的硬度,钢的最低含碳量应为 0.45%；为了得到 55HRC 的硬度,其含碳量最低为 0.36%；为了得到 50HRC 的硬度,含碳量约为 0.30%。

为了便于设计者选用,通常将零件硬度要求划分为几个区间：30～40HRC、40～45HRC、45～50HRC、50～55HRC、55～60HRC、60HRC 以上。例如机床零件,它的应用范围见表 6-14,对于调质零件,硬度一般不超过 300HB,个别的不超过 350HB。调质件一般在毛坯状态下进行调质,然后机械加工。

表 6-14 机床零件几种硬度级别的应用范围

硬度/HRC	应 用 范 围
30～40	紧固件螺钉、螺帽,传力但不受摩擦的轴等
40～45	受冲击的小模数齿轮、压板,传力、承受摩擦的轴等
45～50	中速中负荷的齿轮,有一定摩擦的轴等
50～55	承受高疲劳强度和较高摩擦的轴、齿轮、导板、导套、活塞杆等
55～60	承受高疲劳强度和高耐磨的主轴、齿轮、导套、导板等
≥60	磨床主轴、镗杆、高速齿轮、机床顶尖等

2．硬化层深度的确定

在制定表面硬化零件的技术要求时，要标注硬化层的深度。

对于渗碳淬火齿轮，一般根据模数来确定渗碳层深度。如果齿轮模数为 m，则渗碳层深度为 am，其中 a 为系数。若系数一定，齿轮模数越大，渗碳层越深。采用这种方法时，对模数相同的齿轮，不论载荷大小，可以选用同一种渗碳层深度。这种确定硬化层深度的方法，其设计思想是充分保证齿根弯曲强度，但它忽视了齿面抗压强度是否足够、能否防止齿面破坏等问题。

一般来说，在硬度相同时，渗碳层薄的，齿根弯曲疲劳强度高；渗碳层厚的，齿面抗压强度高。为了把两种相互矛盾的性能统一起来，就应找出一个最佳的渗碳层深度。做法是首先根据模数确定一个渗碳层深度的经验值，然后用校核齿面强度的公式检查一下是否满足抗压强度的要求。如此反复进行，求出合理的渗碳层深度。

有的资料推荐齿轮渗碳层的深度等于齿轮模数的 $15\%\sim20\%$，若齿轮的破坏主要是由弯曲疲劳引起的，则取下限；若齿轮的破坏主要是由接触疲劳（麻点）引起的，则取上限。

应当注意，上面推荐的数值是采用规定的渗碳层测量方法，即渗碳层深度等于自表面算起直到硬度降至表面硬度的 15% 处为止。如表面硬度为 60HRC，则渗碳层深度测至 51HRC 处。还有资料推荐，齿轮渗碳层深度及高频淬火硬化层深度等于齿轮模数的 $18\%\sim34\%$。

3．零件热处理的标注图例

1）零件整体热处理时的标注

热处理技术条件大多标注在零件图纸标题栏的上方，如图 6-36、图 6-37 所示。

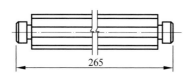

调质	235~265HB
名称	Ⅱ轴
材料	45 钢

图 6-36　45 钢Ⅱ轴

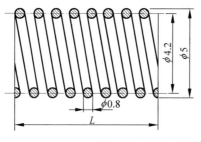

淬火回火45~50HRC

名称	弹簧
材料	65Mn

图 6-37　65Mn 钢弹簧

2）零件局部热处理时的标注

零件局部热处理时，热处理部位一般用细实线限定，并在引线上写明热处理技术条件，如图 6-38～图 6-40 所示。

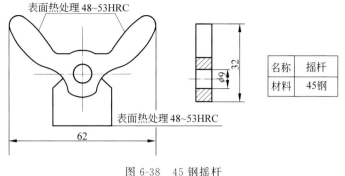

图 6-38 45 钢摇杆

名称	摇杆
材料	45钢

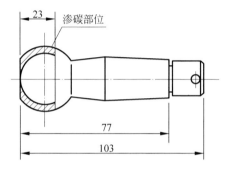

渗碳 0.8~1.0mm
淬火回火 58~62HRC

名称	球头销
材料	20CrMnTi

图 6-39 20CrMnTi 钢球头销

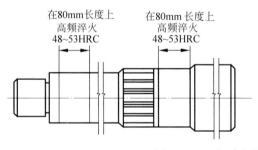

调质	220~250HB
名称	主轴
材料	45钢

图 6-40 45 钢球主轴

4. 热处理工序位置的确定

热处理工序一般安排在铸、锻、焊等热加工和切削加工的各个工序之间。预先热处理主要有退火、正火、调质等,一般安排在毛坯生产之后、切削加工之前,或粗加工之后、半精加工之前。最终热处理主要有淬火、回火、渗碳、渗氮等,由于处理后硬度高,故一般安排在半精加工后、磨削加工前。生产中灰铸铁件、铸钢件和某些无特殊要求的锻钢件、焊接件,退火、正火或调质也可作为最终处理。

不同的零件,工作性能要求不同,选用的材料不同,故所采用的热处理方式及热处理在零件制造过程中安排的位置也不同,即零件制造的工艺路线不同。

1) 低碳钢件的加工工艺路线

(1) 受力较小的工件。如各种机架、容器等,一般为铸件、焊件或冲压件。

工艺路线：毛坯加工→退火(或正火)→切削加工。

(2) 要求表硬心韧的工件。如受冲击较大的轴、轮等，一般为各种圆钢制造。

工艺路线：下料→锻造→正火→粗加工→半精加工→(留防渗余量或镀铜)→渗碳→(切除防渗余量)→淬火、低温回火→磨削。

2) 中碳钢件的加工工艺路线

(1) 要求综合力学性能的工件。如连杆、螺栓等，一般为各种圆钢、方钢制造。

工艺路线：下料→锻造→退火(或正火)→粗加工→调质→半精加工→精加工。

(2) 要求整体综合力学性能及表面耐磨性能的工件。如轴、轮等，一般为各种圆钢制造。

工艺路线1：下料→锻造→退火(或正火)→粗加工、半精加工(留磨量)→淬火、低温回火→磨削。

工艺路线2：下料→锻造→退火(或正火)→粗加工→调质→半精加工(留磨量)→表面淬火、低温回火→磨削。

3) 高碳钢件的加工工艺路线

要求表面高硬度、高耐磨性。如各种工具件，一般为各种圆钢、方钢制造。

工艺路线1：下料→锻造→正火→球化退火→粗加工、半精加工(留磨量)→淬火、低温回火→磨削。

工艺路线2：下料→锻造→正火→球化退火→粗加工、半精加工(留磨量)→表面淬火、低温回火→磨削。

5. 热处理零件的结构工艺性

在设计零件(特别是淬火件)结构时，为防止淬火时的变形、开裂，应考虑以下要求：

(1) 避免尖角、棱角，减少台阶。应设计成圆角或倒角，如图 6-41 所示，防止因应力集中而开裂。

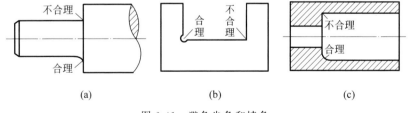

(a)　　　　　　　　(b)　　　　　　　　(c)

图 6-41　避免尖角和棱角

(2) 避免截面厚度不均匀。可采取开工艺孔、合理安排孔洞和槽的位置、变盲孔为通孔等措施，如图 6-42 所示，使壁厚尽量均匀，防止内应力不均匀而变形开裂。

(3) 采用对称结构。使应力分布均匀，减轻变形或开裂倾向。图 6-43 所示为镗杆截面，要求渗氮后变形极小，在两侧开槽可避免一侧开槽产生弯曲变形缺陷。

(4) 采用组合结构。对形状复杂或各部分性能要求不同的零件，采用组合结构可避免整体变形。

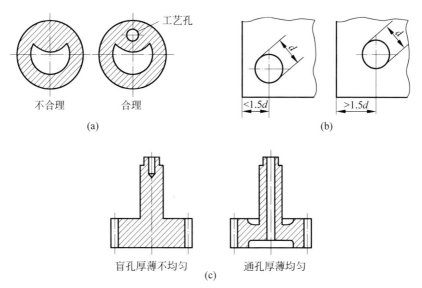

图 6-42 避免截面厚度不均

（a）开工艺孔；（b）合理安排孔洞位置；（c）变盲孔为通孔

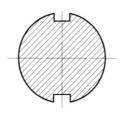

图 6-43 镗杆对称结构

6.6.3 热处理工程实例

实例 1：螺栓的热处理。汽车车轮固定螺栓用 45 钢制造，需要强度高，韧性好，具有很好的综合机械性能。其最终热处理工艺为 830～840℃加热，保温，用水淬火，580～620℃回火，回火后油冷。组织为回火 S。抗拉强度大于 600MPa。

实例 2：链条滚轮的热处理。自行车链条滚轮用 15 钢制造，需要较高的强度，表面要求硬度高、耐磨。其最终热处理工艺为 920～930℃渗碳，预冷至 830～850℃，用水淬火，180～200℃回火。表面组织为高碳 $M_{回}$＋Fe_3C_{II}＋残余 A，心部组织为低碳 $M_{回}$。表面硬度达 60～62HRC。

实例 3：锯条的热处理。手用锯条为 T10 钢制造，刃部要求硬度高、耐磨，锯条两端要求有一定的韧性。其最终热处理工艺为 760～770℃加热，用水淬火，180～200℃回火。锯条两端用盐浴加热进行 350～400℃回火，刃部组织为高碳 $M_{回}$＋Fe_3C_{II}＋残余 A，硬度达 60～62HRC。锯条两端组织为 $T_{回}$＋Fe_3C_{II}，具有一定的韧性。

复习思考题

1. 确定下列钢件的退火方法,并指出退火后的组织。

(1) 冷轧后的 20 钢钢板,要求降低硬度。

(2) ZG35 的铸造齿轮。

(3) 锻造过热的 60 钢锻坯。

(4) 具有片状渗碳体的 T12 钢坯。

2. 指出下列零件锻造毛坯进行正火的主要目的及正火后的组织。

(1) 20 钢齿轮。

(2) T12 钢锉刀。

3. 甲、乙两厂生产同一零件,均选用 45 钢,硬度要求 220～250HB,甲厂采用正火,乙厂采用调质处理,均能达到硬度要求,试分析甲、乙两厂产品的组织和性能差别。

4. 说明下列工件的淬火及回火温度,并指出回火后所获得的组织。

(1) 45 钢小轴(要求综合机械性能好)。

(2) 60 钢弹簧。

(3) T12 钢锉刀。

5. 两个 T12 薄试样,分别加热到 780℃ 和 860℃,保温使之达到平衡态,然后以大于 v_K 的冷却速度冷至室温,试问:

(1) 哪个温度加热淬火后马氏体晶粒较粗大?

(2) 哪个温度加热淬火后马氏体含碳量较高?

(3) 哪个温度加热淬火后残余奥氏体较多?

(4) 哪个温度加热淬火后未溶碳化物较少?

(5) 哪个温度加热淬火更适合 T12 薄试样?

自测题 6

7

合 金 钢

7.1 钢的合金化

钢的合金
化原理

碳钢由于冶炼、加工简单,价格低廉,并且通过正确的热处理工艺可以得到不同的性能来满足工业生产上的各种需要,因此得到了广泛的应用。但随着国防、交通运输、动力、石油、化工等工业的发展,对材料提出了更高强度及抗高温、抗高压、抗低温和耐腐蚀、耐磨损等性能的要求,碳钢的应用遇到了越来越多的困难。碳钢的性能主要有以下不足之处:

(1) 淬透性低。一般情况下,碳钢水淬的最大淬透直径为 15~20mm,在制造大尺寸和形状复杂的零件时,不能保证性能的均匀性和几何形状不变。

(2) 强度和屈服强度比较低。碳钢制成的工程结构和设备相对笨重。

(3) 回火稳定性差。淬火钢在回火时,抵抗强度、硬度下降的能力称为回火稳定性。由于回火稳定性差,碳钢为了保持原有的强度,能够耐受的工作温度偏低。

(4) 不能满足某些特殊性能的要求。碳钢在抗氧化、耐腐蚀、耐热、耐低温、耐磨以及特殊电磁性能等方面往往较差,不能满足特殊使用要求。

为了解决上述问题,在冶炼时,有目的地向碳钢中适量添加一种或多种元素,以提高钢的某些性能,这样得到的钢被称为合金钢,所加入的元素被称为合金元素。

7.1.1 合金钢的分类及编号

1. 合金钢的分类

合金钢种类繁多,按钢中所含合金元素的多少,分为低合金钢(合金元素总量低于5%)、中合金钢(合金元素总量为 5%~10%)和高合金钢(合金元素总量高于 10%);按所含主要合金元素来分,有铬钢、锰钢、硼钢、铬镍钢和硅锰钢等;按正火或铸造状态的组织来分,有珠光体钢、马氏体钢、铁素体钢、奥氏体钢和莱氏体钢等。最方便的是按用途分类,可分为合金结构钢、合金工具钢和特殊性能钢三大类。

1) 合金结构钢

合金结构钢是专用于制造各种工程结构(船舶、桥梁、车辆、压力容器等)和机器零件(轴、齿轮、连接件等)的钢种,主要包括低合金高强度钢、合金渗碳钢、合金调质钢、弹簧钢、滚动轴承钢和易切削钢等。

2) 合金工具钢

合金工具钢是专用于制造各种加工工具的钢种,包括刃具钢、模具钢和量具钢等。

3) 特殊性能钢

特殊性能钢是指具有特殊物理、化学或力学性能的钢种,包括不锈钢、耐热钢、耐磨钢和电工钢等。

2. 合金钢的编号

合金钢的编号方法见表 7-1。

表 7-1 合金钢的编号方法

分类	编号方法	举例
低合金高强度结构钢	由"Q+数字+质量等级+脱氧方法"4 部分组成。质量等级分为五级,分别用符号 A、B、C、D、E 表示。脱氧方法符号:F 代表沸腾钢、Z 代表镇静钢、b 代表半镇静钢	Q345CF:Q 代表屈服点"屈"字汉语拼音首字母;"345"为屈服点数值,单位为 MPa;"C"代表冶金质量为 C 级;"F"代表沸腾钢
合金结构钢	由"两位数字+元素符号+数字"3 部分组成。前两位数字为钢的平均含碳量,以万分之一为单位;元素符号为钢中所加的合金元素;元素符号后的数字为该合金元素在钢中所加的平均质量分数,当质量分数少于或等于 1.5% 时不标注,质量分数为 1.5%～2.49%、2.5%～3.49%……时,相应地标以 2、3……依次类推。若为高级优质钢,则在牌号最后加"A",若为特级优质钢,则在钢号最后加"E";若是专用钢,则在牌号前以用途的汉语拼音字首字母大写来表示,如滚动轴承钢在牌号前加"G",易切削钢在牌号前加"Y",塑料模具钢在牌号前加"SM"等	60Si2Mn:平均含碳量为 0.6%,含硅量为 1.5～2.5%,含锰量小于 1.5%
合金工具钢	由"数字+元素符号+数字"3 部分组成。前面的数字为钢的平均含碳量,当含碳量小于 1.0% 时,用一位数字标注,以千分之一为单位,当含碳量大于 1.0% 时,不标注;其他两项含义与结构钢相同,但有例外:①平均含碳量大于或等于 1.0% 时不标出;②正常情况下,高速钢无论含碳量多少一律不标注;③合金工具钢及高速钢冶炼时均按高级钢质量冶炼,已经是高级优质钢,所以它的牌号后面不再标注"A"	Cr12MoV:平均含碳量大于 1.0%,含铬量为 11.5%～12.5%,含钼量和含钒量均小于 1.5%
特殊性能钢	由"数字+元素符号+数字"3 部分组成。前面的数字为钢的平均含碳量,一般用两位数字标注,代表平均含碳量为万分之几,但是当平均含碳量小于 0.03% 时,代表含碳量的数字为三位数,以十万分之一为单位。其他标注含义和结构钢相同	12Cr17Mn6Ni5N,表示含碳量万分之十二(0.12%);06Cr19Ni10,表示含碳量万分之六(0.06%);022Cr17Ni12Mo2,表示含碳量万分之二点二(0.022%)

7.1.2 合金元素在钢中的作用

常用的合金元素有硅(Si)、锰(Mn)、铬(Cr)、镍(Ni)、钼(Mo)、钨(W)、钒(V)、钛(Ti)、

锆(Zr)、钴(Co)、铌(Nb)、铝(Al)、硼(P)及稀土(RE)等。

合金元素在钢中所起的作用非常复杂,下面分析合金元素与铁和碳的作用,合金元素对铁碳相图的影响以及对钢的热处理的影响规律。

1. 合金元素与铁和碳的作用

1) 合金元素与铁素体的作用

大多数合金元素在常温下都能溶于铁素体。溶于铁素体中的合金元素都能使其性能发生变化。若合金元素的原子半径与铁的原子半径相差较大,或者晶格类型不相同时,则该元素对铁素体的强化效果就明显。如图 7-1 所示,Si、Mn 可以显著提高铁素体的硬度,其强化作用比 Cr、W、Mo 等要大。

不同合金元素及含量多少对铁素体韧性的影响是不一样的,如图 7-2 所示,总的趋势是随着单个合金元素的含量增加,其韧性下降。某些合金元素含量在一定范围时,如 $\omega_{Si}<$ 1%、$\omega_{Mn}<1.5\%$ 时对韧性影响不大,$\omega_{Cr}\leqslant2\%$、$\omega_{Ni}\leqslant5\%$ 时尚能提高铁素体的韧性,因此,合金结构钢中各合金元素的含量都应严格控制。当加入多种合金元素后,由于它们之间的交互作用,对强度、韧性的变化将产生更大的影响。

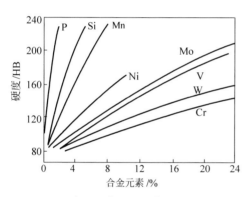

图 7-1　合金元素对铁素体硬度的影响

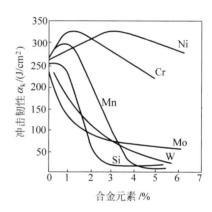

图 7-2　合金元素对铁素体韧性的影响

2) 合金元素与钢中碳的作用

合金元素分成两类。一类是非碳化物形成元素,这类元素与碳不能形成碳化物(如 Ni、Si、Al、Co 等),主要溶于铁素体内。另一类是碳化物形成元素,如 Mn、Cr、Mo、W、V、Ti、Nb、Zr 等元素可以形成碳化物。

Mn 是弱碳化物形成元素,与碳的亲和力比铁强,溶于渗碳体中,形成合金渗碳体 (Fe.Mn)$_3$C。这种碳化物的熔点较低,硬度较低,稳定性较差。

Cr、Mo、W 属于中强碳化物形成元素,既能形成合金渗碳体,如(Fe.Cr)$_3$C 等,又能形成各自的特殊碳化物,如 Cr$_7$C$_3$、Cr$_{23}$C$_6$、MoC、WC 等,这些碳化物的熔点、硬度、耐磨性以及稳定性都比渗碳体高。

Nb、V、Ti 是强碳化物形成元素,它们在钢中优先形成特殊碳化物,如 NbC、VC、TiC 等。它们的稳定性最高,熔点、硬度和耐磨性也最高。

碳化物在钢中的分布状况可以通过热加工工艺(轧制、锻压)和热处理工艺予以适当的调整。

2. 合金元素对铁碳相图的影响

加入合金元素后,铁碳相图会发生变化。实际合金钢中往往含有多种合金元素,影响非常复杂。这里仅讨论在钢中加入一种合金元素时的变化规律。

1) 扩大奥氏体区的合金元素

有些合金元素如 Mn、Ni、Co 等能扩大奥氏体存在的温度范围,即 A_3 温度下降,A_4(奥氏体转变为高温铁素体的开始线,Fe-Fe$_3$C 相图中的 JN 线)温度上升,使奥氏体稳定区扩大,其中 Mn 的作用特别强烈。如图 7-3 所示,当扩大奥氏体区元素超过一定量后,可使单相奥氏体一直保留到室温而成为奥氏体钢,如含 13%Mn 的耐磨钢 ZGMn13,含 9%Ni 的 1Cr18Ni9 不锈钢等均属奥氏体类型钢。

2) 缩小奥氏体区的合金元素

另一类合金元素如 Cr、Mo、W、V、Ti、Si 等都是稳定铁素体的元素,即使 A_3 温度上升,A_4 温度下降,缩小奥氏体存在的温度范围,而使铁素体区域扩大。图 7-4 所示为 Cr 对奥氏体区的影响。含 Cr 量相当高的钢,在室温下只有铁素体单相存在而成为铁素体钢。如 10Cr17 为铁素体类型不锈钢。

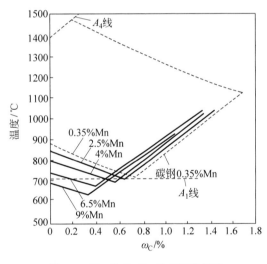

图 7-3　Mn 对 Fe-Fe$_3$C 相图的影响

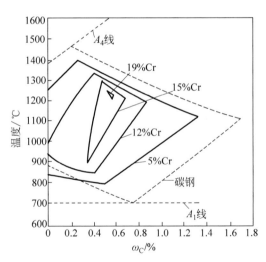

图 7-4　Cr 对 Fe-Fe3C 相图的影响

3) 改变共晶点和共析点含碳量的合金元素

几乎所有的合金元素都使铁碳相图的 S 点和 E 点向左移,其中以强碳化物形成元素如 Ti、Mo、W 等的作用最为强烈,因此,在高合金钢中共析点的含碳量就要小于 0.77%。同时也影响碳在奥氏体中的最大溶解度并引起合金钢组织与其含碳量之间的关系有所变化,如高速钢含 18%W,含碳量只有 0.70%～0.80% 时,铸态组织中便有莱氏体组织出现。图 7-5 和图 7-6 分别表示合金元素对共析成分 S 点和对共析温度 A_1 的影响。

3. 合金元素对钢的热处理的影响

合金钢的预期性能主要是通过钢的合金化及随后恰当的热处理工艺过程来获得的。合

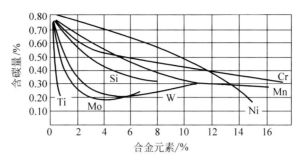

图 7-5　合金元素对共析成分（S 点）的影响

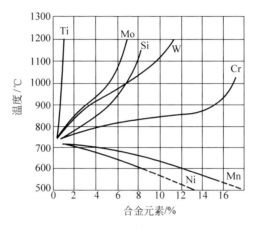

图 7-6　合金元素对共析温度（A_1）的影响

金元素对加热时奥氏体的形成、冷却时过冷奥氏体的分解以及回火时马氏体的转变这三个过程均有影响。

1）合金元素对加热时奥氏体形成的影响

合金元素的加入（除 Mn 外），使奥氏体的形成速度减慢，奥氏体晶粒的长大倾向减小。特别是形成稳定性高而且呈细颗粒状均匀分布的强碳化物形成元素，如 Ti、V、Zr、Nb 等，能更强烈地阻止奥氏体晶粒长大，使合金钢在热处理后能获得比碳钢更细的组织。对渗碳钢来说，限制奥氏体晶粒长大意义更为重要。非碳化物形成的元素，如 Si、Ni、Cu、Co 等阻止奥氏体晶粒长大的作用轻微。

2）合金元素对过冷奥氏体转变的影响

合金元素除 Co 外，都可以使钢的 C 曲线发生显著变化，一般规律是使 C 曲线向右移，即减慢珠光体类型转变的形成速度。另外，除 Co、Al 外，所有的合金元素都使马氏体转变温度下降。

C 曲线右移的结果，降低了钢的淬火临界冷却速度，提高了淬透性。提高淬透性的意义是可使零件整个截面上表面与心部的性能均匀一致；可使淬火速度减慢，避免或减少产生变形及淬裂的倾向。特别要指出的是，钢中几种合金元素的复合加入要比单独加入一种元素对淬透性的提高更为有效。钢中最常用的提高淬透性的元素主要有 Cr、Mn、Mo、Si、Ni、B 等。

3）合金元素对回火转变的影响

回火过程是使淬火钢获得预期性能的关键工序。合金元素对回火转变的影响主要表现在以下3个方面。

（1）回火抗力增加。回火抗力表示钢对于回火时发生软化过程的抵抗能力，即回火的稳定性。加入合金元素会使马氏体不易分解，碳化物不易析出，即使析出了也难以长大，因而在回火过程中合金钢的软化速度较碳钢慢。两者相比，当回火至同一温度时，合金钢就能得到较高的强度和硬度；或者说，回火至相同硬度时，则合金钢的回火温度较高，保温时间长，内应力的消除就比较彻底，因而塑性及韧性比碳钢好。

（2）二次硬化的产生。在一些含W、Mo、V较多的钢中，回火后的硬度随回火温度的升高不是单调地降低，而是在某一回火温度后硬度反而增加，一般在550℃左右达到峰值，这种现象称为二次硬化，如图7-7所示。二次硬化是由高温析出的高度弥散分布的合金碳化物粒子造成的。550℃左右转变全部完成，碳化物粒子细小、均匀，硬度达到最大值。其后合金碳化物聚集长大，硬度再次下降。二次硬化对高温下工作的工件如高速工具钢及热作模具钢是极为重要的。

（3）产生回火脆性。合金元素对淬火钢回火后力学性能的不利方面是回火脆性问题。合金钢与碳钢相比回火脆性倾向较为显著，图7-8所示为Cr-Ni钢的回火脆性。图中在250～400℃附近出现的α_k下降称为第一类回火脆性，不论在碳钢还是合金钢中都会发生这种脆性，其产生原因有待进一步探讨，对中碳钢和低碳钢来说可能与沿板条状马氏体的条间析出薄片碳化物有关。第一类回火脆性与回火冷却方式无关，目前无法防止该脆性的产生，生产上一般避开该温度范围内的回火。在500～600℃出现α_k值下降的第二个低谷，称为第二类回火脆性。这类回火脆性与回火后冷却速度有关，脆性产生是某些杂质元素在原奥氏体晶界上偏聚造成的。慢冷时容易发生偏聚，特别是容易发生在含有Ni、Cr、Mn等元素的合金钢中。回火后快冷就不易发生偏聚，回火脆性也不会产生。

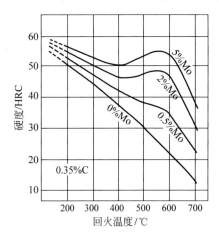

图 7-7 含碳量 0.35%Mo 钢的回火温度
与硬度关系曲线

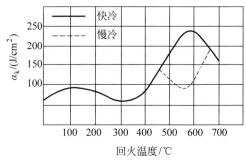

图 7-8 CrNi 钢的回火脆性

某些合金元素（如 W 或 Mo 等）加入到含有 Ni、Cr、Mn 等元素的合金钢中，能强烈地阻止或延缓杂质元素往奥氏体晶界上的偏聚，即能有效地防止第二类回火脆性的产生。选用Ni、Cr 和 Mn 合金钢制作大型零件回火时为防止变形和开裂，不宜采用快冷，就必须考虑选用含有 W 或 Mo 元素的合金钢。

7.2 合金结构钢

用于制造重要工程结构和机器零件的合金结构钢,是合金钢中用途最广、用量最大的一类钢。合金结构钢可分为普通合金结构钢和特殊用途合金钢。前者包括低合金高强度钢、合金渗碳钢、合金调质钢等,后者包括弹簧钢、滚动轴承钢、易切削钢等。下面分别介绍它们的化学成分、性能、热处理及加工特点和用途。

7.2.1 低合金高强度钢

低合金结构钢

低合金高强度钢合金元素含量较少,一般在3%以下,通常是在热轧退火或正火状态下使用。

1. 性能要求及化学成分

采用低合金高强度钢的目的是减轻结构自身质量,保证使用的可靠性和耐久性。这类钢具有良好的力学性能,特别是有较高的 R_{eL}。例如,碳素结构钢 Q215 和低合金高强度结构钢 Q295 的含碳量基本相同,但 Q215 钢的 R_{eL} 仅为 215MPa,而 Q295 钢的 R_{eL} 却高达 295MPa。在工程结构中采用低合金高强度钢代替普通碳钢,在相同受载条件下,可使结构质量减轻 20%～30%。除此之外,这类钢还要求具有良好的冲压成形和焊接性能,以及要求有抵抗大气腐蚀的能力,在低温下使用的构件还要求有良好的低温韧性等。

为了满足上述性能要求,规定含碳量不能超过 0.2%,可加入少量 Mn、Ti、V、Nb、Cu、P 等合金元素来改善和提高其性能。

主加元素为 Mn,用以强化铁素体,一般含量在 1.8%以下。含量过高时将使塑性和韧性降低,也会影响焊接性能。

辅加元素为 V、Ti、Nb、B 等,在钢中形成细微碳化物,能起细化晶粒和弥散强化的作用,使强度和韧性提高。有的钢种加入少量的 Cu、P 元素,主要是提高钢材对大气的抗蚀能力。

2. 低合金高强度钢的种类及应用

在机械工程和桥梁建筑行业,低合金高强度钢常用于工程机械轮辋、钢结构等,这一类通常称为低合金高强度结构钢,它的牌号、化学成分、力学性能及应用举例见表 7-2。其中:Q345 钢的应用最广泛,我国的南京长江大桥、东风内燃机车车体、万吨巨轮以及压力容器、JAC 重卡汽车大梁等都采用 Q345 钢制造;Q460 低合金高强度钢是国家体育场"鸟巢"(2008 年北京奥运会主体育场)钢结构用材,2005 年,在我国科研人员的不懈努力下,Q460 终于达到"鸟巢"的使用要求,它的成功研制和生产打破了日韩等国家的垄断,实现了"鸟巢钢"Q460 从无到有的突破,让"绿色奥运、科技奥运、人文奥运"理念变成现实。

表 7-2 常用的低合金高强度结构钢的牌号、化学成分、力学性能及应用举例

| 牌号 | 化学成分 ω/% | | | | | | | | | 力学性能 | | | 应 用 举 例 |
	C ≤	Mn	Si ≤	V	Nb	Ti	Al ≥	Cr ≤	Ni ≤	R_m/ MPa	R_{eL}/ MPa	A/ %	
Q295	0.16	0.80～1.50	0.55	0.02～0.15	0.015～0.060	0.02～0.20				390～570	295	23	油槽、油罐、车辆、桥梁等

续表

牌号	化学成分 ω/%									力学性能			应用举例
	C ≤	Mn	Si ≤	V	Nb	Ti	Al ≥	Cr ≤	Ni ≤	R_m/ MPa	R_{eL}/ MPa	A/ %	
Q345	0.20	1.00~ 1.60	0.55	0.02~ 0.15	0.015~ 0.06	0.02~ 0.20	0.015	0.30	0.70	470~ 630	345	22	油罐、锅炉、桥梁、车辆、压力容器、输油管道、建筑结构等
Q390	0.20	1.00~ 1.60	0.55	0.02~ 0.20	0.015~ 0.06	0.02~ 0.20	0.015	0.30	0.70	490~ 650	390	20	油罐、锅炉、桥梁、车辆、压力容器、输油管道、建筑结构等
Q420	0.20	1.00~ 1.70	0.55	0.02~ 0.20	0.015~ 0.60	0.02~ 0.20	0.015	0.40	0.70	520~ 680	420	19	船舶、压力容器、电站设备、车辆、起重机械等
Q460	0.20	1.00~ 1.70	0.55	0.02~ 0.20	0.015~ 0.06	0.02~ 0.20	0.015	0.70	0.70	550~ 720	460	17	船舶、压力容器、电站设备、车辆、起重机械等

这类钢一般在热轧空冷状态下使用,不需要进行专门的热处理。有特殊需要时,如为了改善焊接区性能,可进行一次正火处理。

需要指出的是,低合金高强度结构钢牌号的编号方法和碳素结构钢牌号的编号方法相同,以屈服点的"屈"字汉语拼音"Q"为首位字母,后面的数字为屈服极限,单位为 MPa。由于两者屈服极限的范围不同,碳素结构钢屈服极限的范围较低,故可据此加以区别,即 Q195~Q275 为碳素结构钢,Q295~Q460 为低合金高强度结构钢。

在低合金高强度结构钢中,Q295 相当于原牌号中的 09MnV、09MnNb、09Mn2 和 12Mn。钢中加入了 V、Nb,使钢的晶粒细化,提高了钢的强度、冲击韧性和焊接性能,耐腐蚀性能也较高,中温性能良好,可用于制造汽车、机车车辆、建筑结构、桥梁、船舶、油罐、容器、冷弯型钢、低温用钢及冲压件等。

Q345 相当于原牌号中的 12MnV、14MnNb、16Mn、16MnRE 和 18Nb。Q345 钢综合力学性能和低温冲击韧性良好,焊接性能和冷热压力加工性能良好,可用于制造建筑结构、桥梁、压力容器、化工容器、船舶、车辆、锅炉、管道、重型机械、电站设备等。一般制成钢板、型钢和容器用钢。

Q390 相当于原牌号中的 15MnV、15MnTi、16MnNb。钢中加入 V、Nb、Ti,使晶粒细化,提高了钢的强度,具有良好的力学性能、工艺性能和焊接性能。在各工业部门得到广泛使用,可用于制造中高压锅炉、高压容器、车辆、起重机械设备、桥梁、船舶、汽车、大型焊接结构和钢结构等。

Q420 相当于原牌号中的 15MnVN、14MnVTiRE，具有良好的综合性能和焊接性能，在 400℃以下能保持常温力学性能，高温性能优良，可用于制造大吨位船舶、高压容器、桥梁、电站设备、大型焊接结构、车辆、锅炉及液氨罐车等。

北京奥运会主会场——国家体育馆"鸟巢"受力最为集中的 24 根柱子和柱角上使用了我国自主创新生产的 Q460E-Z35 特型钢材，达到了国家建筑结构用钢标准中，强度、低温韧性和防震 3 项指标的最高极限值。

7.2.2　合金渗碳钢

渗碳钢

合金渗碳钢是低碳钢，通常经渗碳、淬火及低温回火后使用，主要用于制造受到一定冲击力作用并要求表面具有高硬度、能耐磨的零件。

1. 对合金渗碳钢的性能要求

有些零件在使用过程中往往是在冲击力的作用和强烈磨损条件下工作的，如汽车、拖拉机上的变速箱齿轮、活塞销、凸轮轴等，要求这些零件表面具有高的硬度和耐磨性，心部有较高的强度和适当的韧性，即要求"表硬里韧"的工作性能，同时要求钢材具有较好的淬透性。一般对于载荷不大和截面小的零件可采用碳素渗碳钢，而重载荷或大截面的零件则需采用合金渗碳钢。

2. 合金渗碳钢的化学成分及作用

1）碳的作用

为了保证渗碳零件的心部具有足够的塑性、韧性及一定的强度，渗碳钢的含碳量在 0.15%～0.25%之间，含碳量过高不能保证塑性和韧性的要求，太低又会影响强度。对于合金渗碳钢的含碳量要求，由于有合金元素来强化心部组织，因此其含碳量可以适当偏低一点。

2）合金元素的作用

合金渗碳钢中常加入的合金元素有 $Cr(\omega_{Cr}<2\%)$、$Mn(\omega_{Mn}<2\%)$、$Ni(\omega_{Ni}<4\%)$、$B(\omega_B=0.001\%～0.004\%)$、$V(\omega_V<5\%)$、$W(\omega_W<1.2\%)$、$Mo(\omega_{Mo}<0.6\%)$、$Ti(\omega_{Ti}<0.15\%)$等。

渗碳钢中加入 Cr、Ti、Mn、B 等元素主要是为了提高钢的淬透性，提高渗碳层强度和韧性，其中尤以 Ni 的效果最佳。另外，加入 V、W、Mo、Ti 等强碳化物形成元素，以细化晶粒为主，渗碳后可直接淬火，简化了热处理工序，同时也能提高钢的强度和韧性。

3. 热处理的特点

为了保证渗碳件"表硬里韧"的性能，其热处理工序一般采用：

$$渗碳 \longrightarrow 淬火 + 低温回火（180 \sim 200℃）$$

渗碳后工件表层含碳量在 0.85%～1.05%之间，经淬火和低温回火后，心部获得有足够强度和韧性的低碳马氏体，表层获得高碳回火马氏体和一定量合金碳化物组织，硬而耐磨。渗碳钢的种类很多，根据钢的成分和性能要求不同，其热处理规范略有不同。

常用合金渗碳钢的牌号、化学成分、热处理、力学性能及应用举例见表 7-3。

表 7-3　常用合金渗碳钢的牌号、化学成分、热处理、力学性能及应用举例

类别	牌号	化学成分 ω/%					热处理/℃			力学性能（不小于）					应用举例
		C	Mn	Si	Cr	其他	第一次淬火	第二次淬火	回火	R_m/MPa	R_{eL}/MPa	A/%	Z/%	K_2/J	
低淬透性	15	0.12~0.18	0.35~0.65	0.17~0.37			890±10	770~800 水	200	500	300	15	55		小轴、小模数齿轮、活塞销等小型渗碳件
	20Mn2	0.17~0.24	1.40~1.80	0.17~0.37			850 水、油		200 水、空	785	590	10	40	47	小轴、小模数齿轮、活塞销等小型渗碳件
	15Cr	0.12~0.18	0.40~0.70	0.17~0.37	0.70~1.00		880 水、油	780~820 水、油	200 水、空	735	490	11	45	55	船舶主机螺钉、齿轮、活塞销、凸轮、滑阀、轴等
	20Cr	0.18~0.24	0.50~0.80	0.17~0.37	0.70~1.00		880 水、油	780~820 水、油	200 水、空	835	540	10	40	47	机床变速箱齿轮、齿轮轴、活塞销、凸轮、蜗杆等
	20MnV	0.17~0.24	1.30~1.60	0.17~0.37		0.07~0.12V	880 水、油		200 水、空	785	590	10	40	55	同上，也用作锅炉、高压容器、大型高压管道等
中淬透性	20CrMn	0.17~0.23	0.90~1.20	0.17~0.37	0.90~1.20		850 油		200 水、空	930	735	10	45	47	齿轮、轴、蜗杆、活塞销、摩擦轮等
	20CrMnTi	0.17~0.23	0.80~1.10	0.17~0.37	1.00~1.30	0.04~0.10Ti	880 油	870 油	200 水、空	1080	850	10	45	55	汽车、拖拉机上的齿轮、齿轮轴、十字头等

续表

类别	牌号	化学成分 w/%					热处理/℃			力学性能（不小于）					应用举例
		C	Mn	Si	Cr	其他	第一次淬火	第二次淬火	回火	R_m/MPa	R_{eL}/MPa	A/%	Z/%	K_2/J	
中淬透性	20MnTiB	0.17~0.24	1.30~1.60	0.17~0.37		0.04~0.10Ti 0.0005~0.0035B	860 油		200 水、空	1130	930	10	45	55	代替20CrMnTi制造汽车、拖拉机截面较小、中等负荷的渗碳件
	20MnVB	0.17~0.23	1.20~1.60	0.17~0.37		0.0005~0.0035B 0.07~0.12V	850 油		200 水、空	1080	885	10	45	55	代替20CrMnTi、20Cr、20CrNi制造重型机床的齿轮和轴，汽车齿轮
高淬透性	18Cr2Ni4WA	0.13~0.19	0.30~0.60	0.17~0.37	1.35~1.65	0.8~1.2W 4.0~4.5Ni	950 空	850 空	200 水、空	1180	835	10	45	78	大型渗碳齿轮、轴类和飞机发动机齿轮
	20Cr2Ni4A	0.17~0.23	0.30~0.60	0.17~0.37	1.25~1.65	3.25~3.65Ni	880 油	780 油	200 水、空	1180	1080	10	45	63	大截面渗碳件如大型齿轮、轴等
	12Cr2Ni4	0.10~0.16	0.30~0.60	0.17~0.37	1.25~1.65	3.25~3.65Ni	860 油	780 油	200 水、空	1080	835	10	50	71	承受高负荷的齿轮、蜗轮、蜗杆、轴、万向接头叉等

4. 合金渗碳钢的典型钢种介绍

渗碳钢根据淬透性的不同,分成以下 3 类。

1) 低淬透性渗碳钢($R_m < 1000\text{MPa}$)

这类钢含合金元素较少($<3\%$),如 15Cr、20Cr、20Mn2 等,淬透性低,经渗碳、淬火与低温回火后心部强度较低,强度与韧性配合较差,一般用于制造受冲击力不太大,不需要高强度的耐磨小型零件,如活塞销、小轴、小齿轮等。应注意,这类钢渗碳时晶粒易于长大和过热,特别是在含 Mn 量较多时更为严重。

2) 中淬透性渗碳钢($R_m = 1000 \sim 1200\text{MPa}$)

这类渗碳钢主要有 20CrMn、20CrMnTi、20CrMnMo、20Mn2TiB 等,含合金元素总量约为 4%。由于主要是把 Cr 和 Mn 元素配合加入钢中,能更有效地提高钢的淬透性和力学性能。主要用于制造受中等载荷和耐磨的零件,如变速齿轮、气门座等。含有 Cr、Mn 元素的渗碳钢,奥氏体晶粒容易长大,不宜采用渗碳后直接淬火法。若这类钢还含有少量 Ti 或 V、Mo,如 20CrMnTi 钢,则由于 Ti 形成特殊碳化物的作用,渗碳后奥氏体晶粒长大倾向小,可直接淬火。

3) 高淬透性渗碳钢($R_m > 1200\text{MPa}$)

这类钢有 18Cr2Ni4WA 和 20Cr2Ni4A 等,含合金元素总量在 $4\% \sim 6\%$ 之间。由于含 Cr、Ni 元素较多,大大地提高了钢的淬透性。特别是含 Ni 量较多时,在提高强度的同时也使钢具有良好的韧性。经渗碳、淬火与低温回火后心部强度很高,强度与韧性配合较好,一般重载和强烈磨损的重要的大型零件选用这类钢材,如内燃机车的主动牵引齿轮等。

这类钢由于含合金元素较多,使 C 曲线右移较多,在空冷时也能得到马氏体组织。另外也引起马氏体转变温度的降低,淬火后的渗层内残余奥氏体量增加。为了减少残余奥氏体量,可在淬火前先进行高温回火。

以制造中载汽车变速箱齿轮为例,根据工作情况分析后认为选用渗碳钢 20CrMnTi 材料制造为宜。其热处理技术要求:渗碳层厚度 $1.2 \sim 1.6\text{mm}$;渗层含碳量 $0.80\% \sim 1.05\%$;齿顶硬度 $58 \sim 60\text{HRC}$;中心硬度 $30 \sim 45\text{HRC}$。

根据技术要求确定其热处理工艺规范,如图 7-9 所示。

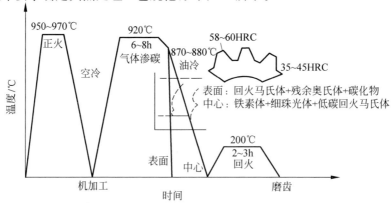

图 7-9   20CrMnTi 钢制造齿轮的热处理工艺曲线

20CrMnTi 钢制造汽车变速齿轮的加工工艺路线如下：

下料 → 锻造 → 正火 → 机械加工 → 渗碳 → 淬火＋低温回火 → 喷丸 → 磨齿

正火处理是为了改善锻造状态下的原始组织，调整硬度，以利切削加工，正火后的硬度为 170～210HBS。

气体渗碳温度为 930℃左右，渗碳时间根据所要求的渗碳层厚度 1.2～1.6mm，查有关手册确定为 6～8h。渗碳后自渗碳温度预冷到 870～880℃后油淬，预冷淬火是为了减少淬火时的变形，同时在预冷过程中渗碳层析出部分碳化物，减少淬火时的残余奥氏体量。最后经低温回火后，其性能达到：$R_m \approx 1000\text{MPa}$，$Z \approx 50\%$，$K \approx 64\text{J}$；表层组织为高碳回火马氏体＋残余奥氏体＋合金碳化物；中心组织为铁素体＋低碳回火马氏体。经过上述热处理后其性能可以满足该齿轮零件的使用要求。

7.2.3 合金调质钢

调质钢

合金调质钢的含碳量一般为 0.25%～0.50%，以 0.40%居多，常经调质处理后使用，主要用于制造对强度与韧性恰当配合的综合力学性能要求较高的零件。

1. 对合金调质钢的性能要求

机械结构中有些重要的零件，如机床主轴、汽车后桥半轴等，是在多种性质负荷下工作的。对于这类受力情况比较复杂的重要零件，要求具有良好的综合力学性能，即"既强又韧"的性能，通常采用合金调质钢。

2. 合金调质钢的化学成分及作用

合金调质钢根据性能要求，兼顾强度和韧性，一般含碳量为 0.25%～0.50%，含碳量过低不易淬硬，回火后强度不足；含碳量过高则韧性不够。

加入合金元素主要有以下两方面的作用。

1）强化铁素体

调质钢为亚共析钢，组织中有大量的铁素体。所以这类钢的主加元素有 Ni、Cr、Mn、Si 等，都能强化铁素体，同时控制这些元素的含量，可以不降低其韧性，特别是把加入 Ni 和 Cr 的量控制恰当，还能使韧性进一步提高。

2）提高钢的淬透性

调质件的质量高低、性能好坏，与钢的淬透性有密切关系，直接影响钢的最终力学性能，所以淬透性是调质钢的一个重要工艺性能指标。上述强化铁素体的合金元素都能提高钢的淬透性，尤以 Cr-Ni、Cr-Ni-Mo、Cr-Mn-Mo 配合加入效果最好。

B 对淬透性的影响很显著，只要钢中含有微量（0.001%～0.004%）的 B 就能提高其淬透性。研究表明，B 只对低碳钢和中碳钢有作用，当含碳量接近 0.8%时，提高淬透性的作用消失。因此，加入 B 元素可以提高渗碳钢和调质钢的淬透性。

在合金调质钢中还可加入少量的 W、Mo、Ti、V 等元素，这些元素一方面能细化晶粒，另一方面 W 和 Mo 能降低或防止钢的第二类回火脆性的产生。

3．热处理的特点

由于调质钢的含碳量比渗碳钢要高，加入合金元素的作用强烈，所以许多钢在加工（轧制、锻造）后的组织有很大的差异。特别是含合金元素较多的钢，正火状态下往往硬度较高，为了便于切削加工及改善钢件内部组织，在进行调质处理前需要进行预备热处理。

预备热处理对含合金元素较少的钢可加热至 Ac_3 以上进行退火处理，这样既可细化晶粒又可改善切削加工性；对含合金元素较多的钢，加热至 Ac_3 以上进行正火处理，然后再经过 $650 \sim 700℃$ 高温回火，能使钢软化，便于切削加工。

调质处理为淬火＋高温回火（$500 \sim 650℃$）。

调质处理是把钢件加热到 Ac_3 以上（约 $850℃$），然后放入水或油中淬火，最后进行高温回火。调质钢的最终性能取决于回火温度，一般采用 $500 \sim 650℃$ 回火。通过选择回火温度，可以得到所要求的最终性能。图 7-10 所示为 40Cr 钢的力学性能与回火温度的关系。为防止回火脆性，回火后快冷，即水冷或油冷，脆化现象会消失或受抑制，如图 7-11 所示。

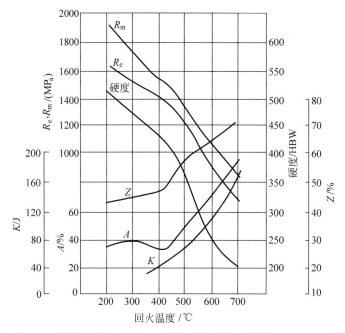

图 7-10　40Cr 钢经不同温度回火后的力学性能（直径 $D = 12\text{mm}$，油淬）

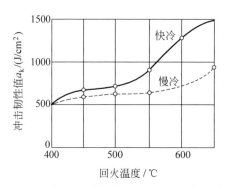

图 7-11　40Cr 钢回火后的冷却速度对冲击韧性的影响

合金调质钢常规热处理后的组织是回火索氏体。

有时对于调质件除了要求有优良的综合力学性能外,往往还要求表层有良好的耐磨性,为此,经调质处理后的零件还可以再进行表面热处理。如 38CrMoAlA 钢是专用于调质后进行氮化处理的钢种。

4. 调质钢的典型钢种介绍

常用调质钢的牌号、化学成分、热处理、力学性能及应用举例见表 7-4。根据淬透性的高低也可以分为如下 3 类:

1) 低淬透性调质钢

常用的合金调质钢有 40Cr 和 40MnB 等,有较好的力学性能和工艺性能。因含合金元素量较少,淬透性低,广泛用于制造尺寸较小的重要零件,如重要的轴类、连杆螺栓、齿轮等。

2) 中淬透性调质钢

含合金元素较多,淬透性提高,可用于制造中等载荷、截面尺寸较大的中型或大型零件,如较大截面的曲轴、连杆,可选用 38CrSi、35CrMo 等合金钢。加 Mo 的钢种主要是防止第二类回火脆性的产生。

3) 高淬透性调质钢

含 Cr、Ni 元素较多,可大大提高钢的淬透性。Cr 与 Ni 适当配合,使钢经调质处理后获得优良的力学性能。常用的有 38CrMoAlA、40CrMnMo、25Cr2Ni4WA 等合金钢,主要用于制造大截面、重载荷的重要零件,如大型轴和齿轮等。

连杆螺栓是发动机中的一个重要连接零件,在工作时承受冲击性的周期变化的拉应力和装配时的预应力,因此要求具有足够的强度、冲击韧性和抗疲劳能力。由于载荷不大,尺寸较小,为了满足上述综合性能的要求,确定用 40Cr 钢制造,其热处理工艺如图 7-12 所示。

连杆螺栓的生产工艺路线如下:

下料—锻造—退火(或正火)—粗加工—调质—精加工—装配

退火(或正火)作为预备热处理,其主要目的是改善锻造组织,细化晶粒,调整硬度,有利于切削加工,为调质处理做好组织准备。

调质处理:淬火(油冷)可获得马氏体组织,回火(水冷)可获得回火索氏体组织。水冷可防止第二类回火脆性,其硬度为 30~38HRC。

7.2.4 弹簧钢

弹簧钢

弹簧钢是一种特殊用途合金结构钢,主要用于制造各种弹簧和弹性元件,如常见的螺旋弹簧和板弹簧等。弹簧是利用弹性变形来储存弹性能的零件,可以吸收弹性能,缓和振动和减少冲击,在汽车和各种机器中有很广泛的用途。

1. 性能要求

对弹簧最基本的要求是具有高的弹性极限 R_e 和屈强比 R_{eL}/R_m。另外,弹簧大多在交变应力下工作,因此应具有高的疲劳强度。此外,弹簧在受到冲击载荷的作用时,应具有足够

表7-4　常用调质钢的牌号、化学成分、热处理、力学性能及应用举例

类别	牌号	统一数字代号	化学成分 ω/%					热处理/℃		力学性能(不小于)					退火硬度/HB	毛坯尺寸/mm	应用举例
			C	Mn	Si	Cr	其他	淬火	回火	R_m/MPa	R_{eL}/MPa	A/%	Z/%	K/J			
	45	U20452	0.42~0.50	0.50~0.80	0.17~0.37	≤0.25		840	600	600	355	16	40	39	≤197	25	小截面、中载荷的调质件，如主轴、曲轴、齿轮、连杆、链轮等
	40Mn	U21402	0.37~0.44	0.70~1.00	0.17~0.37	≤0.25		840	600	590	355	17	45	47	≤207	25	比45钢强韧性要求稍高的调质件
	40Cr	A20402	0.37~0.44	0.50~0.80	0.17~0.37	0.80~1.10		850 油	520	980	785	9	45	47	≤207	25	重要调质件，如轴类、连杆螺栓、机床齿轮、蜗杆、销子等
低淬透性	45Mn2	A00452	0.42~0.49	1.40~1.80	0.17~0.37			840 油	550	885	735	10	45	47	≤217	25	代替40Cr作小于50mm的重要调质件，如机床齿轮、钻床主轴、凸轮、蜗杆等
	45MnB	A71452	0.42~0.49	1.10~1.40	0.17~0.37		0.0005~0.0035B	840 油	500	1030	835	9	40	39	≤217	25	
	40MnVB	A73402	0.37~0.44	1.10~1.40	0.17~0.37		0.05~0.10V　0.0005~0.0035B	850 油	520	980	785	10	45	47	≤207	25	可代替40CrMo或40Cr制造汽车、拖拉机和机床的重要调质件，如温度齿轮、齿轮轴等
	35SiMn	A10352	0.32~0.40	1.10~1.40	1.10~1.40			900 水	570	885	735	15	45	47	≤229	25	除低温韧性稍差外，可全面代替40Cr和部分代替40CrNi

续表

类别	牌号	统一数字代号	化学成分 ω/%					热处理/°C		力学性能(不小于)					退火硬度/HB	毛坯尺寸/mm	应用举例
			C	Mn	Si	Cr	其他	淬火	回火	R_m/MPa	R_{eL}/MPa	A/%	Z/%	K/J			
中淬透性	40CrNi	A40402	0.37~0.44	0.50~0.80	0.17~0.37	0.45~0.75	1.00~1.40Ni	820 油	500	980	785	10	45	55	≤241	25	作较大截面的重要件,如曲轴、主轴、齿轮、连杆等
	40CrMn	A22402	0.37~0.45	0.90~1.20	0.17~0.37	0.90~1.20		840 油	550	980	835	9	45	47	≤229	25	代替40CrNi作受冲击载荷不大的零件,如齿轮、轴、离合器等
	35CrMo	A30352	0.32~0.40	0.40~0.70	0.17~0.37	0.80~1.10	0.15~0.25Mo	850 油	550	980	835	12	45	63	≤229	25	代替40CrNi作大截面齿轮和高负荷传动轴、发电机转子等
	30CrMnSi	A24302	0.27~0.34	0.80~1.10	0.90~1.20	0.80~1.10		880 油	520	1080	885	10	45	39	≤229	25	用于飞机调质件,如起落架、螺栓、天窗盖、冷气瓶等
	38CrMoAl	A33382	0.35~0.42	0.30~0.60	0.20~0.45	1.35~1.65	0.15~0.25Mo	940 水、油	640	980	835	14	50	71	≤229	30	高级氮化钢,作重要丝杆、镗杆、主轴、高压阀门等

162 工程材料

续表

类别	牌号	统一数字代号	化学成分 ω/%					热处理 /℃		力学性能(不小于)					退火硬度 /HB	毛坯尺寸 /mm	应用举例
			C	Mn	Si	Cr	其他	淬火	回火	R_m/MPa	R_{eL}/MPa	A/%	Z/%	K/J			
高淬透性	37CrNi3	A42372	0.34~0.41	0.30~0.60	0.17~0.37	1.20~1.60	3.00~3.50Ni	820油	500	1130	980	10	50	47	≤269	25	高强韧性的大型重要零件,如汽轮机叶轮、转子轴等
	25Cr2Ni4WA	A52253	0.21~0.28	0.30~0.60	0.17~0.37	1.35~1.65	4.00~4.50Ni 0.80~1.20W	850油	550	1080	930	11	45	71	≤269	25	大截面、高负荷的重要调质件,如汽轮机主轴、叶轮等
	40CrNiMoA	A50403	0.37~0.44	0.50~0.80	0.17~0.37	0.60~0.90	0.15~0.25Mo 1.25~1.65Ni	850油	600	980	835	12	55	78	≤269	25	高强韧性大型重要零件,如飞机起落架、航空发动机轴等
	40CrMnMo	A34402	0.37~0.45	0.90~1.20	0.17~0.37	0.90~1.20	0.20~0.30Mo	850油	600	980	785	10	45	63	≤217	25	部分代替40CrNiMoA,如作卡车后桥半轴、齿轮轴等

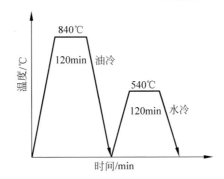

图 7-12　连杆螺栓热处理工艺图

的塑性及韧性,以免脆断。根据生产工艺需要,弹簧钢应有较好的淬透性,不易脱碳和过热,容易绕卷或弯曲成形等。

2. 成分特点

合金弹簧钢的化学成分有以下特点。

1) 中、高碳

为了保证弹簧钢具有较高的强度以及高的弹性极限和疲劳极限,弹簧钢的含碳量应比调质钢高,一般为 0.5%~0.65%,如 50CrMn、55Si2Mn、60Si2Mn 等。含碳量过高时,塑性、韧性降低,疲劳抗力也下降。

2) 加入以 Si、Mn 为主的提高淬透性的元素

Si 和 Mn 主要是提高淬透性,同时也提高屈强比,以 Si 的作用最突出,但它在热处理时会促进表面脱碳,从而降低疲劳强度,而 Mn 则使钢易于过热。因此,重要用途的弹簧钢必须加入 Cr、V、W 等元素。例如 Si-Cr 弹簧钢表面不易脱碳;Cr-V 弹簧钢晶粒细不宜过热,耐冲击性能好,高温强度也较高。

弹簧钢的冶金质量对疲劳强度有很大的影响,所以弹簧钢均为优质钢或高级优质钢。

常用弹簧钢的牌号、化学成分、热处理、力学性能及应用举例见表 7-5。

3. 加工、热处理特点及性能

弹簧钢按加工与热处理分为两类。

1) 热成形弹簧

用热轧钢丝或钢板制成,经淬火＋中温(450~550℃)回火,获得回火托氏体组织,具有很高的屈服强度和屈强比,同时又有一定的塑性和韧性。热成形方法一般用于较大型弹簧的制造。

2) 冷成形弹簧

用弹簧钢丝(片)在冷态下制成,只进行消除内应力的低温退火,使弹簧定型。冷成形方法只用来制造小型弹簧。

为了提高弹簧的疲劳强度,特别是提高淬火和回火强化的弹簧的疲劳性能,可以采用喷丸强化。喷丸处理的作用是使弹簧表面产生微量塑性变形,形成残余压应力,消除脱碳层的不利影响,改善表面粗糙度,从而提高疲劳强度。例如用 60Si2Mn 弹簧钢制造的汽车板簧,经喷丸处理后,使用寿命可提高 3~5 倍。

表7-5　常用弹簧钢的牌号、化学成分、热处理、力学性能及应用举例

牌号	化学成分 ω/%						热处理/℃		力学性能（不小于）				应用举例
	C	Mn	Si	Cr	P,S 不大于	其他	淬火	回火	R_m/MPa	R_{eL}/MPa	A/%	Z/%	
65	0.62~0.70	0.50~0.80	0.17~0.37	≤0.25	0.035		840	500	980	785	9	35	调压调速弹簧、柱塞弹簧、测力弹簧及一般机械上用的圆、方螺旋弹簧
70	0.72~0.80	0.50~0.80	0.17~0.37	≤0.25	0.035		820	480	1080	880	7	30	机车车辆、汽车、拖拉机的板簧及螺旋弹簧
85	0.82~0.90	0.50~0.80	0.17~0.37	≤0.25	0.035		820	480	1130	980	6	30	
65Mn	0.62~0.70	0.90~1.20	0.17~0.37	≤0.25	0.035		830	480	1000	800	8	30	小汽车离合器弹簧、制动弹簧、气门簧
55Si2Mn	0.52~0.60	0.60~0.90	1.50~2.00	≤0.35	0.035		870	480	1275	1177	6	30	用于机车车辆、汽车、拖拉机上的板簧、螺旋弹簧、汽缸安全阀簧、止回阀簧及其他高应力下工作的重要弹簧，还可用作250℃以下工作的耐热弹簧
55Si2MnB	0.52~0.60	0.60~0.90	1.50~2.00	≤0.35	0.035	0.0005~0.004B	870	480	1275	1177	6	30	
55SiMnVB	0.52~0.60	1.00~1.30	0.70~1.00	≤0.35	0.035	0.08~0.16V 0.0005~0.0035B	860	460	1373	1226	5	30	
60Si2Mn	0.56~0.64	0.60~0.90	1.50~2.00	≤0.35	0.035		870	480	1275	1177	5	25	
60Si2MnA	0.56~0.64	0.60~0.90	1.60~2.00	≤0.35	0.030		870	440	1569	1373	5	20	

续表

牌号	化学成分 w/%						热处理/℃		力学性能（不小于）				应用举例
	C	Mn	Si	Cr	P,S 不大于	其他	淬火	回火	R_m/MPa	R_{eL}/MPa	A/%	Z/%	
60Si2CrA	0.56~0.64	0.40~0.70	1.40~1.80	0.70~1.00	0.030		870	420	1765	1569	6	20	用于承受重载荷及300~350℃以下工作的弹簧，如调速器弹簧、汽轮机汽封弹簧等
60Si2CrVA	0.56~0.64	0.40~0.70	1.40~1.80	0.90~1.20	0.030	0.10~0.20V	850	410	1863	1667	6	20	
55CrMnA	0.52~0.60	0.65~0.95	0.17~0.37	0.65~0.95	0.030		830~860	460~510	1226	1079	9	20	用于载重汽车、拖拉机，小轿车上的板簧，50mm直径的螺旋弹簧
60CrMnA	0.56~0.64	0.70~1.00	0.17~0.37	0.70~1.00	0.030		830~860	460~520	1226	1079	9	20	
60CrMnMoA	0.56~0.64	0.70~1.00	0.17~0.37	0.70~0.90	0.030	0.25~0.35Mo	—	—	—	—	—	—	
60CrMnBA	0.56~0.64	0.70~1.00	0.17~0.37	0.70~1.00	0.030	0.0005~0.004B	830~860	460~520	1226	1079	9	20	
50CrVA	0.46~0.54	0.50~0.80	0.17~0.37	0.80~1.10	0.030	0.10~0.20V	850	500	1275	1128	10	40	大截面高负荷的重要弹簧及300℃以下工作的阀门弹簧、活塞弹簧、安全阀弹簧等
30W4Cr2VA	0.26~0.34	≤0.40	0.17~0.37	2.00~2.50	0.030	0.50~0.80V 4~4.5W	1050~1100	600	1471	1324	7	40	≤300℃温度下工作的弹簧，如锅炉主安全阀弹簧、汽轮机汽封弹簧片等

下面以汽车板簧成形为例,说明热成形弹簧的工艺路线:

扁钢下料 → 折弯成形 → 淬火 → 中温回火 → 喷丸

通常为减少弹簧的加热次数,往往把加热状态下的折弯成形与淬火结合起来进行。

滚动轴承钢

7.2.5　滚动轴承钢

轴承钢主要用来制造滚动轴承的滚动体(滚珠、滚柱、滚针)、内外套圈等,属特殊用途合金钢。从化学成分上看它又属于工具钢,所以也用于制造精密量具、冷作模具、机床丝杠等耐磨件。

1. 性能要求

滚动轴承在工作中承受极高的交变载荷,滚动体与套圈之间的工作接触面很小,产生极大的接触应力,因而要求这类钢有高的抗接触疲劳强度、极高且均匀的硬度和耐磨性。其次,还应有一定的韧性与淬透性,并在大气和润滑介质中有一定的抗蚀能力。此外,对轴承钢内部组织、成分的均匀性、所含的非金属夹杂物以及表面脱碳程度等均要求很严格。

2. 成分特点

轴承钢的化学成分有以下特点。

1)高碳

为了保证轴承钢的高硬度、高耐磨性和高强度,含碳量应较高,一般为 $0.95\% \sim 1.10\%$。

2)铬为基本合金元素

铬能提高淬透性;它的渗碳体 $(Fe,Cr)_3C$ 呈细密、均匀状分布,能提高钢的耐磨性特别是接触疲劳强度。但含铬量过高会增大残余奥氏体量和碳化物分布的不均匀性,使钢的硬度和疲劳强度反而降低。适宜含量为 $0.4\% \sim 1.65\%$。

3)加入 Si、Mn、V 等

Si、Mn 能进一步提高淬透性,便于制造大型轴承。V 部分溶于奥氏体中,部分形成 VC,可提高钢的耐磨性并防止过热。

4)纯度要求极高

规定 $\omega_S < 0.02\%$,$\omega_P < 0.027\%$,非金属夹杂物对轴承钢的性能尤其是抗接触疲劳性能影响很大。

为了节约 Cr 元素,近年来广泛采用含 Si、Mn、Mo、V、RE(稀土)等元素的无铬轴承钢代替铬轴承钢,如用 GSiMoMn 钢代替 GCr15 钢。

常用轴承钢的牌号、化学成分、热处理规范及应用举例见表 7-6。

表 7-6 轴承钢的牌号、化学成分、热处理规范及应用举例

牌 号	化学成分 ω/%							热处理规范			应用举例
	C	Cr	Si	Mn	V	Mo	RE	淬火温度/℃	回火温度/℃	回火后硬度/HRC	
GCr6	1.05~1.15	0.4~0.7	0.15~0.35	0.20~0.40				800~820	150~170	62~66	小于 10mm 的滚珠、滚柱和滚针
GCr9	1.00~1.10	0.9~1.2	0.15~0.35	0.20~0.40				800~820	150~160	62~66	20mm 以内的各种滚动轴承
GCr9SiMn	1.00~1.10	0.9~1.2	0.40~0.70	0.90~1.20				810~830	150~200	61~65	壁厚＜14mm、外径＜250mm 的轴套,25～50mm 的钢珠,直径 25mm 的滚柱
GCr15	0.95~1.05	1.30~1.65	0.15~0.35	0.20~0.40				820~840	150~160	62~66	与 GCr9 SiMn 同
GCr15SiMn	0.95~1.05	1.30~1.65	0.40~0.65	0.90~1.20				820~840	170~200	≥62	壁厚≥14mm、外径 250mm 的套圈,直径 20～200mm 的钢球,其他同 GCr15
GMnMoVRE	0.95~1.05		0.15~0.40	1.10~1.40	0.15~0.25	0.4~0.6	0.01~0.05	770~810	170±5	≥62	代替 GCr15 用于军工和民用方面的轴承
GSiMoMnV	0.95~1.10		0.45~0.65	0.75~1.05	0.2~0.3	0.2~0.4		780~820	175~200	≥62	与 GMnMoVRE 同

3. 加工、热处理特点及性能

轴承钢的热处理主要为球化退火、淬火＋低温回火。

1) 球化退火

球化退火是预备热处理,其目的是使片状的碳化物发生球化,获得粒状组织,降低硬度,便于切削加工,并为淬火做组织上的准备。

2) 淬火＋低温回火

淬火温度要求十分严格,温度过高会过热,晶粒长大,使韧性和疲劳强度下降,且易淬裂和变形;温度过低则奥氏体中溶解的铬量和碳量不够,钢淬火后硬度不足。淬火＋低温回火是决定轴承性能的最终热处理,处理后的组织应为极细的回火马氏体(约80%)与分布均匀的细粒状碳化物(5%～10%)以及少量的残余奥氏体(5%～10%),硬度为62～66HRC。

下面简要说明铬轴承钢轴承的制作。其工艺路线为:

锻造 → 球化退火 → 机加工 → 淬火＋低温回火 → 磨削加工

为消除磨削应力,并进一步稳定组织,提高尺寸稳定性,常在磨削加工后再进行一次更低温度(120～130℃)的长时间(5～10h)回火,又称为稳定化处理。

7.2.6 易切削钢

易切削钢是在钢中加入一些金属或非金属元素,使它们在钢中以夹杂物的形式存在,从而使切削抗力降低,切屑容易脆断,切削速度提高,刀具寿命延长,切削加工性得到改善。易切削钢常用作自动加工机床上加工零件所用的原材料,广泛应用于制造标准件、轴类及齿轮等零件上。

1. 性能要求

钢的切削加工性的高低指的是材料被切削的难易程度,容易切削的钢其易切性高。通常说材料易切性的高低,一般是从硬度的高低来考虑的,切削加工时被切材料的理想硬度值为170~230HBS。因此,易切削钢的硬度值应在此范围内或接近此范围。

2. 成分特点

这类钢含硫量为0.08%~0.3%,含锰量为0.60%~1.55%。钢中的S和Mn以MnS形态存在,MnS很脆并有润滑功能,从而使切屑容易碎断,并有利于提高加工表面质量。

易切削钢根据所含元素的不同,分为硫易切钢、铅易切钢、钙易切钢等,以硫易切钢应用最多。

1) 硫易切钢

S的存在使钢产生热脆,应严加限制,但钢中有Mn存在时,形成MnS后则S的危害程度大为减轻,同时对改善钢材的易切削性相当有利。有些易切钢在提高Mn的同时,使含硫量提高到0.26%~0.35%,在钢中形成MnS夹杂物,破坏基体的连续性,促使切屑断裂,减少切屑与刀具之间的摩擦,使切屑易于排除。有时含磷量也高一些,使钢材更易切削加工。

2) 铅易切钢

在碳素结构钢、合金结构钢和不锈钢等钢中有意加入0.10%~0.35%的Pb,因Pb在钢中基本不溶,而以2~3μm的质点弥散分布于基体组织中,当切削过程中所产生热量达到Pb的熔点时,呈熔化状态的Pb在刀具与切屑以及刀具与钢材的加工面之间产生润滑作用,使摩擦系数降低,磨损减少,提高了刀具的寿命。同时,Pb的存在使钢材塑性下降,切屑变脆,断屑容易,便于处理切屑。

在普通低合金易切削钢中还加入了碲、铋等元素。

常用易切削钢的牌号、化学成分和力学性能见表7-7。

表7-7 常用易切削钢的牌号、化学成分和力学性能

牌号	化学成分ω/%							力学性能			
	C	Si	Mn	S	P	Pb	Ca	R_m/MPa	A/%	Z/%	硬度/HBS
Y12	0.08~0.16	0.15~0.35	0.70~1.00	0.10~0.20	0.08~0.15			390~540	22	36	170
Y12Pb	0.08~0.16	≤0.15	0.70~1.10	0.15~0.25	0.05~0.10	0.15~0.35		390~540	22	36	170

续表

牌号	化学成分 ω/%							力学性能			
	C	Si	Mn	S	P	Pb	Ca	R_m/ MPa	A/ %	Z/ %	硬度/ HBS
Y15	0.10~ 0.18	≤0.15	0.80~ 1.20	0.23~ 0.33	0.05~ 0.10			390~ 540	22	36	170
Y30	0.27~ 0.35	0.15~ 0.35	0.70~ 1.00	0.08~ 0.15	≤0.06			510~ 655	15	25	187
Y40Mn	0.37~ 0.45	0.15~ 0.35	1.20~ 1.55	0.20~ 0.30	≤0.05			590~ 735	14	20	207
Y45Ca	0.42~ 0.50	0.20~ 0.40	0.60~ 0.90	0.04~ 0.08	≤0.04		0.020~ 0.060	600~ 745	12	26	241

易切削钢的编号是以汉语拼音字母"Y"为首,后继的数字为平均含碳量,以万分之几表示。

硫易切削钢或硫磷易切削钢,牌号中不标出易切削元素符号,而含 Ca、Pb、Se 等元素的易切削钢,在牌号尾部标出,如 Y15Pb、Y45Ca。

含锰量较高的易切削钢,在符号 Y 和阿拉伯数字后标出锰元素符号。例如平均含碳量为 0.40%、含锰量较高(1.20%~1.55%)的易切削钢,其牌号表示为 Y40Mn。

3. 应用举例

自动机床加工的零件多选用低碳易切削钢;可加工性要求高的选用含 S 的 Y15;需要焊接的选用含 S 较低的 Y12;强度要求较高的选用 Y20 或 Y30;车床丝杠选用中含锰中碳钢 Y40Mn。加 Pb 或 Ca 后,只改善可加工性,而力学性能影响很小,多用于制造经过渗碳或调质处理的受力零件,如传动齿轮、轴类零件等。

Y12、Y15、Y20 属于低碳钢,可以渗碳或淬火成低碳马氏体。Y40 等属于中碳钢,可以调质及表面淬火。硫易切削钢的锻造、焊接以及冷镦工艺性等都不好,使用时应加以注意。

7.3　合金工具钢

合金工具钢

用来制造各种刃具、模具和量具等工具的钢称为工具钢。工具钢与结构钢由于用途不同,它们的化学成分和热处理也不相同,从而形成工具钢在成分和组织上不同的特点。

工具钢按用途可分为刃具钢、模具钢和量具钢,但实际应用界限并非绝对。例如某些低合金刃具钢也可作冷模或量具,还可以用来制造某些机器零件。要了解各种钢的成分及性能特点,以便根据具体条件进行选用。

7.3.1　合金刃具钢

合金刃具钢主要用于制造车刀、铣刀、钻头、丝锥和板牙等金属切削刀具。

1. 工作条件及性能要求

刀具切削时受工件的压力,刃部与切屑之间发生强烈的摩擦。由于切削发热,刃部温度可达 500~600℃,甚至更高。此外,还要承受一定的冲击和振动。因此对刀具钢提出如下基本性能要求。

1)高硬度

刀具是用来切削加工工件的,只有刀具硬度高于工件材料的硬度,加工才能顺利地进行。切削金属材料所用刀具的硬度一般都在 60HRC 以上。

2)高耐磨性

刀具进行切削时,与被切削材料相互摩擦,因此,要保持刀具刃口锋利耐用,就必须要求刀具钢有高的耐磨性,耐磨性直接影响刀具的使用寿命和加工效率。高的耐磨性取决于钢的高硬度和其中碳化物的性质、数量、大小及分布。

3)高红硬性

刀具切削时必须保证刃部硬度不随温度的升高而明显降低。钢在高温下保持高硬度的能力称为红硬性或热硬性。红硬性与钢的回火稳定性和特殊碳化物的弥散析出有关。

4)强度和韧性

刀具在工作时,总要受到一定的冲击和各种力的作用,为了保证刀具在使用过程中不崩刃和不折断,要求刀具热处理后具有一定的强度和韧性。

2. 合金刃具钢的种类及成分特点

合金刃具钢分两类:一类主要用于低速切削,称为低合金刃具钢;另一类用于高速切削,称为高速钢。

1)低合金刃具钢

这类钢的最高工作温度不超过 300℃,其成分的主要特点是:

(1)高碳。保证刀具有高的硬度和耐磨性,含碳量一般为 0.9%~1.1%。

(2)加入 Cr、Mn、Si、W、V 等合金元素。Cr、Mn、Si 主要是提高钢的淬透性,Si 还能提高回火稳定性,W、V 能提高硬度和耐磨性,并防止加热时过热,保持晶粒细小。

常用的低合金刃具钢有:含铬量为 1%~2% 的淬透性较高的钢,如 9SiCr、CrMn 等;含铬量为 0.4%~0.7% 的淬透性较低的钢,如 CrW5、8CrV 等。

常用低合金刃具钢的牌号、化学成分、热处理及应用举例见表 7-8。

表 7-8 常用低合金刃具钢的牌号、化学成分、热处理及应用举例

牌号	化学成分 ω/%					淬火			回火		应用举例
	C	Mn	Si	Cr	其他	温度/℃	介质	硬度/HRC(≥)	温度/℃	硬度/HRC	
9SiCr	0.85~0.95	0.3~0.6	1.2~1.6	0.95~1.25		850~870	油	62	190~200	60~63	板牙、丝锥、铰刀、搓丝板、冷冲模等

续表

牌号	化学成分 $\omega/\%$					淬火			回火		应用举例
	C	Mn	Si	Cr	其他	温度/℃	介质	硬度/HRC（≥）	温度/℃	硬度/HRC	
CrWMn	0.9~1.05	0.8~1.1	0.15~0.35	0.9~1.2	1.2~1.6 W	820~840	油	62	140~160	62~65	长丝锥、长铰刀、板牙、拉刀、量具、冷冲模等
CrMn	1.3~1.5	0.45~0.75	≤0.40	1.3~1.6		840~860	油	62	130~140	62~65	长丝锥、拉刀、量具等
9Mn2V	0.85~0.95	1.7~2.0	≤0.40		0.01~0.25 V	780~800	油	62	150~200	58~63	丝锥、板牙、样板、量规、中小型模具、磨床主轴、精密丝杠等

从表 7-8 中可以看出,低合金刃具钢除含碳量较高之外,还含有 Cr、Si、Mn、W、V 等合金元素,这些元素不同程度地提高了钢的淬透性,其中强碳化物形成元素所形成的合金碳化物比起普通渗碳体来更为稳定和耐磨,含铬量和含硫量含量较高时还能提高钢的回火稳定性和红硬性。

2) 高速钢

高速工具钢简称高速钢,也叫锋钢,是一种适于高速切削的高合金刃具钢,具有很高的红硬性,在高速切削的刃部温度达 600℃ 时,硬度无明显下降。其成分特点是:

(1) 高碳。含碳量在 0.70% 以上,最高可达 1.5% 左右,一方面要保证能与 W、Cr、V 等形成足够数量的碳化物,另一方面还要有一定数量的碳溶于奥氏体中,以保证马氏体的高硬度。

(2) 加入 Cr 提高淬透性。几乎所有高速钢的含铬量都在 4% 左右。Cr 的碳化物 ($Cr_{23}C_6$) 在淬火加热时几乎全部溶于奥氏体中,能够增加过冷奥氏体的稳定性,大大提高钢的淬透性。Cr 还能提高钢的抗氧化、脱碳的能力。

(3) 加入 W、Mo 保证高的红硬性。退火状态下 W 或 Mo 主要以 M_6C 型的碳化物形式存在。淬火加热时,一部分 $(Fe,W)_6C$ 等碳化物溶于奥氏体中,淬火后存在于马氏体中,在 560℃ 左右回火时,碳化物以 W_2C 或 Mo_2C 形式弥散析出,形成二次硬化。这种碳化物在 500~600℃ 温度范围内非常稳定,不易聚集长大,从而使钢产生良好的红硬性。淬火加热时,未溶的碳化物能起阻止奥氏体晶粒长大及提高耐磨性的作用。

(4) 加入 V 提高耐磨性。V 形成的碳化物 VC(或 V_4C_3)非常稳定,极难溶解,硬度极高(大大超过 W_2C 的硬度)且颗粒细小,分布均匀,因此对提高钢的硬度和耐磨性有很大作用。V 也产生二次硬化,但因总含量不高,对提高红硬性的作用不大。

Co 和 Al 的加入可提高钢的红硬性,细化晶粒,提高硬度。但 Co 的价格昂贵,一般特殊工具钢才加入。

高速钢的品种按所含的主要合金元素的不同可以分为三种类型,即钨系高速钢、钼系高速钢和钒系(超硬)高速钢,它们具有不同的性能,适用于制造各种不同用途和不同类型的切削刀具。表 7-9 中列出了常用高速钢的牌号、化学成分、热处理、硬度及应用举例。

表 7-9　常用高速钢的牌号、化学成分、热处理、硬度及应用举例

牌　　号	化学成分 ω /%								热处理 /℃		退火硬度 /HB	淬火回火硬度 /HRC	应用举例
	C	Mn	Si	Cr	W	Mo	V	其他	淬火	回火			
W18Cr4V	0.70 ~ 0.80	0.10 ~ 0.40	0.20 ~ 0.40	3.80 ~ 4.40	17.50 ~ 19.00	≤0.30	1.00 ~ 1.40		1270 ~ 1285	550 ~ 570	≤255	≥63	高速车刀、钻头、铣刀等
W18Cr4V2Co5	0.85 ~ 0.95	0.10 ~ 0.40	0.20 ~ 0.40	3.75 ~ 4.50	17.50 ~ 19.00	0.40 ~ 1.00	0.80 ~ 1.20	4.25 ~ 5.75Co	1280 ~ 1300	540 ~ 560	≤269	≥63	拉刀、滚刀、铣刀、丝锥等
W6Mo5Cr4V2	0.80 ~ 0.90	0.15 ~ 0.45	0.20 ~ 0.45	3.80 ~ 4.40	5.50 ~ 6.75	4.50 ~ 5.50	1.75 ~ 2.20		1210 ~ 1230	550 ~ 570	≤255	≥63	冲击较大的刀具等
W6Mo5Cr4V3	1.00 ~ 1.10	0.15 ~ 0.40	0.20 ~ 0.45	3.75 ~ 4.50	6.00 ~ 7.00	4.50 ~ 5.50	2.25 ~ 2.75		1200 ~ 1230	540 ~ 560	≤255	≥64	拉刀、滚刀、铣刀、丝锥等
W9Mo3Cr4V	0.77 ~ 0.87	0.20 ~ 0.45	0.20 ~ 0.40	3.80 ~ 4.40	8.50 ~ 9.50	2.70 ~ 3.30	1.30 ~ 1.70		1220 ~ 1240	540 ~ 560	≤255	≥63	切削刀具、冷、热模具等
W6Mo5Cr4V2Al	1.05 ~ 1.20	0.15 ~ 0.40	0.20 ~ 0.60	3.80 ~ 4.40	5.50 ~ 6.75	4.50 ~ 5.50	1.75 ~ 2.20	0.80 ~ 1.20Al	1220 ~ 1250	540 ~ 560	≤269	≥65	拉刀、滚刀、插齿刀、镗刀等

3. 加工及热处理特点

1) 低合金刃具钢的加工及热处理

低合金刃具钢的加工过程是:

球化退火→机加工→淬火＋低温回火

淬火一般是采用油淬,因此变形小,淬裂倾向低。淬火温度应根据工件形状、尺寸及性能要求严格控制,一般都要预热;回火温度为 $160\sim200$℃。热处理后的组织为回火马氏体、剩余碳化物和少量残余奥氏体。

9SiCr 钢是应用较广的一种低合金刃具钢,由于 Cr、Si 的复合作用,提高了钢的淬透性,使直径小于 40mm 的工具在油中淬火均能淬透,且变形小,耐磨性高,红硬性好,所以这种钢常用来制造精度及耐磨性要求较高、切削不太强烈的刃具,如钻头、板牙及各种薄刃刀具。

下面以 9SiCr 钢制造板牙为例,说明其加工工艺路线的安排和热处理工序的选定。

加工工艺路线如下:

锻造 → 球化退火 → 机械加工 → 淬火 ＋ 低温回火 → 磨平面 → 抛槽 → 开口

球化退火的目的是降低硬度,便于机械加工。退火后的硬度为 $197\sim241$HB。

图 7-13 所示为淬火及低温回火的工艺规范。首先在 $600\sim650$℃预热,以减少高温停留时间,从而降低板牙处理时的氧化和脱碳。淬火温度为 $850\sim870$℃,然后放入 $160\sim180$℃的硝盐浴中进行等温淬火,获得下贝氏体组织,这样比直接采用油淬所得到的韧性会更好,而且可减少变形,硬度可达 60HRC 以上。

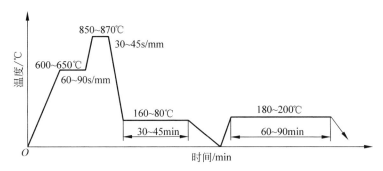

图 7-13　9SiCr 钢板牙淬火、回火工艺曲线

回火处理是在 $180\sim200$℃低温下进行的,以消除内应力和进一步提高韧性。

9SiCr 钢由于有 Si 元素存在,热处理稍有不当就容易引起脱碳,特别是在板牙螺纹部分发生脱碳,使耐磨性大大降低,所以板牙在盐浴等温淬火时,盐浴应严格进行脱氧,以防止脱碳。

2) 高速钢的加工及热处理

高速钢的加工、热处理比低合金刀具钢复杂得多。

(1) 锻造。高速钢属于莱氏体钢,铸态组织中含有大量呈鱼骨状分布的粗大共晶碳化物 M_6C,如图 7-14(a)所示,大大降低了钢的力学性能,特别是韧性。这些碳化物不能用热处理来消除,只能依靠锻打来击碎,并使其均匀分布。因此高速钢的锻造具有成形和改善碳化物的两重作用,是非常重要的加工过程。为了得到小块均匀的碳化物,高速钢需要经过反复多次的镦拔。高速钢的塑性、导热性较差,锻后必须缓冷。

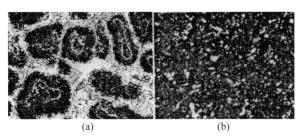

图 7-14　高速钢各加工、热处理阶段的组织
(a) 铸态组织;(b) 锻造和球化退火后组织

(2) 热处理。高速钢锻造后要进行球化退火,以便于机加工,并为淬火作好组织准备。球化退火后的组织为索氏体基体和在其中均匀分布的细小粒状碳化物,如图 7-14(b)所示。

由于高速钢的导热性很差,淬火温度又很高,所以淬火加热时必须进行一次预热($800\sim$850℃)或两次预热($500\sim600$℃,$800\sim850$℃)。高速钢中含有大量 W、Mo、Cr、V 的难溶碳化物,它们只有在 1200℃以上才能溶于奥氏体中,以保证钢淬火、回火后获得高的红硬性,因此高速钢的淬火加热温度非常高,一般为 1220~1280℃。图 7-15 所示为高速钢淬火温度和加热时间对硬度的影响。高速钢淬火后的组织为马氏体、合金碳化物和大量残余奥氏体。

高速钢通常在二次硬化峰值温度或稍高一些的温度(550~570℃)下回火三次。在此温度范围内回火时,W、Mo 及 V 的碳化物从马氏体中析出,呈弥散分布,使钢的硬度明显上升;同时残余奥氏体转变为马氏体,也使硬度提高,由此形成二次硬化现象,保证了钢的高硬度和红硬性,如图 7-16 所示。进行多次回火是为了逐步减少残余奥氏体量。W18Cr4V 钢淬火后约有 30% 残余奥氏体,经一次回火后剩 15%~18%,二次回火后降到 3%~5%,第三次回火后仅剩下 1%~2%。

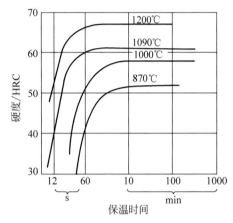

图 7-15 W18Cr4V 钢的淬火温度加热时间
对硬度的影响

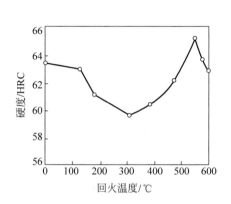

图 7-16 W18Cr4V 钢的硬度与回火温度的关系

高速钢回火后的组织为回火马氏体、碳化物及少量残余奥氏体。

近年来,高速钢的等温淬火也获得广泛应用,等温淬火后的组织为下贝氏体、残余奥氏体和剩余碳化物。等温淬火能减少变形和提高韧性,适用于形状复杂的大型刀具和冲击韧性要求高的刀具。

图 7-17 所示为 W18Cr4V 钢热处理全过程示意图。

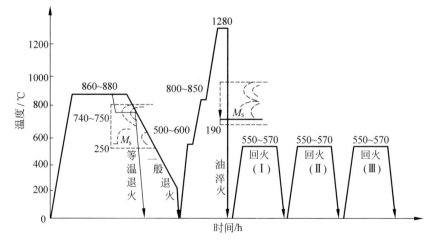

图 7-17 W18Cr4V 钢的热处理过程

7.3.2 合金模具钢

模具钢一般分为冷作模具钢和热作模具钢两大类。冷作模具钢用于制造各种冷冲模、冷镦模、冷挤压模和拉丝模等,工作温度不超过 200～300℃。热作模具钢用于制造各种热锻模、热压模、热挤压模和压铸模等,工作时型腔表面温度可达 600℃以上。

1. 工作条件及性能要求

冷作模具钢和热作模具钢的性能要求不同。

冷作模具钢工作时承受很大压力、弯曲力、冲击载荷和摩擦,主要损坏形式是磨损,也常出现崩刃、断裂和变形等失效现象。因此,冷作模具钢应具有以下基本性能:

(1) 高硬度,一般为 58～62HRC。

(2) 高耐磨性。

(3) 足够的韧性与疲劳抗力。

(4) 热处理变形小。

热作模具钢在工作中承受很大的冲压载荷、强烈的塑性摩擦、剧烈的冷热循环所引起的不均匀热应变和热应力,以及高温氧化,常出现崩裂、塌陷、磨损、龟裂等失效现象。因此,热作模具钢的主要性能要求是:

(1) 高的热硬性和高温耐磨性。

(2) 高的抗氧化能力。

(3) 高的热强性和足够高的韧性,尤其是受冲击较大的热锻模钢。

(4) 高的热疲劳抗力,以防止龟裂破坏。

此外,由于热作模具一般较大,还要求有高的淬透性和导热性。

2. 成分特点

冷作模具钢的成分特点为:

(1) 高碳。含碳量多在 1.0% 以上,有时达 2%,以保证获得高硬度和高耐磨性。

(2) 加入 Cr、Mo、W、V 等合金元素,形成难溶碳化物,提高耐磨性,尤其是加 Cr。典型的 Cr12 型钢,含铬量高达 12%。Cr 与 C 形成 M_7C_3 型碳化物,能极大地提高钢的耐磨性。Cr 还能显著提高淬透性。

热作模具钢的成分特点为:

(1) 中碳。含碳量一般为 0.3%～0.6%,以保证高强度、高韧性、较高的硬度(35～52HRC)和较高的热疲劳抗力。

(2) 加入较多的提高淬透性的元素 Cr、Ni、Mn、Si 等。Cr 是提高淬透性的主要元素,同时和 Ni 一起提高钢的回火稳定性。Ni 在强化铁素体的同时还能增加钢的韧性,并与 Cr、Mo 一起提高钢的淬透性和耐热疲劳性能。

(3) 加入产生二次硬化的 Mo、W、V 等元素。Mo 还能防止第二类回火脆性,提高高温强度和回火稳定性。

3．加工及热处理特点

冷作模具钢的热处理特点与低合金刃具钢类似。高碳高铬冷作模具钢的热处理方法有如下两种：

（1）一次硬化法。在较低的温度（950～1000℃）下淬火，然后低温（150～180℃）回火，硬度可达61～64HRC，使钢具有较好的耐磨性和韧性，适用于重载模具。

（2）二次硬化法。在较高的温度（1100～1150℃）下淬火，然后于510～520℃多次（一般为三次）回火，产生二次硬化，使硬度达60～62HRC，红硬性和耐磨性较高（但韧性较差），适用于在400～450℃温度下工作的模具。Cr12型钢热处理后组织为回火马氏体、碳化物和残余奥氏体。

热作模具钢中热锻模钢的热处理与调质钢相似。淬火后高温（550℃左右）回火，以获得回火索氏体——回火托氏体组织。热压模钢淬火后在略高于二次硬化峰值的温度（600℃左右）下回火，组织为回火马氏体、粒状碳化物和少量残余奥氏体。与高速钢类似，为了保证热硬性，回火要进行多次。

常用模具钢的牌号、化学成分、热处理及应用举例列于表7-10、表7-11中。

表7-10 常用冷作模具钢的牌号、化学成分、热处理及应用举例

牌号	化学成分 ω/%						
	C	Si	Mn	Cr	Mo	W	V
9Mn2V	0.85～0.95	≤0.40	1.70～2.00				0.10～0.25
CrWMn	0.90～1.05	≤0.40	0.80～1.10	0.9～1.20		1.20～1.60	
Cr12	2.00～2.30	≤0.40	≤0.40	11.50～13.50			0.15～0.30
Cr12MoV	1.45～1.70	≤0.40	≤0.40	11.00～12.50	0.40～0.60		0.80～1.10
Cr4W2MoV	1.12～1.25	0.40～0.70	≤0.40	3.50～4.00	0.80～1.20	1.90～2.60	0.70～1.10
6W6Mo5Cr4V	0.55～0.65	≤0.40	≤0.60	3.70～4.30	4.50～5.50	6.00～7.00	
4CrW2Si	0.35～0.45	0.80～1.10	≤0.40	1.00～1.30		2.00～2.50	
6CrW2Si	0.55～0.65	0.50～0.80	≤0.40	1.00～1.30		2.20～2.70	

牌号	退火		淬火		回火		应用举例
	温度/℃	硬度/HB	温度/℃	冷却介质	温度/℃	硬度/HRC	
9Mn2V	750～770	≤229	780～820	油	150～200	60～62	滚丝模、冷冲模、冷压模、塑料模
CrWMn	760～709	190～230	820～840	油	140～160	62～65	冷冲模、塑料模
Cr12	870～900	207～255	950～1000	油	200～450	58～64	冷冲模、拉延模、压印模、滚丝模
Cr12MoV	850～870	207～255	1020～1040	油	150～425	55～63	冷冲模、压印模、冷镦模、冷挤压模
Cr4W2MoV	850～870	240～255	980～1000	油	260～300	＞60	代替Cr12MoV钢
6W6Mo5Cr4V	850～870	179～229	1020～1040	油或硝盐	560～580	60～63	冷挤压模（钢件、硬铝件）

续表

牌号	退火		淬火		回火		应用举例
	温度/℃	硬度/HB	温度/℃	冷却介质	温度/℃	硬度/HRC	
4CrW2Si	710~740	179~217	1180~1200	油	200~250	53~56	剪刀、切片冲头（耐冲击工具用钢）
6CrW2Si	700~730	229~285	860~900	油	200~250	53~56	剪刀、切片冲头（耐冲击工具用钢）

表 7-11　常用热作模具钢的牌号、化学成分、热处理及应用举例

牌号	化学成分 ω /%							
	C	Si	Mn	Cr	Mo	W	V	其他
5CrMnMo	0.50~0.60	0.25~0.60	1.20~1.60	0.60~0.90	0.15~0.30			
5CrNiMo	0.50~0.60	≤0.40	0.50~0.80	0.50~0.80	0.15~0.30			1.40~1.80Ni
4Cr5MoSiV	0.33~0.42	0.80~1.20	0.20~0.50	4.75~5..50	1.10~1.60		0.30~0.50	
3Cr3Mo3W2V	0.32~0.42	0.60~0.90	≤0.65	2.80~3.30	2.50~3.00	1.20~1.80	0.80~1.20	
5Cr4W5Mo2V	0.40~0.50	≤0.40	≤0.40	3.40~4.40	1.50~2.10	4.50~5.30	0.70~1.10	
3Cr2Mo	0.28~0.40	0.20~0.80	0.60~1.00	1.40~2.00	0.30~0.55			0.85~1.15Ni
3Cr2MnNiMo	0.32~0.40	0.20~0.40	1.10~1.50	1.70~2.00	0.25~0.40			0.85~1.15Ni

牌号	退火		淬火		回火		应用举例
	温度/℃	硬度/HB	温度/℃	冷却介质	温度/℃	硬度/HRC	
5CrMnMo	780~800	197~241	830~850	油	490~640	30~47	中型锻模（模高275~400mm）
5CrNiMo	780~800	197~241	840~860	油	490~660	30~47	大型锻模（模高大于400mm）
4Cr5MoSiV	840~900	109~229	1000~1025	油	540~650	40~54	热镦模、压铸模、热挤压模、精锻模
3Cr3Mo3V	845~900		1010~1040	空气	550~600	40~54	热镦模
5Cr4W5Mo2V	850~870	200~230	1130~1140	油	600~630	50~56	热镦模、温挤压模
3Cr2Mo							塑料模具钢
3CrMnNiMo							塑料模具钢

　　大部分要求不高的冷作模具用低合金刃具钢制造，如 9Mn2V、9SiCr、CrWMn 等。大型

冷作模具用 Cr12 型钢制造。目前应用最普遍的性能较好的是 Cr12MoV 钢,这种钢热处理变形很小,适合于制造重载和形状复杂的模具。冷挤压模工作时受力很大,条件苛刻,可用基体钢或马氏体时效钢制造。基体钢的成分与高速钢经正常淬火后的基体大致相同,如 6Cr4Mo3Ni2WV。马氏体时效钢为超低碳($\omega_C < 0.03\%$)超高强度钢,靠高 Ni 量形成低碳马氏体,并由时效析出金属间化合物使强度显著提高,如 Ni18Co9Mo5TiAl。

热锻模钢对韧性要求较高而对热硬性要求不太高,典型钢种有 5CrMnMo 和 5CrNiMo 等。热压模钢受的冲击载荷较小,但对热强度要求较高,常用钢种有 3Cr2W8V 等。压铸模用钢根据压铸金属种类来确定,压铸锌合金(熔点为 400～450℃)时用低合金钢 30CrMnSi、40Cr;压铸铜合金(熔点为 850～920℃)时用 3Cr2W8V;压铸黑色金属(熔点达 1345～1520℃)时工作条件极为苛刻,模腔表面温度可达 800～850℃,3Cr2W8V 钢压铸模的寿命极低,目前仍在寻找较合适的压铸模材料。

7.3.3　合金量具钢

量具是机械加工过程中使用的测量工具。量具钢用于制造各种测量工具,如游标卡尺、千分尺、螺旋测微仪、块规、塞规及螺纹规等。

1. 工作条件及性能要求

量具在使用过程中经常与被测工件接触,易受到磨损与碰撞。因此,对量具钢的要求是:

(1) 高的硬度(不小于 56HRC)和耐磨性。

(2) 高的尺寸稳定性以及足够的心部韧性;热处理变形要小,在存放和使用过程中尺寸不发生变化。

2. 成分特点

根据量具性能要求,量具钢的成分有如下主要特点:

(1) 量具钢的成分与低合金刃具钢相同,为高碳(含碳量一般为 0.9%～1.5%),以保证足够的硬度和耐磨性。

(2) 加入 Cr、W、Mn 等合金元素,以提高淬透性和增加尺寸的稳定性(使残余奥氏体的稳定性增加)。另外,这些合金元素还形成合金碳化物,使钢的耐磨性加强。

3. 热处理特点

热处理的关键在于增进量具的尺寸稳定性,因此,在淬火和低温回火时要采取措施提高组织的稳定性。

(1) 在保证硬度的前提下尽量降低淬火温度,以减少残余奥氏体量。

(2) 淬火后立即进行-70～-80℃的冷处理,使残余奥氏体尽可能地转变为马氏体,然后进行低温回火。

(3) 精度要求高的量具,在淬火、冷处理和低温回火后尚需进行 120～130℃ 及几十小时的时效处理,使马氏体正方度降低、残余的奥氏体稳定和残余应力消除。为了去除磨削加工中产生的应力,有时还要在 120~150℃下保温 8 小时进行第二次时效处理,有时甚至进行多次。

4. 量具钢的应用

量具钢没有专用钢,尺寸小、形状简单、精度较低的量具用高碳钢制造,复杂的精密量具一般用低合金刃具钢制造,精度要求较高的量具用 CrMn、CrWMn、GCr15 等,见表 7-12。

表 7-12　量具用钢的选用举例

量　具	钢　号
平样板或卡板	10、20 或 50、55、60、60Mn、65Mn
一般量规与块规	T10A、T12A、9SiCr
高精度量规与块规	Cr 钢、CrMn 钢、GCr15
高精度、形状复杂的量规与块规	CrWMn(低变形钢)
抗蚀量具	4Cr13、9Cr18(不锈钢)

CrWMn 钢的淬透性较高,淬火变形很小,主要用于制造高精度且形状复杂的量规及块规。GCr15 耐磨性、尺寸稳定性较好,多用于制造高精度块规、螺旋塞头、千分尺。在腐蚀介质中工作的量具,则可选用不锈钢 9Cr18、4Cr13 来制造。

7.4　特殊性能钢

具有特殊物理、化学性能的钢种很多,并正在迅速发展。这类钢不论在成分、组织和热处理上都同一般的钢有明显不同,本节仅介绍几种常用的不锈钢、耐热钢及耐磨钢。

7.4.1　不锈钢

不锈钢

不锈钢是指在大气、水、酸、碱类或其他介质中具有很高耐腐蚀性的钢种。它实际上也是会发生腐蚀的,但在不同介质中的腐蚀行为不一样,因此必须掌握各类不锈钢的特点。

1. 金属腐蚀的概念

腐蚀是由外部介质引起金属破坏的过程,它是金属件经常发生的一种失效现象。通常分为两类:一类是金属与介质发生化学反应而破坏的化学腐蚀,如钢的高温氧化、脱碳,在石油、燃气中的腐蚀等;另一类是金属与介质发生电化学反应而破坏的电化学腐蚀,如在大气和海水中的腐蚀,在酸、碱、盐等各种电解液中的腐蚀等。对于不锈钢,其主要的是电化学腐蚀。电化学腐蚀的过程如下。

例如,将 Zn 板和 Cu 板置于电解质溶液(如 H_2SO_4)中,并用导线连接,如图 7-18(a)所示,则在导线中有电流流过,即 Zn、Cu 板构成了原电池,此时两极的反应是:

在阳极(电极电位低的 Zn 板)上,$Zn \longrightarrow Zn^{++} + 2e$。即 Zn 不断离子化,离子进入溶液而不断溶解。

在阴极(电极电位高的 Cu 板)上，$2H^+ + 2e \longrightarrow H_2\uparrow$。即酸中的氢离子还原，形成氢气逸出，阴极得到保护。

在钢中，渗碳体的电极电位比铁素体的高，当形成微电池时，铁素体成为阳极而被腐蚀。实际金属中，第二相(夹杂物或碳化物)的电极电位往往较高，使基体作为阳极而被腐蚀，如图 7-18(b)所示。

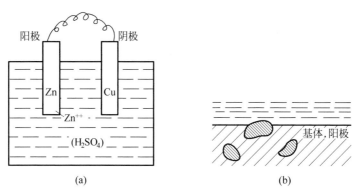

图 7-18 电化学腐蚀过程示意图

(a) Zn-Cu 原电池；(b) 实际金属

例如，表面磨光的珠光体($F + Fe_3C$)组织，在电解质(硝酸酒精溶液)中，由于铁素体与渗碳体的电极电位不同，彼此之间就形成一个微电池，并有电流产生，铁素体电极电位较低，为阳极，将不断被腐蚀。而渗碳体电极电位较高，为阴极，不被腐蚀。腐蚀的结果使表面呈现凹凸不平，如图 7-19 所示。因此，由两相组成的组织，电极电位较高者具有较好的耐蚀性。另外，组织越细，组成的微电池数就越多，越易被腐蚀。

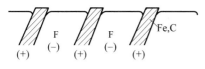

图 7-19 珠光体电化学腐蚀

由上述电化学腐蚀的基本原理可知，电化学作用是金属被腐蚀的主要原因。为此，要提高钢的抗电化学腐蚀能力，通常采取以下措施：

(1) 提高金属的电极电位。在钢中加入合金元素，使钢中基体相的电极电位显著提高，从而提高抗电化学腐蚀的能力。常加入的合金元素有 Cr、Ni、Si 等。例如含 Cr 量超过 11.7% 时，绝大部分 Cr 都溶于固溶体中，使电极电位跃增，当钢中加入 12.5% 的 Cr 后，铁素体电极电位由 $-0.56V$ 升至 $+0.12V$，而使基体的电化学腐蚀过程变缓。

(2) 尽量使钢在室温下呈单相组织。合金元素加入钢中后，使钢形成单相的铁素体、单相的奥氏体或单相的马氏体组织，这样可减少构成微电池的条件，从而提高钢的耐蚀性。

(3) 形成氧化膜(又称钝化膜)。合金元素加入钢中后，在钢的表面形成一层致密、牢固的氧化膜，使钢与周围介质隔绝，提高抗腐蚀能力。常加入的合金元素有 Cr、Si、Al 等。

2. 用途及性能要求

不锈钢在石油、化工、原子能、宇航、海洋开发、国防等工业和一些尖端科学技术以及日常生活中都得到广泛应用，主要用来制造在各种腐蚀介质中工作并具有较高抗腐蚀能力的零件或结构，如化工装置中的各种管道、阀门和泵，热裂设备零件，医疗手术器械，防锈刃具和量具等。

对不锈钢的性能要求最主要的是耐蚀性。此外,制作工具的不锈钢,还要求高硬度、高耐磨性;制作重要结构零件时,要求有高强度;某些不锈钢还要求有较好的加工性能。

3. 合金化特点

(1) 含碳量。耐蚀性要求越高,含碳量应越低。因为它增加阴极相(碳化物),特别是它与 Cr 能形成碳化物在晶界析出,使晶界周围基体严重贫铬,当铬贫化到耐蚀所必需的最低含量(约 12%)以下时,贫铬区迅速被腐蚀,造成沿晶界发展的晶间腐蚀,使金属产生沿晶界脆断的危险。大多数不锈钢的含碳量为 0.1%～0.2%。但用于制造刃具和滚动轴承等的不锈钢,含碳量应较高(可达 0.85%～0.95%),此时必须相应地提高含铬量。

(2) 加入最主要的合金元素 Cr。Cr 能提高基体的电极电位,根据 $n/8$ 规律,在含量为 12.5%原子百分数时,基体电极电位可由 $-0.56V$ 跃升至 $+0.12V$。Cr 是铁素体形成元素,含量超过 12.7%时可使钢呈单一的铁素体组织。Cr 在氧化性介质(如水蒸气、大气、海水、氧化性酸等)中极易钝化,生成致密的氧化膜,使钢的耐蚀性大大提高。

(3) 加入 Ni。加入 Ni 可获得单相奥氏体组织,显著提高耐蚀性;或形成奥氏体-铁素体组织,通过热处理,提高钢的强度。

(4) 加入 Mo、Cu 等。Cr 在非氧化性酸(如盐酸、稀硫酸)和碱溶液中的钝化能力差,加入 Mo、Cu 等元素可提高钢在非氧化性酸和碱溶液中的耐蚀能力。

(5) 加入 Ti、Nb 等。Ti、Nb 能优先同碳形成稳定的碳化物,使 Cr 保留在基体中,避免晶界贫铬,从而减轻钢的晶界腐蚀倾向。

(6) 加入锰、氮等。加入锰、氮可部分代镍以获得奥氏体组织,并能提高铬不锈钢在有机酸中的耐蚀性。

4. 常用不锈钢

不锈钢按正火状态的组织可分为马氏体不锈钢、铁素体不锈钢、奥氏体不锈钢和双相不锈钢。常用不锈钢的牌号、化学成分、热处理、力学性能及应用举例见表 7-13。

1) 马氏体不锈钢(称 Cr13 型)

这种钢含有 13%左右的 Cr,含碳量为 0.1%～0.4%,因正火后的组织基本上是马氏体而得名。这类不锈钢主要用于制造在弱腐蚀性介质中工作的机械零件和工具,具有满意的力学性能和适中的耐蚀性,特别在氧化性介质(如大气、海水、蒸汽)中耐蚀性较好。典型钢号有 12Cr13(1Cr13)、20Cr13(2Cr13)、30Cr13(3Cr13)、40Cr13(4Cr13)等。

钢中加入大量 Cr 元素后,会使 Fe-Fe₃C 相图共析点位置左移,移到含碳量在 0.3%左右。在工业上一般把 12Cr13(1Cr13)、20Cr13(2Cr13)(属亚共析钢)作结构钢使用,而把 30Cr13(3Cr13)、40Cr13(4Cr13)(属共析钢和过共析钢)作弹簧钢和工具钢使用。

2) 铁素体不锈钢

最主要的铁素体不锈钢有 10Cr17(1Cr17)、10Cr17Ti(1Cr17Ti)等,它们的含碳量较低,含铬量增大到 17%左右,加热时没有铁素体向奥氏体的转变,始终保持单相的铁素体状态,所以这类钢不能进行热处理强化。其性能及耐蚀性优于 Cr13 型钢,强度低,塑性好,主要用作要求有较高耐蚀性而强度要求不高的部件,如化工设备中的容器、管道等。

表 7-13　常用不锈钢的牌号、化学成分、热处理、力学性能及应用举例

类别	牌号	化学成分 ω/%			热处理/℃		力学性能（不小于）					应用举例
		C	Cr	其他	淬火	回火	$R_{p0.2}$/MPa	R_m/MPa	A/%	Z/%	硬度	
马氏体型	1Cr13	≤0.15	11.50~13.50	Si≤1.00 Mn≤1.00	950~1000 油冷	700~750 快冷	345	540	25	55	159HB	制作抗弱腐蚀介质并受冲击载荷的零件,如汽轮机叶片、水压机阀、螺栓、螺母等
	2Cr13	0.16~0.25	12.00~14.00	Si≤1.00 Mn≤1.00	920~980 油冷	600~750 快冷	440	635	20	50	192HB	
	3Cr13	0.26~0.35	12.00~14.00	Si≤1.00 Mn≤1.00	920~980 油冷	600~750 快冷	540	735	12	40	217HB	制作具有较高硬度和耐磨性的医疗器械、量具、滚动轴承等
	4Cr13	0.36~0.45	12.00~14.00	Si≤0.60 Mn≤0.80	1050~1100 油冷	200~300 空冷					50HRC	
	9Cr18	0.90~1.00	17.00~19.00	Si≤0.80 Mn≤0.80	1000~1050 油冷	200~300 油、空冷					55HRC	制作不锈切片机械刀具、剪切刀具、手术刀片、高耐磨、耐蚀刀件
铁素体型	1Cr17	≤0.12	16.00~18.00	Si≤0.75 Mn≤1.00	退火 780~850 空冷或缓冷		250	400	20	50	183HB	制作硝酸工厂、食品工厂的设备
奥氏体型	0Cr18Ni9	≤0.07	17.00~19.00	Ni8.00~11.00	固溶 1010~1150 快冷		205	520	40	60	187HB	具有良好的耐蚀性能,为化学工业用的良好耐蚀材料
	1Cr18Ni9	≤0.15	17.00~19.00	Ni8.00~10.00	固溶 1010~1150 快冷		205	520	40	60	187HB	制作耐硝酸、冷磷酸、有机酸及盐、碱溶溶腐蚀的设备零件
	1Cr18Ni9Ti	≤0.12	17.00~19.00	Ni8~11 Ti 5(C%) 0.02~0.8	固溶 920~1150 快冷		205	520	40	50	187HB	制作耐酸容器及设备衬里、抗磁仪表、医疗器械,具有较好的耐晶间腐蚀性

续表

类别	牌号	化学成分 ω/%			热处理/℃		力学性能（不小于）					应用举例
		C	Cr	其他	淬火	回火	$R_{p0.2}$/MPa	R_m/MPa	A/%	Z/%	硬度	
奥氏体-铁素体型	0Cr26Ni5Mo2	≤0.08	23.00~28.00	Ni3.0~6.0 Mo1.0~3.0 Si≤1.00 Mn≤1.50	固溶950~1100快冷		390	590	18	40	277HB	抗氧化性，耐点腐蚀性好，强度高，制作耐海水腐蚀用品等
	03Cr18Ni5Mo3Si2	≤0.030	18.00~19.50	Ni4.5~5.5 Mo2.5~3.0 Si1.3~2.0 Mn1.0~2.0	固溶920~1150快冷		390	590	20	40	300HV	适于含氯离子的环境，用于炼油、化肥、造纸、化工等工业热交换器和冷凝器管等
沉淀硬化型	0Cr17Ni7Al	≤0.09	16.00~18.00	Ni6.5~7.75 Al0.75~1.5 Si≤1.00 Mn≤1.00	固溶1000~1100快冷				20			添加铝的沉淀硬化型钢种，制作弹簧、垫圈、计数器部件
					固溶后，于（760±15）℃保持90min，冷却到15℃以上，再加热到（565±10）℃保持90min空冷		960	1140	5	25	363HB	
					固溶后，于（955±10）℃保持10min，空冷到室温，在24h内冷却到（-73±6）℃，保持8h，再加热到（510±10）℃保持60min后空冷		1030	1230	4	10	388HB	

3）奥氏体不锈钢（18-8 型）

最基本的钢种是含 18％ Cr 与 9％ Ni 的不锈钢，如 06Cr19Ni10（0Cr18Ni9）和 12Cr18Ni9（1Cr18Ni9），其钢中含碳量较低，加入 9％ Ni 后，可得单相奥氏体组织。另外，该钢的钝化能力增加，使钢的耐蚀能力进一步提高。

18-8 型不锈钢含碳量越低，耐蚀性越好，但冶炼越困难，价格也越贵。有时再在钢中加入 Mo、Cu、Ti、Nb 等元素，可以进一步提高耐蚀性。

18-8 型不锈钢具有良好的塑性和韧性，但切削加工性差，有好的焊接性，但不能用热处理相变强化，只能利用冷塑性变形来强化。主要用于制作有腐蚀介质（硝酸、有机酸、磷酸和碱等）的容器、管道和设备零件等。

18-8 型不锈钢可以进行热处理，但其目的不是获得马氏体，而是改善钢的耐蚀能力。常用的热处理工艺如下：

（1）固溶处理。将钢加热至 1050～1150℃后，使碳化物充分溶解，然后水淬，使原来慢冷时析出的碳化物溶于奥氏体中，并保持到室温，成为单相奥氏体组织，可防止晶间腐蚀。

（2）稳定化处理。主要用于含 Ti 或 Nb 的钢，一般是在固溶处理后进行。将钢加热到 850～880℃，使 Cr 的碳化物完全溶解，而 Ti 等的碳化物不会完全溶解，然后缓慢冷却，让强碳化物 TiC 或 NbC 充分析出，使奥氏体中的含碳量减少，这样减少了 C 与 Cr 形成碳化物的可能性，从而抑制了 Cr 的碳化物沿晶界析出，即晶界贫铬现象不易产生，从而有效地消除晶间腐蚀的产生。

（3）消除应力退火。一般是将钢加热到 300～350℃退火以消除冷加工应力；加热到 850℃以上退火以消除焊接残余应力，并可防止应力蚀裂的产生。

4）奥氏体-铁素体双相不锈钢

典型钢种有 022Cr22Ni5Mo3N（00Cr22Ni5Mo3N）、022Cr19Ni5Mo3Si2N（00Cr18Ni5Mo3Si2N）、12Cr18Mn10Ni5Mo3N（1Cr18Mn10Ni5Mo3N）等。这类钢是在 18-8 型钢的基础上提高 Cr 含量或加入其他铁素体形成元素而形成的，其晶间腐蚀和应力腐蚀破裂倾向较小，强度、韧性和焊接性能较好，而且节约 Ni，因此得到较广泛的应用。可用于制作化工、化肥设备和管道，以及海水冷却的热交换器等。

不锈钢并不是绝对的不腐蚀，在使用不当或热处理不妥时，往往会发生严重的腐蚀现象，主要有晶间腐蚀、孔蚀和应力蚀裂等，在使用时应特别注意。

耐热钢

7.4.2 耐热钢

耐热钢是指在高温下具有抗氧化性和高温强度的特殊钢，是制造在高温下工作的零件或构件的材料。

1. 耐热性的一般概念

耐热性是包括材料的抗氧化性（又称热稳定性）和高温强度（又称热强性）的综合概念。

1）金属的抗氧化性

金属的抗氧化性是指金属材料在高温下抵抗气体腐蚀的能力，是保证零件在高温下能持久工作的重要条件。高温氧化是纯化学腐蚀过程，大多数金属能与氧化合形成氧化物，这里指的抗氧化性并非指在高温下完全不被氧化,而是氧化后能形成一层致密的、牢固附着于金属表面的薄膜,从而使金属不再继续被氧化。

一般碳钢是不能满足这样的要求的,铁与氧形成的氧化物结构比较疏松,特别是温度超过 570℃ 时即失去对基体金属的保护作用,氧化也明显地加剧。提高钢的抗氧化性主要取决于其化学成分,钢中加入足够的 Cr、Si、Al 等元素,在高温下它们能生成致密的高熔点氧化膜,这层膜包覆在钢的表面,防止其内部继续被氧化。钢中含铬量越高,其允许的使用温度也越高。如当含铬量为 6% 时,最高使用温度为 600℃ 左右,而含量达到 15% 左右时,使用温度提高到 900℃。Si、Al 对提高钢抗氧化性的作用与 Cr 相似。

2) 金属的高温强度

钢在高温下除发生氧化外,强度也会变化,当使用温度在再结晶温度以上时,即使钢在小于屈服点的恒定应力作用下,随着时间的延长也会发生连续的塑性变形,直到破断为止。因此,钢的高温强度除取决于材质外,还要考虑温度和时间两个因素的影响。目前常用的高温强度指标如下:

(1) 蠕变极限(蠕变强度)。在一定温度和一定时间内引起一定变形的应力,称为蠕变极限(强度)。如在 700℃,经 1000h 引起 0.2% 变形量的应力,可用 $\sigma_{0.2/1000}^{700}$ 来表示,这个指标实际上是表示金属材料在高温和时间联合作用下对塑性变形的抗力大小。

(2) 持久强度。金属在高温下受应力的作用短时间内并不立即断裂,而是在持续了较长时间后才断裂,通常就把在某一温度下经过规定时间造成破坏的应力称为持久强度。例如,某钢在 700℃ 受到一定应力的作用,经 1000h 后断裂,可用 σ_{1000}^{700} 来表示,该指标表示金属材料在高温下抵抗断裂的能力。

3) 提高高温强度的措施

金属在高温下所表现的力学性能与室温下大不相同,在高温下工作会发生蠕变。为了提高钢的高温强度,通常采用以下几种措施:

(1) 固溶强化。固溶体的热强性首先取决于固溶体自身的晶体结构。由于面心立方的奥氏体晶体结构比体心立方的铁素体排列得更紧密,使蠕变较难发生,因此奥氏体耐热钢的热强性高于铁素体为基的耐热钢。另外,在钢中加入 W、Mo、V、Ti、Nb 等合金元素并溶入固溶体,能提高原子结合力,减缓元素扩散,提高钢的再结晶温度(蠕变在再结晶温度以上才会发生),能进一步提高热强性。

(2) 弥散强化。在固溶体中沉淀析出稳定的碳化物、氮化物、金属间化合物也是提高耐热钢热强性的重要途径之一,如加入 Nb、V、Ti 等,形成 NbC、VC、TiC 等在晶内弥散析出,阻碍位错滑移,提高塑变抗力,从而提高热强性。

(3) 晶界强化。材料在高温下(大于等强温度 T_E)其晶界强度低于晶内强度,晶界成为薄弱环节,如图 7-20 所示。为了提高热强性,应当减少晶界,采用粗晶金属。通过加入 Mo、Zr、V、B 等晶界吸附元素,降低晶界表面能,使晶界碳化物趋于稳定,使晶界强化,从而提高钢的热强性。

2. 用途和性能要求

耐热钢主要用于石油化工的高温反应设备和加热炉、火力发电设备的汽轮机和锅炉、汽车和船舶的内燃机、飞机的喷气发动机以及热交换器等设备。

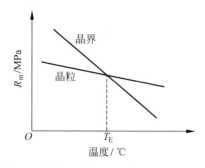

图 7-20　晶内和晶界的强度随温度的变化

它们的工作条件复杂,工作温度很高,达 450～600℃(如汽轮机)、1000℃(如燃气轮机)甚至更高,并要在高温受载下长期工作。对它们的主要要求是优良的高温抗氧化性和高温强度。此外,还应有适当的物理性能,如热膨胀系数小和良好的导热性,以及较好的加工工艺性能等。

3. 常用的耐热钢及其加工、热处理特点

常用耐热钢的牌号、化学成分、热处理及应用举例见表 7-14。

选用耐热钢时,必须注意钢的工作温度范围以及在这个温度下的力学性能指标。耐热钢按使用温度范围和组织可分为以下几种:

(1) 珠光体耐热钢。常用牌号是 15CrMo 和 12CrMoV 两种。这类钢合金元素含量少,用于工作温度低于 600℃的结构中,如锅炉的炉管、过热器,石油热裂装置、气阀等。它们一般在正火-回火状态下使用,组织为细珠光体或索氏体加部分铁素体。

(2) 马氏体耐热钢。常用牌号为 Cr12 型(1Cr11MoV、1Cr12WMoV)和 Cr13 型(1Cr13、2Cr13)钢。这类钢含有大量的 Cr,抗氧化性及热强性均高,淬透性也很好,最高工作温度与珠光体耐热钢相近,但热强性高得多,多用于制造 600℃以下受力较大的零件,如汽轮机叶片等。它们大多在调质状态下使用。

(3) 奥氏体耐热钢。最常用的钢种是 1Cr18Ni9Ti。它和 Cr13 一样,既是不锈钢,又可作耐热钢使用。其热化学稳定性和热强性都比珠光体和马氏体耐热钢高,工作温度可达 750～800℃,常用于制作一些比较重要的零件,如燃气轮轮盘和叶片等。这类钢一般进行固溶处理或固溶-时效处理。

7.4.3　耐磨钢

耐磨钢主要用于工作过程中承受严重磨损和强烈冲击的零件,如车辆履带、挖掘机铲斗、破碎机颚板和铁轨分道叉等。对耐磨钢的主要要求是有很高的耐磨性和韧性。高锰钢能满足这些要求,是目前最重要的耐磨钢。

1. 合金化特点

高锰钢的化学成分为: $\omega_C = 1.0\% \sim 1.3\%$, $\omega_{Mn} = 11\% \sim 14\%$(Mn/C=10～12), $\omega_{Si} = 0.3\% \sim 0.8\%$。由于机械加工困难,它基本上都由铸造生产。

表 7-14 常用耐热钢的牌号、化学成分、热处理及应用举例

类别	牌号	化学成分 ω/%							热处理/℃		力学性能(不小于)					应用举例
		C	Cr	Ni	Mn	Si	Mo	其他	淬火	回火	$R_{p0.2}$/MPa	R_m/MPa	A/%	Z/%	硬度/HBS	
珠光体型	12CrMo	0.08~0.15	0.40~0.70				0.40~0.55		900 空	650 空	410	265	24	60	179	450℃的汽轮机零件，475℃的各种蒸汽管
	15CrMo	0.12~0.18	0.80~1.10				0.40~0.55		900 空	650 空	440	295	22	60	179	<550℃的蒸汽管，≤650℃的水冷壁管及联箱和蒸汽管等
	12CrMoV	0.08~0.15	0.30~0.60				0.25~0.35	V0.15~0.30	970 空	750 空	440	225	22	50	241	≤540℃的主汽管等，≤570℃的过热器管等
	12Cr1MoV	0.08~0.15	0.90~1.20				0.25~0.35	V0.15~0.30	900 空	650 空	490	245	22	50	179	≤585℃的过热器管及≤570℃的管路附件
马氏体型	1Cr13	≤0.15	11.50~13.50		≤1.00	≤1.00			950~1000 油冷	700~750 快冷	345	540	25	55	159	800℃以下耐氧化用部件
	2Cr13	0.16~0.25	12.00~14.00		≤1.00	≤1.00			920~980 油冷	600~750 快冷	440	635	20	50	192	汽轮机叶片
	1Cr5Mo	≤0.15	4.00~6.00		≤0.60	≤0.50	0.45~0.60		900~950 油冷	600~750 空冷	390	590	18	50		再热蒸汽管，石油裂解管、锅炉吊架、泵的零件
	4Cr9Si2	0.35~0.50	8.00~10.00		≤0.70	2.00~3.00			1020~1040 油冷	700~780 油冷	590	885	19	50		内燃机进气阀，轻负荷发动机的排气阀
	1Cr11MoV	0.11~0.18	10.00~11.50		≤0.60	≤0.50	0.50~0.70	V0.25~0.40	1050~1100 空冷	720~740 空冷	490	685	16	55		透平叶片及导向叶片
	1Cr12WMoV	0.12~0.18	11.00~13.00		0.50~0.90	≤0.50	0.50~0.70	V0.18~0.30 W0.70~1.10	1000~1050 油冷	680~700 空冷	585	735	15	45		透平叶片、紧固件，转子及轮盘

续表

类别	牌号	化学成分 ω/%							热处理/℃		力学性能(不小于)					应用举例
		C	Cr	Ni	Mn	Si	Mo	其他	淬火	回火	$R_{p0.2}$/MPa	R_m/MPa	A/%	Z/%	硬度/HBS	
铁素体型	1Cr17	≤0.12	16.00~18.00		≤1.00	≤0.75		P≤0.040 S≤0.030	退火780~850 空冷或缓冷		250	400	20	50	183	900℃以下耐氧化部件、散热器、炉用部件，油喷嘴
奥氏体型	0Cr18Ni9	≤0.07	17.00~19.00	8.00~11.00					固溶1010~1150 快冷		205	520	40	60	187	可承受870℃以下反复加热
	1Cr18Ni9Ti	≤0.12	17.00~19.00	8.00~11.00				Ti0.8	固溶920~1150 快冷		205	520	40	50	187	加热炉管，燃烧室筒体、退火炉罩
	2Cr21Ni12N	0.15~0.28	20.00~22.00	10.5~12.5	1.00~1.60	0.75~1.25		N0.15~0.30	固溶1050~1150 快冷 时效750~800 空冷		430	820	26	20	≤269	以抗氧化为主的汽油及柴油机用排气阀
	0Cr23Ni13	≤0.08	22.00~24.00	12.0~15.0					固溶1030~1150 快冷		205	520	40	60	≤187	可承受980℃以下反复加热。炉用材料
	0Cr25Ni20	≤0.08	24.00~26.00	19.0~22.0	≤2.00				固溶1030~1180 快冷		205	520	40	60	≤187	可承受1035℃加热，炉用材料、汽车净化装置材料
	1Cr25Ni20Si2	≤0.20	24.00~27.00	18.0~21.0	≤1.50	1.50~2.50			固溶1080~1130 快冷		295	590	35	50	≤187	承受应力的各种用构件

1）高碳

碳可保证钢的耐磨性和强度。但碳过高时韧性下降,且易在高温下析出碳化物。

2）高锰

目的是与碳配合保证完全获得奥氏体组织,提高钢的加工硬化率。

3）一定量的硅

硅可改善钢的流动性,起固溶强化作用,并提高钢的加工硬化能力。

2. 常用的耐磨钢及其热处理特点

高锰钢属于典型的耐磨钢。高锰钢铸件的牌号,前面为"ZG"("铸钢"两字汉语拼音字首),其后为化学元素符号"Mn",再后为平均含锰量的百分数,最后为序号。如 ZGMn13-1,表示平均含锰量为 13% 一号铸造高锰钢。常用高锰钢铸件的牌号、化学成分、热处理、力学性能及应用举例见表 7-15。

表 7-15 常用高锰钢铸件的牌号、化学成分、热处理、力学性能及应用举例

牌号	化学成分 $\omega/\%$					热处理		力学性能				应用举例
	C	Si	Mn	S	P	淬火温度/℃	冷却介质	R_m /MPa	A /%	K/(J·cm^{-2})	硬度 /HBS	
								不小于			不大于	
ZGMn13-1	1.00 ~ 1.50	0.30 ~ 1.00	11.00 ~ 14.00	≤ 0.050	≤ 0.090	1060 ~ 1100	水	637	20		229	用于结构简单、要求以耐磨为主的低冲击铸件,如衬板、齿板、辊套、铲齿等
ZGMn13-2	1.00 ~ 1.40	0.30 ~ 1.00	11.00 ~ 14.00	≤ 0.050	≤ 0.090	1060 ~ 1100	水	637	20	147	229	
ZGMn13-3	0.90 ~ 1.30	0.30 ~ 0.80	11.00 ~ 14.00	≤ 0.050	≤ 0.080	1060 ~ 1100	水	686	25	147	229	用于结构复杂、要求以韧性为主的高冲击铸件,如履带板等
ZGMn13-4	0.90 ~ 1.20	0.30 ~ 0.80	11.00 ~ 14.00	≤ 0.050	≤ 0.070	1060 ~ 1100	水	735	35	147	229	

这种钢的铸态组织是奥氏体＋碳化物(沿晶界析出),降低了钢的韧性与耐磨性。实践证明,只有使高锰钢全部获得奥氏体,使用时才能显示出良好的韧性和耐腐蚀性。为此,高锰钢都采用水韧处理,即将钢加热到 1000~1100℃,保温一段时间,使碳化物全部溶解,然后迅速水淬,在室温下获得均匀单一的奥氏体组织。这时其强度、硬度并不高,而塑性、韧性却很好($R_m \geqslant 560 \sim 700$MPa,180~210HBS,$A = 15\% \sim 40\%$,$k \geqslant 150 \sim 200$J/cm^2)。但是,当它受到剧烈冲击或较大压力作用时,表面层奥氏体将迅速产生冷变形强化,并有马氏体及 ε 碳化物沿滑移面形成,从而使表面层硬度提高到 500~550HBW,因而获得高的耐磨性;而心部仍然保持着原来奥氏体所固有的软而韧的状态,能承受冲击。当表面磨损后,新露出的表面又可在冲击和磨损条件下获得新的硬化层,因此,这种钢具有很高的耐磨性和抗冲击能力。需要强调的是,这种钢只有在强烈的冲击和磨损条件下工作才显示出高的耐磨性,不

然高锰钢是不能耐磨的。

高锰钢水冷后不应当再受热,因加热到 250℃ 以上时将有碳化物析出而使脆性增加。这种钢由于具有很高的冷变形强化性能,所以很难进行机械加工,但采用硬质合金、含钴高速钢等切削工具并采取适当的切削条件还是可以加工的。

复习思考题

1. 名词解释:

碳钢;低合金钢;合金钢;合金元素;合金结构钢;合金工具钢;轴承钢;不锈钢;耐热钢;热硬性(或称红硬性);回火稳定性;二次硬化。

2. 为什么比较重要的大截面的结构零件,如重型运输机械和矿山机器的轴类、大型发电机转子等都必须用合金钢制造?与碳钢相比,合金钢具有哪些优越性?

3. 为什么调质钢的含碳量均为中碳?合金调质钢中常含哪些合金元素?它们在调质钢中起什么作用?

4. 合金元素对淬火钢的回火转变有何影响?

5. 请解释下列现象:

(1) 在相同含碳量情况下,除了含 Ni 和 Mn 的合金钢外,大多数合金钢的热处理加热温度都比碳钢高。

(2) 在相同含碳量情况下,含碳化物形成元素的合金钢比碳钢具有较高的回火稳定性。

(3) 含碳量≥0.40%,含铬量 12% 的铬钢属于过共析钢,而含碳量 1.5%,含铬量 12% 的钢属于莱氏体钢。

6. 可供选择的材料有 20、40Cr、T12、65、Q235A,请为下列工件选择合适的材料,并指出各工件的最终热处理工艺及获得的组织。

(1) 机床主轴(要求综合机械性能好);

(2) 小型机械弹簧;

(3) 钳工锉刀。

7. 为什么钳工锯 T8、T10 等钢材时,比锯 10、20 钢费力,而且锯条容易磨钝?

8. 一般精度的 GCr15 滚动轴承套圈,硬度 60～65HRC。

(1) 压力加工成形后、切削加工之前应进行什么预备热处理?其作用是什么?

(2) 该零件应采用何种最终热处理?有何作用?

9. W18Cr4V 钢的 Ac_1 约为 820℃,若以一般工具钢 Ac_1 ＋(30～50)℃ 常规方法来确定淬火加热温度,在最终热处理后,能否达到高速切削刀具所要求的性能?为什么?

自测题 7

铸铁与铸钢

8.1　概　　述

由铁碳相图可知,铸铁是含碳量 $\omega_C > 2.11\%$ 的铁碳合金。在工业生产中,因冶炼、原材料等因素,铸铁成分中一般还含有硅、锰、磷、硫等元素,所以实际应用的铸铁是以铁、碳、硅为主的多元铁基合金。

铸铁是人类使用最早的金属材料之一。到目前为止,铸铁仍是一种被广泛应用的金属材料。例如,按质量统计,在机床业中铸铁件占 $60\% \sim 90\%$,在汽车、拖拉机行业中铸铁件占 $50\% \sim 70\%$。近几十年来,由于铸铁成分、石墨形态、铸造工艺的变化与发展,铸铁性能有了很大的提高,高强度铸铁和特殊性能铸铁可以代替部分昂贵的合金钢和有色金属材料。

铸铁生产工艺简单,成本低廉,并且大部分铸铁具有优良的铸造性能、可切削加工性能、耐磨性和吸振性等,因此,广泛应用于机械制造、冶金、矿山及交通运输等行业。

铸钢是一种重要的铸造合金,它的应用仅次于铸铁,铸钢件的产量约占铸件总产量的 15% 左右。铸钢是指专用于制造钢质铸件的钢材,以铁、碳为主要元素,含碳量 $\omega_C = 0 \sim 2.11\%$。当铸件的强度要求较高、采用铸铁不能满足要求时应采用铸钢。但铸钢的钢水流动性不如铸铁,故浇注结构的厚度不能太小,形状亦不应太复杂。将含硅量控制在上限值时可改善钢水的流动性。几乎所有的工业部门都需要用铸钢件,在交通运输船舶和车辆、建筑机械、工程机械、电站设备、矿山机械及冶金设备、航空及航天设备、油井及化工设备等方面应用尤为广泛。

8.2　常 见 铸 铁

8.2.1　铸铁的特征及分类

碳在铸铁中有两种存在状态:一种是化合状态——渗碳体(Fe_3C);另一种为游离状态——石墨(通常用符号 G 表示)。

根据碳在铸铁中的存在形式和形态的不同,铸铁可分为以下几种。

1. 白口铸铁

白口铸铁中的碳除极少量固溶于铁素体外,大部分皆以渗碳体形式存在,断口呈银白色,故称为白口铸铁。由于白口铸铁中存在大量硬而脆的 Fe_3C,故其性能硬而脆,不易切削加工,因而很少直接用来制作机械零件,主要用作炼钢原料或可锻铸铁件的毛坯。

2. 麻口铸铁

麻口铸铁中的碳大部分以渗碳体形式存在,少部分以游离态石墨形式存在,断口呈黑白相间的麻点,故称麻口铸铁。它也具有较大的硬脆性,故工业上很少应用。

3. 灰口铸铁

灰口铸铁中的碳全部或大部分以石墨的形式存在,其断口为暗灰色,故名灰口铸铁。这类铸铁力学性能不太高,但生产工艺简单,价格低廉,故在工业上应用最为广泛。

根据灰口铸铁中石墨形态及结晶生长过程的不同,灰口铸铁又可分为:

(1) 普通灰口铸铁,其石墨呈片状。

(2) 可锻铸铁,其石墨呈团絮状。

(3) 球墨铸铁,其石墨呈球状。

(4) 蠕墨铸铁,其石墨呈蠕虫状。

以上各种铸铁如图 8-1 所示。

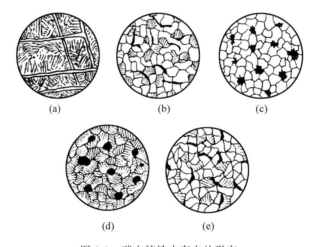

图 8-1　碳在铸铁中存在的形态

(a) 白口铸铁;(b) 普通灰口铸铁;(c) 可锻铸铁;(d) 球墨铸铁;(e) 蠕墨铸铁

8.2.2　铸铁的石墨化及其影响因素

1. 铁碳合金双重状态图

碳在铸铁中存在的形式有两种,即渗碳体(Fe_3C)和游离状态的石墨(G)。关于渗碳体的晶体结构与性能已经在第 4 章中阐明。石墨具有特殊的简单六方晶格,如图 8-2 所示。原子呈层状排列,同一层原子间距较小(0.142nm),结合力较强,而层与层之间距离较大(0.34nm),结合力很弱,易滑移,使晶体形态容易发展成为片状,强度、塑性和韧度极低,接近于零,硬度仅为 3HBS。

渗碳体为亚稳定相,在一定条件下能分解为铁和石墨
($Fe_3C \longrightarrow 3Fe+G$),石墨为稳定相,所以在不同情况下铁碳合
金可以有亚稳定平衡的 $Fe-Fe_3C$ 相图和稳定平衡的 Fe-G 相
图。为了便于比较和应用,习惯上把这两个状态图画在一起,
称为铁碳合金双重状态图,如图 8-3 所示。图中实线表示
$Fe-Fe_3C$ 状态图,虚线表示 Fe-G 状态图。

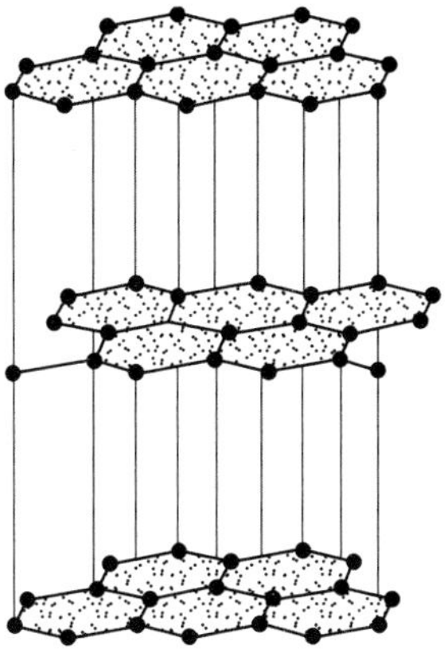

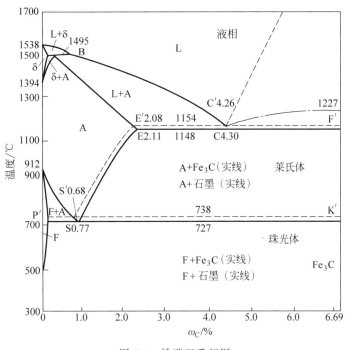

图 8-2 石墨的晶体结构

2. 石墨化过程

铸铁中碳以石墨形式析出的过程称为石墨化过程。

石墨既可以直接从液体和奥氏体中析出,也可以通过渗碳
体分解来获得。普通灰口铸铁、球墨铸铁和蠕墨铸铁中的石墨
主要是由液体中析出的;可锻铸铁中的石墨则是由白口铸铁经过长时间高温退火,使渗碳
体分解而得到的。

图 8-3 铁碳双重相图

按照 Fe-G 状态图,可将铸铁($\omega_C=2.5\%\sim4.0\%$)石墨化过程分为三个阶段。

第一个阶段:在 1154℃($E'C'F'$线)通过共晶反应形成共晶石墨。
$$L_{C'} \longrightarrow A_{E'} + G(共晶)$$

第二个阶段:在 1154~738℃温度范围内奥氏体沿 $E'S'$ 线析出二次石墨 G_{II}。

第三个阶段:在 738℃($P'S'K'$线)通过共析反应析出共析石墨。
$$A_{S'} \longrightarrow F_{P'} + G(共析)$$

一般来说,第一阶段石墨化温度较高,扩散条件较好,所以进行得比较完全,而第二阶段和第三阶段则往往受到冷却条件的限制而不能完全进行。

在铸铁的全部冷却过程中,如果第一、第二、第三阶段的石墨化过程均得以充分进行,就得到 F+G 的组织;如果第一、第二阶段石墨化过程进行得充分,而第三阶段石墨化只能部分地进行,便得到 P+F+G 组织;如果第一、第二阶段石墨化进行得完全,而第三阶段石墨化完全被抑制,则获得 P+G 组织。

3. 影响石墨化的因素

铸铁中石墨化程度直接决定了铸铁的组织和性能。影响铸铁中石墨化的因素主要有化学成分和冷却速度。

1) 化学成分对石墨化的影响

(1) 碳和硅。碳和硅都是强烈促进石墨化的元素。碳是形成石墨必不可少的元素,硅是促进石墨形成的元素。硅与铁原子有较强的亲和力,因而硅能有效地阻止碳以化合态存在,促进石墨化。通常含碳量和含硅量越高,越容易石墨化。但是,碳、硅含量过低,石墨化完全不能进行,只能得到白口铸铁。碳与硅中,硅的影响更大,当铁水中含硅量 $\omega_{Si} < 0.5\%$ 时,即使含碳量很高,也不能进行石墨化。硅和磷对石墨化的效果是碳的 1/3,习惯上把含硅量和含磷量折合成相当的碳量,它们与实际碳量之和用碳当量表示。

$$\omega_{C当量} = \omega_C + \frac{1}{3}\omega_{(Si+P)}$$

灰口铸铁中的碳当量一般控制在 4% 左右为宜。图 8-4 所示是含碳量和含硅量对铸铁组织的影响,随含碳量和含硅的改变,铸铁的组织发生相应的变化。

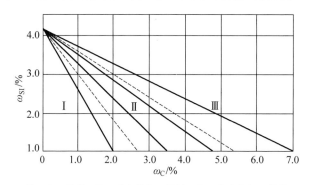

Ⅰ—白口铸铁;Ⅱ—珠光体灰口铸铁;Ⅲ—铁素体灰口铸铁

图 8-4　含碳量和含硅量对铸铁组织的影响(ϕ75mm 试样,1200℃浇铸)

(2) 锰。锰是铸铁中的有益元素。锰与硫形成 MnS,可以消除硫形成 FeS 的有害作用。仅从脱硫作用考虑,含锰量可用下式计算:

$$\omega_{Mn} = 2\omega_S + 0.3$$

锰与碳有较强的亲和力,它能溶于渗碳体中形成合金渗碳体 $(Fe,Mn)_3C$,从而使碳以化合态存在的倾向增加,所以含锰量过高对第三阶段石墨化不利。灰口铸铁的含锰量 $\omega_{Mn} = 0.4\% \sim 1.4\%$,铁素体基体灰口铸铁取下限,珠光体基体灰口铸铁取上限。

（3）磷。磷是铸铁中的有害杂质元素，它在奥氏体及铁素体中的溶解度很低。在 $\omega_C = 3.5\%$ 的铸铁中，少量的磷能溶于液态铸铁中，降低碳在液态铸铁中的溶解度。未溶的磷形成磷共晶 Fe_3P。Fe_3P 形成的二元磷共晶（$Fe_3P + \alpha - Fe$）和三元磷共晶（$Fe_3P + Fe_3C + \alpha - Fe$）硬而脆，且偏析倾向大。所以，如果磷共晶呈粗大连续网状分布时，铸铁变得很脆而易于剥落，严重时铸铁在冷却过程中会发生断裂。灰口铸铁中的含磷量 ω_P 应控制在 0.3% 以下。磷共晶的熔点较低，所以高磷铸铁的流动性好，特别适合要求线条清晰的工艺美术制品。

（4）硫。硫是铸铁中的有害杂质元素，它在铸铁中与铁化合形成 FeS，以二元共晶（FeS + Fe）的形式存在于晶界区，使铸铁变脆的同时还阻碍了碳的扩散，强烈地破坏了石墨化进程。另外，硫使铁水的流动性降低、疏松倾向增加，使铸造性能变坏。所以灰口铸铁中的含硫量应严格控制，一般 ω_S 控制在 0.15% 以下为宜。

2）冷却速度对石墨化的影响

冷却速度对石墨化的影响是很大的。从热力学条件分析，石墨是稳定相，而渗碳体是亚稳定相，形成石墨化比形成渗碳体的自由能低。但从动力学条件分析，渗碳体的含碳量（$\omega_C = 6.69\%$）比石墨的含碳量（$\omega_C = 10\%$）更接近铁水的成分，这将有利于渗碳体的形成。因此，铸铁在实际铸造工艺条件下，只有缓慢冷却才有助于碳原子的扩散，充分满足形成石墨的动力学条件，促进石墨的形成。事实上，铸铁壁厚尺寸可以是其冷却速度的控制参数。图 8-5 显示出了在不同含硅量和含碳量条件下，不同壁厚（冷却速度）铸铁的组织。

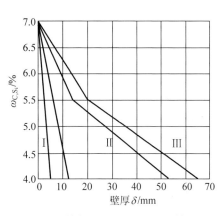

图 8-5　铸件壁厚、化学成分对铸铁组织的影响

当壁厚较大（冷却速度较小）时，才能充分进行三个阶段的石墨化以获得铁素体基体灰口铸铁。当壁厚减小（冷却速度增加）时，则依次形成珠光体 + 铁素体基体灰口铸铁和珠光体基体灰口铸铁。如果铸件的壁厚不均匀、在薄壁处的冷却速度过快时，则可能形成白口铸铁。

8.2.3　灰口铸铁

灰口铸铁是一种价格便宜、应用最广泛的铸铁材料。在各类铸铁的总产量中，灰口铸铁占 80% 以上。

1. 灰口铸铁的组织与性能

1）灰口铸铁的成分与组织

灰口铸铁的化学成分为：$\omega_C = 2.5\% \sim 4.0\%$，$\omega_{Si} = 1.0\% \sim 3.0\%$，$\omega_{Mn} = 0.5\% \sim 1.3\%$，$\omega_S \leqslant 0.15\%$，$\omega_P \leqslant 0.3\%$。

灰口铸铁的组织特点是石墨呈片状分布在金属基体组织上，因其断口为灰暗色而得名。按金属基体组织的不同，灰口铸铁分为三种类型：铁素体灰口铸铁；铁素体-珠光体灰口铸铁；珠光体灰口铸铁。其显微组织如图 8-6 所示。

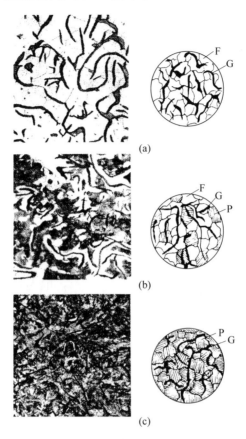

图 8-6　灰口铸铁的显微组织
(a) 铁素体灰口铸铁；(b) 铁素体-珠光体灰口铸铁；(c) 珠光体灰口铸铁

2）灰口铸铁的性能

(1) 力学性能。灰口铸铁的组织是由钢的基体和石墨组成的。基体的强度并不低,但石墨的强度和塑性几乎为零。片状石墨的存在破坏了基体的连续性,减小了有效的承载截面。石墨可以看成钢的基体上所分布的裂纹或孔洞,石墨片的端部相当于裂纹的尖端,在拉应力的作用下容易形成应力集中,致使其抗拉强度和塑性都很低,所以灰口铸铁不能用来制造在拉应力状态下服役的零件。但在压应力作用下,石墨不会形成大的应力集中,灰口铸铁的抗压强度并不比钢低,所以特别适合制作在压应力状态下服役的零件,如机床的床身、底座、立柱、箱体等。此时,基体的强度越高,灰口铸铁整体的抗压强度也越高,所以珠光体基体灰口铸铁得到了广泛应用。应当指出,灰口铸铁的缺口冲击韧度很低,是一种脆性材料,所以不适合制作在冲击载荷作用下服役的零件。

(2) 物理化学性能。与钢相比,灰口铸铁有较好的耐蚀性及抗氧化性,这与其成分中含有较高的硅有关。因为硅在铸铁表面形成致密的 SiO_2 钝化膜,所以灰口铸铁是制造输送污水管道的良好材料。对灰口铸铁件反复加热和冷却(尤其加热到 A_1 线附近)会出现不可逆的体积膨胀,原因是在高温下基体中的部分渗碳体分解为石墨导致体积的变化,同时氧化性气体沿石墨空隙渗入铸铁内部,石墨被氧化后进一步引起体积膨胀,所以普通灰口铸铁不能在高温下使用。

(3)铸造性能。我国灰口铸铁的成分接近共晶成分,熔点相对较低,容易熔炼,流动性好,可浇注成形状复杂的铸件。另外,铸铁在凝固过程中析出了比容较大的石墨,部分地补偿了凝固时基体的收缩,收缩量比钢小,因而设置的浇冒口也可以小一些,提高了铸件的出品率。所以灰口铸铁具有优良的铸造性能。

(4)耐磨性能。灰口铸铁中的片状石墨很容易在摩擦力的作用下剥落,在干摩擦时,石墨本身是一种性能良好的固态润滑剂;在含油摩擦时,石墨剥落后的孔隙能吸附和存储润滑油,使摩擦界面保持良好的润滑状态。石墨优良的耐磨性是钢无法替代的,所以灰口铸铁具有良好的耐磨性。

(5)消振性能。由于石墨较松软,且割裂了金属基体,因而可以吸收机械振动的能量,阻止振动的传播,其消振性比钢好得多,这也是灰口铸铁常用来制作承受振动的机床底座等零件的原因之一。

(6)切削加工性能。由于石墨的减摩、润滑及割裂作用,使切屑易断,刀具磨损少,因而灰口铸铁具有良好的切削加工性能。

(7)缺口敏感性能。零件表面的刀痕、键槽等可视为缺口,缺口会引起应力集中,降低疲劳强度。灰口铸铁中的石墨本身就相当于孔洞和裂纹,从这一意义上讲,石墨的存在降低了表面缺陷对应力的敏感性,因此,灰口铸铁有着比较低的缺口敏感性。不过应当注意,灰口铸铁疲劳强度的绝对值低于钢。

由于灰口铸铁具有上述优良性能,所以应用非常广泛。

2. 灰口铸铁的孕育处理

灰口铸铁的力学性能主要取决于基体组织和石墨存在的形态。粗大的石墨片会使灰口铸铁的性能恶化。为了进一步提高其力学性能,在生产上常采用孕育处理方法使石墨片细化。经过孕育处理后的灰口铸铁称为孕育铸铁。孕育处理的方法是将孕育剂(含硅量 $\omega_{Si}=75\%$ 的铁合金以及硅钙合金)破碎成一定的颗粒度后冲入加热到 1400℃ 以上的铁水中,加入量一般为铁水总质量的 0.4% 左右,经搅拌去渣后进行浇注,未熔的孕育剂弥散质点成为石墨结晶析出的非自发晶核。由于石墨形核率的提高,使石墨片得到细化并且分布更加均匀,从而得到细晶粒珠光体基体和细石墨片组织的铸铁,因此提高了铸铁的力学性能。孕育处理后并不改变石墨的片状形态,只是通过细化石墨片来提高性能,实际上,孕育铸铁就是高牌号的灰口铸铁。孕育铸铁常用来制造汽缸、机床床身等性能要求较高的铸件,尤其是截面尺寸变化较大的铸件采用孕育铸铁可避免薄壁处出现白口组织。

3. 灰口铸铁的牌号和应用

灰口铸铁的牌号由"灰铁"汉语拼音的字首"HT"和后面的三位数字组成,三位数字表示该牌号灰口铸铁的最低抗拉强度 R_m。例如,HT200 表示最低抗拉强度为 200MPa 的灰口铸铁。

灰口铸铁的牌号和不同壁厚铸件的力学性能见表 8-1。铸件设计时,应根据铸件受力处的主要壁厚或者平均壁厚选择牌号。

表 8-1　灰口铸铁的牌号和不同壁厚铸件的力学性能（GB/T 9439—2010）

牌号	铸件壁厚/mm		抗拉强度 R_m（强制性值)/MPa(min)		铸件本体预期抗拉强度 R_m/MPa(min)
	>	≤	单铸试棒	附铸试棒或试块	
HT100	5	40	100	—	—
HT150	5	10	150	—	155
	10	20		—	130
	20	40		120	110
	40	80		110	95
	80	150		100	80
	150	300		90	—
HT200	5	10	200	—	205
	10	20		—	180
	20	40		170	155
	40	80		150	130
	80	150		140	115
	150	300		130	—
HT225	5	10	225	—	230
	10	20		—	200
	20	40		190	170
	40	80		170	150
	80	150		155	135
	150	300		145	—
HT250	5	10	250	—	250
	10	20		—	225
	20	40		210	195
	40	80		190	170
	80	150		170	155
	150	300		160	—
HT275	10	20	275	—	250
	20	40		230	220
	40	80		205	190
	80	150		190	175
	150	300		175	—
HT300	10	20	300	—	270
	20	40		250	240
	40	80		220	210
	80	150		210	195
	150	300		190	—
HT350	10	20	350	—	315
	20	40		290	280
	40	80		260	250

牌号	铸件壁厚/mm		抗拉强度 R_m（强制性值）/MPa(min)		铸件本体预期抗拉强度 R_m/MPa(min)
	>	≤	单铸试棒	附铸试棒或试块	
HT350	80	150	350	230	225
	150	300		210	—

注：① 当铸件壁厚超过300mm时，其力学性能由供需双方商定。

② 当某牌号的铁液浇注壁厚均匀、形状简单的铸件时，壁厚变化引起抗拉强度的变化，可从本表查出参考数据，当铸件壁厚不均匀，或有型芯时，此表只能给出不同壁厚处大致的抗拉强度值，铸件的设计应根据关键部位的实测值进行。

③ 表中斜体字数值表示指导值，其余抗拉强度值均为强制性值，铸件本体预期抗拉强度值不作为强制性值。

8.2.4　球墨铸铁

球墨铸铁（简称球铁）是20世纪50年代发展起来的一种高强度铸铁材料，是在浇注之前往铁水中加入一定量的球化剂（稀土镁合金等）和孕育剂（硅铁或硅钙合金），使铸铁中的石墨呈球状析出。

1. 球墨铸铁的组织和性能

球墨铸铁的组织特点是球状石墨分布在各种基体组织上。按基体组织可分为铁素体球墨铸铁、铁素体-珠光体球墨铸铁、珠光体球墨铸铁，其显微组织如图8-7所示。也可通过调质处理得到回火索氏体基体或等温淬火得到下贝氏体基体。

由于球墨铸铁中的石墨呈球状，所以对基体的割裂和应力集中作用都降到了最小限度，从而使基体组织的强度、塑性和韧性的潜力得以发挥。通过热处理可获得各种基体组织，从而使球墨铸铁在力学性能方面有较大的调整幅度。正火态时，基体为珠光体＋铁素体，其强度大大超过灰口铸铁，而接近45钢正火状态的强度指标，同时保持了相当好的塑性和韧性。等温淬火后，基体组织为下贝氏体，虽然塑性、韧性有所降低，但强度比正火态提高约70%。球墨铸铁不仅强度接近钢的水平，而且屈强比 $R_{p0.2}/R_m=0.7\sim0.8$，比钢高得多（钢一般只有 $0.3\sim0.5$）。与此同时，球墨铸铁保持了灰口铸铁的某些优良特性，如良好的流动性、易于铸造成形、生产方法和设备简单、成本较低、切削加工性能优良等，所以球墨铸铁是一种以铁代钢、以铸代锻的材料。在我国，依据自己独特的稀土资源优势，球墨铸铁的生产得到了普遍推广，生产水平也很高。目前，球墨铸铁大量用来制造曲轴、凸轮轴、连杆、齿轮、蜗轮、轧辊等。

2. 球墨铸铁的生产

球墨铸铁与灰口铸铁相比，ω_C、ω_{Si} 较高而 ω_{Mn} 较低，对硫、磷的限制较严。球墨铸铁的一般成分范围是：$\omega_C=3.6\%\sim4.0\%$，$\omega_{Si}=2.0\%\sim3.0\%$，$\omega_{Mn}=0.6\%\sim0.8\%$，$\omega_P<0.1\%$，$\omega_S<0.07\%$，$\omega_{Mg}=0.03\%\sim0.06\%$，$\omega_{Re}=0.02\%\sim0.06\%$。

球墨铸铁化学成分的特点是含碳量和含硅量高，这样可使其成分接近共晶点，从而提高铁水的流动性。镁是重要的球化元素，同时也是强烈的反石墨化元素，较高的含硅量可有效

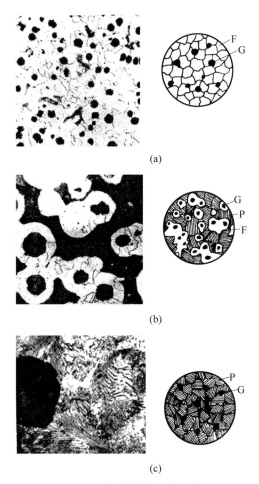

图 8-7　球墨铸铁的显微组织

（a）铁素体球墨铸铁；（b）铁素体-珠光体球墨铸铁；（c）珠光体球墨铸铁

抑制镁引起的白口倾向。球墨铸铁化学成分的第二个特点是低磷、低硫。硫与球化剂中的镁反应生成 MgS 夹渣，增加了球化剂的消耗量。同时，冶金反应形成的 H_2S 气体又是铸件产生皮下气孔的主要气体来源。磷形成二元磷共晶及三元磷共晶偏析存在于晶界处，割裂了基体，使球墨铸铁的韧性明显降低，磷还加大了铸件中形成疏松的倾向。所以，球墨铸铁生产过程中，其原铁水的脱磷、脱硫工序是极为重要的工序。

石墨呈球状从铁水中析出是靠向铁水中加入球化剂实现的，国外常采用纯镁作球化剂，我国则使用稀土-镁或稀土-硅-镁合金（称为中间合金）作球化剂。球化处理方法用得最多的是冲入法，如图 8-8（a）所示，将球化剂放入堤坝式浇包内，上面覆盖硅铁粉和稻草灰，铁水分两次冲入，第一次冲入量为 1/3～1/2，待球化剂作用后，再冲入剩余铁水，经孕育处理、搅拌、扒渣后即可浇注。

此外，还有型内球化法，如图 8-8（b）所示，将球化剂放置在浇注系统内的反应室中，流经此处的铁水和球化剂作用后进入型腔。此法优点是石墨球细小，球化率较高，消耗球化剂较少，球墨铸铁的力学性能较高，其关键问题是反应室的结构设计及浇注系统的挡渣措施要合理。

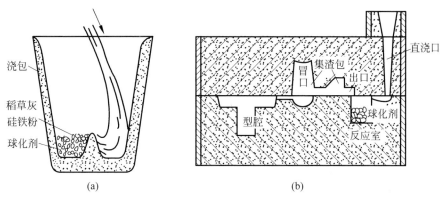

图 8-8　球化处理方法

（a）冲入法示意图；（b）型内球化法示意图

3. 球墨铸铁的牌号和应用

球墨铸铁的牌号由"QT"（"球铁"两字汉语拼音字首）和两组数字组成，前一组数字表示最低抗拉强度 R_m，后一组数字表示最低伸长率 A。例如，QT500-07 表示抗拉强度 $R_m \geq$ 500MPa、伸长率 $A \geq 7\%$ 的球墨铸铁。铁素体-珠光体球墨铸铁试样的拉伸性能见表 8-2。

表 8-2　铁素体-珠光体球墨铸铁试样的拉伸性能（摘自 GB/T 1348—2019）

材料牌号	铸件壁厚 t/mm	屈服强度 $R_{p0.2}$/MPa（min）	抗拉强度 R_m/MPa（min）	断后伸长率 A/%（min）
QT350-22L	$t \leq 30$	220	350	22
	$30 < t \leq 60$	210	330	18
	$60 < t \leq 200$	200	320	15
QT350-22R	$t \leq 30$	220	350	22
	$30 < t \leq 60$	220	330	18
	$60 < t \leq 200$	210	320	15
QT350-22	$t \leq 30$	220	350	22
	$30 < t \leq 60$	220	330	18
	$60 < t \leq 200$	210	320	15
QT400-18L	$t \leq 30$	240	400	18
	$30 < t \leq 60$	230	380	15
	$60 < t \leq 200$	220	360	12
QT400-18R	$t \leq 30$	250	400	18
	$30 < t \leq 60$	250	390	15
	$60 < t \leq 200$	240	370	12
QT400-18	$t \leq 30$	250	400	18
	$30 \leq t \leq 60$	250	390	15
	$60 < t \leq 200$	240	370	12

续表

材料牌号	铸件壁厚 t/ mm	屈服强度 $R_{p0.2}$/ MPa (min)	抗拉强度 R_m/ MPa (min)	断后伸长率 A/ % (min)
QT400-15	$t \leqslant 30$	250	400	15
	$30 < t \leqslant 60$	250	390	14
	$60 < t \leqslant 200$	240	370	11
QT450-10	$t \leqslant 30$	310	450	10
	$30 < t \leqslant 60$	供需双方商定		
	$60 < t \leqslant 200$			
QT500-7	$t \leqslant 30$	320	500	7
	$30 < t \leqslant 60$	300	450	7
	$60 < t \leqslant 200$	290	420	5
QT550-5	$t \leqslant 30$	350	550	5
	$30 < t \leqslant 60$	330	520	4
	$60 < t \leqslant 200$	320	500	3
QT600-3	$t \leqslant 30$	370	600	3
	$30 \leqslant t \leqslant 60$	360	600	2
	$60 < t \leqslant 200$	340	550	1
QT700-2	$t \leqslant 30$	420	700	2
	$30 < t \leqslant 60$	400	700	2
	$60 < t \leqslant 200$	380	650	1
QT800-2	$t \leqslant 30$	480	800	2
	$30 < t \leqslant 60$	供需双方商定		
	$60 < t \leqslant 200$			
QT900-2	$t \leqslant 30$	600	900	2
	$30 < t \leqslant 60$	供需双方商定		
	$60 < t \leqslant 200$			

注：材料牌号中字母 L 表示低温，字母 R 表示室温。

8.2.5 可锻铸铁

可锻铸铁是由白口铸铁通过退火处理得到的一种高强度铸铁。它有较高的强度、塑性和冲击韧性，可以部分代替碳钢。按退火方法不同，这种铸铁有黑心和白心两种类型，黑心可锻铸铁依靠石墨化退火来获得，白心可锻铸铁利用氧化脱碳退火来制取。后者已很少生产，我国主要生产黑心可锻铸铁。

1. 可锻铸铁的生产

可锻铸铁的生产分两个步骤。第一步，先铸造白口铸铁，不允许有石墨出现，否则在随后的退火中碳在已有的石墨上沉淀，得不到团絮状石墨。为此必须使铸铁的 ω_C、ω_{Si} 较低，保证在通常的冷却条件下铸件能得到完全的白口组织，其成分通常是 $\omega_C = 2.2 \sim 2.8\%$，$\omega_{Si} = 2.2 \sim 2.8\%$，$\omega_{Mn} = 0.4\% \sim 1.2\%$，$\omega_P \leqslant 0.1\%$，$\omega_S \leqslant 0.2\%$。

第二步,进行长时间的石墨化退火处理,其工艺如图 8-9 所示。将白口铸铁加热到 900～980℃,经长时间保温,使渗碳体分解成奥氏体和团絮状石墨。当冷却到共析转变温度 720～750℃时,以极缓慢的速度冷却(见图 8-9 中实线所示),使奥氏体分解为珠光体和团絮状石墨,或者冷却到略低于共析温度作长时间保温(见图 8-9 中虚线所示),使珠光体分解为铁素体和团絮状石墨,最后得到铁素体基体的可锻铸铁(见图 8-9 中曲线①)。如果在通过共析转变时的冷却速度较快,则得到珠光体基体的可锻铸铁(见图 8-9 中曲线②)。其显微组织如图 8-10 所示。

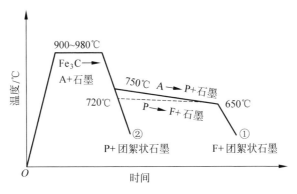

图 8-9 可锻铸铁的石墨化退火工艺

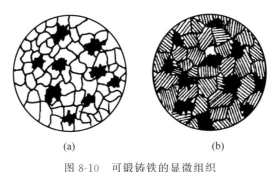

图 8-10 可锻铸铁的显微组织

(a) 铁素体可锻铸铁;(b) 珠光体可锻铸铁

上述退火工艺的生产周期长达数十小时。采用铝、铝铋、硼铋、稀土等作为孕育剂进行孕育处理后,退火周期可由原来的 60～80h 缩短到 15～20h。还有一种缩短退火周期的工艺方法,就是将铸件放在锌气氛中退火,因锌在 907℃气化后产生一定的压力,可加速渗碳体分解,增加石墨核心,从而可缩短 35%～40%的退火时间。

2. 可锻铸铁的牌号和应用

可锻铸铁牌号由"KTH"(或"KTZ""KTB")和两组数字组成。其中"KTH"表示黑心可锻铸铁,"KTZ"表示珠光体可锻铸铁,"KTB"表示白心可锻铸铁。第一组数字表示最低抗拉强度 R_m,第二组数字表示最低伸长率 A。例如,KTH350-10 表示 $R_m \geqslant 350\text{MPa}$、$A \geqslant 10\%$ 的铁素体黑心可锻铸铁;KT2550-04 表示 $R_m \geqslant 550\text{MPa}$、$A \geqslant 4\%$ 的珠光体可锻铸铁。

可锻铸铁具有较好的冲击韧性和耐蚀性,适用于制造形状复杂、承受冲击的薄壁铸件,铸件壁厚一般不超过 25mm,否则会造成退火时间过长,甚至无法保证铸件质量;亦适用于在潮湿空气、炉气和水等介质中工作的零件,如管接头、阀门等。因为可锻铸铁生产周期长、工艺复杂,它的应用和发展受到一定限制,某些传统的可锻铸铁零件已逐渐被球墨铸铁所代替。

黑心可锻铸铁的牌号应符合表 8-3 规定、珠光体可锻铸铁的牌号及力学性能要求参考 GB/T 9440—2010《可锻铸铁件》。

表 8-3　黑心可锻铸铁和珠光体可锻铸铁的力学性能(摘自 GB/T 9440—2010)

牌　　号	试样直径 $d^{a,b}$ / mm	抗拉强度 R_m/MPa(min)	0.2%屈服强度 $R_{p0.2}$/MPa(min)	伸长率 A/% min(L_0—3d)	布氏硬度 /HBW
KTH 275-05[c]	12 或 15	275	—	5	≤150
KTH 300-06[c]	12 或 15	300	—	6	
KTH 330-08	12 或 15	330	—	8	
KTH 350-10	12 或 15	350	200	10	
KTH 370-12	12 或 15	370	—	12	
KTZ 450-06	12 或 15	450	270	6	150~200
KTZ 500-05	12 或 15	500	300	5	165~215
KTZ 550-04	12 或 15	550	340	4	180~230
KTZ 600-03	12 或 15	600	390	3	195~245
KTZ 650-02[d,e]	12 或 15	650	430	2	210~260
KTZ 700-02	12 或 15	700	530	2	240~290
KTZ 800-01[d]	12 或 15	800	600	1	270~320

a 如果需方没有明确要求,供方可以任意选取两种试棒直径中的一种。

b 试样直径代表同样壁厚的铸件,如果铸件为薄壁件时,供需双方可以协商选取直径 6mm 或者 9mm 试样。

c KTH 275-05 和 KTH 300-06 为专门用于保证压力密封性能,而不要求高强度或者高延展性的工作条件的。

d 油淬加回火。

e 空冷加回火。

8.2.6　蠕墨铸铁

蠕墨铸铁是近年来发展起来的一种新型高强度铸铁。石墨呈蠕虫状,形态介于球状与片状之间,在光学显微镜下呈短杆状,与普通灰口铸铁的片状石墨相近,但长、厚方向尺寸比较小,端部较钝、较圆,局部又接近球状。蠕墨铸铁的显微组织如图 8-11 所示。

1. 蠕墨铸铁的性能

由于蠕虫状石墨的端部较钝和较圆,因而对金属基体的割裂作用减小,所以提高了铸铁的力学性能,使得蠕墨铸铁的强度及塑性高于灰口铸铁但低于球墨铸铁,有较高的耐磨性和一定的韧性。蠕墨铸铁具有较

图 8-11　蠕墨铸铁的显微组织(200×)

高的热导率,所以可制造承受热疲劳的零件,这是灰口铸铁和球墨铸铁所不及的。蠕墨铸铁的铸造性能与灰口铸铁一样良好。目前蠕墨铸铁已开始在生产中大量应用,主要用于生产气缸盖、气缸套、钢锭模、液压阀等铸件。

2. 蠕墨铸铁的生产

在生产蠕墨铸铁时,往一定成分的铁水中加入适量的蠕化剂进行蠕化处理。所谓蠕化处理,是将蠕化剂放入经过预热的堤坝或铁水包内的一侧,从另一侧冲入铁水,利用高温铁水将蠕化剂熔化的过程。蠕化剂为镁钛合金、稀土镁钛合金或稀土镁钙合金等。

3. 蠕墨铸铁的牌号和应用

蠕墨铸铁的牌号由"RuT"后面跟一组数字组成。"RuT"为"蠕铁"二字的汉语拼音字首,数字表示最低的抗拉强度。如 RuT420,表示抗拉强度不低于 420MPa 的蠕墨铸铁。各种蠕墨铸铁的牌号、力学性能及应用举例见表 8-4。

表 8-4　蠕墨铸铁的牌号、力学性能及应用举例

牌号	抗拉强度 R_m/MPa	屈服强度 R_{eH}/MPa	伸长率 A/%	硬度 /HBS	基体组织	应 用 举 例
	不小于					
RuT420	420	335	0.75	200～280	P	活塞环、制动盘、钢珠研磨盘、吸淤泵体等
RuT380	380	300	0.75	193～274	P	
RuT340	340	270	1.0	170～249	P+F	重型机床件,大型齿轮箱体、盖、座,飞轮,起重机卷筒等
RuT300	300	240	1.5	140～217	F+P	排气管、变速箱体、气缸盖、液压件、烧结机算条等
RuT260	260	195	3	121～197	F	增压器废气进气壳体、汽车底盘零件等

8.2.7　合金铸铁

随着生产的发展,不仅要求铸铁具有较高的力学性能,而且还要具有某些特殊性能,如耐磨性、耐热性和耐蚀性等,为此,在熔炼铸铁时特意加入一些合金元素,制成合金铸铁(或称特殊性能铸铁)。这些铸铁与相似条件下使用的合金钢相比,熔炼简单,成本低廉,有良好的使用性能,但力学性能比合金钢低,脆性也较大。

1. 耐磨铸铁

在无润滑的干摩擦条件下工作的零件应具有均匀的高硬度组织,白口铸铁就属于这类耐磨铸铁。但白口铸铁脆性较大,不能承受冲击载荷,因此在生产中常采用激冷的办法来获得冷硬铸铁。即用金属型或冷铁铸造铸件的耐磨表面,其他部位采用砂型。同时调整铁水的化学成分,利用高碳低硅保证白口层的深度,而心部为灰口铸铁组织,有一定的强度。冷

硬铸铁常用于制造轧辊和货车车轮等。近年来我国又试制成功一种具有较好冲击韧性和强度的中锰球墨铸铁,即在稀土镁球墨铸铁中加入 Mn,$\omega_{Mn} = 5.0\% \sim 9.5\%$,$\omega_{Ai}$ 控制在 $3.3\% \sim 5.0\%$,并适当调整冷却速度,使铸铁基体获得马氏体、大量残余奥氏体和渗碳体,具有高的耐磨性,适合于制造农机用耙片、犁铧、饲料粉碎机锤片、球磨机磨球、衬板等。

在润滑条件下工作的耐磨铸铁,其组织应为软基体上分布着硬的组织组成物,软基体磨损后形成沟槽,可保证油膜。珠光体基体灰口铸铁基本上满足这个要求,其中铁素体为软基体,渗碳体为硬组织组成物,同时石墨片起储油和润滑作用。为了进一步改善珠光体灰口铸铁的耐磨性,常将铸铁的 ω_P 提高到 $0.4\% \sim 0.6\%$,生成磷共晶体($F + Fe_3P$,$P + Fe_3P$ 或 $F + P + Fe_3P$),呈断续网状的形态分布在珠光体基体上。它的硬度高,有利于耐磨。在此基础上还可加入 Cr、Mo、W、Cu 等合金元素,改善组织,增进基体的强度,并提高韧性,从而使铸铁的耐磨性得到更大的提高,可用于制造机床床身、汽缸套、活塞环等。

2. 耐热铸铁

高温下工作的许多零件如炉底板、炉罐、换热器等要求具有良好的耐热性。铸铁的耐热性主要指它在高温下抗氧化和抗蠕变的能力。在高温下工作的铸铁表面不但会因氧化而烧损,而且氧原子容易穿透疏松的表层氧化膜使铸铁的深部发生氧化。氧与各种元素形成的氧化物的比体积较大,导致铸件膨胀变形,渗碳体分解为比体积大的石墨可进一步使变形加大,这就是普通铸铁耐热性欠佳的原因。

在铸铁中加入合金元素铝、硅、铬等能提高其耐热性。合金元素在铸铁表面可生成 Al_2O_3、SiO_2、Cr_2O_3 保护膜。保护膜非常致密,可阻止氧原子穿透而引起铸铁内部的继续氧化。另外,铬可形成稳定的碳化物,含铬量越多,铸铁热稳定性越高。硅、铝可提高铸铁的临界温度,促使形成单相铁素体组织,因此在高温条件下使用时这些铸铁的组织稳定。

在 650℃ 以下的空气或炉气介质中工作的炉条、炉条架,蒸汽锅炉的换热管等可选用低铬铸铁。在 800~850℃ 工作时,可选用中硅铸铁。在 850~950℃ 工作时,可选用高铝铸铁或中硅球铁。在 950~1100℃ 工作时,可选用高铬铸铁。耐热铸铁的牌号、化学成分、性能可参阅 GB/T 9437—2009。

3. 耐蚀铸铁

耐蚀铸铁是指在腐蚀性介质中工作时具有耐蚀能力的铸铁。它们主要应用于化工部门,如阀门、管道、泵、容器等。普通铸铁的耐蚀性差,因为组织中的石墨和渗碳体促进铁素体腐蚀。加入 Al、Si、Cr、Mo、Cu、Ni 等合金元素,在铸铁件表面形成保护膜,或使基体电极电位升高,可以提高铸铁的耐蚀性能。

耐蚀铸铁分高硅耐蚀铸铁、高铝耐蚀铸铁和高铬耐蚀铸铁。应用最广的是高硅耐蚀铸铁,其中 ω_{Si} 高达 $14\% \sim 18\%$,在含氧酸(如硝酸、硫酸等)中的耐蚀性不亚于 1Cr18Ni9,而在碱性介质和盐酸、氢氟酸中,由于表面 SiO_2 保护膜遭到破坏,会使耐蚀性下降。为改善高硅耐蚀铸铁在碱性介质中的耐蚀性,可在铸铁中加入 ω_{Cu} 为 $6.5\% \sim 8.5\%$ 的铜;为改善在盐酸中的耐蚀性,可向铸铁中加入 $\omega_{Mo} = 2.5\% \sim 4.0\%$ 的钼。此外,为提高高硅耐蚀铸铁的力学性能,还可以在铸铁中加入微量的硼和用稀土镁合金进行球化处理。

8.3 铸铁的热处理

8.3.1 铸铁热处理的必要性及特点

铸铁在固态范围内通过加热和冷却也有相变发生。由此可见铸铁是具备热处理的条件的。此外,铸造出来的工件直接使用往往不能满足要求。例如,一些铸件硬度很高,妨碍机械加工(如刨削等),有时甚至因太硬而不能加工,为此必须降低它的硬度,使其有利于机械加工的进行。有些铸件要在振动或冲击甚至要在交变负荷状态下工作,而铸铁本身则是又硬又脆,强度很低,当然不能在这样的条件下使用。为此就要使它变得坚韧有力。这样就必须用热处理来改变它原来的性能,使它符合使用状态的要求。

1. 铸铁进行热处理的必要性

(1) 铸铁经过各种热处理以后,性质就要发生变化,退火后变软,淬火后变硬,或者热处理后使其更加坚韧有力,从而使铸铁的性能更加符合使用要求。例如,白口铸铁性硬而脆,但是当给予它石墨化退火而变为可锻铸铁时,它就变得软而坚韧有力了,甚至可以承受冲击力的作用。

(2) 热处理能够减少或者消除某些铸造上的缺陷。例如,铸件上某些部分带有白口,铸件太硬、太脆,或者铸件本身有很大的内应力,这些缺陷都可以用热处理的方法来减少或者消除。

(3) 热处理可以降低铸件的硬度,使它容易加工。所有铸件很大部分都要进行机械加工,如果铸件太硬,势必对加工造成困难。为此,可以用热处理(退火)的办法来降低硬度,以便机械加工。

2. 铸铁热处理的特点

1) 石墨对铸铁热处理的影响

(1) 使铸铁产生较大的应力集中,容易造成铸件在淬火过程中的裂纹。球墨铸铁由于石墨呈球状分布,内应力比普通灰口铸铁小,淬火裂纹的可能性也大为减小。

(2) 石墨减低了铸件的导热性,这样将使铸件在加热或者冷却过程中各部分温度不均匀,因而增加了应力。所以铸件在加热的时候应比钢慢,并且要在处理的温度下停留较长时间,以便使铸件内外各部分达到均匀一致的温度。

2) 铸件形状对铸铁热处理的影响

(1) 厚度不同的断面上基体组织是不相同的,因而也给热处理带来困难。例如,同一铸件上薄的部分石墨细小,渗碳体量较多;而厚的部分则石墨粗大,渗碳体量就较少。渗碳体的分解会引起铸件的膨胀,显然渗碳体少的地方膨胀得少一些。这样铸件各部分的膨胀程度也就不一样。故在热处理的时候也往往会发生扭曲、变形,甚至开裂。

(2) 断面不同的铸件,从高温冷却下来时,体积变化也不同,特别是淬火的时候体积变化更大。由于组织转变而产生了内应力,使工件变形也更大。

3）化学成分和基体组织对铸铁热处理的影响

同一批相同的铸件，它们的化学成分和基体组织也不会完全相同，甚至相差很大。这样也会给热处理工作带来一定的困难。例如，含 Si 量较高的铸件，正火时必须用较快的冷却速度进行冷却，才能达到目的。再如，含 Mn 量高的铸件在低温石墨化退火时，应该多保温一段时间，才能使渗碳体充分分解。

8.3.2 普通灰口铸铁的热处理

热处理只能改变灰口铸铁的基体组织，不能改变石墨的形态和分布，对提高灰口铸铁力学性能作用不大，因此在生产中主要用来消除内应力、改善切削加工性能和增加表面的耐磨性。

1．消除内应力退火

消除内应力退火又称人工时效处理，主要用于形状比较复杂、要求尺寸稳定性较高的铸件，如机床床身、柴油机汽缸体等。通过这种去应力退火可防止铸件变形开裂，稳定尺寸。退火的工艺是将铸件加热到 500～600℃，保温 4～8h，然后随炉缓冷至 150～200℃后出炉空冷，内应力可消除 90% 以上。应注意加热温度不可过高，否则会引起 Fe_3C 的分解，改变基体组织，降低铸件的强度、硬度。

2．改善切削加工性的退火

灰口铸铁表层和薄壁处由于冷却速度较快，易产生白口组织，使铸件的硬度和脆性增加，不易进行切削加工。为了降低硬度，改善切削加工性，可将铸件加热到 850～900℃，保温 2～5h，使 Fe_3C 分解为石墨，然后随炉冷却到 400～500℃后出炉空冷。

3．表面淬火

有些铸件如机床导轨、缸体内壁等，因需要提高硬度和耐磨性，可进行表面淬火处理，如高频表面淬火、火焰表面淬火等。淬火后的组织为极细马氏体＋片状石墨，表面硬度可达59～61HRC。

8.3.3 球墨铸铁的热处理

由于球墨铸铁的基体组织与钢相同，石墨又不易引起应力集中，因此它具有较好的热处理工艺性能。凡是钢可以采用的热处理，在理论上对球墨铸铁都适用。但由于球铁含有较高的碳、硅、锰等，因此，其热处理具有一些特点：

（1）共析转变温度较高，其奥氏体化的加热温度高于碳钢。

（2）C 曲线右移，并形成两个"鼻尖"，淬透性比碳钢好，因此，中小铸件可采用油淬。

（3）可利用淬火加热温度和保温时间的控制来调整奥氏体中含碳量。

高的加热温度和长的保温时间使以石墨形式存在的碳较多地溶入奥氏体中，因而淬火后得到较粗大的马氏体和数量较多的残余奥氏体。对铸件综合力学性能要求高时，应保证完全奥氏体化的条件下,尽量采用较低的加热温度,以获得含碳量较低的马氏体组织。

球墨铸铁的热处理主要有退火、正火、调质、等温淬火等。

1. 退火

退火的目的是消除内应力,消除白口,获得铁素体基体,并改善切削性能。根据铸铁的铸造组织,可采用两种退火工艺。

1)高温退火

铸态组织中为珠光体+渗碳体+石墨时,进行高温退火。其工艺是:加热到 900～950℃,保温 2～5h,随炉冷却至 600℃后左右后出炉空冷。

2)低温退火

铸态组织为铁素体+珠光体+石墨而没有自由渗碳体时,采用低温退火。其工艺是:加热到 720～760℃,保温 3～6h,随炉冷却至 600℃后出炉空冷。

2. 正火

正火的目的在于得到珠光体基体(占基体 75％以上),并细化组织,提高强度和耐磨性。根据加热温度,分高温正火和低温正火两种。

1)高温正火

加热温度为 880～920℃,保温 1～3h,出炉空冷、风冷或喷雾冷却。高温正火得到细珠光体和石墨组织,但会有少量的铁素体分布在石墨周围呈牛眼状,如图 8-10(b)所示。

2)低温正火

加热温度为 840～860℃,保温 1～4h,出炉空冷,可获得铁素体+珠光体+石墨的球墨铸铁,提高了铸件的塑性和韧性,但强度较低。

3. 调质处理

对综合力学性能要求较高的球墨铸铁件,如柴油机曲轴、连杆等,可进行调质处理。其工艺是:把铸件加热到 860～920℃保温后油淬,然后在 550～600℃回火,以得到回火索氏体基体上分布着球状石墨的组织。调质处理一般只适用于小尺寸的铸件,尺寸过大时内部基体组织淬不透,处理效果不好。

4. 等温淬火

对于一些外形复杂、易变形或开裂的零件,如齿轮、凸轮轴等,为提高其综合力学性能,即高的强度、耐磨性,并具有一定的韧性,常采用将铸件加热至 860～920℃,保温后迅速移至 250～300℃的硝盐炉中等温淬火,完成下贝氏体转变后取出空冷。等温淬火后的组织为下贝氏体+少量残余奥氏体+少量马氏体+球状石墨。等温淬火后,由于热应力和组织应力不大,一般不需回火,但如果马氏体量较多,则应增加一次与等温温度相同的回火。球墨铸铁等温淬火后,抗拉强度可达 1200～1450MPa,冲击韧性为 30～36J/cm²,硬度为 38～51HRC,耐磨性也大大提高,热处理变形也很小。但是等温淬火只适用于尺寸较小的零件。

8.4　铸　钢

铸钢是一种重要的铸造合金,它的应用仅次于铸铁,铸钢件的产量占铸件总产量的15%左右。铸钢通过铸造成形,在电站、矿山、建筑、铁路、工程机械和农机等行业中普遍得到应用。铸钢主要用于制造承受载荷及冲击载荷的零件,如铁路车辆上的摇枕、侧架、车轮及车钩,重型水压机横梁,大型轧钢机机架和大齿轮等。

8.4.1　铸钢的分类及牌号

1. 铸钢的分类

铸钢可按其化学成分分类,分为碳素铸钢和合金铸钢。其中,以碳素铸钢应用最广,占铸钢总产量的80%以上。铸钢也可按其使用特性分类,分为工程和结构用钢、合金钢、特殊钢、工具钢和专业用钢等。铸钢的两种分类见表8-5。

表 8-5　铸钢的分类

按化学成分（质量分数）	碳素铸钢	低碳钢($\omega_C \leqslant 0.25\%$)
		中碳钢($0.25\% < \omega_C \leqslant 0.6\%$)
		高碳钢($\omega_C > 0.6\%$)
	合金铸钢	低合金钢（合金元素总量$\leqslant 5\%$）
		中合金钢（合金元素总量$5\% \sim 10\%$）
		高合金钢（合金元素总量$\geqslant 10\%$）
按使用特性	工程与结构用铸钢	碳素结构钢
		合金结构钢
	铸造特殊钢	不锈钢
		耐热钢
		耐磨钢
		镍基合金
		其他
	铸造工具钢	刀具钢
		模具钢
	专业铸造用钢	

2. 铸钢的牌号

铸钢的牌号按 GB/T 5613—2014"铸钢牌号表示方法",在各种铸钢牌号的前面均冠以"ZG",以表示铸钢。

（1）以力学性能为主要验收依据的一般工程与结构用铸造碳钢和高强度铸钢,在"ZG"后面加两组数字,第一组数字表示该牌号铸钢的屈服强度最低值,第二组数字表示其抗拉强度最低值,单位均为 MPa。两组数字之间用"—"隔开。例如:

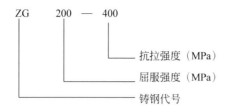

（2）以化学成分为主要验收依据的铸造碳钢，在"ZG"后面接一组数字，表示铸钢的名义含碳量（以万分之几表示）。例如：

（3）铸造合金钢包括化学成分为主要验收依据的铸造中、低合金钢和高合金钢。命名方法是在"ZG"后面用一组数字表示铸钢的名义含碳量（以万分之几表示）。平均含碳量<0.1%的铸钢，其第一位数字为"0"，牌号中名义含碳量用上限表示；含碳量≥0.1%的铸钢，牌号中名义含碳量用平均含碳量表示。在碳的含量数字后面排列各主要合金元素符号，每个元素符号后面用整数标出其名义质量分数（以百分之几表示）。

当合金元素平均含量<1.5%时，牌号中只标明元素符号，一般不标明含量；当合金元素平均含量为1.5%～2.49%、2.5%～3.49%、3.5%～4.49%、4.5%～5.49%、…时，在合金元素符号后面相应标注数字2、3、4、5、…

当主要合金元素多于三种时，可只标注前两种或前三种元素的名义含量，各元素符号的标注顺序按它们的平均含量的递减顺序排列。若两种或多种元素平均含量相同，则按元素符号的英文字母顺序排列。铸钢中常规的锰、硅、磷、硫等元素一般在牌号中不标明。例如：

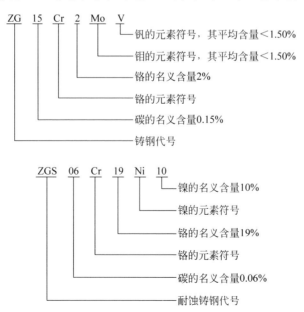

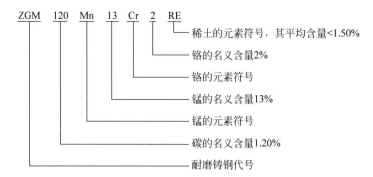

一般工程用铸造碳钢的牌号、化学成分、力学性能及应用举例列于表 8-6。

表 8-6　一般工程用铸造碳钢的牌号、化学成分、力学性能及应用举例（摘自 GB/T 11352—2009）

牌　号		化学成分 ω/%					铸件厚度/mm	室温下试样力学性能（最小值）						特点和应用举例
								R_{eH} $(R_{p0.2})$	R_m	A/%	根据合同选择			
												冲击韧性		
旧牌号	新牌号	C≤	Si≤	Mn≤	S≤	P≤		MPa			Z/%	A_{kV} /J	A_{kU} /J	
ZG15	ZG200-400	0.20		0.80				200	400	25	40	30	47	塑性、韧性和焊接性良好。多用于各种形状的机架、箱体类零件
ZG25	ZG230-450	0.30	0.60					230	450	22	32	25	35	塑性、韧性较好，焊接性良好，切削性尚可。可用于制造较平坦的机架、箱体、管路附件
ZG35	ZG270-500	0.40			0.035	0.035	＜100	270	500	18	25	22	27	强度高，塑性较好，铸造性好，焊接性尚可，切削性好。可用于各种形状的机架、飞轮、箱体、联轴器、蒸汽锤
ZG45	ZG310-570	0.5		0.90				310	570	15	21	15	24	强度高，塑性、韧性较低，切削性好。用于负荷较大的零件和各种形状的机架，如联轴器、齿轮、汽缸、齿圈、重负荷的支架
ZG55	ZG340-640	0.6	0.60					340	640	10	18	10	16	强度、硬度和耐磨性较高，切削性一般，焊接性较差。用于起重运输机中齿轮、联轴器和重要的机架

8.4.2　碳素铸钢

碳素铸钢是钢材料的一种，碳是影响碳素铸钢力学性能的主要元素。随着含碳量增加，碳素铸钢的屈服点和抗拉强度均升高,且抗拉强度比屈服点上升得更多。另外,随着含碳量增加,碳素铸钢的塑性和韧性降低。当碳素铸钢中含碳量超过 0.45% 时,屈服点升高很少,而塑性和韧性却显著降低。随着含碳量增加,碳素铸钢的凝固温度降低,钢水的流动性和铸造性能变好。

碳素铸钢件在铸型中的冷却速度一般都较慢,所以组织特点是晶粒粗大且不均匀。碳素铸钢件尺寸一般较大,且不需锻压加工,所以碳素铸钢件偏析较明显,较普遍地存在树枝状、柱状、网状组织和魏氏组织。碳素铸钢件的内应力较大,力学性能较差,特别是断面收缩率和冲击韧性低。但是因为碳素铸钢件成形方法简单,加工方便,所以碳素铸钢广泛用于制作矿山机械、冶金机械、机车车辆、船舶、水压机、水轮机等大型钢制零件和其他形状复杂的钢制零件。

碳素铸钢与铸铁相比,其铸造性能较差。碳素铸钢的凝固点较高、流动性较差、凝固收缩大、吸气性较大,所以容易形成气孔、夹渣、缩孔、疏松、热裂、冷裂和冷隔。为了改善流动性,可采用较高的浇铸温度或者使铸件壁厚均匀、避免尖角和直角结构;为了补偿凝固收缩,要用较大的浇铸冒口;为了改善砂型或型芯的退让性和透气性,可在铸型用型砂中加锯末、在型芯中加焦炭以及采用空心型芯和油砂芯等;为了防止产生粘砂缺陷,应采用耐火度较高的人造石英砂做铸型,并在铸型表面刷由石英粉或锆砂粉制得的涂料。

1. 碳素铸钢件的热处理

铸钢件均应在热处理后使用。因为铸态下的铸钢件内部存在气孔、裂纹、缩孔和缩松、晶粒粗大、组织不均及残余内应力等铸造缺陷,使铸钢件的强度,尤其是塑性和韧性大大降低。为细化晶粒、消除魏氏组织和铸造应力,铸钢件必须进行正火或退火处理。正火处理后的钢,其机械性能较退火后的高,成本也较低,所以应用较多。但由于正火处理引起的内应力比退火大,只适用于含碳量小于 0.35% 的铸钢件。因为低碳铸钢件的塑性好,冷却时不易开裂。为减小内应力,铸钢件在正火后,还应进行高温回火。对于含碳量 ≥0.35%、结构复杂及易产生裂纹的铸钢件,只能进行退火处理。铸钢件不宜淬火,否则极易开裂。

为了改善碳素铸钢件的性能,形状较复杂,容易引起变形、开裂的碳素铸钢件要进行退火;形状较简单,壁厚不太大的碳素铸钢件要进行正火;尺寸较大的碳素铸钢件一般采用正火后回火处理;形状简单而要求较高力学性能的碳素铸钢件要进行调质处理。调质处理前一般进行退火或正火,有的采用铸态直接调质。后者工艺简单,生产周期短,成本低。热处理加热时,尺寸较大或形状复杂的碳素铸钢件升温速度不宜过快,不然碳素铸钢件容易引起变形或开裂。大型碳素铸钢件的升温速度一般限制在 50~100℃/h,小型的可以控制在 100~200℃/h。碳素铸钢件的退火和正火温度要比相应牌号的碳素钢热加工件适当高一些,保温时间要适当长,以保证成分和组织均匀。

2. 碳素铸钢的熔炼

铸钢的熔炼一般采用平炉、电弧炉和感应炉等。平炉的特点是容量大、可利用废钢作原料、能准确控制钢的成分并能熔炼优质钢及低合金钢,多用于熔炼质量要求高、大型铸钢件用的钢液。三相电弧炉的开炉和停炉操作方便,能保证钢液的成分和质量,对炉料的要求不甚严格,容易升温,故能熔炼优质钢、高级合金钢和特殊钢等,是生产成形铸钢件的常用设备。此外,采用工频或中频感应炉,能熔炼各种高级合金钢和含碳量极低的钢。感应炉的熔炼速度快、合金元素烧损小、能源消耗少,且钢液质量高,即杂质含量少、夹杂少,适于小型铸钢车间采用。

8.4.3　合金铸钢

铸造状态使用的合金钢,又称合金铸钢。按其用途,合金铸钢划分为铸造合金结构钢和特殊用途合金铸钢。前者是低、中合金铸钢,主要用来制作一般机械结构件。后者多为高合金铸钢,如耐磨铸钢、不锈耐酸铸钢、耐热铸钢、铸造合金工具钢等。

铸造合金结构钢和特殊用途低合金铸钢的铸造性能和碳素铸钢相近。钢中的铬、钼等可降低钢液流动性,铜、锰、镍等可提高流动性。钢的体积收缩率主要和含碳量有关。含碳量高则收缩率大,合金元素对它的影响较小。锰和细化结晶组织的元素如钒、钛、锆可减少热裂倾向,铬、钼使热裂倾向增加。合金元素由于会降低导热性,铸造应力增加,使铸钢件的冷裂倾向增大,尤其是含锰、铬、钼等元素的钢更明显。

1. 铸造合金结构钢

铸造合金结构钢按合金元素划分有锰系合金铸钢、铬系合金铸钢和含镍铸造合金钢。

1) 锰系合金铸钢

这类钢以锰为主要合金元素,以硅、钼等为辅助合金元素。常用的中国牌号有ZG30Mn、ZG40Mn、ZG40Mn2、ZG45Mn、ZG50Mn、ZG50Mn2、ZG65Mn 等。常用来制作齿轮、起重机和矿山机械轮子、耐蚀件等,其中含锰量 1.05%~1.80%。锰可明显提高淬透性,细化珠光体组织,提高硬度和耐磨性,降低钢的塑性脆性转变温度,在不降低塑性的条件下提高强度。这类钢在含碳量不高时有很好的焊接性。但锰的固溶强化作用小,常使晶粒粗大并有回火脆性。为提高强度,常在钢中加入硅(0.60%~1.40%),以提高淬透性,增强固溶强化作用。中国常用锰硅钢牌号有 ZG30MnSi、ZG35MnSi、ZG35SiMn、ZG50SiMn、ZG20MnSi 等,可制作火车侧架、摇枕、齿轮、车轮等。为降低锰钢回火脆性,常加入 0.15%~0.30% 的钼。中国常用的有 ZG20MnMo、ZG50MnMo。多元的锰合金铸钢中国有ZG35SiMnMo、ZG35SiMnMoV、ZG42MnMoV 等,这些钢可以制作挖掘机零部件、大齿轮、吊车的套筒等。在锰硅钢中加入少量铬(0.50%~0.80%)可以提高淬透性、强度和耐磨性,可制作受冲击和磨损的铸件,如齿轮、衬板等。中国常用牌号有 ZG30CrMnSi、ZG35CrMnSi。但此种钢铸造和热处理时容易变形和开裂。

2) 铬系合金铸钢

这类钢以铬为主要合金元素,以锰、钼、镍等为辅助元素。铬可固溶强化并明显提高淬透性,提高强度和耐磨性。中国常用的单元铬合金铸钢有 ZG40Cr 和 ZG70Cr。前者可制作高强度铸件,如齿轮和轮缘,后者主要制作耐磨钢铸件。铬钢有回火脆性,常加入钼,钼可进一步提高强度和防止回火脆性。中碳铬钼铸钢有好的强度和耐磨性,如 ZG35CrMo 可以制作链轮、挖掘机支撑轮、轴套等。铬锰钼钢主要制作耐磨钢铸件,如 ZG30CrMnMo 可以承受大的载荷并且耐磨。高碳铬锰钢由于可以形成稳定的碳化物,硬度和耐磨性均高,可作为铸造模具钢用,如 ZG5CrMnMo 即属此类。

3）含镍铸造合金钢

低合金铸钢中以镍作为主要合金元素的铸钢很少,镍常与铬、钼配合,大幅提高淬透性,用以制作高强度的大型铸钢件。

2. 特殊用途合金铸钢

1）特殊用途低合金铸钢

这类铸钢是指除铸造合金结构钢以外有特殊使用性能的低合金铸钢。

（1）耐热低合金铸钢。中国常用的耐热低合金铸钢有 ZG20CrMo、ZG15Cr1M01V。它们可在过热蒸汽中工作,有较高的高温持久强度和蠕变极限。钢中铬和钼起固溶强化和提高淬透性的作用,钒可细化组织并防止晶粒长大。钼和钒可提高钢的高温强度。上述两种钢可以制作在 570℃ 以下工作的蒸汽室、阀门、隔板套等。

（2）低温低合金铸钢。此类钢中含碳量低并适量加入锰,中国常用的牌号有 ZG06MnNb、ZG06AlNbCuN,二者的使用温度可达到 −90℃ 和 −120℃。国外主要用含镍 2.0%～3.0% 或 3.0%～4.0% 的含镍铸钢,可分别用于 −70℃ 和 −100℃。但含镍低温钢易产生氢脆和热裂,生产工艺复杂。

（3）析出强化型铜钢。铜可提高钢的耐腐蚀性能。铜在铁素体中固溶度随温降而减小,经时效处理可提高强度和硬度。这类钢有铜-镍型、铜-锰型和铜-锰-硅型,钢中含铜 0.85%～1.80%。常用于伐木业,也可用于水轮机叶片等壁厚形状复杂且要求不变形的大型铸钢件。

（4）抗磨低合金铸钢。在磨料磨损条件下,钢应有高的硬度和韧性。此类钢有马氏体型和贝氏体型。另外还有 20 世纪 90 年代开发的奥氏体-贝氏体钢（简称奥贝钢）,这是一种高碳（0.60%～0.90%）高硅（2.30%～2.40%）经等温淬火的钢种。由于贝氏体型转变的不完整性,组织中尚残存有分散的奥氏体,在外力作用下可以发生形变强化,有很好的抗磨性能。

（5）高强度低合金铸钢。高强度低合金铸钢是指抗拉强度在 1205～2070MPa 范围的铸钢,常用于制作军工产品铸钢件,如离心铸造炮管、坦克车架和矿山铲运机、推土机上要求高强韧性和耐磨性的铸钢件等。

2）特殊用途高合金铸钢

高合金铸钢是指合金元素总含量在 10% 以上的合金铸钢。按其用途区分为铸造不锈钢、耐热铸钢和耐磨耐蚀合金铸钢。

（1）铸造不锈钢

① 铁素体型不锈铸钢。这类钢以铬为主要合金元素,中国常用的牌号有 ZG1Cr17、ZG1Cr19M02、ZGCr28,用于硝酸、氮肥、化纤等工业。

② 马氏体型不锈铸钢。中国牌号有 ZG1Cr13、ZG2Cr13,常用于制造要求承受冲击负荷和韧性高但介质浓度不高条件下工作的铸件,如泵壳、叶轮、阀门等。

③ 奥氏体型不锈钢。这类钢含有较高的铬和镍,中国常用的牌号有 ZGOCr18Ni9、ZG1Cr18Ni9、ZG0Cr18Ni9Ti、ZG1Cr18Ni9Ti、ZG0Cr18Ni12Mo2Ti、ZG1Cr18Ni12Mo2Ti、ZG1Cr24Ni20Mo2Cu3、ZG1Cr18Mn8NiN 等,其用途广泛,典型钢号是 ZG0Cr18Ni9 和 ZG1Cr18Ni9。

④ 奥氏体-铁素体型不锈钢。这类钢中含锰和氮以节约镍,中国常用牌号有

ZG1Cr17Mn9Ni4Mo3Cu2N、ZG1Cr18Mn13Mo2CuN。对耐蚀性要求不高,但要求高的力学性能时,可以使用中、高强度马氏体不锈钢。适于制作壁厚 100mm 以下铸件的中国牌号有 ZG10Cr13、ZG20Cr13、ZG10Cr13Ni1、ZG10Cr13Ni1Mo。适于制作壁厚 100～200mm 铸件的有 ZG06Cr13Ni4Mo、ZG06Cr13Ni6Mo、ZG06Cr16Ni5Mo。

⑤ 沉淀硬化型不锈钢。中国牌号为 ZG0Cr17Ni4Cu4Nb,这类钢具有高的强度、韧性和耐磨性,可用于化工、造船、航空等部门,制作高强度耐磨耐蚀铸件。

不锈钢的铸造性差,钢水流动性低,易产生冷隔或夹渣,为此要提高浇注温度,一般不低于 1530℃。浇注系统截面积应较碳素钢铸件大 30%～50%。不锈钢体积收缩值大,易产生缩孔和疏松,铸件冒口较碳钢件应大 20%～30%。铸件热裂倾向大,浇注温度高易粘砂,铸造工艺均应采取相应措施。奥氏体-铁素体型不锈钢的铸造性能较好,但对气孔敏感性较大。

(2) 耐热铸钢

耐热铸钢按用途分为耐热不起皮铸钢(抗氧化钢)和热强铸钢。常用的抗氧化钢有耐热铬钢,以铬为主要合金元素。含铬量低者为 13%～14%,高者达 25%～35%,有时还加入少量硅或镍,如 ZG40Cr9Si2,其最高抗氧化温度为 800℃,长期受载时低于 700℃,可制作坩埚、炉门、底板等。

热强钢通常为马氏体型或奥氏体型,后者热强性能好,可用在 600℃ 以上。含铬量和含镍量高,可用到 1100℃,广泛用于各种炉子构件。

耐热钢的铸造性能差,其特点与不锈钢类似。铁铝锰型耐热钢的钢液极易氧化,易产生表面皱皮、体积收缩大,易出裂纹。冶炼和铸造工艺上均应注意。

① 铬镍耐热钢。这类钢是奥氏体型抗氧化钢。奥氏体型不锈钢也有抗氧化性能,但前者的含碳量高些并常含有硅,如 ZG35Ni24Cr18Si2。其最高使用温度 1100℃,可制作加热炉传送带、螺杆、紧固件等承载件。

② 铬锰氮型抗氧化钢。其中有 11%～13% 的锰,并加入少量氮以代替镍,有时还加入少量硅以提高抗氧化性能,如 ZG30Cr18Mn12Si2N。其最高使用温度 950℃,强度和热疲劳性好,可制作炉罐、炉底板、支承架、吊架等。这类钢有奥氏体+铁素体的双相组织,力学性能优于铬镍钢。

③ 铁铝锰型抗氧化钢。其中含锰量和含铝量低者如 ZG5Mn16Al3Si2(ω_{Mn}15.50%～16.50%,ω_{Al}2.70%～3.00%),高者如 ZG7Mn29Al9Si(ω_{Mn}28.0%～30.0%,ω_{Al}9.0%～10.0%)。

(3) 铸造工具钢

铸造工具钢分为刀具铸钢和模具铸钢。刀具铸钢是以钨、铬为主要合金元素的高合金铸钢,如中国的 ZGW18Cr4V、ZGW12Cr4V4Mo、ZGW9Cr4V2、ZGW9Cr4V 等。为消除宏观偏析和细化组织,浇注时温度应低。钢的收缩量大,导热性差,易产生裂纹。模具铸钢以铬、钼为主要合金元素,中国常用的牌号是 ZG5CrMnMo,为提高钢液的流动性,钢中含硅量应适当提高。

(4) 耐磨耐蚀合金铸钢

为制造水轮机上铸件(转子和叶片等)而研制的抗磨耐蚀合金铸钢,以铬、镍、钼、铜为主要合金元素。钢的淬透性高,硬度高,在水流冲蚀磨损条件下有好的耐蚀抗磨性能。中国常用的牌号是 ZG0Cr13Ni6MoR、ZG0Cr13Ni4MoR、ZG15MnMoV-Cu。

通常讲的钢铁或钢材,是一种广泛应用于机械制造、铁路、船舶和建筑等领域的工程材料,一般包括碳素钢、合金钢、铸铁和铸钢。近年来,中国钢铁企业积极响应"一带一路"倡议,深入践行"共商、共建、共享"原则,大力实施走出去战略,为国际钢铁产能合作贡献了中国智慧、中国方案,为全球钢铁发展注入了新活力、新动能,为推动"一带一路"沿线国家和地区经济发展、推动构建人类命运共同体、促进全球共同发展和繁荣作出了重大的贡献。

复习思考题

1. 铸钢的牌号如何表示? 在什么情况下选用铸钢?

2. 铸铁的石墨化程度与铸铁的组织和力学性能有何关系? 为什么铸铁的牌号不用化学成分来表示?

3. 灰口铸铁的抗拉强度为什么比铸钢低? 提高灰口铸铁强度的途径是什么?

4. 影响灰口铸铁组织的因素有哪些? 什么情况下可得到白口铸铁? 什么情况下可得到铁素体加粗大石墨的灰口铸铁?

5. 球墨铸铁的强度为什么比灰口铸铁高? 灰口铸铁一般不采用热处理方法提高强度,而球墨铸铁则常通过热处理提高强度,为什么?

6. 白口铁、灰口铸铁、铸钢这三种材料的成分、组织和性能有什么区别?

7. 从石墨的存在来分析灰口铸铁的力学性能和其他特殊性能。灰口铸铁最适宜制造哪类铸件?

自测题 8

9

有色金属及其合金

在工业生产中通常称钢铁为黑色金属,而把铝、镁、铜、铅、锌等及其合金称为有色金属,或称非铁金属。由于有色金属具有某些独特的性能和优点,因而成为现代工业技术中不可缺少的材料。

有色金属有 80 余种,可分为:

(1) 重金属。相对密度大于 $4.5 g/cm^3$,包括铜、镍、钴、铬、锡、汞等。

(2) 轻金属。相对密度小于或等于 $4.5 g/cm^3$,包括铝、镁、钠、钙、钾等。

(3) 贵金属。包括金、银及铂族元素。

(4) 半金属。指硅、硒、碲、砷、硼等,其物理化学性质介于金属与非金属之间。

(5) 稀有金属。包括稀有轻金属(如钛、锂、铍等)、稀有难熔金属(如钨、钼、铌、钽等)、稀有分散金属(如镓、铟、锗等)、稀土金属(如钪、钇和镧系元素等)和放射性金属(如镭及锕系元素等)。

按加工方式,有色金属合金可分为变形合金和铸造合金两大类。

本章仅对工业中广泛使用的铝、铜、镁、钛及轴承合金等作简要介绍。

9.1 铝及铝合金

铝及铝合金

铝及铝合金具有以下性能特点:

(1) 相对密度小、比强度(强度与密度之比)高。纯铝的密度很小($2.7 g/cm^3$),仅为铁的三分之一,其合金的密度也很小,采用各种强化手段后,铝合金可以达到与低合金高强度钢接近的强度,因此比强度较一般的高强度钢高得多。凡是要求减轻结构重量的地方,如飞机制造业中铝及铝合金用得比较多。

(2) 具有优良的物理、化学性能。铝的导电性好,仅次于银、铜和金。纯铝的电导率为纯铜的 $60\%\sim65\%$。而且由于它的相对密度小,资源丰富,成本较低,越来越广泛地用来制造远距离输电的导线材料。纯铝及其合金有相当好的抗大气腐蚀的能力,可用作要求有较高大气腐蚀抗力而强度要求不太高的工程构件及日用品。

(3) 良好的加工工艺性。铝及铝合金(退火状态)的塑性很好,可以冷成形,切削加工性能也很好。铸造铝合金(如各种硅铝合金)的铸造性能优良,特别适于制造各种压铸件。

由于上述优点,铝及铝合金在电气工程、航天及宇航工业、一般机械工程和轻工业中有着广泛的用途。但它们的强度比钢低,硬度及耐磨性也远不及钢,因此不适于制造承受较大载荷和强烈磨损的零件。

9.1.1 纯铝

含铝量不低于 99.00% 时为纯铝。纯铝中一般含有铁、硅、铜、锌等杂质,根据 GB/T 16474—2011,纯铝的牌号用 1×××系列表示。牌号第一位数"1"表示纯铝。牌号的第二位如果为字母,则表示原始纯铝的改型情况(其中字母 A 表示原始纯铝;字母 B~Y 则表示为原始纯铝的改型);如果牌号的第二位为数字,则表示合金元素或杂质含量的控制情况(其中数字 0 表示其杂质极限含量无特殊控制,数字 1~9 则表示对一项或一项以上的单个杂质或合金元素极限含量有特殊控制)。牌号的最后两位数字就是最低铝百分含量中小数点后面的两位,如 1A99 表示含铝量为 99.99% 的原始纯铝,1080 表示含铝量为 99.80% 的工业纯铝。

纯铝的旧牌号用"铝"字汉语拼音字首"L"和其后面的编号表示。工业纯铝的牌号有 L1、L2、L3、L4、L5 等,数字越大纯度越低。工业高纯铝纯度为 99.85%~99.9%,牌号有 L00、L01;高纯铝纯度为 99.93%~99.99%,牌号有 L01、L02、L03、L04,后面的数字越大纯度越高。

工业纯铝可制作电线、电缆及配制合金;工业高纯铝可制作铝箔、包铝及冶炼铝合金。高纯铝主要用于科学研究及制作电容器。

9.1.2 铝合金

为了提高铝的强度,同时也尽可能使其具有良好的抗蚀性和使用性能,最有效的方法是加入适当的合金元素,组成铝合金。

铝合金常用的主加元素有硅、铜、镁、锌、锰,辅加元素有铬、钛、铁、镍、锆等。近年来还采用镉、铈和镧等稀土元素。

1. 铝合金的分类和牌号

根据铝合金的成分及生产工艺特点,可以将其分为变形铝合金和铸造铝合金两大类。变形铝合金是将铝合金铸锭通过压力加工(轧制、挤压、模锻等)制成半成品或模锻件,所以要求有良好的塑性变形能力。铸造铝合金则是将熔融的合金直接浇注成形状复杂的甚至是薄壁的成形件,所以要求铝合金具有良好的铸造流动性。

这种分类方法是以铝合金平衡相图为根据的。图 9-1 所示为铝基二元合金平衡图的一般类型。凡位于 D 点左边的合金,加热时均可得到单相固溶体,塑性好,适宜压力加工,故称变形铝合金。成分位于 D 点右边的合金,因出现共晶体,合金的塑性差,一般不宜压力加工,但铸造流动性好,故适宜铸造工艺,所以称为铸造铝合金。

变形铝合金中,成分在 F 点左边的合金,其固溶体成分不随温度而变化,属于不能热处理强化的铝合金;成分在 F 与 D 之间的合金,其固溶体成分随温度而改变,有溶解度变化,因而属于能够热处理强化的铝合金。

变形铝合金按照性能特点和用途分为防锈铝、硬铝、超硬铝和锻铝四种。防锈铝属于不能热处理强化的铝合金,硬铝、超硬铝、锻铝属于能热处理强化的铝合金。根据 GB/T

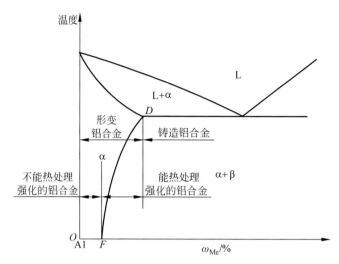

图 9-1 铝合金相图的一般形式

16474—2011,变形铝合金的牌号用 2×××～8××× 系列表示。牌号第一位数字 2～8 表示合金系,2 为 Al-Cu 系,3 为 Al-Mn 系,4 为 Al-Si 系,5 为 Al-Mg 系,6 为 Al-Mg-Si 系,7 为 Al-Zn 系,8 为其他元素。牌号的第二位表示原始合金的改型情况。如果牌号的第二位为字母 A 或数字 0,则表示为原始合金;如果是 B～Y 的其他字母或 1～9 的其他数字,则表示为原始合金的改型合金。牌号的最后两位数字没有特殊意义,仅用来区分同一组中不同的铝合金。如 2A11 表示 11 号铝铜合金。

变形铝合金的旧牌号中,防锈铝、硬铝、超硬铝、锻铝分别用"LF"(铝防)、"LY"(铝硬)、"LC"(铝超)、"LD"(铝锻)和后面的顺序号来表示。例如 LF5 表示 5 号防锈铝,LY11 表示 11 号硬铝,LC4 表示 4 号超硬铝,LD8 表示 8 号锻铝。

铸造铝合金牌号用 ZAl＋合金元素＋合金含量表示,如 ZAlSi5CulMg 表示含 5％Si、1％Cu 及少量 Mg 的铝合金。铸造铝合金旧牌号用"铸铝"二字汉语拼音字首"ZL"后跟三位数字表示。第一位数字表示合金系列,1 为 Al-Si 系合金,2 为 Al-Cu 系合金,3 为 Al-Mg 系合金,4 为 Al-Zn 系合金;后面两位数字表示同类铝合金不同的代号。例如 ZL201 表示 1 号铝铜系铸造铝合金,ZL107 表示 7 号铝硅系铸造铝合金。

2. 铝合金的热处理

1) 退火

(1) 变形铝合金的退火。变形铝合金的退火有两种类型。一种是消除内应力的退火,主要是为了消除冷加工塑性变形或切削加工造成的内应力,而又不降低铝件的强度,故退火温度一般低于或稍高于合金的再结晶温度(通常为 200～300℃,保温 0.5～3h)。另一种退火是为了消除前道工序的加工硬化,即降低硬度、提高塑性,以便继续进行冷加工塑性变形,这种退火温度比再结晶温度高得多(一般为 350～450℃,保温 1～4h)。

(2) 铸造铝合金的退火。为了消除铸铝件的成分不均匀性和内应力,并改善其性能,铸件需要进行较长时间的均匀化退火(大约为 290℃,保温 2～4h)。

2）时效强化

时效强化是铝合金强化的主要手段。与钢不同，铝合金淬火（也称固溶处理）后，强度和硬度并不高，且塑性较好。若将淬火后的铝合金在室温下放置 3～4 天后，发现它的强度、硬度显著提高，而塑性则显著下降，这种淬火后的合金随时间延长而发生强化的现象称为时效强化。这种处理称为脱溶处理或时效处理。在室温或低于 100℃ 的温度下进行的时效处理称为自然时效，在加热温度高于 100℃ 的条件下所进行的时效称为人工时效。

图 9-2 表示含 4%Cu 的铝合金自然时效的曲线。由图可见，时效过程不是在一开始就发生的，而是有一段孕育期（大约 2h），在这段时间内铝合金仍有较好的塑性，可进行各种加工变形。当超过孕育期后，强度和硬度很快增加，经过 3～4 个昼夜后强度和硬度达到最高值。

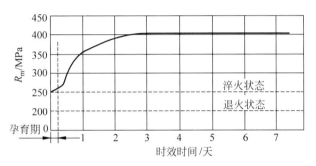

图 9-2 含 4%Cu 的铝合金自然时效曲线

图 9-3 表示含 4%Cu 的铝合金在不同温度下的时效曲线。由图可见，人工时效比自然时效的强化效果低，而且时效温度越高，其强化效果越低，时效速度越快。

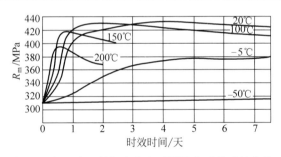

图 9-3 含 4%Cu 的铝合金在不同温度下的时效曲线

时效温度过高，时间过长，使强度、硬度下降的现象称为"过时效"。

为什么铝合金淬火后时效有以上特点呢？以 Al-Cu 合金为例，简要说明一下。

图 9-4 所示为 Al-Cu 合金相图。铜在铝中的最大溶解度为 5.65%，随温度下降，溶解度也降低，至室温时为 0.5%。如果把含铜 0.5%～5.65% 的铝铜合金加热到 α 相溶解度曲线以上的温度，适当保温后，将得到单相 α 固溶体。再随后缓慢冷却（退火），则从 α 固溶体中析出硬而脆的 $CuAl_2$ 质点（θ 相），最后得到 α 固溶体＋$CuAl_2$ 两相组织。如果从高温迅速冷却（淬火），则 $CuAl_2$ 来不及析出，高温下的单相固溶体保持到室温，成为过饱和的 α 固溶体。但因铜与铝形成置换固溶体，虽然过饱和，晶格歪扭并不严重，故强度和硬度升高不多，塑性较好，过饱和的 α 固溶体是不稳定的，它有逐渐向稳定状态（α 固溶体＋$CuAl_2$）转变的趋势，这一转变过程须经过中间过渡阶段。

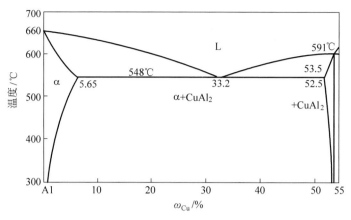

图 9-4　Al-Cu 合金部分相图

自然时效时,在过饱和的 α 固溶体中,铜原子逐渐扩散到固溶体的某些区域,形成若干富铜区(也称 GP 区),且与母相 α 固溶体维持共格关系,有较大的弹性应变场,引起附近的晶格发生很大畸变,从而使得合金强度和硬度增加。在室温下,因原子的扩散能力较弱,一般只形成富铜区。

在人工时效时,因温度升高,原子的活动能力增强,富铜区逐渐长大,并形成与 CuAl₂ 成分相同但晶格不同的过渡相(θ′相),其附近的晶格仍然存在严重的畸变,引起合金的变化。

若温度过高或时间过长,则过渡相 θ′ 将形成稳定的 θ 相(CuAl₂),与母相的共格关系完全破坏,使固溶体的晶格畸变大为减轻,而且 CuAl₂ 的颗粒将随温度的升高而聚集长大,时效所产生的强化效果显著减弱,这就造成了所谓的过时效。实际生产中应用的铝合金,大多不是二元合金,而是 Al-Cu-Mg 系、Al-Mg-Si 系、Al-Si-Cu-Mg 系等多元合金,虽然它们的强化相种类比铝铜合金复杂,强化效果也不一样,但时效强化原理基本上是相同的。

采用自然时效还是人工时效,以及人工时效温度和时间的确定,应综合多种因素考虑,具体工艺规范可参考有关资料。

3) 回归

将经过自然时效的铝合金加热到 200~270℃,保温几十秒至几分钟,然后水淬急冷,能使合金恢复到原淬火状态,这种现象称为回归。回归处理主要应用在零件的修复或校形需要恢复合金塑性的场合。

3. 铝合金的牌号及应用

在铝合金的牌号后面有时还附加表示各种加工及热处理状态的字母代号,各代号释义列于表 9-1 中。

表 9-1　变形铝及铝合金状态代号(摘自 GB/T 16475—2008)

状态代号	代号释义
T1	高温成形+自然时效 适用于高温成形后冷却、自然时效,不再进行冷加工(或影响力学性能极限的矫平、矫直)的产品

续表

状态代号	代 号 释 义
T2	高温成形＋冷加工＋自然时效 适用于高温成形后冷却,进行冷加工(或影响力学性能极限的矫平、矫直)以提高强度,然后自然时效的产品
T3	固溶热处理＋冷加工＋自然时效 适用于固溶热处理后,进行冷加工(或影响力学性能极限的矫平、矫直)以提高强度,然后自然时效的产品
T4[a]	固溶热处理＋自然时效 适用于固溶热处理后,不再进行冷加工(或影响力学性能极限的矫直、矫平),然后自然时效的产品
T5	高温成形＋人工时效 适用于高温成形后冷却,不经冷加工(或影响力学性能极限的矫直、矫平),然后进行人工时效的产品
T6[a]	固溶热处理＋人工时效 适用于固溶热处理后,不再进行冷加工(或影响力学性能极限的矫直、矫平),然后进行人工时效的产品
T7[a]	固溶热处理＋过时效 适用于固溶热处理后,进行过时效至稳定化状态。为获取除力学性能外的其他某些重要特性,在人工时效时,强度在时效曲线上越过了最高峰点的产品
T8[a]	固溶热处理＋冷加工＋人工时效 适用于固溶热处理后,经冷加工(或影响力学性能极限的矫直、矫平)以提高强度,然后进行人工时效的产品
T9[a]	固溶热处理＋人工时效＋冷加工 适用于固溶热处理后,人工时效,然后进行冷加工(或影响力学性能极限的矫直、矫平)以提高强度的产品
T10	高温成形＋冷加工＋人工时效 适用于高温成形后冷却,经冷加工(或影响力学性能极限的矫直、矫平)以提高强度,然后进行人工时效的产品

注:a 某些 6×××系或 7×××系的合金,无论是炉内固溶热处理,还是高温成形后急冷以保留可溶性组分在固溶体中,均能达到相同的固溶热处理效果,这些合金的 T3、T4、T6、T7、T8 和 T9 状态可采用上述两种处理方法的任一种,但应保证产品的力学性能和其他性能(如抗腐蚀性能)。

1) 常用的变形铝合金

这类铝合金由冶炼厂加工成各种规格的产品(型材、板、带、管、线等)供应,常用的有以下几种。

(1) 防锈铝合金

防锈铝合金以 Mn 和 Mg 为主要元素。这类合金在锻造退火后的组织是单相固溶体,所以是不能热处理强化的。但可施以冷压力加工,通过产生加工硬化来提高这类合金的强度。这类合金具有抗腐蚀性能高、塑性好的特点。

Mn 在这类合金中能通过固溶强化来提高合金的强度,但主要作用是提高铝合金的抗腐蚀能力,所以各种含 Mn 的铝合金抗蚀性均比纯铝好。Mg 具有良好的固溶强化效果,并且有良好的抗蚀性,尤其是它能降低合金的比重,使制成的零件比纯铝还轻。

这类合金主要用来制造受力不大,通过钣金、冲压式焊接而成的结构件。常见牌号有 3A21(LF21)、5A05(LF5)等。

(2) 硬铝合金

硬铝合金为 Al-Cu-Mg 系合金,还含有少量的铬。各种硬铝合金都可以进行时效强化,属于可以热处理强化的铝合金,亦可进行变形强化。其中 Cu、Mg 是为了形成强化的 θ 相和 S 相;Mn 主要是提高合金的抗蚀性,并有一定的固溶强化作用,但它不参与时效过程;少量的钛、硼可细化晶粒和提高合金强度。

硬铝合金在使用或进行加工时必须注意两个问题:

① 耐蚀性差,特别是在海水中更差。这是因为它含有较多的铜,而含铜的固溶体和化合物的电极电位比晶粒边界高,因而会促成晶间腐蚀。解决方案是用轧制的方法在硬铝表面上包一层纯铝,制成包铝硬铝材。

② 淬火温度范围窄,如 2A11 是 $500\sim510℃$,2A12 是 $495\sim503℃$。低于此温度淬火时,固溶体的过饱和度不足,不能发挥最大时效效果;超过此温度范围则容易引起过时效。

(3) 超硬铝合金。超硬铝合金为 Al-Cu-Mg-Zn 系合金。这类合金时效强化相除 θ 相和 S 相外,还有强化效果很大的 $MgZn_2$(η 相)和 $Mg_3Zn_3Al_2$(T 相),所以经固溶处理和人工时效后可获得很高的强度和硬度,它是强度和硬度最高的一种铝合金。但这种合金的抗蚀性较差,高温下软化快,可用包铝法提高抗蚀性。超硬铝合金多来制造受力大的重要构件,如飞机大梁、起落架等。

(4) 锻铝合金。锻铝合金为 Al-Mg-Si-Cu 系和 Al-Cu-Mg-Ni-Fe 系合金,合金中的元素种类多但用量少,具有良好的热塑性和锻造性能,并有较高的力学性能。这类合金主要用于承受重载荷的锻件和模锻件,通常要进行固溶处理和人工时效。

常用变形铝合金的牌号、化学成分、力学性能及应用举例见表 9-2。

表 9-2 常用变形铝合金的牌号、化学成分、力学性能及应用举例(摘自 GB/T 3190—2020)

| 类别 | 合金系统 | 牌号 | 化学成分(质量分数)ω/% | | | | | | | 力学性能 | | | 应用举例 |
			Si	Fe	Cu	Mn	Mg	Zn	其他	R_m/MPa	A/%	HBW	
防锈铝合金	Al-Mg	5A02	0.40	0.40	0.10	0.15~0.4	2.0~2.8	—	—	195	17	47	焊接油箱、油管及低压容器
		5A05	0.50	0.50	0.10	0.3~0.6	4.8~5.5	0.20	—	280	20	70	焊接油管、铆钉及中载零件
	Al-Mn	3A21	0.60	0.70	0.20	1.0~1.6	0.05	0.10	—	130	20	30	焊接油管、铆钉及轻载零件
硬铝合金	Al-Cu-Mg	2A01	0.50	0.50	2.2~3.0	0.20	0.2~0.5	0.10	—	300	24	70	中等强度、温度低于 100℃ 的铆钉
		2A11	0.70	0.70	3.8~4.8	0.4~0.8	0.4~0.8	0.10	—	420	18	100	中等强度结构件
		2A12	0.50	0.50	3.8~4.9	0.3~0.9	1.2~1.8	0.3	$\omega_{Ni}=0.1$	470	17	105	高强度结构件及 150℃ 下的工作零件
	Al-Cu-Mn	2A16	0.30	0.30	6.0~7.0	0.4~0.8	0.05	0.10	—	400	8	100	高强度结构件及 200℃ 下的工作零件

续表

类别	合金系统	牌号	化学成分(质量分数)ω/%							力学性能			应用举例
			Si	Fe	Cu	Mn	Mg	Zn	其他	R_m/MPa	A/%	HBW	
超硬铝合金	Al-Zn-Mg-Cu	7A04	0.50	0.50	1.4~2.0	0.2~0.6	1.8~2.8	5.0~7.0	ω_{Cr}=0.10~0.25	600	12	150	主要受力构件,如飞机起落架
		7A09	0.50	0.50	1.2~2.0	0.15	2.0~3.0	5.1~6.1	ω_{Cr}=0.16~0.30	680	7	190	主要受力构件,如飞机大梁
锻铝合金	Al-Cu-Mg-Si	2A50	0.7~1.2	0.7	1.8~2.6	0.4~0.8	0.4~0.8	0.3	ω_{Ni}=0.1	420	13	105	形状复杂和中等强度锻件及模锻件
		2A70	0.35	0.9~1.5	1.9~2.5	0.20	1.4~1.8	0.30	ω_{Ni}=0.9~1.5	415	13	120	用于250℃温度下工作的零件

2) 铸造铝合金

表 9-3 为常用铸造铝合金的牌号、化学成分、力学性能及应用举例。

表 9-3　常用铸造铝合金的牌号、化学成分、力学性能及应用举例(摘自 GB/T 1173—2013)

类别	牌号	代号	化学成分(质量分数)ω/%				铸造方法	力学性能(不低于)			应用举例
			Si	Cu	Mg	其他		R_m/MPa	A/%	HBW	
铝硅合金	ZAlSi12	ZL102	10.0~13.0				SB JB SB J	143 153 133 143	4 2 4 3	50 50 50 50	形状复杂、工作温度在200℃以下的零件
	ZAlSi9Mg	ZL104	8.0~10.5		0.17~0.30	ω_{Mn}=0.2~0.5	SRJK J	150 200	2 1.5	50 65	形状复杂、工作温度在200℃以下的零件
	ZAlSi5Cu1Mg	ZL105	4.5~5.5	1.0~1.5	0.4~0.6		SJRK J	155 235	0.5 0.5	65 70	强度和硬度较高,工作温度在225℃以下的零件
	ZAlSi2Cu1Mg1Ni1	ZL109	11.0~13.0	0.5~1.5	0.8~1.3	ω_{Ni}=0.8~1.5	J J	195 245	0.5 —	90 100	工作温度为175~300℃的零件
铝铜合金	ZAlCu5Mn	ZL201		4.5~5.3		ω_{Mn}=0.6~1.0, ω_{Ti}=0.10~0.35	SJRK S	295 315	8 2	70 80	工作温度为175~300℃的零件
	ZAlCu10	ZL202		9.0~11.0			SJ SJ	104 163		50 100	高温下受冲击的零件

续表

类别	牌号	代号	化学成分(质量分数)ω/%				铸造方法	力学性能(不低于)			应用举例
			Si	Cu	Mg	其他		R_m/MPa	A/%	HBW	
铝镁合金	ZAlMg10	ZL301			9.5~11.0		SJR	280	9	60	承受冲击载荷、外形不太复杂,工作温度不超过150℃的零件
	ZAlMg5Si1	ZL303	0.8~1.3		4.5~5.5	ω_{Mn}=0.1~0.4	SJRK	143	1	55	
铝锌合金	ZAlZn11Si7	ZL401	6.0~8.0	0.6	0.1~0.3	ω_{Mn}=0.5,ω_{Zn}=9.0~13.0	SRK J	195 245	2 1.5	80 90	工作温度不超过200℃的零件
	ZAlZn6Mg	ZL402	0.3	0.25	0.5~0.65	ω_{Mn}=0.1,ω_{Zn}=5.0~6.0	J S	235 220	4 4	70 65	结构复杂的汽车、飞机、仪器零件

注:S为砂型铸造;J为金属型铸造;R为熔模铸造;K为壳型铸造;B为变质处理。

(1) Al-Si 铸造合金

Al-Si 铸造合金通常称为硅铝明。图 9-5 所示为 Al-Si 二元相图,含 10%~13%Si 的简单硅铝明(ZL102)铸造后几乎全部得到共晶组织(α+Si),因此具有良好的铸造性能。但在一般情况下,ZL102 的共晶组织由粗大的针状硅晶体和 α 固溶体构成,如图 9-6(a)所示,强度和塑性都较差。因此实际生产中常常采用变质处理,即在浇铸前加入占合金质量 2%~3%的变质剂(常用钠盐混合物:2/3NaF,1/3NaCl)以细化合金组织,提高合金的强度及塑性。经变质处理后的组织是细小均匀的共晶体加初生 α 固溶体(α+(α+Si)),如图 9-6(b)所示。获得亚共晶组织是由于加入钠盐后,铸造冷却较快时共晶点向左下方移动的缘故。

ZAlSi7Mg 除有优越的铸造性能外,尚有焊接性能好、比重小、抗蚀性和耐热性也相当好等优点。但不能时效强化,强度较低,因而这种合金仅适于制造形状复杂但强度要求不高的铸件。

为了提高硅铝明的强度,在合金中加入一些能形成强化相 $CuAl_2$(θ 相)、Mg_2Si(β 相)、Al_2CuMg(S 相)的 Cu、Mg 等元素,以获得能进行时效硬化的特殊硅铝明。这样的合金还可以进行变质处理,如 ZAlSi9Mg、ZAlSi5Cu1Mg 等。

(2) Al-Cu 铸造合金

这是一种比较传统的铸造铝合金。合金中只含有少量共晶体,所以铸造性能不好,抗蚀性能和比强度也比一般优质硅铝明低,故目前大部分已经被其他铝合金所代替。

(3) Al-Mg 铸造合金

Al-Mg 合金(ZAlMg10)强度高,比重小,有良好的耐蚀性,但铸造性能不好、耐热性低。

Al-Mg 合金可进行自然时效,多用于制造受冲击载荷、在腐蚀介质中工作中、外形不太复杂的零件,如舰船件和动力机械零件等。

(4) Al-Zn 铸造合金

Al-Zn 合金(ZAlZn11Si7、ZAlZn6Mg)价格便宜,铸造性能优良,经变质处理和时效处理后强度较高,但抗蚀性差,热裂倾向大,常用于制造汽车、拖拉机的发动机零件及形状复杂

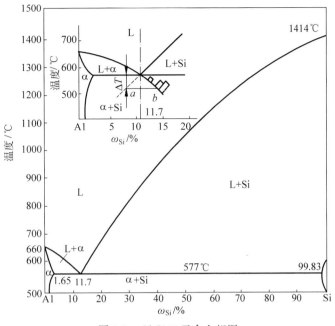

图 9-5　Al-Si 二元合金相图

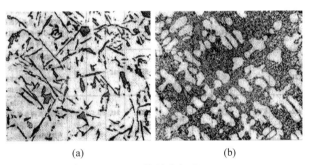

(a)　　　　　　　　(b)

图 9-6　ZL102 的铸态组织(100×)

(a) 变质前；(b) 变质后

的仪器零件,也可制造日用品。

除以上提及的铝合金外,还有目前在航天、航空中应用较好的 Al-Li 合金,锂的加入可提高合金的弹性模量,降低密度,使其比强度得以大大提高。

9.2　铜及铜合金

铜及铜合金

9.2.1　纯铜

纯铜外观呈紫红色,故习惯又称紫铜,它的比重为 8.9g/cm^3,熔点为 1083℃。纯铜具有良好的导电性和导热性,故在电气工业和动力机械中获得广泛的应用。纯铜具有面心立方晶格,所以塑性极好,可以进行冷、热加工。

工业纯铜中常含有 0.1%～0.5% 的杂质(铅、铋、氧、硫、磷等),它们使铜的导电能力下降,此外,铅和铋能与铜形成熔点很低的共晶体(Cu＋Pb)和(Cu＋Bi),它们的共晶温度分别为 326℃ 和 270℃,分布在晶界上。当对其进行热加工时(820～860℃),这些共晶体发生熔化,破坏了晶界的结合,造成脆性破裂,这种现象称为热脆。硫、氧与铜也能形成共晶体,它们的共晶体的温度均高于铜的热加工温度,虽然不会引起热脆,但在冷加工时易产生破裂,这种现象称为冷脆。

根据杂质含量不同,工业纯铜分为四种:T1、T2、T3、T4。"T"为"铜"的汉语拼音字头,"T"后的序号越大,纯度越低。除工业纯铜外,还有一类叫无氧铜,其含氧量极低(＜0.003%),牌号有 TU2 等。TU2 主要用来制造真空电器件及高导电性铜线,这种导线能抵抗氢的作用,不发生"氢脆"现象。

纯铜的强度低,不宜直接用作工程结构材料。

9.2.2 铜合金概述

1. 分类与编号

按照合金的成分,铜合金大致可分为黄铜、青铜和白铜三大类。这里主要介绍前两类。

1) 黄铜

以锌作为主加元素的铜合金为普通黄铜。普通黄铜是铜锌二元合金,用"黄"字汉语拼音字头"H"加上后面的数字表示,数字表示平均含铜量。如 H62 表示平均含铜量为 62% 的普通黄铜。

在铜锌合金的基础上加入其他元素的铜合金为特殊黄铜,仍以"H"表示,其后是添加元素的化学符号和表示其平均含量的数字。如 HPb59-1 表示平均成分为 59%Cu、1%Pb,余下为锌的铅黄铜。

2) 青铜

青铜分为锡青铜和无锡青铜,锡青铜是铜、锡合金,无锡青铜又称特殊青铜。青铜的牌号以"青"字汉语拼音字头"Q"加上后面的主加元素的化学符号和表示平均含量的数字所组成,如 QSn4-3 表示含 Sn4%、Zn3% 的锡青铜。

如在铜合金牌号的前面冠以汉语拼音字母"Z",则表示这种铜合金为铸造铜合金。

2. 黄铜

1) 普通黄铜

普通黄铜是 Cu-Zn 二元合金。图 9-7 是 Cu-Zn 二元相图。其中 α 相是锌在铜中的固溶体,塑性好,适于冷、热压力加工;β 相是以电子化合物 CuZn 为基的无序固溶体,具有体心立方晶格,塑性好,热成形加工性较好。但温度降低到 456～468℃ 时,β 相发生有序化转变,成为有序固溶体 β′。而 β′ 是硬脆相,冷态压力加工比较困难。

黄铜的力学性能与含锌量有关,含锌量对机械性能的影响如图 9-8 所示。由图可见,合金最初随含锌量的增加,强度和延伸率升高,含锌量超过 32% 后延伸率开始下降,这是因为非平衡冷却时组织中出现了塑性很差的硬脆相 β′。而强度随 β′ 的增加而增加,在含锌量为 45% 附近达到最大值。含锌量更高时,组织已全部为 β′ 相,强度和塑性都急剧下降。所以工业上使用的黄铜的含锌量大多不超过 47%,所以其组织为 α 相、α＋β′ 相。

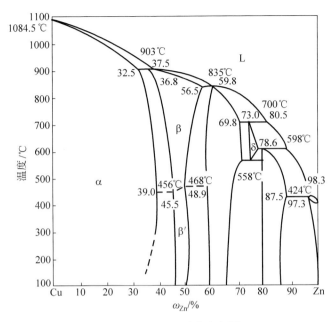

图 9-7 Cu-Zn 二元合金相图

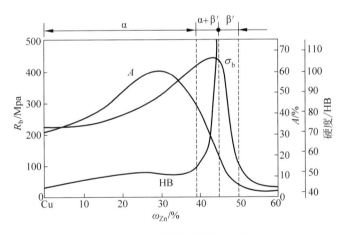

图 9-8 黄铜的力学性能与含锌量的关系

组织为单相 α 固溶体的黄铜称为单相黄铜,经冷变形和再结晶退火的组织如图 9-9 所示。单相黄铜塑性很好,可进行冷、热加工,适合制造冷轧板、冷拉型材、管材,也适合制造形状复杂的深冲零件。常用的有"二八黄铜",如 H80;"三七"黄铜,如 H70 等。

组织为 α+β′ 的黄铜为双相黄铜。有"四六"黄铜,如 H62 等。由于 β′ 相加热至高温转变为 β 相,而 β 相的高温塑性好,所以适合热压力加工。双相黄铜的显微组织如图 9-10 所示。双相黄铜一般轧制成棒材、板材再经切削加工制成各种零件。黄铜抗蚀性与纯铜相似,在大气和淡水中是稳定的,在海水中抗蚀性稍差,最常见的腐蚀形式是"脱锌"和应力腐蚀破裂。

2) 特殊黄铜

为了获得更高的强度、抗蚀性和良好的铸造性能,在铜锌合金中加入锰、铁、硅、铬、镍等元素,形成各种特殊黄铜。

图 9-9 单相黄铜(60×)

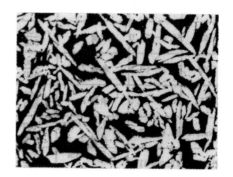

图 9-10 双相黄铜(200×)

(1)锡黄铜。锡的加入可使黄铜的强度有所提高,同时显著地提高了黄铜对海水及海洋大气的抗蚀性,因而锡黄铜又称"海洋黄铜",如 HSn62-1(含 Cu62%、Sn1%,余下为 Zn)广泛用于制造船舶零件。

(2)铅黄铜。铅对黄铜的强度影响不大,略降低塑性,但能改变切削加工性能,并能提高耐磨性。

(3)铝黄铜。铝能提高黄铜的强度、硬度和屈服极限,但塑性降低。含铝的黄铜由于表面形成保护性氧化膜,使零件在大气中的抗蚀性提高。如 ZHA167-2.5 强度高,抗蚀性也较好,主要用于海运机械和通用机械的耐蚀零件。

(4)锰黄铜。锰能大量溶入 α 相中,起到固溶强化的作用,因此在黄铜中加入 1%～4%的锰能显著提高合金的强度以及在海水、过热蒸汽中的抗蚀性。如 HMn58-2 可用于制造海船零件及电信材料。若在加锰的同时再加入铁形成锰铁黄铜,则能进一步提高强度和抗蚀性。

(5)硅黄铜。硅能显著提高黄铜的力学性能、耐磨性和抗蚀性。硅黄铜具有良好的铸造性能,并能进行焊接和切削加工,主要用于制造船舶及化工机械零件。

常用黄铜的牌号、化学成分、力学性能及应用举例见表 9-4。

表 9-4 常用黄铜的牌号、化学成分、力学性能及应用举例(摘自 GB/T 2059—2017、GB/T 5231—2022)

| 组别 | 牌号 | 化学成分(质量分数)ω/% | | 力学性能(软化退火态) | | | 应用举例 |
		Cu	其他	抗拉强度 R_m/MPa	断后伸长率 $A_{11.3}$/%	维氏硬度/HV	
普通黄铜	H90	89.0～91.0	Zn:余量	≥245	≥35	—	双金属片、供水和排水管、艺术品、证章
	H68	67.0～70.0	Zn:余量	≥290	≥40	≤90	复杂的冲压件、散热器外壳、波纹管、轴套、弹壳
	H62	60.5～63.5	Zn:余量	≥290	≥35	≤95	销钉、铆钉、螺钉、螺母、垫圈、夹线板、弹簧

组别	牌 号	化学成分(质量分数)ω/%		力学性能(软化退火态)			应 用 举 例
		Cu	其他	抗拉强度 R_m/MPa	断后伸长率 $A_{11.3}$/%	维氏硬度/HV	
特殊黄铜	HSn62-1	61.0~63.0	Sn:0.7~1.1,Zn:余量	≥390	≥5	—	船舶零件、汽车和拖拉机的弹性套管
	HMn58-2	57.0~60.0	Mn:1.0~2.0,Zn:余量	≥380	≥30	—	弱电电路用的零件
	HPb59-1	57.0~60.0	Pb:0.8~1.9,Zn:余量	≥340	≥25	—	热冲压及切削加工零件,如销、螺钉、螺母、轴套

3. 青铜

最早的青铜仅指铜锡合金,即锡青铜,现在把除黄铜和白铜以外的铜合金统称为青铜。而且在青铜前加上主加元素的名称,分别叫锡青铜、硅青铜、铝青铜、铍青铜等。青铜一般具有高的耐蚀性、较高的导电性、导热性和良好的切削加工性。

青铜也分为压力加工产品和铸造产品两类。

1) 锡青铜

锡青铜具有较高的强度、硬度和良好的耐蚀性、铸造性能。含锡量对锡青铜的组织和性能有很大影响,如图9-11所示。含锡量为5%~6%时能够基本上得到 α 单相组织。随着含锡量增加,合金的抗拉强度 R_m 与延伸率 A 均有些上升。当含锡量继续增加时,组织中将出现硬而脆的 δ 相(以化合物 Cu31Sn8 为基的固溶体)而使延伸率 A 值急剧下降。含锡量超过20%时,因 δ 相过多,合金变脆,强度也急剧下降。

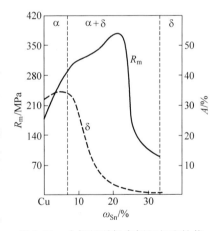

图9-11 含锡量对锡青铜组织和性能的影响

锡青铜结晶温度间隔大,流动性差,不易形成集中微缩孔,因此锡青铜的铸造收缩率(<1%)是有色合金中最小的,故适于制造形状复杂、壁厚较大的零件,但不适于制造要求致密度和密封性好的铸件。

铸造铜及铜合金的室温力学性能见表9-5。

表9-5 铸造铜及铜合金室温力学性能(摘自 GB/T 1176—2013)

牌 号	铸造方法	室温力学性能,不低于			
		抗拉强度 R_m/MPa	屈服强度 $R_{p0.2}$/MPa	伸长率 A/%	布氏硬度/HBW
ZCu99	S	150	40	40	40

续表

牌　　号	铸造方法	室温力学性能,不低于			
		抗拉强度 R_m /MPa	屈服强度 $R_{p0.2}$ /MPa	伸长率 A/%	布氏硬度 /HBW
ZCuSn3Zn8Pb6Ni1	S	175		8	60
	J	215		10	70
ZCuSn3Zn11Pb4	S、R	175		8	60
	J	215		10	60
ZCuSn5Pb5Zn5	S、J、R	200	90	13	60 *
	Li、La	250	100	13	65 *
ZCuSn10P1	S、R	220	130	3	80 *
	J	310	170	2	90 *
	Li	330	170	4	90 *
	La	360	170	6	90 *
ZCuSn10Pb5	S	195		10	70
	J	245		10	70
ZCuSn10Zn2	S	240	120	12	70 *
	J	245	140	6	80 *
	Li、La	270	140	7	80 *

注：有"＊"符号的数据为参考值。

2) 硅青铜

硅青铜是以硅为主要添加元素的铜合金,含硅量为 2%～5% 时具有较高的弹性和耐蚀性,常用于在海水中工作的弹簧等弹性零件。常用的硅青铜如 QSi3-1(含 Si 约 3%,Mn 约 1%,其余为铜)以条、带、棒等形式供应。

3) 铝青铜

铝青铜是以铝为主要添加元素的铜合金,一般含铝量为 5%～10%,常用牌号如 QA19-4、ZQA19-4 等。铝青铜比黄铜和青铜有更高的耐磨性、强度、耐蚀性和耐热性,属于高强度耐热青铜。铝青铜的结晶温度间隔较窄,铸造流动性很好,铸件组织致密,强度高。

铝青铜主要用于制造在海水中及高温下工作的高强度耐磨零件和弹性零件,如轴承、齿轮、蜗轮、阀座等。

铝青铜的缺点是难以钎焊,铸造时收缩率较大等。

4) 铍青铜

铍青铜是以铍为主要添加元素的铜合金,产品大多以条、带、棒、线等形状加工成形。

铍青铜的特点是可以热处理(淬火及人工时效),得到比其他铜合金高得多的强度、硬度(R_m=1200～1400MPa,380～400HB),并有高的弹性和疲劳强度,同时淬火状态具有高的塑性($A \geqslant 30\%$),可冷冲压加工。铍青铜有优良的耐蚀性、导电性、导热性、耐寒性、无铁磁性及在撞击时不产生火花等特点。

铍青铜是极优良的弹性材料,可用来制造各种精密仪表、仪器中的重要弹簧和弹性零件,以及用作在高温、高速下工作的轴承和轴套的优良材料。

当然,还有其他特殊青铜,这里不再叙述。

9.3 镁及镁合金

9.3.1 工业纯镁

纯镁为银白色,属轻金属,密度为 $1.74g/cm^3$,具有密排六方结构,熔点为 $649℃$;在空气中易氧化,高温下(熔融态)可燃烧,耐蚀性较差,在潮湿大气、淡水、海水和绝大多数酸、盐溶液中易受腐蚀;弹性模量小,吸振性好,可承受较大的冲击和振动载荷,但强度低、塑性差,不能用作结构材料。纯镁主要用于制作镁合金、铝合金等;也可用作化工槽罐、地下管道及船体等阴极保护的阳极及化工、冶金的还原剂;还可用于制作照明弹、燃烧弹、镁光灯和烟火等。

根据 GB/T 5153—2016《变形镁及镁合金牌号和化学成分》的规定,工业纯镁的牌号用"镁"的化学符号 Mg 加数字的形式表示,Mg 后的数字表示 Mg 的质量分数,如 Mg99.95、Mg99.50、Mg99.00。

9.3.2 镁合金

纯镁的强度低,塑性差,不能制作受力零(构)件。在纯镁中加入合金元素制成镁合金,就可以提高其力学性能。常用合金元素有 Al、Zn、Mn、Zr、Li 及稀土元素(RE)等。Al 和 Zn 既可固溶于 Mg 中产生固溶强化,又可与 Mg 形成强化相 $Mg_{17}Al_2$ 和 Mg-Zn,并通过时效强化和过剩相强化提高合金的强度和塑性;Mn 可以提高合金的耐热性和耐蚀性,改善合金的焊接性能;Zn 和 RE 可以细化晶粒,通过细晶强化提高合金的强度和塑性,并减少热裂倾向,改善铸造性能和焊接性能;Li 可以减轻镁合金质量。根据镁合金的成形工艺,将镁合金分为变形镁合金和铸造镁合金两大类,两者在成分、组织性能上存在很大差异。

根据 GB/T 5153—2016《变形镁及镁合金牌号和化学成分》、GB/T 19078—2016《铸造镁合金锭》的规定,变形镁合金和铸造镁合金的牌号以英文字母(1~2 个)加数字(1~2 位)再加英文字母(1 个)的形式表示。前面的英文字母是其最主要的合金组成元素代号,其后的数字表示其最主要的合金组成元素的大致含量,英文字母代表的合金元素见表 9-6。最后面的英文字母为标识代号,用以标识各具体组成元素相异或元素含量有微小差别的不同合金。如 AZ91D 表示主要合金元素为 Al 和 Zn,其名义含量分别为 9% 和 1%。

表 9-6 英文字母代表的合金元素(摘自 GB/T 19078—2016)

元 素 代 号	元素名称(元素符号)	元 素 代 号	元 素 名 称
A	铝(Al)	G	钙(Ca)
B	铋(Bi)	H	钍(Th)
C	铜(Cu)	J	锶(Sr)
D	镉(Cd)	K	锆(Zr)
E	稀土(RE)	L	锂(Li)
F	铁(Fe)	M	锰(Mn)

元 素 代 号	元素名称(元素符号)	元 素 代 号	元 素 名 称
N	镍(Ni)	T	锡(Sn)
P	铅(Pb)	V	钆(Gd)
Q	银(Ag)	W	钇(Y)
R	铬(Cr)	Y	锑(Sb)
S	硅(Si)	Z	锌(Zn)

1. 变形镁合金

变形镁合金均以压力加工方法制成各种半成品,如板材、棒材、管材、线材等,供应状态有退火状态、人工时效态等。按化学成分分为 Mg-Ag-Zn 系、Mg-Mn 系、Mg-Zn-Zr 系、Mg-Mn-RE 系等。常用变形镁合金的牌号、化学成分、力学性能及应用举例见表 9-7。

表 9-7　常用变形镁合金的牌号、化学成分、力学性能及应用举例(摘自 GB/T 5153—2016)

合金组别	牌号	旧牌号	化学成分(质量分数)ω/%				加工状态	棒材力学性能(不小于)			应 用 举 例
			Al	Zn	Mn	其他		R_m/MPa	$R_{p0.2}$/MPa	A/%	
MgAlZn	AZ40M	MB2	3.0~4.0	0.2~0.8	0.15~0.50		热成形	24		5	中等负荷结构件、锻件
	AZ61M	MB5	5.5~7.0	0.5~1.5	0.15~0.50		热成形	260	170	15	大负荷结构件
	AZ80M	MB7	7.8~9.2	0.2~0.8	0.15~0.5		热成形	330	230	11	
MgZnRE	ME20M	MP8	≤0.20	≤0.30	1.3~2.2	Ce 0.15~0.35	热成形	195		2	飞机部件
MgZnZr	ZK61M	MB15	≤0.05	5.0~6.0	≤0.1	Zr 0.3~0.9	热成形+时效	305	235	6	高载荷、高强度飞机锻件、机翼长桁

1) Mg-Ag-Zn 系变形镁合金

这类合金强度较高、塑性较好。其牌号常见的有 AZ31B、AZ60M、AZ41M、AZ61M、AZ80M 等,其中 AZ40M、AZ41M 具有较好的热塑性和耐蚀性,应用较多。

2) Mg-Mn 系变形镁合金

这类合金具有良好的耐蚀性能和焊接性能,可以进行冲压、挤压、锻压等压力加工成形。例如 M2M 通常在退火态使用,板材用于制作飞机和航天器的蒙皮、壁板等焊接结构件,模锻件可制作外形复杂的耐蚀件。

3) Mg-Zn-Zr 系变形镁合金

这类合金常用的 ZK61M 经热挤压等热变形加工后直接进行人工时效,其屈服强度可达 275MPa,抗拉强度 R_m 可达 329MPa,是航空工业中应用最多的变形镁合金。因其使用温度不能超过 150℃,且焊接性能差,一般不用作焊接结构件。

4）Mg-Mn-RE 系变形镁合金

该类合金主要为 ME20M,性能与 Mg-Mn 合金类似,具有良好的耐蚀性能和焊接性能,板材用于制作飞机和航天器的蒙皮、壁板等焊接结构件,模锻件可制作外形复杂的耐蚀件。

2. 铸造镁合金

铸造镁合金靠铸造成形,可用砂型铸造、永久模铸造、熔模铸造、模压铸造、压铸等方法成形,将砂型铸造、永久模铸造、熔模铸造、模压铸造等方法成形的镁合金称为普通铸造镁合金,其合金牌号与变形镁合金表示方法相同。普通铸造镁合金按照合金系列又可分为 Mg-Al-Zn、Mg-Al-Mn、Mg-Zr、Mg-Zn-Zr、Mg-Zn-RE-Zr 等不同合金组别的普通铸造镁合金。常用铸造镁合金的牌号、化学成分、力学性能及应用举例见表 9-8。

表 9-8 常用铸造镁合金的牌号、化学成分、力学性能及应用举例(摘自 GB/T 1177—2018)

合金组别	牌号	旧牌号	化学成分(质量分数)ω/%				加工状态	棒材力学性能(不小于)			应用举例
			Al	Zn	Mn	其他		R_m/MPa	$R_{p0.2}$/MPa	A/%	
MgZnZr	ZMgZnSZr	ZM1		3.5~5.5		Zr 0.5~1.0	人工时效	235	140	5	抗冲击零件、飞机轮毂
MgREZnZr	ZMgRFZn2Zr	ZM4		2.0~3.0		Zr 0.5~1.0 RE 2.5~4.0	人工时效	140	95	2	高气密零件、仪表壳体
MgAlZn	ZMgAl8Zn	ZM5	7.5~9.0	0.2~0.8	0.15~0.50		固溶处理+人工时效	230	100	2	中等负荷零件、飞机翼肋、机匣、导弹部件

压铸成形是将熔化的镁合金液,高速高压注入精密的金属型腔内,使其快速成形的一种精密铸造法,其铸件表面光滑,精度高,可铸造复杂零件。根据 GB/T 25748—2010 的规定,压铸镁合金牌号由镁及主要合金元素的化学符号组成。主要合金元素后面跟有表示其名义质量分数的数字(名义质量分数为该元素平均质量分数的修约化整数)。

在合金牌号前面冠以字母"YZ"("Y"及"Z"分别为"压"和"铸"两字汉语拼音字首)表示为压铸合金。例如 YZMgAl2Si 表示 $\omega_{Al}=2\%$、$\omega_{Si}=1\%$,余量为 Mg 的压铸镁合金。

为了表达方便,压铸镁合金用"YM+三位数字"作为其代号,其中"YM"("Y"及"M"分别为"压"和"镁"两个汉语拼音字首)表示压铸镁合金,YM 后第一个数字 1、2、3 表示 MgAlSi、MgAlMn、MgAlZn 系列合金,代表合金的代号,YM 后第二、三两个数字为顺序号。部分压铸镁合金的牌号、化学成分见表 9-9。

表 9-9　部分压铸镁合金的牌号、化学成分（摘自 GB/T 25748—2010）

牌　号	合金代号	化学成分（质量分数）ω/%									
		Al	Zn	Mn	Si	Cu	Ni	Fe	RE	其他杂质	Mg
YZMgAl2Si	YM102	1.9～2.5	≤0.20	0.20～0.60	0.70～1.20	≤0.008	≤0.001	≤0.004	—	≤0.01	余量
YZMgAl2Si(B)	YM103	1.9～2.5	≤0.25	0.05～0.15	0.70～1.20	≤0.008	≤0.001	≤0.004	0.06～0.25	≤0.01	余量
YZMgAl4Si(A)	YM104	3.7～4.8	≤0.10	0.22～0.48	0.60～1.40	≤0.040	≤0.010	—	—	—	余量
YZMgAl4Si(B)	YM105	3.7～4.8	≤0.10	0.35～0.60	0.60～1.40	≤0.015	≤0.001	≤0.004	—	≤0.01	余量
YZMgAl4Si(S)	YM106	3.5～5.0	≤0.20	0.18～0.70	0.5～1.5	≤0.01	≤0.002	≤0.004	—	≤0.02	余量
YZMgAl2Mn	YM202	1.6～2.5	≤0.20	0.33～0.70	≤0.08	≤0.08	≤0.001	≤0.004	—	≤0.01	余量
YZMgAl5Mn	YM203	4.5～5.3	≤0.20	0.28～0.50	≤0.08	≤0.08	≤0.001	≤0.004	—	≤0.01	余量
YZMgAl6Mn(A)	YM204	5.6～6.4	≤0.20	0.15～0.50	≤0.20	≤0.250	≤0.010	—	—	—	余量
YZMgAl6Mn	YM205	5.6～6.4	≤0.20	0.26～0.50	≤0.08	≤0.008	≤0.001	≤0.004	—	≤0.01	余量
YZMgAl8Zn1	YM302	7.0～8.1	0.40～1.00	0.13～0.35	≤0.30	≤0.10	≤0.010	—	—	≤0.30	余量
YZMgAl9Zn1(A)	YM303	8.5～9.5	0.45～0.90	0.15～0.40	≤0.20	≤0.080	≤0.010	—	—	≤0.30	余量
YZMgAl9Zn1(B)	YM304	8.5～9.5	0.45～0.90	0.15～0.40	≤0.20	≤0.250	≤0.010	—	—	—	余量
Y2MgAl9Zn1(D)	YM305	8.5～9.5	0.45～0.90	0.17～0.40	≤0.08	≤0.025	≤0.001	≤0.004	—	≤0.01	余量

注：除有范围的元素和铁为必检元素外，其余元素有要求时抽检。

　　镁合金材料具有密度小，比强度、比刚度高，抗振性好、电磁屏蔽性佳、散热性好等优点，在航空工业、交通运输业、3C 产品等领域得到广泛应用。主要用于制造航空发动机零件、飞机壁板、汽油和润滑油系统零件、油箱隔板、油泵壳体、汽车变速箱和离合器壳、摩托车发动机部件、自行车轮毂和框架，以及笔记本电脑、PDA、手机、MP3 播放器的外壳等。由于镁合金生产能力和技术水平的进一步提高，极大地刺激了其在其他领域的应用，如纺织、印刷、体育和家庭用品方面。目前铸造镁合金已经广泛应用于轮椅、健身器材及医疗器械等。由于镁在 NaCl 溶液中电位比较低，因此镁及其合金也广泛应用于化学和防腐蚀工业中。

新型铸造镁合金材料是蓬勃发展的领域,研究开发新型镁合金材料既有巨大的经济效益,也有良好的社会效益和环境效益。随着世界各国对镁合金研究开发不断加大投入,除要求传统的性能以外,研究开发高强度、耐高温、耐腐蚀以及稳定力学性能的镁合金是今后发展的方向。

9.4 钛及钛合金

钛及其合金具有比重小、比强度大、耐热性好、抗腐蚀性高和低温韧性优良等特点,同时我国钛资源十分丰富,所以钛及其合金已成为重要的航空、造船及化工用的结构材料。

9.4.1 纯钛的性质

钛是一种银白色的金属,相对密度为 $4.5g/cm^3$,熔点为 $1668℃$。钛具有两个同素异晶体,即 α-Ti 和 β-Ti。在 $882.5℃$ 以下为 α-Ti,具有密排六方晶格;高于 $882.5℃$ 时为 β-Ti,具有体心立方晶格。

钛的熔点比铁、镍都要高,作为耐热材料有很大的潜力。钛的化学性质异常活泼,极易与 O_2、N_2、H_2、C 作用,形成极其稳定的化合物。由于钛的表面能形成一层致密的氧化膜,故对于大气和海水的抗蚀能力很强。

金属钛的力学性能与其纯度有很大关系,即使存在少量杂质也会使强度大大提高而塑性下降,其中以 C、N_2、O_2、H_2 的影响最大。

工业纯钛按杂质含量的不同可分为三个牌号,即 TA1、TA2、TA3。其中"T"为"钛"的汉语拼音字头,数字为顺序号,数字越大则杂质含量越高,塑性越低,见表 9-10。

工业纯钛和一般纯金属不同,它的板材、棒材具有较高的强度,可直接用于飞机、船舶、化工等行业,以及制造各种在 $500℃$ 以下工作且强度要求不高的耐蚀零件,如热交换器和石油工业中的阀门等。

由于钛在高温时异常活泼,因此钛及其合金的熔炼、铸造、焊接和部分热处理都要在真空或保护气氛中进行,生产工艺复杂,成本高。此外,钛还存在由于冷变形回弹大,不易成形和校直,以及不易切削加工等缺点。

9.4.2 钛合金的成分、组织与性能

工业钛合金按其使用状态的组织分为单相 α 相、单相 β 相和 α+β 相三种,分别称为 α钛合金、β 钛合金和 α+β 钛合金,我国分别以 TA、TB、TC 来代表这三种钛合金。表 9-11为 β 钛合金的牌号、化学成分。

表 9-10 工业纯钛的牌号、化学成分（摘自 GB/T 3620.1—2016）

化学成分（质量分数）ω/%

牌号	名义化学成分	主要成分																杂质，不大于					其他元素	
		Ti	Al	Si	V	Mn	Fe	Ni	Cu	Zr	Nb	Mo	Ru	Pd	Sn	Ta	Nd	Fe	C	N	H	O	单一	总和
TA0	工业纯钛	余量	—	—	—	—	—	—	—	—	—	—	—	—	—	—	—	0.15	0.10	0.03	0.015	0.15	0.1	0.4
TA1	工业纯钛	余量	—	—	—	—	—	—	—	—	—	—	—	—	—	—	—	0.25	0.10	0.03	0.015	0.20	0.1	0.4
TA2	工业纯钛	余量	—	—	—	—	—	—	—	—	—	—	—	—	—	—	—	0.30	0.10	0.05	0.015	0.25	0.1	0.4
TA3	工业纯钛	余量	—	—	—	—	—	—	—	—	—	—	—	—	—	—	—	0.40	0.10	0.05	0.015	0.30	0.1	0.4

表 9-11 β 钛合金的牌号、化学成分（摘自 GB/T 3620.1—2016）

牌号	名义化学成分	化学成分（质量分数）ω/%																		
		主要成分										杂质，不大于							其他元素	
		Ti	Al	Si	V	Cr	Fe	Zr	Nb	Mo	Pd	Sn	Fe	C	N	H	O		单一	总和
TB2	Ti-5Mo-5V-8Cr-3Al	余量	2.5~3.5	—	4.7~5.7	7.5~8.5	—	—	—	4.7~5.7	—	—	0.30	0.05	0.04	0.015	0.15		0.10	0.40
TB3	Tr-3.5Al-10Mo-8V-1Fe	余量	2.7~3.7	—	7.5~8.5	—	0.8~1.2	—	—	9.5~11.0	—	—	—	0.05	0.04	0.015	0.15		0.10	0.40
TB4	Tr-4Al-7Mo-10V-2Fe-1Zr	余量	3.0~4.5	—	9.0~10.5	—	1.5~2.5	0.5~1.5	—	6.0~7.8	—	—	—	0.05	0.04	0.015	0.20		0.10	0.40

1. α 钛合金

α 相的钛合金具有很好的强度和韧性,在高温下组织稳定,抗氧化能力较强,热强性较好。它的室温强度一般低于 α+β 钛合金,但在高温(500～600℃)时的强度却是三种合金中较高的。α 钛合金的焊接性能很好,但成形性能较差,不能热处理强化。

铝是 α 钛合金的主要合金元素,工业应用的钛合金都含有 4%～5% 的 Al。Al 不但稳定了钛合金中的 α 相,使其获得固溶强化,还使钛合金的密度减小,比强度升高。铝在钛合金中的作用类似碳在钢中的作用,几乎所有的钛合金中均含有铝。

2. β 钛合金

β 钛合金具有良好的塑性。这类合金在 540℃ 以上具有很好的强度。当温度高于 700℃ 时,合金很容易受大气中杂质气体的污染。它的生产工艺较复杂,且弹性模数低,比重较大,热稳定性差,可焊性差,因而应用有限。

工业用 β 钛合金都经淬火形成亚稳定的 β 相结构。它们在继续加热时,自 β 相中析出弥散的 α 相,使合金得以强化。

3. α+β 钛合金

α+β 钛合金兼有 α 和 β 钛合金两者的优点,耐热强度和加工塑性都比较好,并且可以热处理强化。这类钛合金的生产工艺比较简单,可以通过改变成分和选择热处理工艺,在很宽的范围内改变合金的性能,因此,α+β 钛合金应用比较广泛,其中尤以 TC4 合金的用途最广、用量最多。

TC4 合金具有较高的强度、良好的塑性,在 400℃ 时有稳定的组织和较高的抗蠕变强度,又有很好的抗海水应力腐蚀及抗热盐应力腐蚀的能力,广泛用于制作 400℃ 以下长期工作的零件,如飞机压气机盘和叶片以及飞机构件。

TC4 合金含铝量为 6%,以固溶强化提高 α 相强度。同时加入稳定 β 相的元素钒,在平衡状态下合金组织中含有 7%～8% 的 β 相,可改善合金的加工塑性,经过淬火和时效处理,合金强度可进一步提高至 1110MPa。此外,TC4 合金在超低温(-253℃)的条件下仍然有良好的韧性,故可用作火箭及导弹的液氢燃料箱的材料。

9.4.3　钛合金的热处理工艺

1. 钛合金的退火

工业纯钛和钛合金消除应力退火一般在 450～650℃ 加热,保温时间:对机加工件可选用 0.5～2h,焊接件选用 2～12h。加热后空冷。再结晶退火对工业纯钛采用 550～690℃,钛合金则选用 750～800℃,加热 1～3h 后空冷。

2. 钛合金的淬火与时效

钛合金固溶处理(淬火)温度一般选择在 α+β 两相区的上部范围。例如 TC4 合金的 β

转变温度为(995±4)℃,固溶处理温度选为850～950℃,保温 5～60min,水中冷却。

钛合金的时效温度一般为 450～580℃,时效时间为数小时到数十小时。

钛合金在热处理加热时必须严格注意污染和氧化问题,最好在真空炉或惰性气体保护下进行。

9.5　滑动轴承合金

滑动轴承是指支承轴颈和其他转动或摆动的机器零件的支承件,由轴承体和轴瓦构成,轴瓦直接与轴颈相接触。为了提高轴瓦的强度和寿命,有的轴瓦是在钢背上浇铸(或轧制)一层耐磨合金,形成均匀的一层内衬。用来制造轴瓦及其内衬的合金称为轴承合金。

当轴在高速旋转下工作时,对轴瓦施以周期性交变载荷,有时还有冲击;另外,在工作时轴和轴瓦之间产生相对运动,发生强烈摩擦现象,造成轴和轴瓦的磨损。在这样的工作条件下,轴承合金应满足下列性能要求:

(1)在工作温度下,应具有足够的抗压强度和疲劳强度,以承受轴颈对它所施加的压力。

(2)有足够的塑性与韧性,以承受冲击。

(3)应具有较小的摩擦系数,并能保持住润滑油。

(4)应具有良好的磨合能力,以保证轴与轴承能获得良好的配合使负荷均匀分布。

(5)应具有良好的抗蚀性和导热性、较小的膨胀系数。

(6)容易制造,价格低廉。

为了满足上述要求,轴承合金的显微组织最好是在软基体上分布着硬质点或是在硬基体上分布着软颗粒,这样,在运转一定时间后,轴承软的基体(或软的颗粒)被磨损而凹下去,可以贮存润滑油,以便能形成连续的油膜,而硬的质点(或硬的基体)则凸起,以支承轴所施加的压力,从而保证轴的正常工作。图 9-12 所示为轴承的理想界面示意图。常用滑动轴承合金按其主要化学成分可分为锡基、铅基、铜基、铝基轴承合金等。

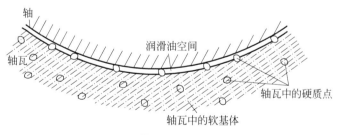

图 9-12　轴承理想界面示意图

9.5.1　锡基轴承合金

锡基轴承合金(锡基巴氏合金)中最常用的是 ZSnSb11Cu6 合金,牌号前冠的"Z"表示是铸造合金,其后为基本元素 Sn 和主要添加元素锑、铜的化学元素符号,数字表示添加元素

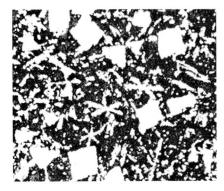

图 9-13　锡基轴承合金的显微组织(100×)

的含量,即 11%Sb 和 6%Cu。ZSnSb11Cu6 轴承合金的显微组织如图 9-13 所示,由 α 基体、白亮块状的 SnSb 及星状的 Cu6Sn5 组成。加入锑的目的是形成 SnSb 硬质点;加入铜的目的是为了液态首先生成 Cr16Sn5 化合物的格架,以防止 SnSb 相的上浮,同时 Cu6Sn5 也起着硬质点的作用。

ZSnSb11Cu6 轴承合金滑动摩擦系数较小(0.005),硬度较低,基体为塑性较好的 α 固溶体,因此它还具有优良的韧性、导热性等,是一种优良的滑动轴承合金,应用于电动机、汽车发动机、柴油机等机械的高速轴上。一般常用离心浇注法将其浇注在钢背上,做成"双金属"轴承使用。常用锡基轴承合金的牌号、化学成分、力学性能及应用举例见表 9-12。

表 9-12　常用锡基轴承合金的牌号、化学成分、力学性能及应用举例(GB/T 1174—2022)

牌号	化学成分(质量分数)ω/%				力学性能				应用举例
	Sn	Sb	Pb	Cu	铸造方法	R_m/MPa	A/%	硬度/HB	
ZSnSb11Cu6	余量	10～12	0.35	5.5～6.5	J			27	较硬,适用于1472kW以上的高速汽轮机,368kW以上的涡轮机,高速内燃机轴承
ZSnSb8Cu4	余量	7.0～8.0	0.35	3.0～4.0	J			24	一般大机械轴承及轴套
ZSnSb4Cu4	余量	4.0～5.0	0.35	4.0～5.0	J			20	涡轮机及内燃机高速轴承及轴衬

9.5.2　铅基轴承合金

铅基轴承合金(铅基巴氏合金)是以 Pb-Sb 为基体的合金,但 Pb-Sb 二元合金有比重偏析,同时锑颗粒太硬,基体又太软,性能并不好,通常还加入其他合金元素,如锡、铜、镉、砷等。加入锡的目的是生成 SnSb 化合物,提高其耐磨性;加入铜是阻止比重偏析;加入砷和镉可以形成砷镉化合物,从而降低脆性锑的含量。常用铅基轴承合金的牌号、化学成分、力学性能及应用举例见表 9-13。其中 ZPbSb16Sn16Cu2 是常用的铅基轴承合金,它含有 16%Sb、16%Sn 及 2%Cu,属于过共晶合金。组织中软基体是 α(Pb)+β 共晶体,以及化合物 SnSb、Cu₂Sb。化合物 Cu_2Sb、SnSb 是合金中的硬质点。铅基轴承合金的强度和耐磨性一般比锡基轴承合金的低,故铅基轴承合金不适于制造在激烈振动和冲击条件下工作的轴承,一般用于制造中、低负荷的轴瓦,如汽车、拖拉机曲轴轴承。由于它的价格便宜,故在工业中应用较广。

表 9-13　常用铅基轴承合金的牌号、化学成分、力学性能及应用举例（GB/T 1174—2022）

牌号	化学成分(质量分数)/%				力学性能				应用举例
	Sn	Sb	Pb	Cu	铸造方法	R_m /MPa	A /%	硬度 /HB	
ZPbSb16Sn16Cu2	15~17	15~17	余量	1.5~2.0	J			30	汽车、轮船、发动机等轻载荷高速轴承
ZPbSb15Sn5	4.0~5.5	14.0~15.5	余量	0.5~1.0	J			20	轻载荷低速机械轴衬、轴承
ZPbSb10Sn6	5.0~7.0	9.0~11.0	余量	≤0.7	J			18	高速低载汽车发动机轴承、机床轴承

9.5.3　铜基轴承合金

铜基轴承合金有铅青铜和锡青铜等，属于硬基体软质点的轴承合金。例如铅青铜 ZQPb30，由于固态下 Pb 不溶于 Cu，其组织为硬的 Cu 基体上分布着软的 Pb 颗粒。

铅青铜具有高的强度、导热性和塑性，摩擦系数小，可制作高速度、高载荷的柴油机轴承。它不必做成双金属，可直接做成轴承或轴套。

9.5.4　铝基轴承合金

铝基轴承合金相对密度小，导热性好，疲劳强度和高温强度高，价格低廉，广泛用于高速高负荷下工作的轴承。铝基轴承合金按成分可分为铝锑系和铝锡系两类。

1. 铝锑系铝基轴承合金

这类轴承合金的成分为：4%Sb、0.3~0.7%Mg，其余为铝。其组织为软基体 α 加硬质点 AlSb。加入镁可提高合金的疲劳强度和韧性，并可使针状 AlSb 变为片状。这种合金适用于在载荷不超过 20MPa、滑动线速度不大于 10m/s 的工作条件下，与 08 钢板热轧成双金属轴承使用。

2. 铝锡系高锡铝基轴承合金

高锡铝基轴承合金的化学成分为：20%Sn、1%Cu，其余为铝。这种合金的组织为硬的基体 Al 和弥散分布的软颗粒 Sn，具有高的疲劳强度，良好的耐热性、耐磨性和抗蚀性。其成品实际上是用钢-铝-铝锡合金三层材料轧制而成的。高锡铝基轴承合金可用于压力为 28MPa，滑动线速度小于或等于 13m/s 的工作条件下的轴承。

此外，锡青铜、铝青铜、铅青铜也常作轴承合金使用。电子工业中，还可用铍青铜、硅青铜制作特殊情况下使用的轴承。

复习思考题

1. 简述铸造铝合金的性能及用途。

2. 要强化铝合金,应当采用什么热处理方法?

3. 含锌量对黄铜的力学性能有何影响?

4. 什么是青铜? 举例说明青铜的用途。

5. 镁合金有什么优点? 举例说明镁合金的用途。

6. 试述钛合金的特性。在航空燃气涡轮发动机上,钛合金主要用来制造哪些零件? 为什么?

7. 滑动轴承合金应具备哪些性能?

8. 铅基轴承合金与锡基轴承合金相比,有哪些优、缺点?

9. 请选择合适的材料来制造下列产品:

(1) 蜗轮、传动螺母、轴套。

(2) 仪表中的弹簧、齿轮。

(3) 飞机的油箱、油管。

(4) 轿车轮毂、内燃机汽缸体。

(5) 飞机蒙皮、骨架。

(6) 航空燃气涡轮发动机的压气机叶片、压气机盘(工作温度约 400℃)。

自测题 9

10

高分子材料

10.1 概 述

　　高分子材料,是指以高分子化合物为基础的材料,包括橡胶、塑料、纤维、涂料、胶黏剂和高分子基复合材料。高分子材料按来源分为天然高分子材料,如松香、天然橡胶、淀粉等;半合成(改性天然高分子材料)和合成高分子材料,如塑料、合成橡胶等。人类社会一开始就利用天然高分子材料作为生活资料和生产资料,并掌握了其加工技术。例如利用蚕丝、棉、毛织成织物,用木材、棉、麻造纸等。19世纪30年代末期,进入天然高分子材料改性阶段,出现半合成高分子材料。1870年,美国人Hyatt用硝化纤维素和樟脑制得赛璐珞塑料,是有划时代意义的一种人造高分子材料。1907年出现的合成高分子酚醛树脂,标志着人类应用化学合成方法有目的地合成高分子材料的开始。1953年,德国科学家Zieglar和意大利科学家Natta发明了配位聚合催化剂,大幅地扩大了合成高分子材料的原料来源,得到了一大批新的合成高分子材料,使聚乙烯和聚丙烯这类通用合成高分子材料走入千家万户,使合成高分子材料成为当代人类社会文明发展阶段的标志之一。现如今,高分子材料已与金属材料、无机非金属材料相同,成为科学技术、经济建设中的重要材料。优良的可塑性和耐久性让高分子材料可以在很大程度上替代传统的塑料材料,特别是可生物降解的塑料薄膜和环保型纸张,可减少一次性塑料的使用,降低环境污染。本章主要介绍人工合成的工业高分子材料。

10.1.1 高分子材料的分类

　　高分子材料的分类方法很多,常用的有以下几种:
　　(1) 按用途可分为塑料、橡胶、纤维、胶黏剂、涂料等。塑料在常温下有固定形状,强度较大,受力后会发生一定的变形。橡胶在常温下具有高弹性,而纤维的单丝强度高。有时把聚合后未加工的聚合物称为树脂,如电木未固化前称为酚醛树脂。
　　(2) 按聚合反应类型可分为加聚物和缩聚物。加聚物是由加成聚合反应(以下简称加聚反应)得到的,链接结构与单体结构相同,如聚乙烯、聚丙烯等;而缩聚物是由缩合聚合反应(以下简称缩聚反应)得到的,聚合过程中有小分子(水、氨等分子)副产物放出,常见的有各类聚酯材料,如聚对苯二甲酸乙二酯(PET)、聚对苯二甲酸丁二酯(PBT)等。
　　(3) 按聚合物的热行为可分为热塑性聚合物和热固性聚合物。热塑性聚合物的特点是热软冷硬,如聚乙烯、聚丙烯等各类线型聚合物;热固性聚合物受热时进行固化反应,生成体型交联网络,成形后不融不溶,如环氧树脂、不饱和聚酯树脂、氰酸酯树脂等。

(4) 按主链上的化学组成可分为碳链聚合物、杂链聚合物和元素有机聚合物。碳链聚合物的主链由碳原子一种元素组成,如-C-C-C-C-C-C-C-。杂链聚合物的主链除碳外还有其他元素,如-C-C-O-C-、-C-C-N-、-C-C-S-等。元素有机聚合物的主链由氧和其他元素组成,如-O-Si-O-Si-O-等。

(5) 按高分子主链几何形状的不同可分为线型高聚物、支链型高聚物和体型高聚物,如图 10-1 所示。

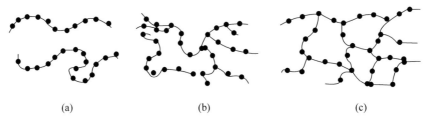

(a)　　　　　　　　　(b)　　　　　　　　　(c)

图 10-1　高分子主链的几何形状

(a) 线型;(b) 支链型;(c) 体型

10.1.2　高分子材料的命名

高分子材料多采用习惯命名,常用的有以下几种方法:

(1) 在原料单体名称前加"聚"字,如聚乙烯、聚氯乙烯等。

(2) 在原料单体名称后加"树脂",如环氧树脂、酚醛树脂等。

(3) 采用商品名称,如聚酰胺称为尼龙或锦纶、聚酯称为涤纶、聚甲基丙烯酸甲酯称为有机玻璃等。

(4) 采用英文字母缩写,如聚乙烯用 PE、聚氯乙烯用 PVC 等。

10.1.3　高分子材料的力学状态

1. 线型非晶态高聚物的力学状态

根据线型非晶态高聚物的温度-形变曲线,可以描述聚合物在不同温度下出现的三种力学状态,如图 10-2 所示。

(1) 玻璃态。在低温下,分子运动能量低,链段运动困难,在外力作用下,只能使大分子的原子发生微量位移而发生少量弹性变形。高聚物呈玻璃态的最高温度称为玻璃化转变温度,用 T_g 表示。在这种状态下使用的材料有塑料和纤维。

(2) 高弹态。温度高于 T_g 时,分子活动能力增强,大分子的链段发生运动,因此受力时产生很大的弹性变形,可达 $100\% \sim 1000\%$。在这种状态下使用的高聚物是橡胶。

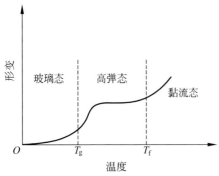

图 10-2　线型非晶态高聚物的温度-形变曲线

（3）黏流态。由于温度继续升高，分子活动能力进一步增强，在外力作用下，大分子链可以相对滑动。黏流态是高分子材料的加工态，大分子链开始发生黏性流动的温度称为黏流温度，用 T_f 表示。

一些常见高分子材料的 T_g 和 T_f 见表 10-1。

表 10-1　常见高分子材料的 T_g 和 T_f　　　　　　　　　　　　　　　℃

聚合物	T_g	T_f	聚合物	T_g	T_f	聚合物	T_g	T_f
聚乙烯	−80	100～300	聚甲醛	−50	165	乙基纤维素	43	—
聚丙烯	−80	170	聚砜	195	—	尼龙 6	75	210
聚苯乙烯	100	140	聚碳酸酯	150	230	尼龙 66	50	260
聚氯乙烯	85	165	聚苯醚	—	300	硝化纤维	53	700
聚偏二氯乙烯	−17	198	硅橡胶	−123	−80	涤纶	67	260
聚乙烯醇	85	240	聚异戊二烯	−73	122	腈纶	104	317
聚乙酸乙烯	29	90	丁苯橡胶	−60				
聚甲基丙烯酸甲酯	105	150	丁腈橡胶	−75	—			

2. 线型晶态高聚物和体型高聚物的力学状态

线型晶态高聚物的温度-形变曲线如图 10-3 所示（T_m 为熔融温度），这种高聚物分为一般相对分子质量和很大相对分子质量两种情况。一般相对分子质量的高聚物在低温时，链段不能活动，变形小，因此在 T_m 以下，与非晶态高聚物的玻璃态相似，高于 T_m 则进入黏流态。相对分子质量很大的晶态高聚物存在高弹态（$T_m \sim T_f$）。由于高分子材料只是部分结晶，因此在非晶区的 T_g 与晶区的 T_m 温度区间，非晶区柔性好，晶区刚性好，处于韧性状态，即皮革态。

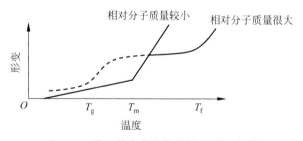

图 10-3　线型晶态高聚物的温度-形变曲线

体型高聚物的力学状态与交联密度有关，交联密度小，链段仍可运动，具有高弹态，如轻度硫化的橡胶；交联密度大，链段不能运动，此时 $T_g = T_f$，高聚物变得硬而脆，如酚醛树脂。

10.1.4　常用高分子材料的化学反应

1. 交联反应

交联反应是指大分子由线型结构转变为体型结构的过程。交联反应使聚合物的力学性能、化学稳定性提高，如树脂的固化、橡胶的硫化等。

2. 裂解反应

裂解反应是指大分子链在各种外界因素(光、热、辐射、生物等)作用下,发生链的断裂,相对分子质量下降的过程。

3. 高分子材料的老化

老化是指高分子材料在长期使用过程中,在受热、氧、紫外线、微生物等因素的作用下发生变硬变脆或变软发黏的现象。老化的主要原因是大分子的交联或裂解,可通过加入防老化剂、涂镀保护层等方法防止或延缓。

10.2 工程塑料

塑料是以树脂为主要成分,加入各种添加剂,在一定温度、压力下可塑制成形,在玻璃态下使用的高分子材料,并在常温下保持其形状不变。塑料与橡胶、纤维的界限并不严格,橡胶在低温下、纤维在定向拉伸前都是塑料。由于塑料的原料丰富,制取方便,成形加工简单,成本低,并且不同塑料具有多种性能,因此应用非常广泛。

1. 塑料的组成

塑料的主要组分是树脂。树脂胶黏着塑料中的其他一切组成部分,并使其具有成形性能。树脂的种类、性质以及它在塑料中占有的比例大小,对塑料的性能起着决定性作用。因此,绝大多数塑料以所用树脂命名。

添加剂是为改善塑料的某些性能而加入的物质。其中,填料是为改善塑料的某些性能(如力学性能、工艺性能等)、扩大其应用范围、降低成本而加入的一些物质,它在塑料中占有相当大的比例,可达 20%～50%(质量分数)。例如,加入铝粉可提高光反射能力和防老化,加入二硫化钼可提高润滑性,加入石棉粉可提高耐热性。增塑剂用来提高树脂的可塑性与柔顺性。常用熔点低的低分子化合物(甲酸酯类、磷酸酯类)来增加大分子链间的距离,降低分子间作用力,从而达到提高大分子链柔顺性的目的。固化剂加入后可在聚合物中生成横跨链,使分子交联,并由受热可塑的线型结构变成体型结构的热稳定塑料(如在环氧树脂中加入胺类、酸酐类、咪唑类固化剂等)。稳定剂可以提高树脂在受热和光作用时的稳定性,防止过早老化,延长使用寿命。常用的稳定剂有硬脂酸盐、铅的化合物及环氧化合物等。加入润滑剂(如硬脂酸等)可以防止塑料在成形过程中粘在模具或其他设备上,同时可使制品表面光亮美观。着色剂可使塑料制品具有美观的颜色。其他的还有发泡剂、催化剂、阻燃剂、抗静电剂等。

2. 塑料的分类

1) 按树脂特征分类

依树脂受热时的行为,分为热塑性和热固性塑料;依树脂合成反应的特点,分为聚合塑料和缩合塑料。

2）按塑料使用范围分类

按塑料的使用范围，可分为通用塑料、工程塑料和特种塑料。

通用塑料指产量大、价格低、用途广的塑料，主要指聚烯烃类塑料、酚醛塑料和氨基塑料。它们占塑料总产量的 3/4 以上，是一般工农业生产和生活中不可缺少的廉价材料。

工程塑料是指作为结构材料在机械设备和工程结构中使用的塑料。它们的力学性能较高，耐热、耐蚀性也较好，主要有聚酰胺、聚甲醛、聚碳酸酯、ABS、聚苯醚等。

特种塑料是指具有某些特殊性能的塑料，如医用塑料、耐高温塑料等。这类塑料产量少、价格贵，只用于有特殊需要的场合，主要有聚芳酯、聚醚砜、聚酰亚胺、聚醚酰亚胺、聚苯硫醚、聚醚醚酮、聚醚酮等。

3. 塑料制品的成形

塑料的成形工艺形式多样，主要有注射成形、压制成形、浇注成形、挤压成形、吹塑成形、真空成形等。

1）注射成形法

注射成形又称注塑成形，在专门的注射机上进行，如图 10-4 所示。将颗粒或粉状塑料置于注射机的料筒内加热熔融，以推杆或旋转螺杆施加压力，使熔融塑料自料筒末端的喷嘴、以较大的压力和速度注入闭合模具型腔内成形，然后冷却脱模，即可得到所需形状的塑料制品。

注射成形是热塑性塑料的主要成形方法之一，近来也有用于热固性塑料的成形。此法生产率高，可以实现高度机械化、自动化生产，制品尺寸精确，可以生产形状复杂、壁薄和带金属嵌件的塑料制品，适用于大批量生产。

2）模压成形法

模压成形是塑料成形中最早使用的一种方法，如图 10-5 所示。它将粉状、粒状或片状塑料放在金属模具中加热软化，在液压机的压力下充满模具成形，同时发生交联反应而固化，脱模后即得压塑制品。

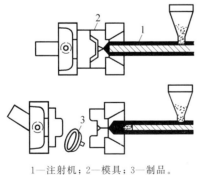

1—注射机；2—模具；3—制品。

图 10-4　注射成形示意图

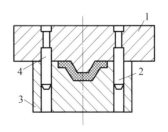

1—上模；2、4—导柱；3—下模。

图 10-5　模压成形示意图

模压成形法通常用于热固性塑料的成形，有时也用于热塑性塑料，如聚四氟乙烯由于在熔融状态下黏度极高，几乎没有流动性，故也采用模压法成形。模压成形法特别适用于形状复杂或带有复杂嵌件的制品，如电气零件、电话机件、收音机外壳、钟壳或生活用具等。

3) 浇注成形法

浇注成形法又称浇塑法,类似于金属的浇注成形,有静态铸型、嵌铸型和离心铸型等方式。它是在液态的热固性或热塑性树脂中加入适量的固化剂或催化剂,然后浇入模具型腔中,在常压或低压下,常温或适当加热条件下,固化或冷却凝固成形。

这种方法设备简单,操作方便,成本低,便于制作大型制件;但生产周期长,收缩率较大。

4) 挤压成形法

挤压成形又称挤塑成形,它与金属型材挤压的原理相同。将原料放在加压筒内加热软化,利用加压筒中螺旋杆的挤压力,使塑料通过不同型孔或口模连续地挤出,以获得不同形状的型材,如管、棒、条、带、板及各种异形断面型材。

挤压成形法用于热塑性塑料各种型材的生产,一般需经二次加工才能制成零件。

5) 吹塑成形法

吹塑成形是借气体压力使闭合在模具中的热型坯吹胀成为中空制品,或管型坯无模吹胀成管膜的一种方法。该方法主要用于各种包装容器和管式膜的制造。常见的吹塑制品有矿泉水瓶、喷壶、水壶、塑料管、中空塑料玩具等。凡是熔体指数为 $0.04\sim1.12$ 的都是比较优良的中空吹塑材料,如聚乙烯、聚氯乙烯、聚丙烯、聚苯乙烯、热塑性聚酯、聚碳酸酯、聚酰胺、醋酸纤维素和聚缩醛树脂等,其中以聚乙烯应用得最多。

此外,还有层压成形、真空成形、模压烧结等成形方法,以适应不同品种塑料和制品的需要。

4. 塑料的加工

塑料加工即塑料成形后的再加工,亦称二次加工,主要工艺方法有机械加工、连接和表面处理。

1) 机械加工

塑料具有良好的切削加工性。塑料的机械加工与金属切削的工艺方法与设备相同,只是由于塑料的切削工艺性能与金属不同,因此所用的切削工艺参数与刀具几何形状及操作方法与金属切削有所差异。可用金属切削机床对其进行车、铣、刨、磨、钻及抛光等各种形式的机械加工。但塑料的散热性差、弹性大,加工时容易引起工件的变形、表面粗糙,有时可能出现分层、开裂,甚至崩落并伴随发热等现象。因此要求切削刀具的前角与后角要大、刃口锋利,切削时要充分冷却,装夹时不宜过紧,切削速度要高,进给量要小,以获得光洁的表面。

2) 连接

塑料间、塑料与金属或其他非金属的连接,除用一般的机械连接方法外,还有热熔接、胶黏剂黏结等。

3) 塑料制品的表面处理

为改善塑料制品的某些性能、美化其表面、防止老化、延长使用寿命,通常采用表面处理。主要方法有涂漆、镀金属(铬、银、铜等)。镀金属可以采用喷镀或电镀。

5. 塑料的性能特点

塑料的相对密度小,一般为 $0.9\sim2.3\mathrm{g/cm^3}$,比强度高,这对交通运输工具来说是非常有利的。塑料的耐蚀性能好,对一般化学药品都有很强的耐蚀能力,如聚四氟乙烯在煮沸的"王水"中也不受影响。电绝缘性能好,大量应用在电机、电器、无线电和电子工业中。摩擦因数较小,并耐磨,可应用在轴承、齿轮、活塞环、密封圈等,在无润滑油的情况下也能有效地进行工作。有消声吸振性,制作传动摩擦零件可减小噪声、改善环境。

塑料制品的刚性差、强度低,一般情况下其弹性模量只有钢铁材料的1/100～1/10,强度只有30～100MPa,用玻璃纤维增强的尼龙也只有200MPa,相当于铸铁的强度。耐热性差,大多数塑料只能在100℃以下使用,只有少数几种可以在超过200℃的环境下使用。热膨胀系数大、热导率小,塑料的线膨胀系数是钢铁的10倍,因而塑料与钢铁结合较为困难。塑料的热导率只有金属的1/600～1/200,因而散热不好,不利于作摩擦零件。蠕变温度低,金属在高温下才发生蠕变,而塑料在室温下就会有蠕变出现,称为冷流。有老化现象,在某些溶剂中会发生溶胀或应力开裂。

6. 常用工程塑料

1) 常用热塑性塑料

(1) 聚酰胺(尼龙、绵纶、PA)

聚酰胺是最早发现能够承受载荷的热塑性塑料,在机械工业中应用比较广泛。各种尼龙的性能见表10-2。

表 10-2　各种尼龙的性能

名称	相对密度 d /(g/cm³)	拉伸强度 R_m /MPa	抗伸强度 R_{mc} /MPa	抗伸强度 R_{bb} /MPa	伸长率 A /%	弹性模量 E/MPa	熔点 /℃	24h 吸水率 W /%
尼龙	1.13～1.15	54～78	60～90	70～100	150～250	830～2600	215～223	1.9～2.0
尼龙 66	1.14～1.15	57～83	90～120	100～110	60～200	1400～3300	265	1.5
尼龙 610	1.08～1.09	47～60	70～90	70～100	100～240	1200～2300	210～223	0.5
尼龙 1010	1.04～1.06	52～55	55	82～89	100～250	1600	200～210	0.39

尼龙 6、尼龙 66、尼龙 610、尼龙 1010、铸型尼龙和芳香尼龙是常应用于机械工业的。由于其强度较高,耐磨、自润滑性好,且耐油、耐蚀、消声、减振,被大量用于制造小型零件(齿轮、涡轮等)以替代有色金属及其合金。但尼龙易吸水,吸水后其性能及尺寸将发生很大变化,使用时应特别注意。

铸型尼龙(MC 尼龙)是通过简便的聚合工艺使单体直接在模具内聚合成形的一种特殊尼龙。它的力学性能、物理性能比一般尼龙更好,可制造大型齿轮、轴套等。

芳香尼龙具有耐磨、耐蚀及很好的电绝缘性等优点,在 95% 的相对湿度下,性能不受影响,能在 200℃长期使用,是尼龙中耐热性最好的品种。它可用于制作高温下耐磨的零件、H 级绝缘材料和宇航服等。

(2) 聚甲醛(POM)

聚甲醛是以线型结晶高聚物甲醛树脂为基的塑料,可分为均聚甲醛、共聚甲醛两种,其性能见表 10-3。

表 10-3 聚甲醛的性能

名称	相对密度 d /(g/cm³)	结晶度/%	熔点 /℃	拉伸强度 R_m /MPa	弹性模量 E /MPa	伸长率 A /%	拉伸强度 R_{mc} /MPa	拉伸强度 R_{bb} /MPa	24h 吸水率 W /%
均聚甲醛	1.43	75～85	175	70	2900	15	125	980	0.25
共聚甲醛	1.41	70～75	165	62	2800	12	110	910	0.22

聚甲醛的结晶度可达 75%,有明显的熔点和高强度、高弹性模量等优良的综合力学性能。其强度与金属相近,摩擦因数小并有自润滑性,因而耐磨性好,同时它还具有耐水、耐油、耐化学腐蚀,绝缘性好等优点。其缺点是热稳定性差,易燃,长期在大气中暴晒会老化。

聚甲醛塑料价格低廉,且性能优于尼龙,可代替有色金属合金,并逐步取代尼龙制作轴承、衬套等。

(3) 聚砜(PSF)

聚砜是以透明微黄色的线型非晶态高聚物聚砜树脂为基的塑料,其性能见表 10-4。

表 10-4 聚砜的性能

项目	相对密度 d /(g/cm³)	拉伸强度 R_m/MPa	弹性模量 E/MPa	伸长率 A /%	拉伸强度 R_{mc}/MPa	拉伸强度 R_{bb}/MPa	24h 吸水率 W/%
数值	1.24	85	2500～2800	20～100	87～95	105～125	0.12～0.22

聚砜的强度高、弹性模量大、耐热性好,最高使用温度可达 150～165℃,蠕变抗力高、尺寸稳定性好。其缺点是耐溶剂性差。主要用于制作要求高强度、耐热、抗蠕变的结构件、仪表零件和电气绝缘零件,如精密齿轮、凸轮、真空泵叶片、仪器仪表壳体、仪表盘、电子计算机的积分电路板等。此外,聚砜具有良好的可电镀性,可通过电镀金属制成印制电路板和印制电路薄膜。

(4) 聚碳酸酯(PC)

聚碳酸酯是以透明的线型部分结晶高聚物聚碳酸酯树脂为基的新型热塑性工程塑料,其性能见表 10-5。

表 10-5 聚碳酸酯的性能

项目	拉伸强度 R_m/MPa	弹性模量 E/MPa	伸长率 A/%	拉伸强度 R_{mc}/MPa	拉伸强度 R_{bb}/MPa	熔点 /℃	使用温度 /℃
数值	66～70	2200～2500	～100	83～88	106	220～230	−100～140

聚碳酸酯的透明度为 86%～92%,被誉为"透明金属"。它具有优异的冲击韧度和尺寸稳定性,有较高的耐热性和耐寒性,使用温度为 −100～+140℃,有良好的绝缘性和加工成形性。缺点是化学稳定性差,易受碱、胺、酮、芳香烃的侵蚀,在四氯化碳中会发生"应力开裂"现象。主要用于制造高精度的结构零件,如齿轮、蜗轮、蜗杆、防弹玻璃、飞机挡风罩、座舱盖和其他高级绝缘材料。例如,波音 747 飞机上有 2500 个零件用聚碳酸酯制造,质量达 2t。

（5）ABS 塑料

ABS 塑料是以丙烯腈（A）、丁二烯（B）、苯乙烯（S）的三元共聚物 ABS 树脂为基的塑料，可分为不同级别，其性能见表 10-6。

表 10-6 ABS 塑料的性能

级别（温度）	相对密度 d /(g/cm^3)	拉伸强度 R_m /MPa	弹性模量 E /MPa	拉伸强度 R_{mc} /MPa	拉伸强度 R_{bb} /MPa	24h 吸水率 W/%
超高冲击型	1.05	35	1800	—	62	0.3
高、中冲击型	1.07	63	2900	—	97	0.3
低冲击型	1.07	21~28	700~1800	18~39	25~46	0.2
耐热型	1.06~1.08	53~56	2500	70	84	0.2

ABS 塑料兼有聚丙烯腈的高化学稳定性和高硬度、聚丁二烯的橡胶态韧性和弹性、聚苯乙烯的良好成形性。故 ABS 塑料具有较高强度和冲击韧度、良好的耐磨性和耐热性、较高的化学稳定性和绝缘性，以及易成形、机械加工性好等优点。缺点是耐高温、耐低温性能差，易燃、不透明。

ABS 塑料应用较广，主要用于制造齿轮、轴承、仪表盘壳、冰箱衬里以及各种容器、管道、飞机舱内装饰板、窗框、隔音板等。

（6）聚四氟乙烯（PTFE、特氟龙）

聚四氟乙烯是以线型晶态高聚物聚四氟乙烯为基的塑料，其性能见表 10-7。

表 10-7 聚四氟乙烯的性能

项目	相对密度 d /(g/cm^3)	拉伸强度 R_m/MPa	弹性模量 E /MPa	伸长率 A /%	拉伸强度 R_{mc}/MPa	拉伸强度 R_{bb}/MPa	24h 吸水率 W /%
数值	2.1~2.2	14~15	400	250~315	42	11~14	<0.005

聚四氟乙烯的结晶度为 55%~75%，熔点为 327℃，具有优异的耐化学腐蚀性，不受任何化学试剂的侵蚀，即使在高温下及强酸、强碱、强氧化剂中也不受腐蚀，故有"塑料之王"之称。它还具有较突出的耐高温和耐低温性能，能在 −195~+250℃ 长期使用，其力学性能几乎不发生变化。摩擦因数小（0.04），有自润滑性，吸水性小，在极潮湿的条件下仍能保持良好的绝缘性。但其硬度、强度低，尤其抗压强度不高，且成本较高。

它主要用于制作减摩密封件、化工机械中的耐蚀零件及高频或潮湿条件下的绝缘材料，如化工管道、电气设备、腐蚀介质过滤器等。

（7）聚甲基丙烯酸甲酯（PMMA、有机玻璃）

聚甲基丙烯酸甲酯是目前最好的透明材料，透光率达 92% 以上，比普通玻璃好。它的相对密度小（1.18），仅为玻璃的一半。还具有较高的强度和韧性、不易破碎、耐紫外线、防大气老化、易于加工成形等优点。但其硬度不如玻璃高，耐磨性差，易溶于有机溶剂。另外，其耐热性差（使用温度不能超过 180℃）、导热性差、热膨胀系数大。

其主要用途是制作飞机座舱盖、炮塔观察孔盖、仪表灯罩及光学镜片，亦可作防弹玻璃、电视和雷达标图的屏幕、汽车风挡、仪器设备的防护罩等。

2）常用热固性塑料

热固性塑料的种类很多，大多是经过固化处理获得的。所谓固化处理，就是在树脂中加入固化剂使其由线型聚合物变成体型聚合物的过程。常用热固性塑料的性能见表 10-8。

表 10-8　常用热固性塑料的性能

名　　称	24h 吸水率 $W/\%$	耐热温度 /℃	拉伸强度 R_m/MPa	弹性模量 E/MPa	拉伸强度 R_{mc}/MPa	拉伸强度 R_{bb}/MPa	成形收缩率/%
酚醛塑料	0.01～1.2	100～150	32～63	5600～35000	80～210	50～10	0.3～1.0
脲醛塑料	0.4～0.8	100	38～91	7000～10000	175～310	70～100	0.4～0.6
三聚氰胺塑料	0.08～0.14	140～145	38～49	13600	210	45～60	0.2～0.8
环氧塑料	0.03～0.20	130	15～70	21280	54～210	42～100	0.05～1.0
有机硅塑料	0.01～0.02	200～300	32	11000	137	25～70	0.5～1.0
聚氨酯塑料	0.02～1.5	—	12～70	700～7000	140	5～31	0～2.0

（1）酚醛塑料

酚醛塑料是以酚醛树脂为基，加入木粉、布、石棉、纸等填料，经固化处理而形成的交联型热固性塑料。它具有较高的强度和硬度，较高的耐热性、耐磨性、耐蚀性及良好的绝缘性。广泛用于机械、电气、电子、航空、船舶、仪表等工业中，如齿轮、耐酸泵、雷达罩、仪表外壳等。

（2）环氧塑料（EP）

环氧塑料是以环氧树脂为基，加入各种添加剂经固化处理形成的热固性塑料。具有比强度高，耐热性、耐蚀性、绝缘性及加工成形性好的特点，缺点是价格昂贵。它主要用于制作模具、精密量具、电气及电子元件等重要零件。

常用工程塑料的性能及应用见表 10-9。

表 10-9　常用工程塑料的性能及应用

名称（代号）	相对密度 $d/$ (g/cm^3)	拉伸强度 R_m/MPa	标准试件冲击试验的吸收能量 $K/$ (J/cm^2)	特　点	应 用 举 例
聚酰胺（尼龙）（PA）	1.14～1.16	55.9～81.4	0.38	坚韧、耐磨、耐疲劳、耐油、耐水、抗霉菌、无毒、吸水性大	轴承、齿轮、凸轮、导板、轮胎帘布等
聚甲醛（POM）	1.43	58.8	0.75	良好的综合性能，强度、刚度、冲击韧度、抗疲劳、抗蠕变等性能均较高，耐磨性好，吸水性小，尺寸稳定性好	轴承、衬垫、齿轮、叶轮、阀、管道、化学容器等
聚砜（PSF）	1.24	84	0.69～0.79	优良的耐热、耐寒、抗蠕变及尺寸稳定性，耐酸、碱及高温蒸汽，良好的可电镀性	精密齿轮、凸轮、真空泵叶片、仪表壳、仪表盘、印制电路板等

名称 （代号）	相对 密度 d / （g/cm³）	拉伸强度 R_m /MPa	标准试件冲 击试验的吸 收能量 K / （J/cm²）	特　　　点	应 用 举 例
聚碳酸酯 （PC）	1.2	58.5～68.6	6.3～7.4	突出的冲击韧度,良好的力 学性能,尺寸稳定性好,无 色透明,吸水性小,耐热性 好,不耐碱、酮、芳香烃,有 应力开裂倾向	齿轮、齿条、蜗轮、蜗杆、防 弹玻璃、电容器等
共聚丙烯 腈-丁二 烯-苯乙烯 （ABS）	1.02～1.08	34.3～61.8	0.6～5.2	较好的综合性能,耐冲击, 尺寸稳定性好	齿轮轴承、仪表盘壳、窗 框、隔音板等
聚四氟 乙烯 （PTFE）	2.11～2.19	15.7～30.9	1.6	优异的耐蚀、耐老化及电绝 缘性,吸水性小,可在－195～ 250℃长期使用,但加热后 黏度大,不能注射成形	化工管道泵、内衬、电气设 备隔离防护屏等
聚甲基丙 烯酸甲酯 （PMMA）	1.19	60～70	1.2～1.3	透明度高,密度小,高强度, 韧性好,耐紫外线和防大气 老化,但硬度低,耐热性差, 易溶于极性有机溶剂	光学镜片、飞机座舱盖、窗 玻璃、汽车风挡、电视屏 幕等
酚醛塑料 （PF）	1.24～2.0	35～140	0.06～2.17	力学性能变化范围宽,耐热 性、耐磨性、耐蚀性能好,绝 缘性良好	齿轮、耐酸泵、制动片、仪 表外壳、雷达罩等
环氧塑料 （EP）	1.1	69	0.44	比强度高,耐热性、耐蚀性、 绝缘性好,易于加工成形, 但成本较高	模具、精密量具、电气和电 子元件等

7. 塑料在机械工程中的应用

塑料在工业上应用的历史比金属材料要短得多,因此,塑料的选材原则、方法与过程,基本是参照金属材料的做法。根据各种塑料的使用和工艺性能特点,结合具体的塑料零件结构设计进行合理选材,尤其应注意工艺和试验结果,综合评价,最后确定选材方案。以下介绍几种机械上常用零件的塑料选材。

1）一般结构件

这类零件包括各类机械上的外壳、手柄、手轮、支架、仪器仪表的底座、罩壳、盖板等。在使用时负荷小,通常只要求一定的机械强度和耐热性。因此,一般选用价格低廉、成形性好的塑料,如聚氯乙烯、聚乙烯、聚丙烯、聚苯乙烯、ABS 等。若制品常与热水或蒸汽接触或稍大的壳体结构件有刚性要求时,可选用聚碳酸酯、聚砜;如要求透明的零件,可选用有机玻璃、聚苯乙烯或聚碳酸酯等。

2）普通传动零件

这类零件包括机器上的齿轮、凸轮、蜗轮等。要求有较高的强度、韧性、耐磨性、耐疲劳性及尺寸稳定性。可选用的材料有尼龙、MC 尼龙、聚甲醛、聚碳酸酯、增强增塑聚酯、增强聚丙烯等。如大型齿轮和蜗轮，可选用 MC 尼龙浇注成形，需要高的疲劳强度时选用聚甲醛，在腐蚀介质中工作可选用聚氯醚，聚四氟乙烯充填的聚甲醛可用于有重载摩擦的场合。

3）摩擦零件

摩擦零件主要包括轴承、轴套、导轨和活塞环等。要求强度一般，但要具有较小的摩擦因数和良好的自润滑性，要求一定的耐油性和热变形温度，可选用的塑料有低压聚乙烯、尼龙 1010、MC 尼龙、聚氯醚、聚甲醛、聚四氟乙烯。由于塑料的热导率小，线膨胀系数大，因此，只有在低负荷、低速条件下才适宜选用。

4）耐蚀零件

这类零件主要应用在化工设备上，在其他机械工程结构中应用也甚广。由于不同塑料品种的耐蚀性能各不相同，因此，要依据所接触的不同介质来选择。全塑结构的耐蚀零件，还要求较高的强度和热变形性能。常用耐蚀性塑料有聚丙烯、硬聚氯乙烯、填充聚四氟乙烯、聚全氟乙丙烯、聚三氟氯乙烯等。还有的耐蚀工程结构采用塑料涂层结构或多种材料的复合结构，既保证了工作面的耐蚀性，又提高了支撑强度、节约了材料。通常选用热膨胀系数小、黏附性好的树脂及其玻璃钢作衬里材料。

5）电气零件

塑料用作电气零件，主要是利用其优异的绝缘性能（填充导电性填料的塑料除外）。用于工频低压下的普通电气元件的塑料有酚醛塑料、氨基塑料、环氧塑料等；用于高压电器的绝缘材料要求耐压强度高、介电常数小、抗电晕及优良的耐候性，常用塑料有交联聚乙烯、聚碳酸酯、氟塑料和环氧塑料等。用于高频设备中的绝缘材料有聚四氟乙烯、聚全氟乙丙烯及某些纯碳氢的热固性塑料，也可选用聚酰亚胺、有机硅树脂、聚砜、聚丙烯等。

10.3 合成橡胶

橡胶是具有可逆形变的高弹性聚合物材料。在室温下富有弹性，在很小的外力作用下能产生较大形变，除去外力后能恢复原状。橡胶属于完全无定形聚合物，它的玻璃化转变温度（T_g）低，相对分子质量往往很大，大于几十万。橡胶的分子链可以交联，交联后的橡胶受外力作用发生变形时，具有迅速复原的能力，并具有良好的物理力学性能和化学稳定性。

橡胶分为天然橡胶与合成橡胶两种。从橡胶树、橡胶草等植物中提取胶乳，经凝聚、洗涤、成形、干燥即得到具有弹性、绝缘性、不透水和空气的天然橡胶；合成橡胶则由各种单体经聚合反应而得，采用不同的原料（单体）可以合成出不同种类的橡胶。1900—1910 年，化学家 C. D. 哈里斯（Harris）测定出天然橡胶的结构是异戊二烯的高聚物，为人工合成橡胶开辟了途径。1910 年俄国化学家列别捷夫以金属钠为引发剂使 1,3-丁二烯聚合成丁钠橡胶，以后又陆续出现了许多新的合成橡胶品种，如顺丁橡胶、氯丁橡胶、丁苯橡胶等。现在，合成橡胶的产量已远超天然橡胶，其中产量最大的是丁苯橡胶。

橡胶是橡胶工业的基本原料,广泛用于制造轮胎、胶管、胶带、电缆及其他各种橡胶制品。

1. 橡胶的组成

1)生胶

生胶是橡胶制品的主要组成部分,其来源可以是天然的,也可以是合成的。生胶在橡胶制备过程中不但起着黏结其他配合剂的作用,而且是决定橡胶品质性能的关键因素。使用的生胶种类不同,则橡胶制品的性能也不同。

2)配合剂

配合剂是为了提高和改善橡胶制品的各种性能而加入的物质,主要有硫化剂、硫化促进剂、防老剂、软化剂、填充剂、发泡剂及着色剂等。

2. 橡胶的性能特点

橡胶最显著的性能特点是有高弹性,主要表现为在较小的外力作用下就能产生很大的变形,且当外力去除后又能很快恢复到近似原来的状态;高弹性的另一个表现为其宏观弹性变形量可高达 $100\% \sim 1000\%$。同时橡胶具有优良的伸缩性和积储能量的能力,良好的耐磨性、绝缘性、隔音性和阻尼性,一定的强度和硬度。橡胶已成为常用的弹性材料、密封材料、减振防振材料、传动材料、绝缘材料。

3. 橡胶的分类

按原料来源,橡胶可分为天然橡胶和合成橡胶两大类。按应用范围,又可分为通用橡胶与特种橡胶两类。通用橡胶是指用于制造轮胎、工业用品、日常用品的量大面广的橡胶,特种橡胶是指用于制造在特殊条件(高温、低温、酸、碱、油、辐射等)下使用的零部件的橡胶。按形态分为块状生胶、乳胶、液体橡胶和粉末橡胶。乳胶为橡胶的胶体状水分散体;液体橡胶为橡胶的低聚物,未硫化前一般为黏稠的液体;粉末橡胶是将乳胶加工成粉末状,以利配料和加工制作。

4. 常用橡胶材料

1)天然橡胶

天然橡胶具有较高的弹性、较好的力学性能、良好的电绝缘性及耐碱性,是一类综合性能较好的橡胶。缺点是耐油、耐溶胶性较差,耐臭氧老化性差,不耐高温及浓强酸。主要用于制造轮胎、胶带、胶管等。

2)通用合成橡胶

(1)丁苯橡胶。它是由丁二烯和苯乙烯共聚而成的。其耐磨性、耐热性、耐油性、抗老化性均比天然橡胶好,并能以任意比例与天然橡胶混用,且价格低廉。缺点是生胶强度低、黏结性差、成形困难、硫化速度慢,制成的轮胎弹性不如天然橡胶。主要用于制造汽车轮胎、胶带、胶管等。

(2)顺丁橡胶。它由丁二烯聚合而成。其弹性、耐磨性、耐寒性均优于天然橡胶,是制造轮胎的优良材料。缺点是强度较低,加工性能差,抗撕性差。主要用于制造轮胎、胶带、弹簧、减振器、电绝缘制品等。

（3）氯丁橡胶。它由氯丁二烯聚合而成。氯丁橡胶不仅具有可与天然橡胶比拟的高弹性、高绝缘性、较高的强度和高耐碱性，而且具有天然橡胶和一般通用橡胶所没有的优良性能，例如耐油、耐溶剂、耐氧化、耐老化、耐酸、耐热、耐燃烧、耐挠曲等性能，故有"万能橡胶"之称。缺点是耐寒性差、密度大、生胶稳定性差。氯丁橡胶应用广泛，由于其耐燃烧，故可用于制作矿井的运输带、胶管、电缆，也可制作高速 V 带及各种垫圈等。

（4）乙丙橡胶。它由乙烯与丙烯共聚而成。具有结构稳定、抗老化能力强，绝缘性、耐热性、耐寒性好，在酸、碱中耐蚀性好等优点。缺点是耐油性差、黏着性差、硫化速度慢。主要用于制造轮胎、蒸汽胶管、耐热输送带、高压电线管套等。

3）特种合成橡胶

（1）丁腈橡胶。它由丁二烯与丙烯腈聚合而成。其耐油性好，耐热、耐燃烧、耐磨、耐碱、耐有机溶剂，抗老化。缺点是耐寒性差，其脆化温度为$-10\sim-20℃$，耐酸性和绝缘性差。主要用于制作耐油制品，如油箱、储油槽、输油管等。

（2）硅橡胶。它由二甲基硅氧烷与其他有机硅单体共聚而成。硅橡胶具有高耐热性和耐寒性，在$-100\sim350℃$范围内可保持良好弹性，抗老化能力强，绝缘性好。缺点是强度低，耐磨性、耐酸性差，价格较贵。主要用于航空航天中的密封件、薄膜、胶管和耐高温的电线、电缆等。

（3）氟橡胶。它是以碳原子为主链，含有氟原子的聚合物。其化学稳定性高，耐蚀性能居各类橡胶之首，耐热性好，最高使用温度为$300℃$。缺点是价格昂贵，耐寒性差，加工性能不好。主要用于国防和高技术中的密封件，如火箭、导弹的密封垫圈及化工设备中的衬里等。

常见橡胶的种类、性能及应用举例见表 10-10。

表 10-10 常用橡胶的种类、性能及应用举例

类别	名称（代号）	相对密度 d /(g/cm³)	拉伸强度 R_m/MPa		伸长率 A/%		回弹率/%	最高使用温度/℃	脆化温度/℃	主要特征	应用举例
			未补强硫化胶	补强硫化胶	未补强硫化胶	补强硫化胶					
通用橡胶	天然橡胶（NR）	0.90～0.95	17～29	25～35	6500～900	650～900	70～95	100	−55～−70	高弹、高强、绝缘、耐磨、耐寒、防振	轮胎、胶管、胶带电线电缆绝缘层及其他通用橡胶制品
	异戊橡胶（IR）	0.92～0.94	20～30	20～30	800～1200	600～900	70～90	100	−55～−70	合成天然橡胶、耐水、绝缘、耐老化	可代替天然橡胶制作轮胎、胶管、胶带及其他通用橡胶制品
	丁苯橡胶（SBR）	0.92～0.94	2～3	15～20	500～800	500～800	60～80	120	−30～−60	耐磨、耐老化，其余同天然橡胶	可代替天然橡胶制作轮胎、胶板、胶管及其他通用制品

类别	名称（代号）	相对密度 d /(g/cm³)	拉伸强度 R_m/MPa		伸长率 A/%		回弹率/%	最高使用温度/℃	脆化温度/℃	主要特征	应用举例
			未补强硫化胶	补强硫化胶	未补强硫化胶	补强硫化胶					
通用橡胶	顺丁橡胶（BR）	0.91~0.94	1~10	18~25	200~900	450~800	70~95	120	−73	高弹、耐磨、耐老化、耐寒	一般和天然或丁苯橡胶混用，主要用于制作轮胎胎面、运输带和特殊耐寒制品
	氯丁橡胶（CR）	1.15~1.30	15~20	15~17	800~1000	800~1000	50~80	150	−35~−42	抗氧和臭氧、耐酸碱油、阻燃、气密	重型电缆护套、胶管、胶带和化工设备衬里，耐燃地下采矿用品及汽车门窗嵌条、密封圈
	丁基橡胶（IIR）	0.91~0.93	14~21	17~21	650~850	650~800	20~50	170	−30~−55	耐老化、耐热、防振、气密、耐酸碱油	主要做内胎、水胎、电线电缆绝缘层、化工设备衬里及防振制品、耐热运输带等
	丁腈橡胶（NBR）	0.96~1.20	2~4	15~30	300~800	300~800	5~65	170	−10~−20	耐油、耐热、耐水、气密，黏结力强	主要用于各种耐油制品，如耐油胶管、密封圈、储油槽衬里等，也可用于耐热运输带
特种橡胶	乙丙橡胶（EPDM）	0.86~0.87	3~6	15~25	—	400~800	50~80	150	−40~−60	密度小、化学稳定、耐候、耐热、绝缘	主要用于化工设备衬里、电线电缆绝缘层、耐热运输带、汽车零件及其他工业制品
	氯磺化聚乙烯橡胶（CSM）	1.11~1.13	8.5~24.5	7~20	—	100~500	30~60	150	−20~−60	耐臭氧、耐日光老化、耐候	臭氧发生器密封材料、耐油垫圈、电线电缆包皮及绝缘层、耐蚀件及化工设备衬里等

类别	名称(代号)	相对密度 d /(g/cm³)	拉伸强度 R_m/MPa		伸长率 A/%		回弹率/%	最高使用温度/℃	脆化温度/℃	主要特征	应用举例
			未补强硫化胶	补强硫化胶	未补强硫化胶	补强硫化胶					
特种橡胶	丙烯酸酯橡胶(AR)	1.09~1.10	—	7~12	—	400~600	30~40	180	0~-30	耐油、耐热、耐氧、耐日光老化、气密	用作一切需要耐油、耐热、耐老化的制品,如耐热油软管、油封等
	聚氨酯橡胶(UR)	1.09~1.30	—	20~35	—	300~800	40~90	80	-30~-60	高强、耐磨、耐油、耐日光老化、气密	用作轮胎及耐油、耐苯零件,垫圈、防振制品及其他要求耐磨、高强度零件
	硅橡胶(SR)	0.95~1.40	2~5	4~10	40~300	50~500	50~85	315	-70~-120	耐高低温、绝缘	耐高低温制品,耐高温电绝缘制品
	氟橡胶(FPM)	1.80~1.82	10~20	20~22	500~700	100~500	20~40	315	-10~-50	耐高温、耐酸碱油、抗辐射、高真空性	耐化学腐蚀制品,如化工设备衬里、垫圈、高级密封件、高真空橡胶件
	聚硫橡胶(PSR)	1.35~1.41	0.7~1.4	9~15	300~700	100~700	20~40	180	-10~-40	耐油、耐化学介质、耐日光、气密	综合性能较差,易燃,有催泪性气味,工业上很少采用,仅用作密封腻子或油库覆盖层
	氯化聚乙烯橡胶(CPE)	1.16~1.32	—	>15	400~500	—	—	—	—	耐候、耐臭氧、耐酸碱油水、耐磨	电线电缆护套、胶带、胶管、胶辊、化工衬里

10.4　合成纤维

　　凡能使长度比本身直径大100倍的均匀条状或丝状的高分子材料均称为纤维,分为天然纤维和化学纤维。化学纤维又可分为人造纤维和合成纤维。人造纤维用自然界的纤维加工制成,如叫人造丝、人造棉的黏胶纤维和硝化纤维、醋酸纤维等。合成纤维是将人工合成的、具有适宜相对分子质量并具有可溶(或可熔)性的线型聚合物,经纺丝成形和后处理而制得,如图 10-6、图 10-7 所示。通常将这类具有成纤性能的聚合物称为成纤聚合物。与天然纤维和人造纤维相比,合成纤维的原料是由人工合成的方法制得的,生产不受自然条件的限制。合成纤维除了具有化学纤维的一般优越性能,如强度高、质轻、易洗快干、弹性好、不怕霉蛀等外,不同品种的合成纤维各具有某些独特性能,因此发展很快,产量最多的有以下六大品种(占总产量的 90%)。

图 10-6　合成纤维图　　　　　　　图 10-7　显微镜下的聚乳酸纤维

(1) 涤纶。又叫的确良,具有高强度、耐磨、耐蚀、易洗快干等优点,是很好的衣料纤维。

(2) 尼龙。在我国又称其为绵纶,其强度大、耐磨性好、弹性好,主要缺点是耐光性差。

(3) 腈纶。在国外称其为奥纶、开米司纶,它柔软、轻盈、保暖,有人造羊毛之称。

(4) 维纶。维纶的原料易得,成本低,性能与棉花相似且强度高;缺点是弹性较差,织物易皱。

(5) 丙纶。是后起之秀,发展快,以轻、牢、耐磨著称;缺点是可染性差,日晒易老化。

(6) 氯纶。难燃、保暖、耐晒、耐磨、弹性好,由于染色性差、热收缩大,限制了它的应用。

10.5　功能高分子材料

10.5.1　概述

功能高分子材料是 20 世纪 60 年代发展起来的新兴领域,是高分子材料渗透到电子、生物、能源等领域后涌现出的新材料。该类材料一般指在原有力学性能基础上,还具有化学反应活性、光敏性、导电性、催化性、生物相容性、药理性、选择分离性、能量转换性、磁性等功能的高分子及其复合材料。

功能高分子材料的定义为:与常规聚合物相比具有明显不同的物理化学性质,并具有某些特殊功能的聚合物大分子(主要指全人工和半人工合成的聚合物)都应归属于功能高分子材料范畴。而以这些材料为研究对象,研究它们的结构组成、构效关系、制备方法以及开发应用的科学,应称为功能高分子材料科学。

功能高分子材料之所以具有特定的功能,是由于在其大分子链中结合了特定的功能基团,或大分子与具有特定功能的其他材料进行了复合,或者二者兼而有之。例如吸水树脂,它由水溶性高分子通过适度交联而制得,遇水时将水封闭在高分子的网络内,吸水后呈透明凝胶,因而产生吸水和保水的功能。

10.5.2　功能高分子材料的功能分类

功能高分子材料有四项功能:

(1) 离子交换树脂、感光性树脂、高分子试剂、高分子催化剂、高分子增感剂等"化学功能"。

(2) 导电性高分子、高介电性高分子、高分子光电导体、高分子光生伏打材料等"物理功能"。

(3) 高分子吸附剂、高分子絮凝剂、高分子表面活性剂、高分子染料、高分子稳定剂等"复合功能"。

(4) 抗血栓、控制药物释放和生物活性等"生物、医用功能"。

按照功能特性又分为四类:分离材料和化学功能材料、电磁功能高分子材料、光功能高分子材料、生物医用高分子材料。根据分类,能对功能高分子材料有更清晰的了解。

10.5.3　功能高分子材料的发展应用

1. 光功能高分子材料

光功能高分子材料是指能够对光吸收、储存、转化的一类高分子材料,其在材料领域中占有十分重要的地位。目前,这一类材料主要包括各种光稳定剂、感光材料、非线性光学材料、光学用塑料、光转换系统材料、光导材料和光致变色材料等。光功能高分子材料今后的发展方向主要集中在以下三个方面:

(1) 现代社会是信息社会,光导纤维是目前主要的通信器材,并且发展迅速。因此,今后应重点开发低光损耗、长距离光传输的高分子光纤制品。

(2) 光导高分子在光照时能够导致其电阻率明显下降,可以利用该特性制备复印机、激光打印机中的关键部件,节约硒材料。

(3) 功能高分子材料在太阳能转换中的研究,包括光电转换、光热转化及光化学转化等方面。目前,大面积可控高分子太阳能电池已取得突破,其在未来将取代现在的硅太阳能电池。

2. 导电功能高分子材料

导电功能高分子材料可分为结构型导电高分子材料和复合型导电高分子材料,主要应用在发光二极管,抗静电、导电性应用,电磁屏蔽与隐身等领域中。

聚乙炔、聚对苯硫醚、聚吡咯、聚噻吩、聚苯胺、聚苯基乙炔等是目前研究较多的导电高分子材料。采用该类材料制作的器件具有优异的导电性能,机械性能耐腐蚀性能和工艺性能。随着科学技术的不断进步,导电功能高分子材料将在更多领域得到广泛应用。

3. 反应型功能高分子材料

生物酶催化生物体内多种化学反应,在常温、常压下该类高分子催化剂具有魔法般的催化性且活性极高,几乎不产生副产物。因此,人们试图将具有反应活性或催化活性的功能基通过适当方法引入高分子骨架上,开发高活性和选择性的高分子模拟酶催化剂。

目前,活性功能基的引入有三种基本方法:①含功能基单体的聚合;②对聚合物载体进行功能化改性;③通过含功能基单体的聚合引入某种功能基,再通过化学改性将之转化为另一种功能基。

已有研究表明,高分子金属催化剂对加氢反应、氧化反应、硅氢加成反应、羰基化反应、异构化反应、聚合反应等都具有很好的催化性。高分子催化剂具有很高的催化活性和选择性、稳定性和安全性、易与反应物分离、可回收重复使用、后处理较简单等优越性。

目前强酸型阳离子交换树脂催化剂、高分子负载 Lewis 酸催化剂、强碱型阴离子交换树脂催化剂、高分子相转移催化剂及高分子超强酸催化剂等是研究比较多的高分子催化剂。

4. 吸附分离功能高分子材料

吸附分离功能高分子材料主要是指那些对某些特定离子或分子有选择性亲和作用的高分子材料。其吸附性不仅受到结构和形态等内在因素的影响,还与使用环境关系密切,如温度因素和周围介质等。主要利用该类材料对液体或气体中的某些分子具有选择性的吸附,从而实现复杂物质体系的分离与各种成分的富集与纯化及检测。

按照吸附机理,可以将吸附分离功能高分子材料分为化学吸附功能高分子材料和物理吸附功能高分子材料。

化学吸附功能高分子材料包括:①离子交换树脂,其主要应用在清除离子,离子交换,酸、碱催化反应等方面;②螯合树脂,其可通过选择性螯合作用而实现对各种金属离子的浓缩和富集,因此,广泛地应用于分析检测、污染治理、环境保护和工业生产等领域。

物理吸附功能高分子材料根据其极性大小可分为非极性、中极性和强极性三类。该类功能高分子材料的吸附性主要靠范德华力、氢键和偶极作用进行。主要应用于水的脱盐精制、药物提取纯化、稀土元素的分离纯化、蔗糖及葡萄糖溶液的脱盐脱色等。

5. 生物医用功能高分子材料

生物医用功能高分子材料主要以医疗为目的,用于与生物组织接触以形成功能的无生命材料。其被广泛地用来取代或恢复那些受创伤或退化的组织或器官的功能,从而提高病人的生活质量。

这类材料主要包括医用高分子材料(以修复、替代为主)、药用高分子材料(以药理疗效为主)。由于其与人体的组织和器官接触,因此,医用高分子材料必须满足如下基本要求:

(1) 生物相容性。它能与人体组织相容,不会引起过敏反应或其他不良反应。

(2) 机械性能。它能保证在使用过程中的稳定性和可靠性。例如,人工关节材料需要具备足够的强度和耐磨性,以承受人体关节的正常运动和负荷。

(3) 抗菌性能。它能防止细菌感染和交叉感染。

(4) 生物降解性。在一定条件下它可以被生物体降解和吸收,避免二次手术取出材料。

（5）生物功能性。它可以用于细胞培养和组织工程,促进组织再生和修复。

（6）可加工性。它能便捷地制备成各种形状和尺寸的医疗器械或植入物。

（7）生物稳定性。它在人体内能够保持材料的物理化学性质和功能特性。

（8）安全性。它不易受到体液、酶、光照等因素的影响,能够长期稳定地发挥作用。

（9）可持续性。它的生产和使用应尽可能减少对环境的影响,避免资源浪费和污染,推动可持续发展。

医用功能高分子材料现已取得许多卓越的成就,心血管植入物、整形和重建植入物、矫形外科假体、眼睛系统、牙齿植入物、体外循环装置、导管、药物释放控制器及普外科等都离不开其身影。

6. 液晶高分子材料

某些液晶分子可连接成大分子,或者通过官能团的化学反应连接到高分子骨架上,并在熔融或溶解条件下仍保持液晶的特征,就形成高分子液晶。与小分子液晶相比,其具有下列特殊性:①热稳定性大幅提高;②热致性高分子液晶有较大的相区间温度;③黏度大、流动行为与一般溶液显著不同。

目前,高分子液晶研究主要集中于以下几方面:①铁电性高分子液晶;②树枝状高分子液晶;③液晶 LB 膜;④分子间氢键作用液晶;⑤交联型高分子液晶。

人工合成的高分子液晶问世至今仅 70 年左右,因此是一类非常"年轻"的材料,应用尚处在不断开发中。因此,高分子液晶的将来发展应侧重以下几方面:①具有高强度、高模量的纤维材料;②分子复合材料;③高分子液晶显示材料;④精密温度指示材料和痕量化学药品指示剂;⑤信息贮存介质。

复习思考题

1. 什么是高分子材料? 简述其分类。
2. 线型非晶态高聚物的力学状态有哪几种形式?
3. 常用高分子材料的化学反应有哪些?
4. 何为工程塑料? 有哪些工程塑料?
5. 什么是热塑性塑料? 与热固性塑料有何区别?
6. 塑料制品的成形有哪几种方法? 各有什么特点及不同之处?
7. 橡胶的分类以及常用的橡胶有哪些?
8. 合成纤维有哪些?
9. 常见的胶黏剂有哪些? 有什么特点?
10. 简述涂料的作用及其组成。

自测题 10

11

陶瓷材料与金属陶瓷

11.1 概　　述

陶瓷是陶器与瓷器的总称,是一种既古老而又现代的工程材料,同时也是人类最早利用自然界所提供的原料制造而成的材料,亦称无机非金属材料。陶瓷材料由于具有耐高温、耐蚀、高硬度、绝缘等优点,在现代宇航、国防等高科技领域得到越来越广泛的应用。随着现代科学技术的发展,出现了许多性能优良的新型陶瓷材料。

陶瓷材料的发展经历了三次重大飞跃。旧石器时代的人们只会采集天然石料加工成器皿和工件。陶器的发明是人类文明的重要进程,它是人类利用黏土成形晾干后,用火烧制出来的,烧制温度约 800~1100℃。瓷器的发明是在陶器技术不断发展和提高的基础上产生的,当烧制温度提高到约 1200~1400℃,先后出现了青瓷、白瓷、青花瓷和五彩瓷。从陶器发展到瓷器,是陶瓷发展史上的第一次重大飞跃。由于低熔点的长石和黏土等成分相互配合,在焙烧过程中形成了流动性很好的液相,且冷却后成为玻璃态,形成釉,因此使瓷器更加坚硬、致密和不透水。从传统陶瓷到先进陶瓷,是陶瓷发展史上的第二次大飞跃,这一过程始于 20 世纪 40—50 年代,目前仍在不断发展。当然,传统陶瓷与先进陶瓷之间并无绝对的界限,但二者在原材料、制备工艺、产品显微结构等多方面却有相当大的差别,二者的对比可参见表 11-1。从先进陶瓷发展到纳米陶瓷将是陶瓷发展史上的第三次飞跃,陶瓷科学家还需在诸如纳米粉体的制备、成形、烧结等许多方面进行艰苦的工作,预期在 21 世纪,这一方面将取得重大突破,有可能解决陶瓷的致命弱点——脆性大缺乏塑性变形能力。陶瓷研究发展的三次飞跃如图 11-1 所示。

表 11-1　传统陶瓷和先进陶瓷的对比

类　　别	传统陶瓷	先进陶瓷
原料	天然原料	人造原料
成形烧结	浇浆铸造、陶土制坯、窑	热等静压机、热压机
产品	陶瓷、砖	涡轮、核反应堆、汽车件、机械件、人工骨

11.1.1　陶瓷材料的特点

1. 相组成特点

陶瓷材料通常是由晶体相、玻璃相和气相三种不同的相组成的,如图 11-2 所示。决定

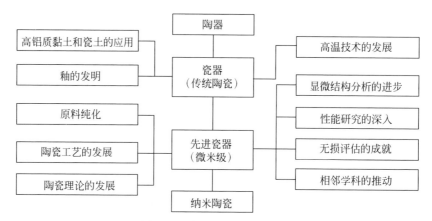

图 11-1　陶器发展的三次飞跃

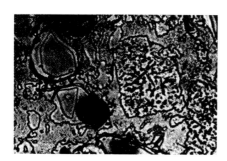

图 11-2　陶瓷的典型组织

陶瓷材料物理化学性能的主要是晶体相。而玻璃相的作用是填充晶粒间隙,黏结晶粒,提高材料致密度,降低烧结温度和抑制晶粒长大。气相是在工艺过程中形成并保留下来的,它对陶瓷的电性能及热性能影响很大。

2. 结合键特点

陶瓷材料的主要成分是氧化物、碳化物、氮化物、硅化物等,其结合键以离子键(如 MgO、Al_2O_3)、共价键(如 Si_3N_4、BN)及离子键和共价键的混合键为主,取决于两原子间电负性差异的大小。

3. 性能特点

陶瓷材料的结合键为共价键或离子键,因此,陶瓷材料具有高熔点、高硬度、高化学稳定性、耐高温、耐氧化、耐腐蚀等特性。此外,陶瓷材料还具有密度小、弹性模量大、耐磨损、强度高、脆性大等特点。功能陶瓷还具有电、光、磁等特殊性能。

11.1.2　陶瓷的分类

陶瓷材料种类繁多,性能各异,见表 11-2。

表 11-2　陶瓷的分类

普通陶瓷	特 种 陶 瓷					
	按性能分类	按化学成分分类				
		氧化物陶瓷	氮化物陶瓷	碳化物陶瓷	复合陶瓷	金属陶瓷
日用陶瓷	高强度陶瓷	氧化铝陶瓷	氮化硅陶瓷	碳化硅陶瓷	氧氮化硅铝瓷	
建筑陶瓷	高温陶瓷	氧化锆陶瓷	氮化铝陶瓷	碳化硼陶瓷	镁铝尖晶石瓷	

续表

普通陶瓷	特 种 陶 瓷					
	按性能分类	按化学成分分类				
		氧化物陶瓷	氮化物陶瓷	碳化物陶瓷	复合陶瓷	金属陶瓷
绝缘陶瓷	耐磨陶瓷	氧化镁陶瓷	氮化硼陶瓷		锆钛酸铝镧瓷	
	耐酸陶瓷	氧化铍陶瓷				
化工陶瓷	压电陶瓷					
多孔陶瓷（过滤陶瓷）	电介质陶瓷					
	光学陶瓷					
	半导体陶瓷					
	磁性陶瓷					
	生物陶瓷					

1. 按原料分类

按原料来源不同可将陶瓷材料分为普通陶瓷(传统陶瓷)和特种陶瓷(先进陶瓷)。普通陶瓷是以天然硅酸盐矿物为原料(黏土、长石、石英)，经过原料加工、成形、烧结而成的，因此这种陶瓷又叫硅酸盐陶瓷。特种陶瓷是采用纯度较高的人工合成化合物(如 Al_2O_3、ZrO_2、SiC、Si_3N_4、BN)，经配料、成形、烧结而制得的。

2. 按化学成分分类

按化学成分不同,可将陶瓷材料分为氧化物陶瓷、氮化物陶瓷、碳化物陶瓷等。氧化物陶瓷种类多、应用广,常用的有 Al_2O_3、ZrO_2、SiO_2、MgO、CaO、BeO、Cr_2O_3、CeO、ThO_2 等。氮化物陶瓷常用的有 Si_3N_4、AlN、TiN、BN 等。

3. 按用途分类

按用途可将陶瓷材料分为日用陶瓷和工业陶瓷,工业陶瓷又可分为工程陶瓷和功能陶瓷。在工程结构上使用的陶瓷称为结构陶瓷。利用陶瓷特有的物理性能制造的陶瓷材料称为功能陶瓷,它们的物理性能差异往往很大,用途很广。

4. 按性能分类

陶瓷材料按性能分类可分为高强度陶瓷、高温陶瓷、耐酸陶瓷等。

11.1.3 陶瓷的制造工艺

陶瓷的生产制作过程虽然各不相同,但一般都要经过坯料制备、成形与烧结三个阶段。

1. 坯料制备

当采用天然的岩石、矿物、黏土等物质作原料时,一般要经过原料粉碎→精选(去掉杂质)→磨细(达到一定粒度)→配料(保证制品性能)→脱水(控制坯料水分)→练坯、陈腐(去除空气)等过程。

当采用高纯度可控的人工合成的粉状化合物作原料时,如何获得成分、纯度、粒度均达到要求的粉状化合物是坯料制备的关键。制取微粉的方法有机械粉碎法、溶液沉淀法、气相沉积法等。

原料经过坯料制备后依成形工艺的要求,可以是粉料、浆料或可塑泥团。

2. 成形

陶瓷制品的成形方法很多,主要有以下三类:

(1)可塑法。可塑法又叫塑形料团成形法,是在坯料中加入一定量的水或塑化剂,使其成为具有良好塑性的料团,然后利用料团的可塑性通过手工或机械成形。常用的工艺有挤压和压坯成形。

(2)注浆法。注浆法又叫浆料成形法,是先把原料配制成浆料,然后注入模具中成形,分为一般注浆成形和热压注浆成形。

(3)压制法。压制法又叫粉料成形法,是将含有一定水分和添加剂的粉料在金属模中用较高的压力压制成形(和粉末冶金成形方法相同)。

3. 烧结

未经烧结的陶瓷制品称为生坯。生坯是由许多固相粒子堆积起来的聚集体,颗粒之间除了点接触外,尚存在许多空隙,因此没有多大强度,必须经过高温烧结后才能使用。生坯经初步干燥后即可送去烧结。烧结是指生坯在高温加热时发生一系列物理化学变化(水的蒸发,硅酸盐分解,有机物及碳化物的气化,晶体转型及熔化),并使生坯体积收缩,强度、密度增大,最终形成致密、坚硬的具有某种显微结构烧结体的过程。烧结后颗粒之间由点接触变为面接触,粒子间也将产生物质的转移。这些变化均需一定的温度和时间才能完成,所以烧结的温度较高,所需的时间也较长。常见的烧结方法有热压或热等静压法、液相烧结法、反应烧结法。

11.2　常用工程结构陶瓷材料

11.2.1　普通陶瓷

普通陶瓷是用黏土($Al_2O_3 \cdot 2SiO_2 \cdot H_2O$)、长石($K_2O \cdot Al_2O_3 \cdot 6SiO_2$、$Na_2O \cdot Al_2O_3 \cdot 6SiO_2$)、石英($SiO_2$)为原料,经配料、成形、烧结而制成的。组织中主要晶相为莫来石($3Al_2O_3 \cdot SiO_2$),占 25%～30%(质量分数),次晶相为 SiO_2,玻璃相占 35%～60%,气相占 1%～3%。其中玻璃相是以长石为溶剂,在高温下溶解一定量的黏土和石英后经凝固而形成的。这类陶瓷质地坚硬,不会氧化生锈,不导电,能耐 1200℃高温,加工成形性好,成本低廉。其缺点是因含有较多的玻璃相,故强度较低,且在高温下玻璃相易软化,所以其耐高温性能及绝缘性能不如特种陶瓷。

这类陶瓷产量大,广泛应用于电气、化工、建筑、纺织等工业部门,用来制作工作温度低于200℃的耐蚀器皿和容器、反应塔管道、供电系统的绝缘子、纺织机械中的导纱零件等。

11.2.2　特种陶瓷

1. 氧化物陶瓷

1)氧化铝陶瓷

氧化铝陶瓷是以Al_2O_3为主要成分,含有少量SiO_2的陶瓷,$\alpha\text{-}Al_2O_3$为主晶相。根据Al_2O_3含量的不同分为75瓷($\omega_{Al_2O_3}=75\%$)、95瓷($\omega_{Al_2O_3}=95\%$)和99瓷($\omega_{Al_2O_3}=99\%$),前者又称刚玉-莫来石瓷,后两者又称刚玉瓷。氧化铝陶瓷中Al_2O_3含量越高,玻璃相越少,气孔也越少,其性能越好,但工艺复杂,成本高。

氧化铝陶瓷的强度比普通陶瓷高2~3倍,有的甚至高5~6倍;硬度高,仅次于金刚石、碳化硼、立方氮化硼和碳化硅;有很好的耐磨性;耐高温性能好。Al_2O_3含量高的刚玉瓷有高的蠕变抗力,能在1600℃高温下长期工作;耐蚀性及绝缘性好。缺点是脆性大,抗热振性差,不能承受环境温度的突然变化。主要用于制作内燃机的火花塞、火箭和导弹整流罩、轴承、切削工具,以及石油及化工用泵的密封环、纺织机上的导线器、熔化金属的坩埚及高温热电偶套管等。

2)氧化锆陶瓷

氧化锆陶瓷的熔点在2700℃以上,能耐2300℃的高温,推荐使用的温度为2000~2200℃。由于它还能抗熔融金属的侵蚀,所以多用作铂、锗等金属的冶炼坩埚和1800℃以上的发热体及炉子、反应堆绝热材料等。特别指出,氧化锆作添加剂可大大提高陶瓷材料的强度和韧性。各种氧化锆增韧陶瓷在工程结构陶瓷领域的研究和应用不断取得突破。氧化锆增韧氧化铝陶瓷材料的强度最高可达1200MPa,断裂韧度为15MPa·$m^{1/2}$,分别比原氧化铝提高了3倍和近3倍。氧化锆增韧陶瓷可替代金属制造模具、拉丝模、泵叶轮等,还可制造汽车零件,如凸轮、推杆、连杆等。氧化锆增韧陶瓷制成的剪刀既不生锈,也不导电。

3)氧化镁/钙陶瓷

氧化镁/钙陶瓷通常是由热白云石(镁/钙的碳酸盐)矿石除去CO_2而制成的。其特点是能抗各种金属碱性渣的作用,因而常作炉衬的耐火砖。但这种陶瓷的缺点是热稳定性差,MgO在高温下易挥发,CaO甚至在空气中就易水化。

4)氧化铍陶瓷

除了具备一般陶瓷的特性外,氧化铍陶瓷最大的特点是导热性好,因而具有很高的热稳定性。虽然其强度不高,但抗热冲击性较好。由于氧化铍陶瓷具有消散高辐射的能力强、热中子阻尼系数大等特点,所以经常用于制造坩埚,还可作为真空陶瓷和原子反应堆陶瓷等。另外,气体激光管、晶体管热片以及集成电路的基片和外壳等也多用该种陶瓷制造。

5)氧化钍/铀陶瓷

这是具有放射性的一类陶瓷,具有极高的熔点和密度,多用于制造熔化铑、铂、银和其他金属的坩埚及动力反应堆中的放热元件等。ThO_2陶瓷还可用于制造电炉构件。

常见氧化物陶瓷的基本性能见表11-3。

表 11-3　常见氧化物陶瓷的基本性能

氧化物	熔点/℃	理论密度/(10^3 kg/m^3)	强度/MPa			弹性模量/GPa	莫氏硬度	线膨胀系数/(10^{-6}×$℃^{-1}$)	无气孔时的热导率/(W/(m·K))	体积电阻率/(Ω·m)	抗氧化性	热稳定性	耐蚀能力
			抗拉	抗弯	抗压								
Al_2O_3	2050	3.99	255	147	2943	375	9	8.4	28.8	10^{14}	中	高	高
ZrO_2	2715	5.6	147	226	2060	169	7	7.7	1.7	10^2 (1000℃)	中	低	高
BeO	2570	3.02	98	128	785	304	9	10.6	209	10^{12}	中	高	中
MgO	2800	3.58	98	108	1373	210	5~6	15.6	34.5	10^{13}	中	低	中
CaO	2570	3.35		78			4~5	13.8	14	10^{12}	中	低	中
ThO_2	3050	9.69	98		1472	137	6.5	10.2	8.5	10^{11}	中	低	高
UO_2	2760	10.96			961	161	3.5	10.5	7.3	10 (800℃)	中		

2. 氮化物陶瓷

1) 氮化硅陶瓷

氮化硅陶瓷是以 Si_3N_4 为主要成分的陶瓷,Si_3N_4 为主晶相。按其制造工艺不同可分为热压烧结氮化硅(β-Si_3N_4)陶瓷和反应烧结氮化硅(α-Si_3N_4)陶瓷。热压烧结氮化硅陶瓷组织致密,气孔率接近于零,强度高。反应烧结氮化硅陶瓷是以 Si 粉或 Si-SiN 粉为原料,压制成形后经氮化处理而得到的。因其有 20%~30% 的气孔,强度不及热压烧结氮化硅陶瓷,但与 95 瓷相近。氮化硅陶瓷硬度高,摩擦系数小,只有 0.1~0.2;具有自润滑性,可以在没有润滑剂的条件下使用;蠕变抗力高,热膨胀系数小,抗热振性能在陶瓷中最佳,比 Al_2O_3 陶瓷高 2~3 倍;化学稳定性好,抗氢氟酸以外的各种无机酸和碱溶液的侵蚀,也能抵抗熔融非铁金属的侵蚀。此外,由于氮化硅为共价晶体,因此具有优异的电绝缘性能。

反应烧结氮化硅陶瓷因在氮化过程中可进行机加工,因此主要用于制作形状复杂、尺寸精度高、耐热、耐蚀、耐磨、绝缘的制品,如石油、化工泵的密封环,高温轴承、热电偶导管。热压烧结氮化硅陶瓷只用于制作形状简单的耐磨、耐高温零件,如切削刀具等。

近年来在氮化硅中添加一定数量的 Al_2O_3,制成的过渡新型陶瓷材料,称为塞伦(Sialon)陶瓷。它用常压烧结方法就能达到接近热压烧结氮化硅陶瓷的性能,是目前强度最高并有优异的化学稳定性、耐磨性和热稳定性的陶瓷。

2) 氮化硼陶瓷

氮化硼陶瓷的主晶相是 BN,属于共价晶体。其晶体结构与石墨相仿,为六方晶格,故有白石墨之称。此类陶瓷具有良好的耐热性和导热性;热膨胀系数小(比其他陶瓷及金属均低得多),故其抗热振性和热稳定性均好;绝缘性好,在 2000℃ 的高温下仍是绝缘体;化学稳定性高,能抵抗铁、铝、镍等熔融金属的侵蚀;硬度较其他陶瓷低,可进行切削加工;有自润滑性。它常用于制作热电偶套管、熔炼半导体及金属的坩埚、冶金用高温容器和管道、玻璃制品成形模、高温绝缘材料等。此外,由于 BN 有很大的吸收中子截面,可作为核反应堆中吸收热中子的控制棒。立方氮化硼由于硬度高，在 1925℃ 高温下不会氧化，已成为金刚石的代用品。

3）氮化铝陶瓷

AlN 晶体是以 $[AlN_4]$ 四面体为结构单元的共价键化合物，具有纤锌矿型结构，属六方晶系。化学组成为 65.81%Al、34.19%N，比重 3.261g/cm³，白色或灰白色，单晶无色透明，常压下的升华分解温度为 2450℃，为一种高温耐热材料。热膨胀系数 $(4.0\sim6.0)\times10/℃$。多晶 AlN 热导率达 260W/(m·K)，比氧化铝高 5～8 倍，所以耐热冲击好，能耐 2200℃ 的极热。此外，氮化铝具有不受铝液和其他熔融金属及砷化镓侵蚀的特性，特别是对熔融铝液具有极好的耐侵蚀性。其主要应用如下：

① 氮化铝粉末纯度高，粒径小，活性大，是制造高导热氮化铝陶瓷基片的主要原料。

② 氮化铝陶瓷基片热导率高，膨胀系数低，强度高，耐高温，耐化学腐蚀，电阻率高，介电损耗小，是理想的大规模集成电路散热基板和封装材料。

③ 氮化铝硬度高，超过传统氧化铝，是新型的耐磨陶瓷材料。但由于造价高，只能用于磨损严重的部位。

④ 利用 AlN 陶瓷的耐热、耐熔体侵蚀和热振性，可制作 GaAs 晶体坩埚、Al 蒸发皿、磁流体发电装置及高温透平机耐蚀部件，利用其光学性能可制作红外线窗口。氮化铝薄膜可制成高频压电元件、超大规模集成电路基片等。

⑤ 氮化铝耐热、耐熔融金属的侵蚀，对酸稳定，但在碱性溶液中易被侵蚀。AlN 新生表面暴露在湿空气中会反应生成极薄的氧化膜。利用此特性，可用作铝、铜、银、铅等金属熔炼的坩埚和烧铸模具材料。AlN 陶瓷的金属化性能较好，可替代有毒性的氧化铍瓷在电子工业中广泛应用。

3. 碳化物陶瓷

碳化物陶瓷包括碳化硅、碳化硼、碳化铈、碳化钼、碳化铌、碳化钛、碳化钨、碳化钽、碳化钒、碳化锆、碳化铪等。该类陶瓷的突出特点是具有很高的熔点、硬度（接近于金刚石）和耐磨性（特别是在侵蚀性介质中），缺点是耐高温氧化能力差（900～1000℃），脆性极大。

1）碳化硅陶瓷

碳化硅陶瓷在碳化物陶瓷中的应用最为广泛，其密度为 $3.2\times10^3kg/m^3$，抗弯强度和抗压强度分别为 200～250MPa 和 1000～1500MPa，莫氏硬度为 9.2（高于氧化物陶瓷中最高的刚玉和氧化铍的硬度）。该种材料热导率很高，热膨胀系数很小，但在 900～1300℃ 时会慢慢氧化。

碳化硅陶瓷通常用于制作加热元件、石墨表面保护层及砂轮和磨料等。将由有机黏结剂黏结的碳化硅陶瓷加热至 1700℃ 后加压成形，有机黏结剂被烧掉，碳化物颗粒间呈晶态黏结，从而形成高强度、高致密度、高耐磨性和高抗化学侵蚀的耐火材料。

2）碳化硼陶瓷

碳化硼陶瓷的硬度极高，抗磨粒磨损能力很强，熔点高达 2450℃ 左右。但在高温下会快速氧化，并与热或熔融钢铁材料发生反应。因此其使用温度限定在 980℃ 以下。其主要用途是制作磨料，有时用于超硬质工具材料。

3）其他碳化物陶瓷

碳化铈、碳化钼、碳化铌、碳化钽、碳化钨和碳化锆陶瓷的熔点和硬度都很高，通常在

2000℃以上的中性或还原气氛中作为高温材料使用。碳化铌、碳化钛等甚至可用于 2500℃ 以上的氮气气氛。在各类碳化物陶瓷中，碳化铪的熔点最高，达 2900℃。

4. 硼化物陶瓷

最常见的硼化物陶瓷包括硼化铬、硼化钼、硼化钛、硼化钨和硼化锆等。其特点是高硬度，同时具有较好的耐化学侵蚀能力，熔点范围为 $1800 \sim 2500℃$。比起碳化物陶瓷，硼化物陶瓷具有较高的抗高温氧化性能，使用温度达 1400℃。硼化物陶瓷主要用于高温轴承、内燃机喷嘴、各种高温器件、处理熔融非铁金属的器件等。此外，还用作防触电材料。

常用工程结构陶瓷的种类、性能及应用举例见表 11-4。

表 11-4　常用工程结构陶瓷的种类、性能及应用举例

名称		密度/(g/cm^3)	抗弯强度/MPa	抗拉强度/MPa	抗压强度/MPa	热膨胀系数/$(10^{-5}/℃)$	应用举例
普通陶瓷	普通工业陶瓷	2.3～2.4	65～85	26～36	460～680	3～6	绝缘子、绝缘的机械支撑件、静电纺织导纱器
	化工陶瓷	2.1～2.3	30～60	7～12	80～140	4.5～6	受力不大、工作温度低的酸碱容器、反应塔、管道
特种陶瓷	氧化铝陶瓷	3.2～3.9	250～450	140～250	1200～2500	5～6.7	内燃机火花塞、轴承、化工、石油用泵的密封环、火箭和导弹整流罩、坩埚、热电偶套管、刀具等
	氮化硅陶瓷 反应烧结热压烧结	2.4～2.6 3.10～3.18	166～206 490～90	141 150～275	1200 —	2.99 3.28	耐磨、耐蚀、耐高温零件，如石油、化工泵的密封环、电磁泵管道、阀门、热电偶套管、转子发动机刮片、高温轴承、刀具等
	氮化硼陶瓷	2.15～2.2	53～109	25(1000℃)	233～315	1.5～3	坩埚、绝缘零件、高温轴承、玻璃制品成形模等
	氮化镁陶瓷	3.0～3.6	160～280	60～80	780	13.5	熔炼 Fe、Cu、Mo、Mg 等金属的坩埚及熔化高纯度 U、Th 及其合金的坩埚
	氮化铍陶瓷	2.9	150～200	97～130	800～1620	9.5	高绝缘电子元件、核反应堆中子减速剂和反射材料，高频电炉坩埚
	氮化锆陶瓷	5.5～6.0	1000～1500	140～500	144～2100	4.5～11	熔炼 Pt、Pd、Ph 等金属的坩埚、电极等

11.3　金 属 陶 瓷

金属陶瓷是以金属氧化物（如 Al_2O_3、ZrO_2 等）或金属碳化物（如 TiC、WC、TaC、NbC 等）为主要成分，再加入适量的金属粉末（如 Co、Cr、Ni、Mo 等），通过粉末冶金方法制成，具有金属某些性质的陶瓷。它是制造金属切削刀具、模具和耐磨零件的重要材料。

11.3.1 粉末冶金方法及其应用

金属材料一般是经过熔炼和铸造方法生产出来的,但是对于高熔点的金属和金属化合物,用上述方法制取是很困难而又不经济的。20世纪初研制出一种由粉末经压制成形并烧结而制成零件或毛坯的方法,这种方法称为粉末冶金法。其实质是陶瓷生产工艺在冶金中的应用。

粉末冶金法是一种可以制造具有特殊性能金属材料的加工方法,也是一种精密的少、无切屑加工的方法。近年来,粉末冶金技术和生产迅速发展,在机械、高温金属、电气电子行业的应用日益广泛。

粉末冶金的应用主要有以下几个方面:

(1) 减摩材料。应用最早的是含油轴承。因为毛细孔可吸附大量润滑油,一般含油率为12%~30%(质量分数),所以利用粉末冶金的多孔性能够使滑动轴承浸在润滑油中,故含油轴承有自润滑作用。一般作为中速、轻载的轴承使用,特别适宜用作不能经常加油的轴承,如纺织机械、食品机械、家用电器等所用的轴承,在汽车、拖拉机、机床中也有应用。常用含油轴承有铁基(Fe+石墨、Fe+S+石墨等)和铜基(Cu+Sb+Pb+Zn+石墨等)两大类。

(2) 结构材料。用碳素钢或合金钢的粉末为原料,采用粉末冶金方法制造结构零件。该类制品的精度较高、表面光洁(径向精度2~4级、表面粗糙度 Ra 值为 $1.6~0.2\mu m$),不需或只需少量切削加工即为成品零件,制品可通过热处理和后处理来提高强度和耐磨性。常用来制造液压泵齿轮、电钻齿轮、凸轮、衬套等及各类仪表零件,是一种少、无切屑新工艺。

(3) 高熔点材料。一些高熔点的金属和金属化合物如W、Mo、WC、TiC等,其熔点都在2000℃以上,用熔炼和铸造的方法生产比较困难,而且难以保证纯度和冶金质量,可通过粉末冶金生产,如各种金属陶瓷、钨丝,以及Mo、Ta、Nb等难熔金属和高温合金。

此外,粉末冶金还用于制造特殊电磁性能材料。如硬磁材料、软磁材料;多孔过滤材料,用于空气的过滤、水的净化、液体燃料和润滑油的过滤等;假合金材料,如钨-铜、铜-石墨系等电接触材料,这类材料的组元在液态下互不溶解或各组元的密度相差悬殊,只能用粉末冶金法制取合金。

由于设备和模具的限制,粉末冶金只能生产尺寸有限和形状不很复杂的制品,烧结零件的韧性较差,生产效率不高,成本较高。

11.3.2 硬质合金

硬质合金是金属陶瓷的一种,是以金属碳化物(如WC、TiC、TaC等)为基体,再加入适量金属粉末(如Co、Ni、Mo等)作黏结剂而制成的具有金属性质的粉末冶金材料。

1. 硬质合金的性能特点

(1) 高硬度、耐磨性好、高热硬性。这是硬质合金的主要性能特点。由于硬质合金以高硬度、高耐磨性和高热稳定性的碳化物为骨架起坚硬耐磨作用,所以,在常温下硬度可达86~93HRA(相当于69~81HRC),热硬度可达到900℃以上。故作切削刀具使用时,其耐磨性、寿命和切削速度都比高速钢显著提高。

(2) 抗压强度、弹性模量高。抗压强度可达 6000MPa,高于高速钢;但抗弯强度低,只有高速钢的 1/3~1/2。其弹性模量很高,约为高速钢的 2~3 倍;但它的韧性很差,α_k 仅为 2.5~6J/cm²,约为淬火钢的 30%~50%。此外,硬质合金还有良好的耐蚀性和抗氧化性,热膨胀系数比钢低。

抗弯强度低、脆性大、导热性差是硬质合金的主要缺点,因此在加工、使用过程中要避免冲击和温度急剧变化。

硬质合金由于硬度高,不能用一般的切削方法进行加工,只有采用电加工(电火花、线切割)和专门的砂轮磨削。一般是将一定形状和规格的硬质合金制品,通过黏结、钎焊或机械装夹等方法固定在钢制刀体或模具体上使用。

2. 硬质合金的分类、编号和应用

1) 硬质合金分类及编号

常用的硬质合金按成分和性能特点分为三类,其代号、成分和性能见表 11-5。

表 11-5 常用硬质合金的代号、成分和性能

| 类别 | 代号 | 化学成分(质量分数)ω/% | | | | 物理、力学性能 | | |
		WC	TiC	TaC	Co	密度/(g/cm³)	硬度/HRA(不低于)	抗弯强度/MPa(不低于)
钨钴类合金	YG3X	96.5	—	<0.5	3	15.0~15.3	91.5	1100
	YG6	94	—		6	14.6~15.0	89.5	1450
	YG6X	93.5	—	<0.5	6	14.6~15.0	91	1400
	YG8	92	—		8	14.5~14.9	89	1500
	YG8C	92	—		8	14.5~14.9	88	1750
	YG11C	89	—		11	14.0~14.4	86.5	2100
	YC15	85	—		15	13.9~14.2	87	2100
	YC20C	80	—		20	13.4~13.8	82~84	2200
	YG6A	91	—	3	6	14.6~15.0	91.5	1400
	YC8A	91	—	<1.0	8	14.5~14.9	89.5	1500
钨钴钛类合金	YT5	85	5	—	10	12.5~13.2	89	1400
	YT15	79	15	—	6	11.0~11.7	91	1150
	YT30	66	30	—	4	9.3~9.7	92.5	900
通用合金	YW1	84	6	4	6	12.8~13.3	91.5	1200
	YW2	82	6	4	8	12.6~13.0	90.5	1300

注:代号中的"X"代表该合金是细颗粒合金;"C"代表粗颗粒合金;不加字母的为一般颗粒合金。"A"代表含有少量 TaC 的合金。

(1) 钨钴类硬质合金

钨钴类硬质合金由碳化钨和钴组成,常用代号有 YG3、YG6、YG8 等。代号中的"YG"为"硬""钴"两字汉语拼音首位字母,后面的数字表示含钴量(质量分数×100)。如 YG6,表示 ω_{Co}=6%、余量为碳化钨的钨钴类硬质合金。

（2）钨钴钛类硬质合金

钨钴钛类硬质合金由碳化钨、碳化钛和钴组成,常用代号有 YT5、YT15、YT30 等。代号中的"YT"为"硬""钛"两字的汉语拼音首位字母,后面的数字表示碳化钛的含量(质量分数×100)。如 YT15,表示 $\omega_{TiC}=15\%$,余量为碳化钨及钴的钨钴钛类硬质合金。

硬质合金中,碳化物含量越多,钴含量越少,则硬质合金的硬度、热硬性及耐磨性越高,但强度及韧性越低。当含钴量相同时,钨钴钛合金由于含有碳化钛,故硬度、耐磨性较高,同时,由于这类合金表面形成一层氧化钛薄膜,切削时不易粘刀,故有较高的热硬性,但其强度和韧性比钨钴合金低。

（3）通用硬质合金

通用硬质合金是在成分中添加 TaC 或 NbC 取代部分 TiC。其代号用"硬"和"万"两字汉语拼音首位字母"YW"加顺序号表示,如 YW1、YW2。它的热硬性高(>900℃),其他性能介于钨钴类与钨钴钛类硬质合金之间。它既能加工钢材,又能加工铸铁和有色金属,故称为通用或万能硬质合金。

2）硬质合金的应用

在机械制造中,硬质合金主要用来制造切削刀具、冷作模具、量具和耐磨性零件。

钨钴类合金刀具主要用来切削加工产生断续切屑的脆性材料,如铸铁、有色金属、胶木及其他非金属材料。钨钴钛类硬质合金主要用来切削加工韧性材料,如各种钢。在同类硬质合金中,含钴量多的硬质合金韧性好些,适宜粗加工,含钴量少的适宜精加工。通用硬质合金既可切削脆性材料,又可切削韧性材料,特别对于不锈钢、耐热钢、高锰钢等难加工的钢材,切削加工效果更好。

硬质合金也用于冷拔模、冷冲模、冷挤压模及冷镦模。在量具的易磨损工作面上镶嵌硬质合金,能使量具的使用寿命延长、可靠性提高。许多耐磨零件,如机床顶尖、无心磨导杠和导板等,也都应用硬质合金。硬质合金是一种重要的刀具材料。

3．钢结硬质合金

钢结硬质合金是近年来发展的一种新型硬质合金。它是以一种或几种碳化物(WC、TiC)等为硬化相,以合金钢(高速钢、铬钼钢)粉末为黏结剂,经配料、压制成形、烧结而成的。

钢结硬质合金具有与钢一样的可加工性能,可以锻造、焊接和热处理。在锻造退火后,硬度为 40～45HRC,这时能用一般切削加工方法进行加工。加工成工具后,经过淬火、低温回火后,硬度可达 69～73HRC。用其作刃具,寿命与钨钴类合金差不多,而大大超过合金工具钢。它可以制造各种复杂的刀具,如麻花钻、铣刀等,也可以制造在较高温度下工作的模具和耐磨零件。

脆性大、韧性低、难以加工成形是制约工程结构陶瓷发展及应用的主要原因。近年来,国内外都在陶瓷的成分设计、改变组织结构、创建新工艺等方面加强研究,以期达到增韧及扩大品种的目的。利用 ZrO_2 进行相变增韧、纤维补强增韧以及应用特殊工艺及方法,制造"微米陶瓷"及"纳米陶瓷"等增韧技术都取得了一定进展。用纳米陶瓷材料可制得"摔不碎的酒杯"或"摔不碎的碗",这无疑会进一步扩大其在工程结构中的应用范围。

在结构陶瓷发展的同时,种类繁多、性能各异的功能陶瓷也不断涌现。导电陶瓷、压电陶瓷、快离子导体陶瓷、光学陶瓷(如光导纤维、激光材料)、敏感陶瓷(如光敏、气敏、热敏、湿敏陶瓷)、激光陶瓷、超导陶瓷等陶瓷材料在各个领域中正发挥着巨大的作用。

复习思考题

1. 什么是陶瓷材料? 陶瓷材料的主要性能特点是什么?
2. 先进陶瓷和传统陶瓷有哪些区别?
3. 简述硬质合金的分类和应用。
4. 陶瓷材料的成形工艺是什么?
5. 简述特种陶瓷的分类和基本性能特点。

自测题 11

复 合 材 料

12.1 概　　述

随着现代机械、电子、化工、国防等工业的发展及航天、信息、能源、激光、自动化等高科技的进步,各行各业对材料性能的要求越来越高。除了要求材料具有高的比强度、高的比模量、耐高温、耐疲劳等性能外,还对材料的耐磨性、尺寸稳定性、减振性、无磁性、绝缘性等提出了特殊要求,甚至有些构件要求材料同时具有相互矛盾的性能。如要求材料既导电又绝缘;强度比钢好而弹性又比橡胶强,并能焊接等。这对单一的金属、陶瓷及高分子材料来说是无法实现的。若采用复合技术,把一些具有不同性能的材料复合起来,取长补短,就能实现这些性能要求,于是现代复合材料应运而生。

12.1.1　复合材料的概念

所谓复合材料,是指由两种或两种以上性质不同的物质,通过不同的工艺方法人工合成的,各组分有明显界面且性能优于各组成材料的多相材料。为满足性能要求,人们在不同的非金属之间、金属之间以及金属与非金属之间进行"复合",使其既保持组成材料的最佳特性,同时又具有组合后的新性能。有些性能往往超过各项组成材料的性能总和,从而充分地发挥了材料的性能潜力。"复合"已成为改善材料性能的一种手段,复合材料已引起人们的重视,新型复合材料的研制和应用也越来越广泛。

12.1.2　复合材料的分类

1. 按照基体材料分类

(1) 非金属基复合材料。其又分为:无机非金属基复合材料,如陶瓷基、水泥基复合材料等;有机非金属材料基复合材料,如塑料基、橡胶基复合材料。

(2) 金属基复合材料,如铝基、铜基、镍基、钛基复合材料。

2. 按照增强材料分类

(1) 叠层复合材料,如双层金属复合材料(巴氏合金-钢轴承材料)、三层复合材料(钢-

铜-塑料复合无油滑动轴承材料),如图 12-1(a)所示。

（2）纤维增强复合材料,如纤维增强塑料、纤维增强橡胶、纤维增强陶瓷、纤维增强金属等,如图 12-1(b)所示。

（3）粒子增强复合材料,如金属陶瓷、烧结弥散硬化合金等,如图 12-1(c)所示。

（4）混杂复合材料。由两种或两种以上增强相材料混杂于一种基体相材料中构成,与普通单增强相复合材料相比,其冲击韧度、疲劳强度和断裂韧度显著提高,并具有特殊的热膨胀性能。分为层内混杂、层间混杂、夹芯混杂、层内/层间混杂和超混杂复合材料。

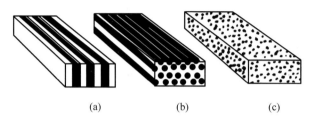

图 12-1　复合材料增强相的主要性状

(a) 层状复合；(b) 纤维增强复合；(c) 粒子增强复合

在上述前三类增强材料中,以纤维增强复合材料发展最快、应用最为广泛。复合材料的基本相和增强相的系统组成见表 12-1。

表 12-1　复合材料的系统组成

增强相		基　本　相		
		金属材料	无机非金属材料	有机高分子材料
金属材料	金属纤维(丝)	纤维/金属基复合材料	钢丝/水泥基复合材料	金属丝增强橡胶
	金属晶须	晶须/金属基复合材料	晶须/陶瓷基复合材料	
	金属片材			金属/塑料板
无机非金属材料	陶瓷 纤维	纤维/金属基复合材料	纤维/陶瓷基复合材料	
	陶瓷 晶须	晶须/金属基复合材料	晶须/陶瓷基复合材料	
	陶瓷 颗粒	颗粒/金属基复合材料		
	玻璃 纤维			纤维/树脂基复合材料
	玻璃 粒子			粒子填充塑料
	碳 纤维	碳纤维/金属基复合材料	纤维/陶瓷基复合材料	纤维/树脂基复合材料
	碳 炭黑			颗粒/橡胶 颗粒/树脂基复合材料
有机高分子材料	有机纤维			纤维/树脂基复合材料
	塑料			
	橡胶			

3. 按性能分类

（1）结构复合材料。以其力学性能如强度、刚度、形变等特性为工程所应用,主要用于结构承力或维持结构外形。例如,制作飞机零部件所用的芳纶纤维、碳纤维、硼纤维增强的环氧树脂复合材料,制作汽车活塞所用的 Al_2O_3 短纤维增强铝基复合材料。

（2）功能复合材料。功能复合材料是指除力学性能以外而提供其他物理性能的复合材料，如导电、超导、半导、磁性、压电、阻尼、吸波、透波、摩擦、屏蔽、阻燃、防热、吸声、隔热等并凸显某一功能。由功能体和增强体及基体组成。功能体可由一种或一种以上功能材料组成。多元功能体的复合材料可以具有多种功能，同时，还可能具有由于复合效应而产生的新的功能。多功能复合材料是功能复合材料的发展方向。

12.1.3　复合材料的命名

（1）以基体为主来命名。强调基体时以基体为主来命名，如金属基复合材料。

（2）以增强材料为主命名。强调增强材料时以增强材料为主来命名，如碳纤维增强复合材料。

（3）基体与增强材料并用。这种命名法常用以指某一具体复合材料，一般将增强材料名称放在前面，基体材料名称放在后面，最后加"复合材料"而成。例如，"C/Al复合材料"即为碳纤维增强铝合金复合材料。

（4）商业名称命名。如"玻璃钢"，即为玻璃纤维增强树脂基复合材料。

12.2　复合材料的增强机制及性能

12.2.1　复合材料的增强机制

复合材料增强效果涉及基体材料和增强材料的性能，尤其是它们之间结合界面状况、断裂力学行为等因素。对于复合材料而言，了解其力学性能的复合增强机理和规律，有助于将其应用于实践。复合材料增强理论根据其增强相材料的不同，增强理论有所不同。

1. 纤维增强复合材料的增强机制

纤维增强复合材料由高强度、高弹性模量的连续（长）纤维或不连续（短）纤维与基体（树脂、金属或陶瓷等）复合而成。复合材料受力时，高弹性、高模量的增强纤维承受大部分载荷，而基体主要作为媒介，传递和分散载荷。

单向纤维增强复合材料的断裂强度 σ_c 和弹性模量 E_c 与各部分材料性能关系如下：

$$\sigma_c = k_1[\sigma_f\varphi_f + \varphi_m(1-\varphi_f)] \tag{12-1}$$

$$E_c = k_2[E_f\varphi_f + E_m(1-\varphi_f)] \tag{12-2}$$

式中，σ_f、E_f 分别为纤维的断裂强度和弹性模量；φ_m、E_m 分别为基体材料的强度和弹性模量；φ_f 为纤维的体积分数；k_1、k_2 为常数，主要与界面强度有关，纤维与基体界面的结合强度，还与纤维的排列、分布方式、断裂形式有关。

为达到强化目的，必须满足下列条件：

（1）增强纤维的强度、弹性模量应远远高于基体，以保证复合材料受力时主要由纤维承受外加载荷。常用纤维的性能见表12-2。

（2）纤维和基体之间应有一定的结合强度，这样才能保证基体所承受的载荷能通过界面传给纤维,并防止脆性断裂。

（3）纤维的排列方向要和构件的受力方向一致,这样才能发挥增强作用。

表 12-2　常用纤维的性能

纤维种类	密度/ （g/cm³）	抗拉强度/ GPa	比强度/ MPa	弹性模量/ GPa	比模量/ GPa
碳纤维	1.78～2.15	2.2～4.8	0.7～2.7	340～720	106～406
玻璃纤维	2.58	3.4	1.34	72	28
Al_2O_3 纤维	3.95	2.0	0.35	380	96
硼纤维	2.57	3.6	1.40	410	160
SiC 晶须	3.2	20	6.25	480	150
Si_3N_4 晶须	3.2	5～7	1.56～2.2	350～380	109～118
钨丝	19.3	2.89	0.15	407	21
钼丝	7.2.2	2.2	0.22	324	31.8
高强度钢丝	7.9	2.39	0.30	210	26.6

（4）纤维和基体之间不能发生使结合强度降低的化学反应。

（5）纤维和基体的热膨胀系数应匹配,不能相差过大,否则在热胀冷缩过程中会导致纤维与基体的结合强度降低。图 12-2 所示为纤维和基体结合不良与良好的电镜照片。

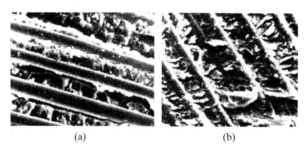

（a）　　　　　　　　（b）
图 12-2　高分子基复合材料中基体与纤维结合的电镜照片
（a）结合不良；（b）结合良好

（6）纤维所占体积分数、纤维长度 L、直径 d 及长径比 L/d 等必须满足一定要求。纤维体积分数对复合材料性能的影响如图 12-3 所示。

2. 粒子增强复合材料的增强机制

粒子增强复合材料按照颗粒尺寸大小和数量可以分为：弥散强化的复合材料,其粒子直径 d 一般为 $0.01\sim0.1\mu m$,粒子体积分数 φ_p 为 1%～15%；颗粒增强的复合材料,粒子直径 d 为 $1\sim50\mu m$,粒子体积分数 $\varphi_p>20\%$。

1）弥散强化的复合材料的增强机制

这类复合材料就是将一种或几种材料的颗粒（$d<0.1\mu m$）弥散、均匀地分布在基体材料内所形成的材料。其增强机制是：在外力的作用下,复合材料的基体将主要承受载荷,而弥散均匀分布的增强粒子将阻碍导致基体塑性变形的位错的运动（如金属基体的绕过机制,见图 12-4）或分子链的运动（聚合物基体时）。弥散强化复合材料的增强粒子相主要是氧化

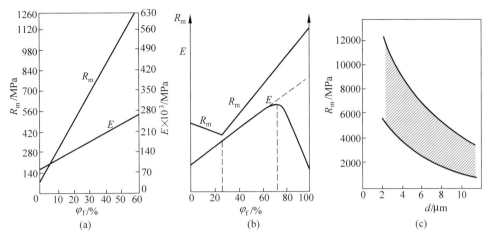

图 12-3 纤维体积分数对复合材料性能的影响

(a) 硼纤维增强铝基复合材料的强度与纤维体积分数的关系；(b) 纤维增强树脂的强度和弹性模量与纤维体积
分数的关系；(c) Si_3N_4 纤维的最大抗拉强度与直径的关系(纤维长 625mm)

物,这些氧化物颗粒熔点、硬度较高、化学稳定性好,
弥散分布中能有效地阻碍位错或分子链的运动,所
以粒子加入后,不但使常温下材料的强度、硬度有较
大提高,而且使高温下材料的强度下降幅度减小,即
弥散强化复合材料的高温强度高于单一材料,强化
效果与粒子尺寸、形状、弥散分布状况及体积分数等
因素有关,质点尺寸越小、体积分数越高,强化效果
越好。通常 $d = 0.01 \sim 0.1\mu m$, $\varphi_p = 1\% \sim 15\%$。

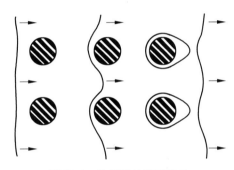

图 12-4 位错绕过增强粒子

2) 颗粒增强的复合材料的增强机制

这类复合材料是以金属或高分子聚合物为黏结剂,把耐热性好、硬度高但不能耐冲击的
金属氧化物、碳化物、氧化物黏结在一起而形成的材料。这类材料既具有陶瓷的高硬度及耐
热性,又具有脆性小、耐冲击等优点,显示了突出的复合效果。但是,由于强化相的颗粒比较
大($d > 1\mu m$),它对位错的滑移(金属基)和分子链运动(聚合物基)已没有多大的阻碍作用,
因此强化效果并不显著。颗粒增强复合主要不是为了提高材料强度,而是为了改善材料的
耐磨性或综合的力学性能。颗粒增强复合材料的性能取决于颗粒大小以及颗粒与基体间的
结合力,颗粒尺寸小,增强效果好,颗粒与基体间的结合力越大,增强效果越明显。

12.2.2 复合材料的性能特点

1. 比强度和比模量高

材料的强度与其密度的比值,称为材料的比强度；材料的弹性模量与其密度的比值,称
为材料的比模量。比强度与比模量是衡量材料承载能力的重要指标,材料的比强度越高,在
同样强度下构件的自重就会越小,而材料的比模量越大,在质量相同的条件下零件的刚度越

大。这对高速运动的机械及要求减轻自重的构件是非常重要的。一些金属与纤维增强复合材料性能比较见表12-3。由表可见,复合材料都具有较高的比强度和比模量,尤其是碳纤维-环氧树脂复合材料。其比强度比钢高7倍,比模量比钢大3倍。

表 12-3 金属与纤维增强复合材料性能比较

材 料	密度/ (g/cm^3)	抗拉强度/ $10^3 MPa$	弹性模量/ $10^5 MPa$	比强度/ MPa	比模量/ GPa
钢	7.8	1.03	2.1	0.13	27
铝	2.8	0.47	0.75	0.17	27
钛	4.5	0.96	1.14	0.21	250
玻璃钢	2.0	1.06	0.4	0.539	20
高强度碳纤维-环氧树脂	1.45	1.5	1.4	1.03	97
高模量碳纤维-环氧树脂	1.6	1.07	2.4	0.67	150
硼纤维-环氧树脂	2.1	1.38	2.1	0.66	100
有机纤维-环氧树脂	1.4	1.4	0.8	1.0	57
SiC纤维-环氧树脂	2.2	1.09	1.02	0.5	46
硼纤维-铝	2.65	1.0	2.0	0.38	75

2. 良好的抗疲劳性能

复合材料的基体中密布着大量的增强纤维,因而基体的韧性和塑性都比较好,有利于消除或减少应力集中,使得微裂纹不易产生,由于增强纤维与基体界面能有效阻止疲劳裂纹扩展,因此复合材料的疲劳极限得到较大幅度的提高,从而保证复合材料具有较高的疲劳强度。在复合材料中,疲劳裂纹的扩展过程如图12-5所示。相关实验研究表明,碳纤维增强复合材料的疲劳极限可达抗拉强度的70%~80%,而金属材料的只有其抗拉强度的40%~50%,两者的疲劳强度对比如图12-6所示。

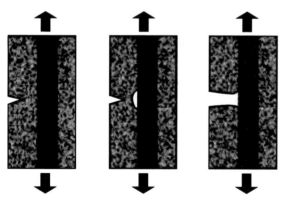

图 12-5 复合材料中疲劳裂纹扩展示意图   图 12-6 复合材料与铝合金的疲劳强度对比

3. 破裂安全性好

在纤维增强复合材料中存在大量的独立细小纤维,平均每立方厘米上有几千到几万根。当纤维复合材料构件由于超载或其他原因使少数纤维断裂时,载荷就会重新分配到其他未破裂的纤维上,因而构件不致在短期内突然断裂,故破裂安全性好。

4. 优良的高温性能

大多数增强纤维的材料熔点和弹性模量都较高,因此在高温下仍能保持高的强度,用其增强金属和树脂基体时能显著提高它们的耐高温性能。例如,铝合金的弹性模量在 400℃ 时大幅下降并接近于零,强度也明显降低,而经碳纤维、硼纤维增强后,在同样温度下强度和弹性模量仍能保持室温下的水平,明显起到了提高基体高温性能的作用。几种常用纤维的强度与温度的关系如图 12-7 所示。

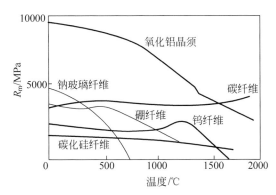

图 12-7　几种常用纤维的强度随温度变化的情况

5. 减振性好

因为结构的自振频率与材料的比模量平方根成正比,复合材料的比模量高,因此其自振频率也高,这样可以避免构件在工作状态下产生共振。而且纤维与基体界面能吸收振动能量,即使产生了振动也会很快地衰减下来,所以纤维增强复合材料具有很好的减振性能。例如,用尺寸和形状相同而材料不同的梁进行实验时,金属材料制作的梁停止振动的时间为 9s,而碳纤维增强复合材料制作的梁停止振动的时间仅为 2.5s。

12.3　常用的复合材料

12.3.1　纤维增强复合材料

1. 常用增强纤维

纤维增强复合材料中常用的纤维有玻璃纤维、碳纤维、硼纤维、碳化硅纤维、Kevlar 有机纤维等。这些纤维除可增强树脂外,其中的碳化硅纤维、碳纤维、硼纤维还可以增强金属和陶瓷。常用增强纤维材料与金属材料力学性能对比见表 12-4。

1) 玻璃纤维

玻璃纤维是由各种金属氧化物的硅酸盐经熔融后以极快的速度拉成细丝而制得的。按玻璃纤维中的 Na_2O 和 K_2O 的含量不同,可将其分为无碱纤维(碱的质量分数<2%)、中碱

表 12-4　常用增强纤维材料和金属材料力学性能对比

材料	直径 /μm	相对密度	拉伸强度 R_m /MPa	拉伸模量 E /GPa	热膨胀系数 α /(10^{-5}/℃)	伸长率 A /%	比强度 (R_m/ρ) /MPa	比模量 (E/ρ) /GPa
碳纤维 T300	6	1.76	3530	230	−0.41	1.5	2006	131
碳纤维 T700	6	1.8	4900	230	−0.38	1.8	2722	128
碳纤维 M35J	6	1.75	4510	343	−0.73	1.3	2577	193
碳纤维 M40J	6	1.77	4400	377	−0.83	1.2	2485	213
E 玻纤	10	2.55	3500	74	5	4.8	1370	29
S 玻纤	10	2.49	4900	84	2.9	4.7	1970	34
石英玻纤	7.5	2.2	3600	78	5.5	4.6	1636	35
玄武岩纤维	5	2.8	3000	79	6.5	3.1	1071	28
芳纶纤维 K-49Ⅲ	10	1.47	2830	134	−3.6	2.5	1930	91
芳纶纤维 K-49Ⅳ	10	1.47	3040	85	−3.6	4	2070	58
铝合金 ZL104T6	—	2.7	230	69	22	2	85	26
铝合金 2A12T4	—	2.7	405	73	22	12	150	27
镁合金	—	1.77	276	46	25	3	155	25
钢（高强）	—	7.83	1340	205	11~17	2	171	27

纤维（碱的质量分数 2%～12%）、高碱纤维（碱的质量分数＞12%）。随着含碱量的增加，玻璃纤维的强度、绝缘性、耐蚀性降低，因此高强度复合材料多用无碱玻璃纤维。

　　玻璃纤维复合材料不仅应用于军用产品，在民用产品中也有较为广泛的应用，如防弹服、体育用品以及性能优异的轮胎帘子线等。玻璃纤维的特点是强度高，其抗拉强度可达 1000～3000MPa；弹性模量比金属低得多，为 $(3～5)\times10^4$ MPa；密度小，为 2.5～2.7g/cm^3，与铝相近，是钢的 1/3；比强度、比模量比钢高；化学稳定性好；不吸水、不燃烧、尺寸稳定、隔热、吸声、绝缘等。缺点是脆性较大，耐热性差，25℃以上开始软化。玻璃纤维主要用于增强聚合物，由于价格便宜，制作方便，是目前应用最多的增强纤维。

　　2）碳纤维

　　碳纤维是人造有机纤维（如聚丙烯腈纤维、粘胶纤维等）在 200～300℃空气中加热并施加一定张力进行预氧化处理，然后在氮气的保护下于 1000～1500℃的高温中进行碳化处理而得的。其含碳量 $\omega_C=85\%～95\%$。由于其具有高强度，因而称为高强度碳纤维，也称Ⅱ型碳纤维。这种碳纤维是由许多石墨晶体组成的多晶材料，其结构如图 12-8 所示。

　　碳纤维复合材料是以碳纤维或其织物为增强相，以金属、陶瓷或树脂为基体相制成的复合材料。如果将碳纤维在 2500～3000℃高温的氩气中进行石墨化处理，就能够获得含碳量 $\omega_C＞98\%$ 的碳纤维。这种碳纤维中的石墨晶体的层面有规则地沿纤维方向排列，具有高的弹性模量，又称石墨纤维或高模量碳纤维，也称Ⅰ型碳纤维。

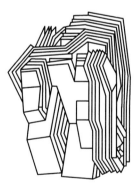

图 12-8　高强度碳纤维结构示意图

　　碳纤维复合材料在航空、航天、航海等领域得到了广泛应用，以碳纤维增强树脂复合材料应用最为广泛。与玻璃纤维相比，碳纤维密度小（1.33～2.0g/cm^3），弹性模量高（$(2.8～4)\times10^5$ MPa），为玻璃纤维的 4～6 倍；高温及低温性能好，在 1500℃ 以上的惰性气体中强度仍然保持不变,在−180℃下脆性也不增大;导电性好,化学稳定性高,摩擦因数小,自润湿性能好。缺点是脆性大,易氧化,与基体结合力差,必须用硝酸对纤维进行氧化处理以增大结合力。

3) 硼纤维

硼纤维是用化学沉积法将非晶态的硼涂覆到钨丝或碳丝上而得到的。碳化硅纤维是以碳和硅为主要成分的一种陶瓷纤维,具有高熔点(2300℃)、高强度(2450~2750MPa)、高弹性模量($(3.80\sim4.9)\times10^5$MPa)。其弹性模量是无碱玻璃纤维的5倍,与碳纤维相当,在无氧条件下1000℃时其模量值也不变。此外,它还具有良好的抗氧化性和耐蚀性。缺点是密度大、直径较大及生产工艺复杂、成本高、价格昂贵,所以它在复合材料中的应用远不及玻璃纤维和碳纤维广泛。

4) 碳化硅纤维

碳化硅纤维是用碳纤维作底丝,通过气相沉积法而制得的。它具有高熔点、高强度(平均抗拉强度达3090MPa)、高弹性模量(1.96×10^5MPa)等优点。其突出特点是具有优良的高温强度,在1100℃时其强度仍高达2100MPa。主要用于增强金属及陶瓷,制成耐高温的金属或陶瓷复合材料。

5) Kevlar有机纤维(芳纶、聚芳酰胺纤维)

芳纶纤维是一种高分子化合物纤维,具有强度高、弹性模量高、韧性好等特点,目前世界上生产的芳纶纤维是由对苯二胺和对苯甲酰为原料,采用"液晶纺丝"和"干湿法纺丝"等新技术制得的。芳纶纤维的强度可达2800~3700MPa,比玻璃纤维高45%;密度小,只有1.45g/cm³,是钢的1/6;耐热性比玻璃纤维好,能在290℃长期使用。此外,它还具有优良的抗疲劳性、耐蚀性、绝缘性和加工性,且价格便宜。其主要纤维种类有Kevlar-29、Kevlar-49和我国的芳纶Ⅱ纤维。

2. 纤维-树脂复合材料

1) 玻璃纤维-树脂复合材料

玻璃纤维-树脂复合材料亦称玻璃纤维增强塑料,有时也称玻璃钢。按树脂性质可将其分为玻璃纤维增强热塑性塑料(热塑性玻璃钢)和玻璃纤维增强热固性塑料(热固性玻璃钢)。

(1) 热塑性玻璃钢。热塑性玻璃钢由20%~40%(质量分数)的玻璃纤维和60%~80%(质量分数)的热塑性树脂(如尼龙、ABS等)组成,具有高强度和高冲击韧度、良好的低温性能及低的热膨胀系数。热塑性玻璃钢的性能见表12-5。

(2) 热固性玻璃钢。热固性玻璃钢由60%~70%(质量分数)玻璃纤维(或玻璃布)和30%~40%(质量分数)热固性树脂(环氧、聚酯树脂等)组成。主要优点是密度小、强度高,其比强度超过一般高强度钢和铝及钛合金,耐蚀性、绝缘性、绝热性好,吸水性低,防磁、微波穿透性好,易于加工成形。缺点是弹性模量低,热稳定性不高,只能在300℃以下工作。为此更换基体材料,用环氧和酚醛树脂混溶后作基体或用有机硅和酚醛树脂混溶后为基体制成玻璃钢。前者热稳定性好、强度高,后者耐高温,可作高温结构材料。热固性玻璃钢的性能见表12-6。

表12-5　几种热塑性玻璃钢的性能

基体材料	密度/ (g/cm³)	抗拉强度/ MPa	弯曲弹性模量/ 10^2MPa	热膨胀系数/ (10^{-5}/℃)
尼龙66	1.37	182	91	3.24

续表

基体材料	密度/ (g/cm³)	抗拉强度/ MPa	弯曲弹性模量/ 10^2 MPa	热膨胀系数/ (10^{-5}/℃)
ABS	1.28	101.5	77	2.88
聚苯乙烯	1.28	94.5	91	3.42
聚碳酸酯	1.43	129.5	84	2.34

表 12-6　几种热固性玻璃钢的性能

基体材料	密度/ (g/cm³)	抗拉强度/ MPa	抗压强度/ 10^2 MPa	抗弯强度/ MPa
聚酯树脂	1.7～1.9	180～350	210～250	210～350
环氧树脂	1.8～2.0	70.3～298.5	180～300	70.3～470
酚醛树脂	1.6～1.85	70～280	100～270	270～1100

　　玻璃钢主要用于制作要求自重轻的受力构架及无磁性、绝缘、耐蚀的零件,如直升机的机身、螺旋桨、发动机叶轮,火箭导弹发动机的壳体、液体燃料箱,轻型舰船(特别适于制作扫雷艇),机车、汽车的车身、发动机罩,重型发电机的护环、绝缘零件,化工容器及管道等。

　　2) 碳纤维-树脂复合材料

　　碳纤维-树脂复合材料也称碳纤维增强塑料。最常用的是碳纤维与聚酯、酚醛、环氧、聚四氟乙烯等树脂组成的复合材料。其性能优于玻璃钢,具有高强度、高弹性模量、高比强度和比模量。例如,碳纤维-环氧树脂复合材料的上述四项指标均超过了铝合金、钢和玻璃钢。此外,碳纤维-树脂复合材料还具有优良的抗疲劳性能、耐冲击性能、自润滑性、减摩耐磨性、耐蚀性及耐热性。缺点是纤维与基体结合强度低,材料在垂直于纤维方向上的强度和弹性模量较低。其用途与玻璃钢相似,如飞机机身、螺旋桨、尾翼,卫星壳体,宇宙飞船外表面防热层,机械轴承齿轮,磨床磨头等。

　　3) 硼纤维-树脂复合材料

　　硼纤维-树脂复合材料主要由硼纤维与环氧树脂、聚酰亚胺树脂组成,具有高的比强度、比模量,良好的耐热性。例如,硼纤维-环氧树脂复合材料的抗拉强度、抗压强度、抗剪强度和比强度均高于铝合金和钛合金;其弹性模量为铝的 3 倍,为钛合金的 2 倍;比模量则是铝合金和钛合金的 4 倍。缺点是各向异性明显,即纵向力学性能高而横向性能低,两者相差十几至几十倍,此外加工困难,价格昂贵。它主要用于航空、航天工业中制作要求刚度高的结构件,如飞机的机身、机翼等。

　　4) 碳化硅纤维-树脂复合材料

　　碳化硅纤维-树脂复合材料是由碳化硅与环氧树脂组成的复合材料,具有高的比强度、比模量。其抗拉强度接近碳纤维-环氧树脂复合材料,而抗压强度为后者的 2 倍。因此,它是一种很有发展前途的新型材料,主要用于制作宇航器上的结构件,如飞机的门、机翼、降落传动装置箱等。

　　5) Kevlar 纤维-树脂复合材料

　　它是由 Kevlar 纤维与环氧树脂、聚乙烯、聚碳酸酯、聚酯组成的。最常用的是 Kevlar 纤维与环氧树脂组成的复合材料。其主要性能特点是抗拉强度高于玻璃钢,而与碳纤维-环氧树脂复合材料相似；延展性好，与金属相当；耐冲击性超过碳纤维增强塑料，具有优良的疲劳抗力和减振性，其疲劳抗力高于玻璃钢和铝合金，减振能力为钢的 8 倍，为玻璃钢的 4～5 倍。它主要用于制作飞机机身、雷达天线罩、火箭发动机外壳、轻型船舰、快艇等。

3. 纤维-金属（或合金）复合材料

纤维增强金属复合材料由高强度、高模量的脆性纤维（碳、硼、碳化硅纤维）与具有较高韧性及低屈服强度的金属（铝及其合金、钛及其合金、镍合金、镁合金、银、铅等）组成。此类材料具有比纤维-树脂复合材料高的横向力学性能、高的层间抗剪强度，冲击韧度好，高温强度高，耐热性、耐磨性、导电性、导热性好，不吸湿，尺寸稳定性好，不老化。但是由于其工艺复杂、价格较贵，仍处于研制和试用阶段。

1）纤维-铝（或合金）复合材料

（1）硼纤维-铝（或合金）复合材料。硼纤维-铝（或合金）复合材料是纤维-金属基复合材料中研究最成功、应用最广泛的一种复合材料。它由硼纤维与纯铝、变形铝合金、铸造铝合金组成。由于硼和铝在高温易形成 AlB_2，与氧易形成 B_2O_3，故在硼纤维表面要涂一层 SiC 以提高硼纤维的化学稳定性。这种硼纤维称为改性硼纤维或硼矽克。

（2）石墨纤维-铝（或合金）复合材料。石墨纤维（高模量碳纤维）-铝（或合金）复合材料由 I 型碳纤维与纯铝或变形铝合金、铸造铝合金组成。它具有高比强度和高温强度，在 500℃ 时其比强度为钛合金的 1.5 倍。主要用于制造航天飞机的外壳，运载火箭的大直径圆锥段、级间段、接合器、油箱，飞机蒙皮、螺旋桨、涡轮发动机的压气机叶片等。

（3）碳化硅纤维-铝（或合金）复合材料。碳化硅纤维-铝（或合金）复合材料是由碳化硅纤维与纯铝（或铸造铝合金、铝铜合金等）组成的复合材料。其性能特点是具有高的比强度、比模量，硬度高，用于制造飞机机身结构件及汽车发动机的活塞、连杆等。

2）纤维-钛合金复合材料

这类复合材料由硼纤维或改性硼纤维、碳化硅纤维与钛合金（Ti-6Al-4V）组成。它具有低密度、高强度、高弹性模量、高耐热性、低热膨胀系数等特点，是理想的航空航天用结构材料。例如由改性硼纤维与 Ti-6Al-4V 组成的复合材料，密度为 $3.6g/cm^3$，比钛密度还低，抗拉强度可达 $1.21×10^3 MPa$，热膨胀系数为 $(1.39～1.75)×10^{-6}/℃$。目前纤维增强钛合金复合材料还处于研究和试用阶段。

3）纤维-铜（或合金）复合材料

纤维-铜（或合金）复合材料是由石墨纤维与铜（或铜镍合金）组成的材料。为了增强石墨纤维和基体的结合强度，常在石墨纤维表面镀镍后再镀铜。石墨纤维增强铜或铜镍合金复合材料具有高强度、高导电性、低摩擦因数和高耐磨性，以及在一定温度范围内的尺寸稳定性，主要用来制作高负荷的滑动轴承，集成电路的电刷、滑块等。

4. 纤维-陶瓷复合材料

用碳（或石墨）纤维与陶瓷组成的复合材料能大幅提高陶瓷的冲击韧度和抗热振性，降低脆性，而陶瓷又能保护碳（或石墨）纤维不被氧化。因而这些材料具有很高的强度和弹性模量。例如，碳纤维-氧化硅复合材料可在 1400℃ 下长期使用，用于制造喷气飞机的涡轮叶片。又如碳纤维-石英陶瓷复合材料，冲击韧度比纯烧结石英陶瓷高 40 倍，抗弯强度高 5～12 倍，比强度、比模量成倍提高，能承受 1200～1500℃ 高温冲击气流，是一种很有前途的复合材料。

除上述三大类纤维增强复合材料外,近年来研制了很多纤维增强复合材料,如 C/C 复合材料、混杂纤维复合材料等。

12.3.2　叠层复合材料

叠层复合材料由两层或两层以上不同材料结合而成。其目的是将组成材料层的最佳性能组合起来以便得到更为有用的材料。用叠层增强法可使复合材料的强度、刚度、耐磨、耐蚀、绝热、隔声、减轻自重等若干性能分别得到改善。

1. 双层金属复合材料

双层金属复合材料,是将性能不同的两种金属用胶合或熔合铸造、热压、焊接、喷漆等方法复合在一起,以满足某种性能要求的材料。最简单的双层金属复合材料是将两块不同热膨胀系数的金属胶合在一起制得的。用它组成悬臂架,当温度发生变化后,由于热膨胀系数不同而产生翘曲变形,从而可作为测量和控温的简易测温器,如图 12-9 所示。

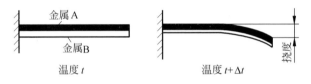

图 12-9　简易测温器

此外,典型的双层金属复合材料还有不锈钢-普通钢复合钢板、合金钢-普通钢复合钢板等。

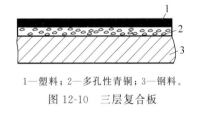

1—塑料;2—多孔性青铜;3—钢料。

图 12-10　三层复合板

2. 塑料/金属多层复合材料

这类复合材料的典型代表是 SF 型三层复合材料,如图 12-10 所示。SF 型三层复合材料是以钢为基体,烧结铜网或铜球为中间层,塑料为表面层的一种自润滑材料。其整体性能取决于基体,而摩擦磨损性能取决于塑料表层,中间层系多孔性青铜,其作用是使三层之间有较强的结合力,且一旦塑料磨损露出青铜亦不致损伤基体。常用的表面塑料为聚四氟乙烯(如 SF-1)和聚甲醛(如 SF-2)。此类复合材料常用于无润滑的轴承,与单一的塑料相比,其承载能力提高 20 倍、热导率提高 50 倍、热膨胀系数降低 75%,因而提高了尺寸稳定性和耐磨性。它适于制作高应力(140MPa)、高温(270℃)和低温(−195℃)及无润滑条件下的滑动轴承,已在汽车、矿山机械、化工机械中应用。

12.3.3　粒子增强复合材料

1. 颗粒增强复合材料(d 为 1~50μm,体积分数 $\varphi_p > 20\%$)

金属陶瓷是常见的颗粒增强型复合材料。金属陶瓷是以 Ti、Cr、Ni、Co、Mo、Fe 等金属

（或合金）为黏结剂与以氧化物（Al_2O_3、MgO、BeO）粒子或碳化物粒子（TiC、SiC、WC）为基体组成的一种复合材料。硬质合金就是以 TiC、WC（或 TaC）等碳化物为基体，以金属 Ni、Co 为黏结剂，将它们用粉末冶金方法烧结而成的金属陶瓷，它们均具有高强度、高硬度、耐磨损、耐蚀、耐高温和热膨胀系数小的优点，常被用来制作工具（如刀具、模具）。砂轮就是由 Al_2O_3，或 SiC 粒子与玻璃（聚合物）等非金属材料为黏结剂所形成的一种复合材料。

2. 弥散强化复合材料（$d = 0.01 \sim 0.1\mu m$，$\varphi_p = 1\% \sim 5\%$）

弥散强化复合材料的典型代表为 SAP 及 Th-Ni 复合材料。SAP 是在铝的基体上用 Al_2O_3 进行弥散强化的复合材料。Th-Ni 材料就是在镍中加入 $1\% \sim 2\%$ 的 Th，在压实烧结时使氧扩散到镍内部并氧化产生了 ThO_2，细小的 ThO_2 质点弥散分布在镍的基体上，使其高温强度显著提高。SiC/Al 材料是另外一种弥散强化复合材料。

随着科学技术的进步，一大批新型复合材料将得到应用。例如，C/C 复合材料、金属化合物复合材料、纳米复合材料、功能梯度复合材料、智能复合材料及体现复合材料"精髓"的混杂复合材料将得到发展及应用。21 世纪无疑是复合材料大力发展的时代。

复习思考题

1. 简述复合材料的分类形式。
2. 简述金属基体的选择原则以及结构复合材料的基体种类。
3. 详细列出金属基复合材料的分类。
4. 简述陶瓷基体的种类并举例说明。
5. 详细说明复合材料的几种效应。
6. 举例说明复合材料在现代工业中的应用。

自测题 12

13

功能材料及新型材料

13.1 形状记忆合金

形状记忆合金(shape memory alloys,SMA)是一种在加热升温后能完全消除其在较低的温度下发生的变形,恢复其变形前原始形状的合金材料,即拥有"记忆"效应的合金。波音公司已将形状记忆合金应用于飞机部件,以提高飞机整体巡航效率,如图 13-1 所示。

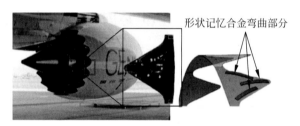

图 13-1 波音公司开发的可变几何人字形形状记忆合金挠曲(VGC)

文献出处:Oehler S D, Hartl D J, Lopez R, Malak R J, Lagoudas D C. Design optimization and uncertainty analysis of SMA morphing structures. Smart Mater Struct,2012,21:094016.

形状记忆合金之所以具有变形恢复能力,是因为变形过程中材料内部发生的热弹性马氏体相变所赋予的。形状记忆合金中具有两种相:奥氏体(高温相)和马氏体(低温相)。

至今为止发现的记忆合金体系有 Au-Cd、Ag-Cd、Cu-Zn、Cu-Zn-Al、Cu-Zn-Sn、Cu-Zn-Si、Cu-Sn、Cu-Zn-Ga、In-Ti、Au-Cu-Zn、Ni-Al、Fe-Pt、Ti-Ni、Ti-Ni-Pd、Ti-Nb、U-Nb 和 Fe-Mn-Si 等。

形状记忆合金由于具有许多优异的性能,被广泛应用于航空航天、机械电子、生物医疗、桥梁建筑、汽车工业及日常生活等多个领域。

人造卫星上庞大的天线可以用记忆合金来制作。发射人造卫星之前,将抛物面天线折叠起来装进卫星体内,火箭升空把人造卫星送到预定轨道后,只需加温,折叠的卫星天线因具有"记忆"功能而自然展开,恢复原来抛物面形状。

形状记忆合金可用于制造精密仪器或精密车床,一旦由于振动、碰撞等原因导致其变形,只需加热即可排除故障。在机械制造过程中,各种冲压和机械操作常需将零件从一台机器转移到另一台机器上,现在利用形状记忆合金开发了一种取代手动或液压夹具的装置,称为驱动汽缸,它具有效率高、灵活、装夹力大等特点。

形状记忆合金在临床医疗领域内有着广泛的应用,如人造骨骼、伤骨固定加压器、牙科正畸器、各类腔内支架、栓塞器、心脏修补器、血栓过滤器、介入导丝和手术缝合线等。记忆合金在现代医疗中正扮演着不可替代的角色。

因其独特的伪弹性性能和动阻尼特性,形状记忆合金可被用于被动控制结构和结构振动的主动阻尼控制等,起到减振和抗振的作用。

形状记忆合金具有形状记忆效应(shape memory effect)。以记忆合金制成的弹簧为例,把这种弹簧放在热水中,弹簧的长度立即伸长,再放到冷水中,它会立即恢复原状。利用形状记忆合金弹簧可以控制浴室水管的水温。在热水温度过高时通过"记忆"功能,调节或关闭供水管道,避免烫伤。也可以制作成消防报警装置及电器设备的保安装置。当发生火灾时,记忆合金制成的弹簧发生形变,启动消防报警装置,达到报警的目的。还可以把用记忆合金制成的弹簧放在暖气的阀门内,用以保持暖房的温度,当温度过低或过高时,自动开启或关闭暖气的阀门。形状记忆合金的形状记忆效应还广泛应用于各类温度传感器触发器中。

在眼镜框架的鼻梁和耳部装配 TiNi 合金可使人感到舒适并抗磨损,由于 TiNi 合金所具有的柔韧性已使它们广泛用于改变眼镜时尚界。用超弹性 TiNi 合金丝做眼镜框架,即使镜片热膨胀,该形状记忆合金丝也能靠超弹性的恒定力夹牢镜片。这些超弹性合金制造的眼镜框架的变形能力很大,而普通的眼镜框则不能做到。

13.2   光 纤 材 料

1. 基本概念

光纤是光导纤维的简写,是一种由玻璃或塑料制成的纤维,可作为光传导工具。光纤照片如图 13-2 所示。

微细的光纤封装在塑料护套中,使得它能够弯曲而不至于断裂。通常,光纤一端的发射装置使用发光二极管(light emitting diode,LED)或一束激光将光脉冲传送至光纤,光纤的另一端的接收装置使用光敏元件检测脉冲。

在日常生活中,由于光在光导纤维的传导损耗比电在电线传导的损耗低得多,因而光纤被用作长距离的信息传递。

图 13-2   光纤照片

通常光纤与光缆两个名词会被混淆。多数光纤在使用前必须由几层保护结构包覆,包覆后的缆线即被称为光缆。光纤外层的保护层和绝缘层可防止周围环境对光纤的伤害,如水、火、电击等。光缆分为光纤、缓冲层及披覆。光纤和同轴电缆相似,只是没有网状屏蔽层。中心是光传播的玻璃芯。

光纤裸纤一般分为三层:中心为高折射率玻璃芯(芯径一般为 50 μm 或 62.5 μm),中间为低折射率硅玻璃包层(直径一般为 125 μm),最外是加强用的树脂涂层。

按照光纤的材料,可以将光纤的种类分为石英光纤和全塑光纤。

石英光纤一般是指由掺杂石英芯和掺杂石英包层组成的光纤。这种光纤有很低的损耗和中等程度的色散。目前通信用光纤绝大多数是石英光纤。

全塑光纤是一种通信用新型光纤,尚在研制、试用阶段。全塑光纤具有损耗大、纤芯粗(直径 $100\sim600\,\mu m$)、数值孔径(NA)大(一般为 $0.3\sim0.5$,可与光斑较大的光源耦合使用)及制造成本较低等特点。目前,全塑光纤适合于较短长度的应用,如室内计算机联网和船舶内的通信等。

2. 主要应用

高分子光导纤维开发之初,仅用于汽车照明灯的控制和装饰。现在主要用于医学、装饰、汽车、船舶、石油等方面,以显示元件为主。在通信和图像传输方面,高分子光导纤维的应用日益增多,工业上用于光导向器、显示盘、标识、开关类照明调节、光学传感器等。

1)通信应用

光纤光导纤维可以用在通信技术里。多模光导纤维做成的光缆可用于通信,它的传导性能良好,传输信息容量大,一条通路可同时容纳数十人通话,可以同时传送数十套电视节目,供自由选看。

利用光导纤维进行的通信叫光纤通信。一对金属电话线最多只能同时传送 1000 多路电话,而根据理论计算,一对细如蛛丝的光导纤维可以同时通 100 亿路电话。铺设 1000km 的同轴电缆大约需要 500t 铜,改用光纤通信只需几公斤石英就可以了。沙石中就含有石英,几乎是取之不尽的。

2)医学应用

光导纤维内窥镜可导入心脏和脑室,测量心脏中的血压、血液中氧的饱和度、体温等。用光导纤维连接的激光手术刀已在临床应用,并可用作光敏法治疗癌症。

另外,利用光导纤维制成的内窥镜,可以帮助医生检查胃、食道、十二指肠等的疾病。光导纤维胃镜是由上千根玻璃纤维组成的软管,它有输送光线、传导图像的本领,又有柔软、灵活,可任意弯曲等优点,可以通过食道插入胃里。光导纤维把胃里的图像传出来,医生就可以窥见胃里的情形,然后根据情况进行诊断和治疗。

3)传感器应用

光导纤维可以把阳光送到各个角落,还可以进行机械加工。计算机、机器人、汽车配电盘等也已成功地用光导纤维传输光源或图像。例如与敏感元件组合或利用本身的特性,则可以做成各种传感器,如测量压力、流量、温度、位移、光泽和颜色等。在能量和信息传输方面也获得广泛的应用。

4)艺术应用

光纤具有良好物理特性,光纤照明和 LED 照明已越来越广泛用于艺术装修美化、光纤瀑布、光纤立体球等艺术造型,同时,也可用在装饰与广告显示,光纤也可以用作各种视觉艺术的展示等,光纤的特性得到了越来越充分的应用。

13.3　超导材料

超导材料,是指具有在一定的低温条件下呈现出电阻等于零以及排斥磁力线性质的材料。现已发现有 28 种元素及几千种合金与化合物可以成为超导体。图 13-3 所示为伊卡洛斯航行计划的超导态星际风筝图,其中大量应用了超导态材料,保证了飞船各系统的正常运转。

图 13-3　伊卡洛斯航行计划的超导态星际风筝图

1. 合金材料

超导元素加入某些其他元素作合金成分,可以使超导材料的性能得到提高,如最先应用的铌锆合金(Nb-75Zr),其临界温度 $T_c = 10.8K$,临界磁场 $H_c = 8.7T$。后续的铌钛合金,虽然临界温度 T_c 稍低了些,但临界磁场 H_c 高得多,在给定磁场能承载更大电流,如 Nb-33Ti,其临界温度 $T_c = 9.3K$,临界磁场 $H_c = 11.0T$;Nb-60Ti,其临界温度 $T_c = 9.3K$,临界磁场 $H_c = 12T$。三元合金性能得到了进一步提高,如 Nb-60Ti-4Ta,其临界温度 $T_c = 9.9K$,临界磁场 $H_c = 12.4T$;Nb-70Ti-5Ta,其临界温度 $T_c = 9.8K$,临界磁场 $H_c = 12.8T$。

2. 化合物

超导元素与其他元素化合常有很好的超导性能。如已大量使用的 Nb_3Sn,其临界温度 $T_c = 18.1K$,临界磁场 $H_c = 24.5T$。其他重要的超导化合物还有 V_3Ga,其临界温度 $T_c = 16.8K$,临界磁场 $H_c = 24T$;Nb_3Al,其临界温度 $T_c = 18.8K$,临界磁场 $H_c = 30T$。

3. 应用领域

超导材料具有的优异特性使它从被发现之日起,就向人类展示了诱人的应用前景。但要实际应用超导材料又受到一系列因素的制约,首先是它的临界参量,其次还有材料制作工艺等问题。截至 20 世纪 80 年代,超导材料的应用主要有:

(1) 利用材料的超导电性制作磁体,应用于电机、高能粒子加速器、磁悬浮运输、受控热核反应、储能等;可制作电力电缆,用于大容量输电(功率可达 10000MV·A);可制作通信电缆和天线,其性能优于常规材料。

(2) 利用材料的完全抗磁性可制作无摩擦陀螺仪和轴承。

(3) 利用约瑟夫森效应可制作一系列精密测量仪表以及辐射探测器、微波发生器、逻辑元件等。利用约瑟夫森结作计算机的逻辑和存储元件,其运算速度比高性能集成电路的快 10~20 倍,功耗只有 1/4。

13.4　储 氢 合 金

某些金属具有很强的捕捉氢能力,在一定的温度和压力条件下,这些金属能够大量“吸收”氢气,反应生成金属氢化物,同时放出热量。将这些金属氢化物加热,它们又会分解,将储存在其中的氢释放出来。这些会“吸收”氢气的金属,称为储氢合金。储氢合金氢吸收解吸机制如图 13-4 所示。

储氢合金的储氢能力很强,其单位体积储氢的密度是相同温度、压力条件下气态氢的 1000 倍,也即相当于储存了 1000atm 的高压氢气。

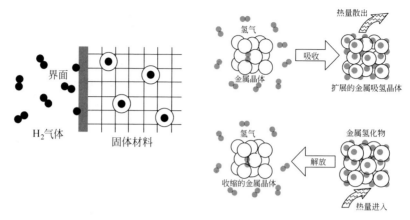

图 13-4 储氢合金氢吸收解吸机制

文献出处：Jain I P. Hydrogen the fuel for 21st century. Int J Hydrogen Energy,2009,34：7368-7378.

由于储氢合金都是固体,既不用储存高压氢气所需的大而笨重的钢瓶,又不需要存放液态氢那样极低的温度条件,需要储氢时使合金与氢反应生成金属氢化物并放出热量,需要用氢时通过加热或减压使储存于其中的氢释放出来,如同蓄电池的充电、放电。因此,利用储氢合金储氢是一种极其简便易行的理想储氢方法。

目前常用的储氢合金,主要有钛系储氢合金、锆系储氢合金、铁系储氢合金及稀土系储氢合金等。

储氢合金不光有储氢的本领,而且还有将储氢过程中的化学能转换成机械能或热能的能量转换功能。储氢合金在吸氢时放热,在放氢时吸热,利用这种放热-吸热循环,可进行热的储存和传输,制造制冷或采暖设备。

储氢合金还可以用于提纯和回收氢气,可将氢气提纯到很高的纯度。例如,采用储氢合金,可以以很低的成本获得纯度高于 99.9999% 的超纯氢。

储氢合金的飞速发展,给氢气的利用开辟了一条广阔的道路。

当其用于电池时,储氢合金具有优异的高放电性能。此外,其裂化很少,循环寿命性能优异,可被用于大型电池,尤其是电动车辆、混合动力车辆、高功率应用等。储氢合金具有伴随着储氢容量变化的相变,当其储氢容量落入 0.3～0.7 时,储氢合金处于单一相或接近单一相的状态。

13.5 纳 米 材 料

1. 基本概念

纳米级结构材料简称为纳米材料(nano material),其结构单元的尺寸介于 1～100nm 之间。由于它的尺寸已经接近电子的相干长度,其性质因为强相干所带来的自组织会发生很大变化。并且,由于尺度已接近光的波长,加上其具有大表面的特殊效应,因此其所表现的特性,如熔点、磁性、光学、导热、导电特性等,往往不同于该物质在整体状态时所表现的性质。纳米铁氧体粉末透射电镜照片如图 13-5 所示。

2. 主要用途

1）医药

纳米技术能使药品生产过程越来越精细,并可在纳米材料的尺度上直接利用原子、分子的排布制造具有特定功能的药品。靶向纳米材料粒子将使药物在人体内的传输更为方便,用数层纳米粒子包裹的智能药物进入人体后可主动搜索并攻击癌细胞或修补损伤组织。使用纳米技术的新型诊断仪器只需检测少量血液,就能通过其中的蛋白质和 DNA 诊断出各种疾病。

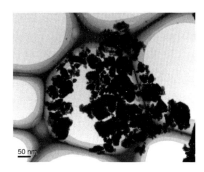

图 13-5　纳米铁氧体粉末透射电镜照片

2）家电

用纳米材料制成的多功能塑料,具有抗菌、除味、防腐、抗老化、抗紫外线等作用,可用作电冰箱、空调外壳里的抗菌除味塑料。

3）计算机和电子工业

微电子和计算机技术存储容量为常规芯片上千倍的纳米材料级存储器芯片已投入生产。计算机在普遍采用纳米材料后,可以缩小成为"掌上电脑"。

4）环境保护

环境科学领域使用功能独特的纳米膜,能够探测到由化学和生物制剂造成的污染,并能够对这些制剂进行过滤,从而消除污染。

5）纺织工业

在合成纤维树脂中添加纳米 SiO_2、纳米 ZnO、纳米 SiO_2 复配粉体材料,经抽丝、织布,可制成杀菌、防霉、除臭和抗紫外线辐射的内衣和服装,可用于制造抗菌内衣、用品,还可制得满足国防工业要求的抗紫外线辐射的功能纤维。

6）机械工业

采用纳米技术对机械关键零部件进行金属表面纳米粉涂层处理,可以提高机械设备的耐磨性、硬度和使用寿命等。

13.6　其他新型材料

新材料是指新出现的或正在发展中的,具有传统材料所不具备的优异性能和特殊功能的材料;或采用新技术(工艺、装备),使传统材料性能有明显提高或产生新功能的材料。一般认为,满足高技术产业发展需要的一些关键材料也属于新材料的范畴。

1. 信息材料

电子信息材料及产品支撑着现代通信、计算机、信息网络、微机械智能系统、工业自动化和家电等现代高技术产业。电子信息材料产业的发展规模和技术水平,在国民经济中具有重要的战略地位,是科技创新和国际竞争最为激烈的材料领域。微电子材料在未来 10～15

年仍是最基本的信息材料,光电子材料将成为发展最快和最有前途的信息材料。信息材料主要可以分为以下几大类:

（1）集成电路及半导体材料,包括以硅材料为主体,新的化合物半导体材料及新一代高温半导体材料也是重要组成部分。

（2）光电子材料,包括激光材料、红外探测器材料、液晶显示材料、高亮度发光二极管材料、光纤材料等。

（3）新型电子元器件材料,包括磁性材料、电子陶瓷材料、压电晶体管材料、信息传感材料和高性能封装材料等。

当前的研究热点和技术前沿包括以柔性晶体管、光子晶体、SiC、GaN 和 ZnSe 等宽禁带半导体材料为代表的第三代半导体材料、有机显示材料以及各种纳米电子材料等。

2. 能源材料

全球范围内能源消耗在持续增长,80%的能源来自化石燃料,从长远来看,需要没有污染和可持续发展的新型能源来代替所有化石燃料。未来的清洁能源包括氢能、太阳能、风能和核聚变能等。解决能源问题的关键是能源材料的突破,无论是提高燃烧效率以减少资源消耗,还是开发新能源及利用再生能源都与材料有着极为密切的关系。

传统能源所需材料,主要是提高能源利用效率,发展超临界蒸汽发电机组和整体煤气化联合循环技术,这些技术对材料的要求高,如工程陶瓷和新型通道材料等;氢能和燃料电池,氢能生产、储存和利用所需的材料和技术,燃料电池材料等;绿色二次电池,镍氢电池,锂离子电池以及高性能聚合物电池等新型材料;太阳能电池,多晶硅、非晶硅和薄膜电池等材料;核能材料,新型核电反应堆材料。

新能源材料当前研究热点和技术前沿包括高能储氢材料,聚合物电池材料,中温固体氧化物燃料电池电解质材料,多晶薄膜太阳能电池材料等。

3. 生物材料

生物材料是和生命系统结合,用以诊断、治疗或替换机体组织、器官,或增进其功能的材料。它涉及材料、医学、物理、生物化学及现代高技术等诸多学科领域,已成为 21 世纪主要支柱产业之一。

很多类型的材料在健康治疗中都已得到应用,主要包括金属、合金、陶瓷、高分子材料、复合材料和生物质材料。高分子生物材料是生物医用材料中最活跃的领域;金属生物材料仍是临床应用最广泛的承力植入材料,医用钛及其合金和 Ni-Ti 形状记忆合金的研究与开发仍是热点;无机生物材料也越来越受到重视。

国际生物医用材料研究和发展的主要方向:

（1）模拟人体硬软组织、器官和血液等的组成、结构和功能而开展的仿生或功能设计与制备。

（2）赋予材料优异的生物相容性、生物活性。

就具体材料来说,主要包括药物控制释放材料、组织工程材料、仿生材料、纳米生物材料、生物活性材料、介入诊断和治疗材料、可降解和吸收生物材料、新型人造器官以及人造血液等。

4. 汽车材料

汽车用材在整个材料市场中所占的比例很小,但是属于技术要求高、技术含量高、附加值高的三高产品,代表了行业的最高水平。

汽车材料的需求呈现出以下特点:

(1) 轻量化与环保是主要需求发展方向。

(2) 各种材料在汽车上的应用比例正在发生变化,主要变化趋势是高强度钢、超高强度钢、铝合金、镁合金、塑料和复合材料的用量有较大的增长,汽车车身结构材料趋向多材料设计方向。

(3) 汽车材料的回收利用也受到更多的重视,电动汽车、代用燃料汽车专用材料以及汽车功能材料的开发和应用工作不断加强。

5. 稀土材料

稀土材料是利用稀土元素优异的磁、光与电等特性开发出的一系列不可取代、性能优越的新材料。稀土材料被广泛应用于冶金机械、石油化工、轻工农业、电子信息、能源环保与国防军工等多个领域,是当今世界各国改造传统产业、发展高新技术和国防尖端技术不可缺少的战略物资。

稀土材料具体包括以下几类:

(1) 稀土永磁材料,它是发展最快的稀土材料,包括 NdFeB 与 SmCo 等,被广泛应用于电机、电声、医疗设备、磁悬浮列车及军事工业等高技术领域。

(2) 贮氢合金,主要用于动力电池和燃料电池。

(3) 稀土发光材料,新型高效节能环保光源用稀土发光材料,高清晰度与数字化彩色电视机和计算机显示器用稀土发光材料,特种或极端条件下应用的稀土发光材料等。

(4) 稀土催化材料,其发展重点是替代贵金属,降低催化剂的成本,提高抗中毒性能和稳定性能。

(5) 稀土在其他新材料中的应用,如精密陶瓷、光学玻璃、稀土刻蚀剂、稀土无机颜料等方面也正在以较高的速度增长。

6. 新型钢铁材料

钢铁材料是重要的基础材料,广泛应用于能源开发、交通运输、石油化工、机械电力、轻工纺织、医疗卫生、建筑建材、家电通信、国防建设以及高科技产业,并具有较强的竞争优势。

新型钢铁材料发展的重点是高性能钢铁材料,其方向为高性能和长寿命,在质量上已向组织细化和精确控制,提高钢材洁净度和高均匀度方面发展。

7. 新型有色金属合金材料

这类材料主要包括铝、镁、钛等轻金属合金,以及粉末冶金材料、高纯金属材料等。

(1) 铝合金包括各种新型高强高韧、高比强高比模、高强耐蚀可焊、耐热耐蚀铝合金材料,如 Al-Li 合金等。

(2) 镁合金包括镁合金和镁-基复合材料,超轻高塑性 Mg-Li-X 系合金等。

（3）钛合金材料包括新型医用钛合金、高温钛合金、高强钛合金、低成本钛合金等。

（4）粉末冶金材料包括铁基与铜基汽车零部件，难熔金属，硬质合金等。

（5）高纯金属及材料，材料的纯度向着更纯化方向发展，其杂质含量达 ppb 级，产品的规格向着大型化方向发展。

8. 新型建筑材料

新型建筑材料主要包括新型墙体材料、化学建材、新型保温隔热材料、建筑装饰装修材料等。国际上建材的趋势正向环保、节能与多功能化方向发展。

其中玻璃的发展趋势是向着功能型、实用型、装饰型、安全型和环保型五个方向发展，包括对玻璃原片进行表面改性或精加工处理，节能的低辐射（Low-E）和阳光控制低辐射（Sun-E）膜玻璃等。此外，还包括节能、环保的新型房建材料以及满足工程特殊需要的特种系列水泥等。

9. 新型化工材料

化工材料在国民经济中有着重要地位，在航空航天、机械、石油工业、农业、建筑业、汽车、家电、电子与生物医用行业等都起着重要的作用。

新型化工材料主要包括有机氟材料、有机硅材料、高性能纤维、纳米化工材料与无机功能材料等。纳米化工材料和特种化工涂料是研究热点方向。精细化、专用化与功能化成了化工材料工业的重要发展趋势。

10. 生态环境材料

生态环境材料是在人类认识到生态环境保护的重要战略意义和世界各国纷纷走可持续发展道路的背景下提出来的，一般认为生态环境材料是具有满意的使用性能，同时又被赋予优异环境协调性的材料。

这类材料的特点是消耗的资源和能源少，对生态和环境污染小，再生利用率高，而且从材料制造、使用与废弃直到再生循环利用的整个寿命过程，都与生态环境相协调。主要包括：环境相容材料，如纯天然材料（木材、石材等）、仿生物材料（人工骨、人工器脏等）、绿色包装材料（绿色包装袋、包装容器）、生态建材（无毒装饰材料等）；环境降解材料（生物降解塑料等）；环境工程材料，如环境修复材料、环境净化材料（分子筛、离子筛材料）、环境替代材料（无磷洗衣粉助剂）等。

生态环境材料的研究热点和发展方向包括再生聚合物（塑料）的设计，材料环境协调性评价的理论体系，降低材料环境负荷的新工艺、新技术和新方法等。

11. 智能材料

智能材料是自 20 世纪 90 年代开始迅速发展起来的一类新型功能材料，它集仿生、纳米技术及新材料科学于一身，被称为继天然材料、合成高分子材料、人工设计材料之后的第四代材料。

智能材料是由多种材料组元通过有机紧密复合或严格的科学组装而构成的材料系统，具备感知、驱动和控制三大基本功能要素。智能材料能够对环境条件及内部状态的变化做出精准、高效、适当的响应,同时还具备传感功能、信息存储功能、反馈功能、响应功能、自诊断功能和自修复能力等特征。

由于智能材料拥有很多普通材料不具备的特殊功能,因此,智能材料在航空航天、机器人、医疗、建筑等领域呈爆发式增长态势。

12. 军工新材料

军工材料对国防科技、国防力量的强弱和国民经济的发展具有重要推动作用,是武器装备的物质基础和技术先导,是决定武器装备性能的重要因素,也是拓展武器装备新功能和降低武器装备全寿命费用,取得和保持武器装备竞争优势的原动力。

随着武器装备的迅速发展,起支撑作用的材料技术发展呈现出以下趋势。

(1) 复合化:通过微观、介观和宏观层次的复合大幅提高材料的综合性能。

(2) 多功能化:通过材料成分、组织、结构的优化设计和精确控制,使单一材料具备多项功能,达到简化武器装备结构设计,实现小型化和高可靠的目的。

(3) 高性能化:材料的综合性能不断优化,为提高武器装备的性能奠定物质基础。

(4) 低成本化:低成本技术在材料领域是一项高科技含量的技术,对武器装备的研制和生产具有越来越重要的作用。

复习思考题

1. 什么是功能材料? 什么是结构材料?
2. 什么是纳米材料? 纳米材料在机械工业上有哪些应用,试举例说明。
3. 什么是光纤材料,有哪些应用?
4. 什么是储氢材料,常见的储氢材料有哪些?
5. 随着科技的发展和社会的进步,出现了很多新材料、新工艺,新材料有哪些分类?

自测题 13

14

材料失效分析及工程材料的合理选用

失效,是指零件在使用过程中由于某种原因不能工作;虽能继续工作,但已失去应有功能的现象;虽然能够工作,也能完成规定功能,但继续使用不能确保安全可靠性。例如,主轴在工作过程中变形而失去精度,齿轮在工作过程中磨损而不能正常啮合及传递动力,弹簧因工作过久或载荷过大而失去弹性等,均属于失效形式。因此,零件失效的主要现象是:零件完全破坏或严重损伤使零件不能工作或工作不再安全,或者零件损伤后虽然还能安全地工作,但不能保证整个机器的精度或不能达到预期功效。

14.1　机械零件的失效

机械零件的失效,特别是事先没有明显预兆的失效,往往会带来巨大的损失,甚至造成严重的事故。因此,对零件失效进行分析、查出失效原因、提出预防措施是十分重要的。通过失效分析,对零件结构设计的改进、加工工艺的修正、材料的更换等都能提出可靠的依据。

14.1.1　失效的分类

机械零件的失效形式多种多样。一般机械零件的失效形式主要有过量变形失效、断裂失效、表面损伤失效等,如图 14-1 所示。

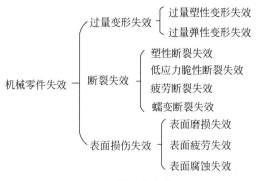

图 14-1　机械零件失效分类

1. 过量变形失效

过量变形失效是指机械零件在工作过程中因应力集中等原因造成超过允许范围的变

形,而导致整个机器或设备无法正常工作,或者虽然能正常工作但零件的质量严重下降的现象。过量变形主要有过量塑性变形和过量弹性变形两类。

(1)过量塑性变形:受静载的零件产生的塑性变形超过了允许变形量,变形零件位置相较于其他零件发生变化,致使整个机器运转不良,导致零件失效。

(2)过量弹性变形:细长轴受轴向压缩或梁受弯曲作用时,由于零件刚度不够,发生弹性失稳,即产生很大的侧向弹性弯曲变形,甚至引起大的塑性弯曲或断裂。

过量的塑性变形和过量的弹性变形均可导致零件的失效。例如,高温下工作的螺栓发生松动,就是因过量弹性变形转化为塑性变形而造成的失效现象。

防止过量变形失效的主要措施有增加零件截面、采用弹性模量高的材料、防止超载等。

2. 断裂失效

由于静载荷和冲击载荷的作用,材料在外力作用下分为两个或两个以上部分的现象称为断裂。断裂分为韧性断裂和脆性断裂两大类。断裂失效是指零件在工作过程中完全断裂而导致整个机器或设备无法工作的现象。例如,钢丝绳在吊运过程中,齿轮在工作过程中,都可能因各种原因引起断裂失效。

断裂的方式有塑性断裂、低应力脆性断裂、蠕变断裂和疲劳断裂等。

(1)塑性断裂:零件在断裂前发生了明显的塑性变形,因此它在发生断裂失效之前就已发生塑性变形失效。

(2)低应力脆性断裂:零件在发生断裂时,其所受的应力远低于材料的屈服强度,且在断裂前不发生明显塑性变形。其特点表现为承受的工作应力较低、零件内部存在严重的宏观缺陷、在低温下发生材料的韧脆转变。

(3)疲劳断裂:零件在交变载荷作用时,经过长时间工作而发生的断裂。断裂前往往没有明显征兆。疲劳断裂属于一种脆性断裂,危害很大。可以通过减少零件材料的内部缺陷、提高零件表面质量、喷丸处理或表面热处理等措施提高零件的疲劳强度。

(4)蠕变断裂:长期承受固定载荷,特别是在高温下工作时,零件的蠕变量超出规定范围而处于不安全状态,严重时可能与其他零件相碰,引起断裂。材料的蠕变抗力与其熔点有关,熔点越高,其抗蠕变性能就越好。工程材料中,陶瓷的抗蠕变性能最好,其次是铁基或镍基合金。

3. 表面损伤失效

表面损伤失效是指因零件表面损坏造成的机器或设备无法正常工作或失去精度的现象。表面磨损、表面疲劳、表面腐蚀等均可造成表面损伤失效。例如,齿轮长期工作后,齿轮尺寸因素面磨损而发生变化,使齿轮精度降低,甚至出现咬合、剥落现象,导致齿轮不能继续工作。

在以上各种失效中,由弹性塑性变形、蠕变和磨损等引起的失效,在失效前,零件有较明显的征兆,如零件的尺寸变化,这种失效是可以预防,断裂也可以避免。而低应力脆断、疲劳断裂和腐蚀断裂往往事前无明显征兆,断裂是突然发生的,因此特别危险,往往会带来灾难性的后果,它们是当今工程断裂事故的主要原因。

应当指出,同一个零件可能有几种失效形式,但往往不可能几种形式同时起作用,其中必然有一种起决定性作用。例如,齿轮零件的失效可能是轮齿折断、齿面磨损、齿面点蚀、硬化层剥落或齿面塑性变形等,在这些可能存在的失效形式中,究竟是以哪种为主则应具体分析。

14.1.2　失效的原因

造成零件失效的原因是多方面的。在实际使用过程中,零件失效很少是由于单一因素引起的,往往是多个因素共同作用的结果,但主要有以下几个方面的原因:

(1) 设计不当。机械零件的尖角、倒角、油孔及键槽等部分由于过渡圆弧过小以及轴颈应力提升,易产生应力集中现象。还有,没有经过详细严密的应力计算或由于零件形状复杂难以进行应力计算时就进行机械零件的设计,均是导致零件早期失效的主要原因。

(2) 材料缺陷或选材不当。材料缺陷如缩孔、疏松对裂纹的产生及扩展均产生重要影响。另外,选材不合理也可能导致零件的早期失效。

(3) 加工不当。机械零件在加工制造过程中,各种冷、热加工工艺缺陷,如脱碳、表面擦伤、有害残余应力分布等,都对零件的失效产生重要影响。

(4) 环境因素。机械零件所处的环境可分为腐蚀环境和活性环境两类。在腐蚀环境下,机械零件表面的腐蚀产物如同楔子一样嵌入材料中,造成应力集中,从而引起零件的早期失效。

(5) 其他原因。操作不当、装配不当、运输不当以及使用不当等均可导致零件在使用中失效。

14.2　机械零件失效分析

机械零件失效分析的目的是:判断机械零件失效的性质,提高产品质量;分析零件失效的原因,找出产生失效的主导因素,并为确定零件的主要使用性能提供经过实践检验的可靠依据。

失效分析的目的不仅在于失效性质的判断和失效原因的明确,更重要的还在于为预防重复失效找到有效的途径。例如,人们认为发动机曲轴的主要使用性能是高的冲击抗力和耐磨性,常选用45钢。但经过失效分析后,发现曲轴的失效方式主要为疲劳断裂,其主要使用性能应为疲劳抗力。因此,可用疲劳强度为主要失效抗力设计曲轴,选用价格更为低廉的球墨铸铁,曲轴的质量和寿命都显著提高。

失效分析的基本原则是先简单后复杂、先宏观后微观、先无损后破坏。一个机械零件的失效过程除了与受力状态有关外,还与材料性能、温度、介质等环境因素有关。因此,对机械零件进行失效分析不仅要了解该零件的服役状况,而且还要从产品设计、选材、制造工艺、装配等方面进行调查、分析、验证,找出引起失效的主要原因。失效分析的步骤如下:

(1) 失效情况调查。收集失效零件的残骸,确定重点分析部位和失效的发源部位,在该处取样,并记录实况。了解与失效零件有关的背景材料和现场情况,失效零件的服役条件、使用功能、设计要求及工作经历等。

（2）检验分析。包括金相组织分析、内部缺陷分析、断口形貌分析、化学成分分析、力学性能测试、断裂力学分析等，从材料的成分、组织、性能判断工艺是否合理，从受力状态、断口形貌以及断裂力学的计算判断裂纹萌生、扩展及断裂机理。

（3）失效分析报告。根据以上调查研究和检验分析实验结果，综合分析判断失效原因，提出预防、改进和提高产品质量措施的建议，给出失效风险评估，撰写失效分析报告。报告应尽可能全面陈述失效零件服役的工作条件和工作过程，避免对基础性失效分析过程的忽略。同时报告应避免出现过多的专业术语，虽然使用专业术语能够提高报告的专业性，但过度使用会使零件失效报告变得晦涩难懂。如果实验条件允许，可以对失效分析所得到的结论进行模拟实验，验证结论的准确性。

明确了失效的原因，就可以有针对性地提出使用性能要求。可从零件的设计、选材、加工和安装等环节进行改进，使零件的质量和可靠性不断提高。

14.3 机械零件的合理选材

随着材料研究和开发水平的不断提高，可供选用的工程材料品种越来越多。正确选用工程材料，达到最佳的使用效果，需要遵循一定的材料选用规律。在机械零件的设计和制造中，合理选择材料能保证零件良好的使用性能、方便制造加工，在满足机械工作性能的前提下，提高产品的质量。合理选择工程材料需要考虑多方面的因素，主要考虑以下几点。

1. 使用性能

材料的使用性能是机械零件在正常工作情况下，应具备的力学性能、物理性能和化学性能，用于满足零件的工作特性和使用条件要求。零件的使用性能是保证其工作安全可靠、经久耐用的必要条件。对一般机械零件按力学性能进行选材时，需正确分析零件的服役条件和失效形式，找出其应具备的主要力学性能指标，并注意材料尺寸、强度、塑性和韧性之间的配合。

机械零件的服役条件从受力情况、工作环境及特殊要求等几个方面考虑。

（1）受力情况。载荷的性质，是静载、动载或循环载荷；载荷作用形式，是拉伸、压缩、弯曲、扭转或剪切；载荷大小及分布特点，是均布载荷或集中载荷。其中，载荷的性质是决定材料使用性能的主要依据之一。

（2）工作环境。如工作温度是低温、高温、常温或变温；环境介质如是否使用润滑剂、有无腐蚀作用的介质及其他各类大气环境等。

（3）特殊要求。如导热性、密度、磁性等方面。

同时，为了更准确地了解零件的使用性能，还需充分研究零件的各种失效方式并分清主次，在此基础上找出对零件失效起主导作用的力学性能指标或其他使用性能指标。对零件主要失效形式的分析可以综合得出零件所要求的主要使用性能。因此，这就需要根据零件具体的工作情况、受载状态和相关力学分析以及零件的典型失效分析，确定设计所需要的强度指标，进行零件设计和选材，并由此确定零件的加工工艺。

2. 工艺性能

金属材料的工艺性能是指金属对不同加工工艺方法的适应能力，它包括铸造性、锻造性、焊接性、切削性和热处理工艺性。

(1) 铸造性，包括流动性、收缩性、热裂倾向性、偏析及吸气性等。不同材料的铸造性不同。金属材料中，各种铸铁、铸钢及铸造铝合金和铜合金的铸造性较好，其中灰铸铁的铸造性最好。

(2) 锻造性，包括可锻性、冷镦性、冲压性、锻后冷却要求等。低碳钢、铝合金、铜合金的锻造性较好，高碳钢、合金钢的锻造性差。

(3) 焊接性，是指材料可以焊合的能力(可焊性)。若焊接性不好，则材料接头会出现裂缝、气孔或其他缺陷。一般低碳钢的焊接性较好，其中含碳量越高，可焊性越差。铜合金、铝合金、铸铁的焊接性都比碳钢差。

(4) 切削加工性，与材料化学成分、力学性能及显微组织有密切关系。一般认为硬度在 $160\sim230\mathrm{HBS}$ 范围内切削加工性好。对于高碳钢和合金工具钢，具有球状碳化物的组织比层状碳化物组织的切削加工性好。马氏体、奥氏体的切削加工性很差。

(5) 热处理工艺性，包括淬透性、变形开裂倾向、过热敏感性、回火脆性倾向、氧化脱碳倾向等，不同材料、不同的处理方法，出现以上倾向差异很大。

综上所述，应充分考虑工厂的生产工艺设备和手段来选择合适的材料。如果是单件、小批量生产，且工厂没有铸造、锻造车间，可选用棒料、板料；如果是大批量生产，应尽量选用铸、锻件，以节约材料；如果结构、条件允许，以冲压加工为主的工厂可用板料冷冲压代替铸、锻。

3. 经济性

在选材时，材料的经济性主要从以下几方面考虑：

(1) 材料价格。材料本身价格应低，特别对大批量生产的零件更是如此。

(2) 材料加工费用。不同材料加工工艺不同，成本相差很大。例如，钛合金与铝合金相比，加工费用高很多。

(3) 材料利用率。在加工中应尽量采用少、无切削加工，有条件时尽量采用铸件和精密锻件，以有效利用材料。

(4) 合理代用。应尽可能用价廉材料代替昂贵材料，例如，用铜、铝代替金、银；用碳素钢、铸铁代替合金钢；用非金属材料代替金属材料。

(5) 在一些大型零件上采用组合式结构。例如，蜗轮、大型齿轮的轮辐、轮毂可选用铸铁；齿圈选用青铜、优质碳钢等。

(6) 节约稀有材料。例如，用银代替白金制造电器重要触点；用铝青铜代替锡青铜制造轴承合金等。

在现代社会环境污染问题不容忽视。早在 2010 年 4 月，习近平总书记在出席博鳌亚洲论坛开幕式并发表演讲时就鲜明地指出："绿色发展和可持续发展是当今世界的时代潮流。"因此，在选择工程材料时，应尽量考虑材料在生产、加工、使用和处理过程中对环境的影响。各国和地区都有相应的环保标准和认证体系，可以参考这类标准合理选材。

另外，选材还应以就近、就便为原则，充分考虑材料供应状况，减少库存积压，降低运输费用，避免大量进口。

复习思考题

1. 名词解释：

失效；失效分析；应力集中；缺口敏感性；回火脆性；磨损。

2. 机械零件常见的失效形式有哪些？

3. 试说明机械零件失效分析的常用步骤。

4. 机械零件的合理选材应考虑哪些方面？

5. 工程材料选材的经济性应从哪些方面进行考虑？

自测题 14

15

典型零件的选材及工艺路线设计

零件的使用性能是指零件在使用状态下材料应该具有的机械性能、物理性能和化学性能。对大量机器零件和工程构件来说,则主要是机械性能。对一些特殊条件下工作的零件来说,则必须根据工作要求考虑到零件材料的物理性能和化学性能。材料的使用性能应满足使用要求。根据零件的材料、力学性能要求、结构形状、精度要求、生产要领等可确定其工艺路线,主要包括定位基准的选择、加工方法和加工设备的选择、加工阶段的划分和加工工序的安排。

15.1 轴类零件的选材及工艺路线

轴是机器上的重要零件之一,一切作回转运动的传动零件,如齿轮、凸轮等都必须安装在轴上才能实现其回转运动。因此,轴主要用于支承回转体零件,传递运动和转矩。

1. 轴类零件的工作条件及其对材料性能的要求

轴类零件在工作时主要承受弯曲应力和扭转应力的复合作用,它们大多是在交变应力状态下工作的。如果轴的疲劳强度不够,就容易产生疲劳破坏。当轴与轴上零件在工作过程中有相对运动时,若轴的相对运动表面(如轴颈和花键部位)硬度不够,就可能产生过度磨损而影响运动精度。另外,当外力为动载荷时轴会经常受到一定冲击。如果刚度不够,则会产生弯曲变形和扭曲变形,高速运转时甚至还会产生振动,这些问题都会影响到轴的正常工作。由此可见,轴类零件在使用过程中受载情况是相当复杂的,因而其损坏形式也是多种多样的。轴类零件的损坏形式有疲劳断裂、过量变形、与其他零件作相对运动时表面的过度磨损等。为了保证轴的正常工作,制造轴类零件的材料必须具备下列性能:

(1) 足够的强度、刚度和一定的韧性。

(2) 高的疲劳极限,对应力集中敏感性低。

(3) 热处理后低的淬火开裂倾向,并能使承受磨损的局部区域获得高硬度和高耐磨性。

(4) 足够的淬透性。

(5) 良好的切削加工性。

(6) 价格低廉。

2. 常用轴类零件的材料及性能

制造轴类零件的材料,主要是经锻造或轧制的低中碳的碳钢或合金钢。

由于碳钢比合金钢便宜,并具有较高的综合力学性能,同时对应力集中敏感性较小,故应用广泛。常用的优质碳素结构钢有 35 钢、40 钢、45 钢、50 钢等,其中用得最多的是 45 钢。为了改善其力学性能,这类钢均应进行热处理,如正火调质或表面淬火。对于受力不大或不重要的轴类零件,由于结构不同、使用条件不同,其选材和加工方法有很大差异。

合金钢比碳钢具有更好的力学性能和热处理性能,但对应力集中敏感性较高,价格也较贵,所以只有当载荷较大并要求限制轴的外形、尺寸和重量,或要求提高轴颈的耐磨性等性能时才考虑采用合金钢。常用的合金钢有 20Cr、40Cr、40CrNi、20CrMnTi、40MnB 等。采用合金钢必须辅以相应的热处理方法才能充分发挥其作用。

除了上述碳钢和合金钢外,近年来更多地采用球墨铸铁和高强度灰口铸铁作为轴类零件的材料,尤其是曲轴的材料。

轴类零件很多,如机床主轴、内燃机曲轴、汽车半轴等,其选材原则主要是根据载荷大小、转速高低、精度和粗糙度要求,有无冲击载荷以及轴承类型来综合考虑。

轴类零件选材时主要考虑强度,同时兼顾材料的冲击韧性和表面耐磨性。强度设计一方面可以保证轴的承载能力,防止变形失效;另一方面由于疲劳强度与拉伸强度大致成正比关系,也可保证轴的耐疲劳性能,并且还对耐磨性有利。为了兼顾强度和韧性,同时考虑疲劳抗力,选用碳素钢时,轴一般用中碳钢或中碳合金调质钢制造,主要钢种是 45、40Cr、40MnB、30CrMnSi、35CrMo 和 40CrNiMo 等,具体可按以下方面考虑:

(1) 比较重要或承载较大的轴,常用优质中碳钢 40 钢、45 钢、50 钢等,进行调质或正火处理,其中 45 钢应用最广。

(2) 不重要或承载不大的轴,常选用 Q235 钢或 Q275 钢。

(3) 承载较大而无很大冲击的重要轴,可用 40Cr 或 35SiMn、42SiMn、40MnB 等合金钢进行调质处理。

(4) 强度和韧性均要求较高、表面要求耐磨的轴,可用 20Cr、20CrMnTi 进行渗碳、淬火、回火处理,达到表面硬度 50~62HRC。

(5) 形状复杂的轴(如曲轴等),可用球墨铸铁进行铸造。

根据工作条件和失效形式,可以对轴用材料提出如下性能要求:

(1) 良好的综合机械性能,即强度较好、塑性和韧性满足性能要求,同时要求与轴连接的其他零件保持良好的连接。

(2) 高的疲劳强度,防止疲劳断裂。

(3) 良好的耐磨性,防止轴颈磨损。

3. 举例:内燃机曲轴选材及工艺路线

1) 工作条件

曲轴受弯曲、扭转、剪切、拉压、冲击等交变应力,可造成曲轴的扭转和弯曲振动,产生附加应力、应力分布不均匀、曲轴颈与轴承有滑动摩擦等现象。

2) 性能要求

曲轴的失效形式主要是疲劳断裂和轴颈严重磨损。因此材料要有高强度,一定的冲击韧性,足够的弯曲、扭转疲劳强度和刚度,轴颈表面具有高硬度和耐磨性。

3) 曲轴材料

锻钢曲轴:优质中碳钢和中碳合金钢,如 35、40、45、35Mn2、40Cr、35CrMo 钢等。

铸造曲轴：铸钢、球墨铸铁、珠光体可锻铸铁及合金铸铁等，如 QT600-3、QT700-2、KTZ450-5 等。

4）工艺路线

铸造→高温正火→高温回火→切削加工→轴颈气体渗氮。

15.2　齿轮类零件的选材及工艺路线

齿轮的作用是传递动力、改变运动速度和方向。

1. 受力状态

（1）传递动力时齿根承受交变弯曲应力。

（2）起动、换挡或啮合不均时，齿面承受冲击载荷和滑动摩擦力。

（3）齿面相互滚动或滑动时，承受很大的交变接触压应力和摩擦力。

以上各力的大小与齿轮具体服役的机械设备有关，如矿山开采设备中的齿轮和手表中的齿轮会有很大的差异。其工作环境也与齿轮具体服役的机械设备的工况有关。

2. 失效方式

（1）疲劳断裂。交变弯曲载荷作用下引起的弯曲疲劳。

（2）齿面磨损。由滑动和滚动的摩擦力引起。

（3）齿面接触疲劳破坏。在交变的接触压应力作用下，齿面产生微裂纹并扩展，引起点状剥落。

（4）过载断裂。承受过大冲击载荷时导致失效。

3. 性能要求

根据工作条件和失效方式分析，提出以下性能要求：

（1）高的弯曲疲劳强度。

（2）高的接触疲劳强度。

（3）足够的强度和冲击韧度。

（4）良好的工艺性能。

齿轮材料要求的性能主要是疲劳强度，尤其是弯曲疲劳强度和接触疲劳强度。表面硬度越高，疲劳强度也越高。齿心应有足够的冲击韧性，目的是防止轮齿受冲击过载断裂。

从以上两方面考虑，选用低、中碳钢或其合金钢。它们经表面强化处理后，表面有高的强度和硬度，内部有好的韧性，能满足使用要求。此外，这类钢的工艺性能好，经济上也较合理，所以是比较理想的材料。

4. 举例：机床齿轮选材及工艺路线

机床齿轮主要位于机床变速箱，实现传递动力、改变运动速度和方向的作用。工作平稳，载荷较小，转速适中，无强烈冲击。因此，一般可以选择中碳钢（如 45 钢）制造。也可采用 HT250、HT350、QT500-5、QT600-2 等铸铁制造。机床齿轮除选用金属齿轮外,有的还可改用塑料齿轮,如用聚甲醛齿轮、单体浇注尼龙齿轮,工作时传动平稳,噪声减少,长期使用磨损很小。

工艺路线可采用下料→锻造→正火→粗加工→调质→精加工→高频淬火→低温回火→精磨。

15.3　弹簧类零件的选材及工艺路线

弹簧是一种重要的机械零件。它的基本作用是利用材料的弹性和弹簧本身的结构特点,在载荷作用下产生变形时,把机械功或动能转变为形变能;在恢复变形时,把形变能转变为动能或机械功。弹簧具有缓冲或减振、定位、复原、储存和释放能量、测力等用途。

1. 弹簧的工作条件

(1) 弹簧在外力作用下压缩、拉伸、扭转时,材料将承受弯曲应力或扭转应力。
(2) 缓冲、减振或复原用的弹簧承受交变应力和冲击载荷的作用。
(3) 某些弹簧受到腐蚀介质和高温的作用。

2. 弹簧的失效形式

(1) 塑性变形:在外载荷作用下,材料内部产生的弯曲应力或扭转应力超过材料本身的屈服应力后,弹簧发生塑性变形。外载荷去掉后,弹簧不能恢复到原始尺寸和形状。
(2) 疲劳断裂:在交变应力作用下,弹簧表面缺陷(裂纹、折叠、刻痕、夹杂物等)处产生疲劳源,裂纹扩展后造成断裂失效。
(3) 快速脆性断裂:某些弹簧存在材料缺陷(如粗大夹杂物,过多脆性相)、加工缺陷(如折叠、划痕)、热处理缺陷(淬火温度过高导致晶粒粗大,回火温度不足使材料韧性不够)等,当受到过大的冲击载荷时发生突然脆性断裂。
(4) 腐蚀断裂及永久变形:在腐蚀性介质中使用的弹簧易产生应力腐蚀断裂失效。高温下弹簧材料的弹性模量和承载能力下降,且易出现蠕变和应力松弛,产生永久变形。

3. 弹簧材料的性能要求

(1) 高的弹性极限和高的屈强比。弹簧工作时不允许有永久变形,因此要求弹簧的工作应力不超过材料的弹性极限。弹性极限越大,弹簧可承受的外载荷越大。对于承受重载荷的弹簧,如汽车用板簧、火车用螺旋弹簧等,其材料需要高的弹性极限。当材料直径相同时,碳素弹簧钢丝和合金弹簧钢丝的抗拉强度相差很小,但屈强比差别较大。屈强比高,弹簧可承受更高的应力。
(2) 高的疲劳强度。弯曲疲劳强度和扭转疲劳强度越大,则弹簧的抗疲劳性能越好。
(3) 好的材质和表面质量。夹杂物含量少,晶粒细小,表面质量好,缺陷少,对于提高弹簧的疲劳寿命和抗脆性断裂十分重要。
(4) 某些弹簧需要材料有良好的耐蚀性和耐热性,以保证在腐蚀性介质和高温条件下的使用性能。

4. 弹簧的选材

（1）弹簧钢。根据生产特点的不同，分为热轧和冷轧两大类。热轧弹簧用材是通过热轧方法加工成圆钢、方钢、盘条、扁钢，用来制造尺寸较大、承载较重的螺旋弹簧或板簧。弹簧热成形后要进行淬火及回火处理。冷轧弹簧用材是以盘条、钢丝或薄钢带（片）供应，用来制作小型冷成形螺旋弹簧、片簧、蜗卷弹簧等。

（2）不锈钢。0Cr18Ni9、1Cr18Ni9、1Cr18Ni9Ti 通过冷轧（拔）加工成带或丝材，制造在腐蚀性介质中使用的弹簧。

（3）黄铜、锡青铜、铝青铜、铍青铜。具有良好的导电性、非磁性、耐蚀性、耐低温性及弹性，用于制造电器、仪表弹簧及在腐蚀性介质中工作的弹性元件。

5. 举例：汽车板簧选材及工艺路线

汽车板簧主要用于缓冲和吸振，承受很大的交变应力和冲击载荷的作用，需要高的屈服强度和疲劳强度。

轻型汽车的板簧可选用 65Mn、60Si2Mn 钢制造；中型或重型汽车的板簧可选用 50CrMn、55SiMnVB 钢制造；重型载重汽车大截面板簧可选用 55SiMnMoV、55SiMnMoVNb 钢制造。

工艺路线可采用热轧钢带（板）冲裁下料→压力成形→淬火→中温回火→喷丸强化。淬火温度为 850～860℃，采用油冷，淬火后组织为马氏体。回火温度为 420～500℃，组织为回火托氏体。屈服强度不低于 1100MPa，硬度为 42～47HRC，冲击韧性为 250～300kJ/m^2。

15.4　工模具选材及工艺路线

切削加工使用的车刀、铣刀、钻头、丝锥、锯条、板牙等工具统称为刃具。

1. 刃具的工作条件

（1）刀具切削材料时，受到被切削材料的强烈挤压，刃部受到很大的弯曲应力。部分刃具（如钻头、铰刀）还会受到较大的扭转应力作用。

（2）刀具刃部与被切削材料强烈摩擦，刃部温度可升到 500～600℃，甚至更高。

（3）机用刃具往往承受较大的冲击与振动。

2. 刃具的失效形式

（1）磨损。由于摩擦，刀具刃部易磨损，这不但增加了切削抗力，降低了切削零件表面质量，也由于刃部形状变化，使被加工零件的形状和尺寸精度降低。

（2）断裂。刀具在冲击力及振动的作用下折断或崩刃。

（3）刃部软化。由于刃部温度升高，若刀具材料的红硬性低或高温性能不足，会使刃部硬度显著下降，丧失切削加工能力。

3. 刃具材料的性能要求

(1) 高硬度,高耐磨性。硬度一般要大于 62HRC。

(2) 高的红硬性。

(3) 强韧性好。

(4) 高的淬透性。可采用较低的冷速淬火,以防止刃具变形和开裂。

4. 刃具的选材

制造刃具的材料有碳素工具钢、低合金刃具钢、高速钢、硬质合金和陶瓷等,根据刃具的使用条件和性能要求不同进行选用。

1) 简单的手用刃具

手锯锯条、锉刀、木工用刨刀、凿子等简单、低速的手用刃具,红硬性和强韧性要求不高,主要的使用性能是高硬度、高耐磨性。因此可用碳素工具钢制造,如 T8、T10、T12 钢等。碳素工具钢价格较低,但淬透性差。

2) 低速切削、形状较复杂的刃具

丝锥、板牙、拉刀等可用低合金刃具钢 9SiCr、CrWMn 制造。因钢中加入了 Cr、W、Mn 等元素,使钢的淬透性和耐磨性大大提高,耐热性和韧性也有所改善,可在小于 300℃ 的温度下使用。

3) 高速切削用的刃具

(1) 高速钢(W18Cr4V、W6Mo5Cr4V2 等)。具有高硬度、高耐磨性、高的红硬性、好的强韧性和高的淬透性等特点,因此在刃具制造中广泛使用,用来制造车刀、铣刀、钻头和其他复杂、精密刀具。高速钢的硬度为 62～68HRC,切削温度可达 500～550℃,价格较贵。

(2) 硬质合金。由硬度和熔点很高的碳化物(TiC、WC)和金属用粉末冶金方法制成,常用牌号有 YG6、YG8、YT6、YT15 等。硬质合金的硬度很高(89～94HRA),耐磨性、耐热性好,使用温度可达 1000℃。它的切削速度比高速钢高几倍。硬质合金制造刀具时的工艺性比高速钢差。一般制成形状简单的刀头,用钎焊的方法将刀头焊接在碳钢制造的刀杆或刀盘上。硬质合金刀具用于高速强力切削和难加工材料的切削。硬质合金的抗弯强度较低,冲击韧性较差,价格贵。

(3) 陶瓷。硬度极高、耐磨性好、红硬性极高。热压氮化硅(Si_3N_4)陶瓷显微硬度为 5000HV,耐热温度可达 1400℃。立方氮化硼的显微硬度可达 8000～9000 HV,允许的工作温度达 1400～1500℃。陶瓷刀具一般为正方形、等边三角形的形状,制成不重磨刀片,装夹在夹具中使用。用于各种淬火钢、冷硬铸铁等高硬度、难加工材料的精加工和半精加工。陶瓷刀具抗冲击能力较低,易崩刃。

5. 举例:齿轮滚刀选材及工艺路线

齿轮滚刀是用于生产齿轮的常用刀具,用于加工外啮合的直齿和斜齿渐开线圆柱齿轮。其形状复杂,精度要求高,常采用高速钢(W18Cr4V)。

工艺路线采用热轧棒材下料→锻造→退火→淬火→回火→精加工→表面处理。其中,W18Cr4V 钢锻造的始锻温度为 1150～1200℃,终锻温度为 900～950℃。锻造的目的一是成形;二是破碎、细化碳化物,使碳化物均匀分布,防止成品刀具崩刃和掉齿。由于高速钢淬透性很好,锻后在空气中冷却即可得到淬火组织,因此锻后应慢冷。退火温度为 870～880℃,退火后的组织为索氏体基体和在其中均匀分布的细小粒状碳化物。目的是便于机加工,并为淬火作好组织准备。精加工包括磨孔、磨端面、磨齿等磨削加工。精加工后刀具可直接使用。为了提高刀具的使用寿命,可进行表面处理,如硫化处理、硫氮共渗、离子氮碳共渗-离子渗硫复合处理,表面涂覆 TiN、TiC 涂层等。

复习思考题

1. 某型号柴油机的凸轮轴,要求凸轮表面有高的硬度(HRC>50),而心部具有良好的韧性(K>40J),原采用 45 钢调质处理再在凸轮表面进行高频淬火,最后低温回火,现因工厂库存的 45 钢已用完,只剩 15 钢,拟用 15 钢代替。试说明:(1)原 45 钢各热处理工序的作用;(2)改用 15 钢后,应按原热处理工序进行能否满足性能要求? 为什么?(3)改用 15 钢后,为达到所要求的性能,在心部强度足够的前提下采用何种热处理工艺?

2. 现拟用 T10 制造形状简单的车刀,工艺路线为锻造→热处理→机加工→热处理→磨加工。(1)试写出各热处理工序的名称并指出各热处理工序的作用;(2)指出最终热处理后的显微组织及大致硬度;(3)制定最终热处理工艺规定(温度和冷却介质)。

3. 有 Q235AF、65、20CrMnTi、60Si2Mn、T12、ZG45、W18Cr4V 等钢材,请选择一种钢材制作汽车变速箱齿轮(高速重载受冲击),并写出工艺路线,说明各热处理工序的作用。

4. 选择下列零件的热处理方法,并编写简明的工艺路线(各零件均选用锻造毛坯,并且钢材具有足够的淬透性):(1)某机床变速箱齿轮(模数 m=4),要求齿面耐磨,心部强度和韧性要求不高,材料选用 45 钢;(2)某机床主轴,要求有良好的综合机械性能,轴径部分要求耐磨(50～55HRC),材料选用 45 钢;(3)镗床镗杆,在重载荷下工作,精度要求极高,并在滑动轴承中运转,要求镗杆表面有极高的硬度,心部有较高的综合机械性能,材料选用 38CrMoAlA。

5. 车床主轴要求轴颈部位的硬度为 56～58HRC,其余处为 20～24HRC,其加工工艺路线为锻造→正火→机加工→轴颈表面淬火＋低温回火→磨加工,请指出:(1)主轴应选用何种材料;(2)正火、表面淬火及低温回火的目的和大致工艺;(3)轴颈表面处的组织和其余部位的组织。

自测题 15

参 考 文 献

［1］ 朱张校,姚可夫.工程材料［M］.5 版.北京:清华大学出版社,2011.

［2］ 明哲,于东林,赵丽萍.工程材料及机械制造基础［M］.北京:清华大学出版社,2012.

［3］ 陈曦.工程材料［M］.武汉:武汉理工大学出版社,2010.

［4］ 吴超华,彭兆,黄丰.工程材料(修订版)［M］.上海:上海交通大学出版社,2016.

［5］ 徐志农,倪益华.工程材料及其应用［M］.武汉:华中科技大学出版社,2019.

［6］ 刘晖晖,韩蕾蕾.工程材料［M］.合肥:合肥工业大学出版社,2017.

［7］ 周凤云.工程材料［M］.3 版.武汉:华中科技大学出版社,2014.

［8］ 崔占全,孙振国.工程材料［M］.3 版.北京:机械工业出版社,2016.

［9］ 孙维连,魏凤兰.工程材料［M］.北京:中国农业大学出版社,2006.

［10］ 王正品,李炳.工程材料［M］.北京:机械工业出版社,2012.

［11］ 王志海.热加工工艺基础［M］.武汉:武汉理工大学出版社,1996.

［12］ 孙玉福.实用工程材料手册［M］.北京:机械工业出版社,2014.

［13］ 数字化手册编委会.机械工程材料手册(软件版)2009［M］.北京:化学工业出版社,2009.

［14］ 温秉权,王宾,路学成.金属材料手册［M］.2 版.北京:电子工业出版社,2013.

［15］ 韩永生.工程材料性能与选用［M］.北京:机械工业出版社,2013.

［16］ 于永泗,齐民.机械工程材料［M］.9 版.大连:大连理工大学出版社,2012.

［17］ 庄东叔.材料失效分析［M］.上海:华东理工大学出版社,2009.

［18］ 李涛,杨慧.工程材料［M］.北京:化学工业出版社,2013.

［19］ 杨晓洁,杨军,袁国良.金属材料失效分析［M］.北京:化学工业出版社,2019.